科学出版社"十三五"普通高等教育本科规划教材

有机化学

U0183580

主　　编　李发胜　李映苓

副 主 编　江　波　朱梅英　郭今心　徐　红

编　　委　（以姓氏笔画为序）

卫星星	长治医学院	马志宏	河北医科大学
朱松磊	徐州医科大学	朱梅英	河北医科大学
刘　娜	大连医科大学	江　波	遵义医科大学医学与科技学院
杜　清	青海民族大学	李发胜	大连医科大学
李映苓	昆明医科大学海源学院	李艳娟	昆明医科大学海源学院
杨　婷	昆明医科大学海源学院	肖锡林	南华大学
吴　峥	广西医科大学	徐　红	贵州医科大学
徐应淑	遵义医科大学	郭今心	山东大学

编写秘书　刘　娜　大连医科大学

科学出版社

北　京

内 容 简 介

本书为科学出版社"十三五"普通高等教育本科规划教材,以培养高素质医学人才为目标,是在总结医学院校有机化学的教学经验和教学成果基础上,根据医学各专业教学基本要求编写而成的。本书共分为17章。前11章主要介绍有机化学基本概念、基础知识和基本理论,第12~15章重点介绍作为生命物质基础的杂环化合物、糖类、类脂化合物、氨基酸、蛋白质、核酸等生物分子,第16~17章简要介绍了生物医用高分子材料和有机化合物的结构测定。

本书可作为全国高等医学院校临床、基础、口腔、影像、检验、药学、护理、公共事业管理等专业的教材,也可供相关专业选用和社会读者参考。

图书在版编目(CIP)数据

有机化学/李发胜,李映苓主编. —北京:科学出版社,2023.1
科学出版社"十三五"普通高等教育本科规划教材
ISBN 978-7-03-070596-9

Ⅰ. ①有… Ⅱ. ①李… ②李… Ⅲ. ①有机化学–高等学校–教材
Ⅳ. ①O62

中国版本图书馆 CIP 数据核字(2021)第 228663 号

责任编辑:张天佐 / 责任校对:宁辉彩
责任印制:霍 兵 / 封面设计:陈 敬

科 学 出 版 社 出版
北京东黄城根北街 16 号
邮政编码:100717
http://www.sciencep.com
北京市密东印刷有限公司 印刷
科学出版社发行 各地新华书店经销
*
2023 年 1 月第 一 版 开本:787×1092 1/16
2023 年 11 月第二次印刷 印张:16 1/2
字数:422 000
定价:66.00 元
(如有印装质量问题,我社负责调换)

前　言

化学是自然科学领域的一门中心科学，它与生命科学紧密相关、相互交融。作为化学学科中极为重要的一个分支——有机化学，是生命科学中不可缺少的化学基础。

本书为科学出版社"十三五"普通高等教育本科规划教材，以培养高素质医学人才为目标，是在总结医学院校有机化学的教学经验和教学成果基础上，根据医学各专业教学基本要求编写而成的。本书以有机官能团为主线，以各类有机化合物的结构为切入点，精选有机化学的基本理论、基础知识和基本技能，力求内容精练、重点突出；紧密结合和突出有机化学与生命科学的联系，增加近年来有机化学领域的最新成果和发展趋势，强化有机化学在医学上的应用。在内容叙述上先易后难、由浅入深；全书尽量做到通俗易懂、言简意赅；学生易学，教师易教，使学生在尽可能短的时间内掌握所学课程内容。

本书共分为17章。前11章主要介绍有机化学基本概念、基础知识和基本理论，第12～15章重点介绍作为生命物质基础的杂环化合物、糖类、类脂化合物、氨基酸、蛋白质和核酸等生物分子，第16～17章简要介绍了生物医用高分子材料和有机化合物的结构测定。

本书根据中国化学会出版的《有机化合物命名原则2017》，对全书的有机化合物进行了规范命名。在介绍有机化合物的命名时，本书给出了化合物的中英文名称进行对照；对于取代基的命名则尽量使用系统命名法，而对于常见取代基的常用俗名，一般只在表述时使用。

本书由全国十余所院校16名教师共同编写，各位教师的分工如下：大连医科大学李发胜（第1章）、昆明医科大学海源学院李映苓（第2、3章），大连医科大学刘娜（第4、5章）、河北医科大学马志宏（第6章）、昆明医科大学海源学院杨婷（第7章）、昆明医科大学海源学院李艳娟（第8章）、遵义医科大学徐应淑（第9章）、河北医科大学朱梅英（第10章）、遵义医科大学医学与科技学院江波（第11章）、广西医科大学吴峥（第12章）、贵州医科大学徐红（第13章）、山东大学郭令心（第14章）、长治医学院卫星星（第15章）、徐州医科大学朱松磊、南华大学肖锡林（第16章）、青海民族大学杜清（第17章）。李发胜教授和李映苓教授负责全书的统稿。

本书在编写过程中得到了大连医科大学、昆明医科大学海源学院和科学出版社等单位的大力支持，在此一并表示衷心的感谢！

限于编者水平，书中不当之处在所难免，敬请广大师生和读者批评指正。

编　者

2020 年 8 月

目　　录

第1章 绪 论

本章简要说明有机化学的发展历程及一些基本概念；并重点阐述有机化合物分子中共价键的本质、碳原子的三种杂化方式、共价键的极性和分子间作用力及路易斯（Lewis）酸碱理论，介绍有机化合物的分类、主要官能团和有机反应的类型；从而，为后续章节的学习奠定基础。

1.1 有机化合物和有机化学

从组成上看，有机化合物（organic compound）是指除 CO、CO_2、碳酸盐和氰化物等之外的含碳化合物。除了含有碳元素外，绝大多数还含有氢元素，而且许多有机化合物中还含有氧、氮、硫、磷和卤素等元素，所以也常把有机化合物称为碳氢化合物及其衍生物（compound of hydrocarbon and its derivatives）。而有机化学（organic chemistry）就是研究有机化合物的化学，是研究有机化合物的组成、结构、性质及其变化规律的一门科学。它与人类的生产和生活有着十分密切的关系，是化学学科的一个重要分支。

有机化合物广泛存在于自然界。人类很早就知道，如何从动植物中提取加工得到一些有用物质，诸如糖、酒、醋、香料、染料和药物等。据我国《周礼》记载，当时已设专司管理染色、酿酒和制醋等工艺的机构；在《神农本草经》中记载了几百种重要的药物，其中大部分是植物药。自 18 世纪开始，科学家陆续分离提取得到一系列较纯的化合物，如草酸、酒石酸、柠檬酸、乳酸、苹果酸、尿素和吗啡等。由于这些物质都是从有生命的动植物体中获得，并且因当时条件所限，不能人工合成，所以，早期化学家把这类物质称为有机化合物。1806 年，瑞典化学家贝尔塞柳斯（J. J. Berzelius）首先提出了"有机化学"这一名词，以区别于研究矿物质化学的无机化学。他认为有机化合物只能在生物体内通过神秘莫测的"生命力"作用才能产生，不能由无机化合物合成。

1828 年，德国化学家沃勒（F. Wöhler）在加热无机化合物氰酸铵时得到了有机化合物尿素：

$$NH_4OCN \xrightarrow{\triangle} NH_2CONH_2$$

沃勒的实验结果给予了"生命力"学说第一次强大的冲击，突破了无机化合物与有机化合物之间的严格界限。此后，更多的有机化合物相继合成出来。例如，1845 年，德国化学家柯尔伯（H. Kolbe）合成了醋酸；1854 年，法国化学家贝特洛（M. Berthelot）合成了油脂；1856 年，英国化学家珀金（W. H. Perkin）合成了苯胺紫。人们逐渐摒弃了"生命力"学说，有机化学进入了人工合成时代，并得以迅速发展。如今，许多结构复杂的生物大分子，如蛋白质（我国科学家于 1965 年在世界上首次人工合成了具有生物活性的蛋白质——结晶牛胰岛素）、核酸、激素和多糖等也都成功地人工合成出来。"有机"这一名词已不再反映其原有的含义，只是由于历史和习惯的缘故才沿用至今。

19 世纪中期，德国化学家凯库勒（A. Kekülé）、英国化学家库珀（A. S. Couper）和俄国化学家布特列洛夫（A. M. Butlerov）分别提出有机化合物的结构学说，极大地推动了有机化学的发展。1874 年，荷兰化学家范托夫（J. H. van't Hoff）和法国化学家勒贝尔（J. A. Lebel）同时提出碳的四面体学说，建立了分子的立体概念，从而开创了以立体观点来研究有机化合物的立体化学。

20 世纪 30 年代，量子力学原理和方法引入有机化学后，化学键的微观本质被阐明，进而形成了价键理论和分子轨道理论等。20 世纪 60 年代，合成维生素 B_{12} 过程中分子轨道对称守恒原理的发现，使人们对有机化学反应过程中化学键的微观本质有了更深的了解。由此，也奠定了现代结构理论的基础。

随着近代科学技术的发展，研究人员应用现代物理实验技术（如红外光谱、核磁共振谱、紫外光谱、质谱、色谱和 X 射线衍射等）测定有机化合物的精细结构，加速了有机化合物的研究进展。

一些新的实验技术，如光化学技术、催化化学技术、微波技术和超声波技术等应用到有机化学反应中，提高了反应的转化速率和产物的选择性。

20世纪70年代，美国化学家科里（E. J. Corey）提出逆合成分析理论，基于此，研究人员合成了许多结构非常复杂且具有生理活性的有机化合物，这种理论成为现代有机合成设计思想的基石。

有机化学经历了200多年的发展，已由实验性科学发展成为实验、理论并重的学科，并形成了有机合成化学、天然有机化学、生物有机化学、金属与元素有机化学、物理有机化学以及有机物分离分析等分支学科。同时，有机化学与生物学、物理学、材料学等多种学科不断交叉、融合、相互协同促进，新型交叉学科不断诞生，如绿色化学、化学生物学、化学基因组学、蛋白质组学、化学糖生物学和化学遗传学等。

1.2　有机化学与生命科学和医学的关系

随着生命科学和医学的发展，特别是近年来分子生物学、分子医学、基因组学、蛋白组学、代谢组学、糖生物学等学科的相继出现，标志着生命科学的发展进入到分子水平，而化学的宗旨是在分子、原子水平上认识和改造物质世界，所以生命科学与化学学科的关系极为密切。组成生命体的物质除了水分子和无机离子外，其他物质几乎都是有机化合物，可以说有机化合物是构成生物体的主要物质，而生物体内所发生的化学反应大多数属于有机化学反应。这些化学物质在生物体内进行一系列复杂的变化，完全遵循有机化学反应的普遍规律，以维持机体的生命活动。尽管生命是一个极为复杂的过程，但其物质基础和生命活动都离不开化学分子和化学反应。化学在生命中的作用，正如1959年诺贝尔生理学或医学奖获得者美国生物化学家科恩伯格（A. Kornberg）所认为："人类的形态和行为都是由一系列各负其责的化学反应来决定的"，"把生命理解成化学"。因此，有机化学是生命科学不可缺少的化学基础。只有掌握并应用了有机化学的理论和方法，才能认识到蛋白质、核酸、酶和多糖等生物大分子的结构和功能，为探索生命的奥妙奠定基础，促进生命科学的发展；同时，生命科学也充实和丰富了有机化学的内容，在大分子和超分子水平上，有机化学与生命科学在更广阔范围和更深层次上相互渗透，全面互补。有机化学与生命科学的密切结合，是现代科学发展的需要和必然结果。

有机化学作为医学课程的一门基础课，为有关的后续课程如生物化学、分子生物学、免疫学、生理学、药理学以及临床诊断治疗等提供必要的基础知识。临床上使用的药物大部分是有机化合物，药物的合成、药物的体内作用过程、药物的结构与功效的关系，以及有关生命的人工合成、遗传基因的控制、疾病病因的探索等，都离不开有机化学的密切配合。有机化学在当今社会将发挥越来越重要的作用。

1.3　有机化合物的特性

1.3.1　有机化合物的结构特征

有机化合物的结构是指分子的组成、分子中各原子相互结合的顺序和方式、价键结构、分子中电子的分布状态、三维结构和分子中原子或基团之间的相互影响等。有机化合物的结构决定了化合物的性质，而有机化合物的性质又将反映出其结构特征。

碳原子是有机化合物中的核心原子。碳原子处于元素周期表中第二周期ⅣA族，基态碳原子核外电子排布式为$1s^2 2s^2 2p^2$，其外层有4个电子。当碳原子与其他原子（包括碳原子）形成化合物时，它不易失去或获得价电子，而总是原子间通过共享电子，即以共价键（covalent bond）形成稳定的电子构型。碳原子外层有4个电子，因此可形成4个共价键。

有机化合物中碳原子成键时，可以通过单键、双键或三键形式相互连接成链状或环状化合物。

同时,即使分子组成相同,但原子的连接次序不同也会形成不同的化合物,同分异构现象很普遍,使得有机化合物的数量非常庞大。

1.3.2 有机化合物的特点

从化学结构上看,有机化合物分子中原子间主要以共价键成键,分子间的作用力较弱。因此,它们与无机化合物相比,在性质上存在明显差异。一般具有以下几方面的特征:绝大多数有机化合物容易燃烧,而大多数无机化合物不易燃烧;有机化合物的熔点低,一般不超过400℃,而无机化合物通常熔点较高,难于熔化;有机化合物大多在水中溶解度较小,易溶于有机溶剂,而无机化合物则相反;有机化合物化学反应速率一般较慢,通常需要加热或加催化剂促进反应,常伴有副反应发生,产物复杂,反应物的转化率和产物的选择性很少能达到100%,而多数无机化合物的反应可在瞬间完成且产物单一。

1.4 共 价 键

分子中的原子通过化学键相互结合。常见的化学键有共价键、离子键和金属键。在有机化合物分子中,主要的、典型的化学键是共价键。对于共价键的解释,主要有路易斯共价键理论、价键理论、杂化轨道理论、分子轨道理论和共振论等。

1.4.1 共价键的形成及相关理论

1. 路易斯共价键理论 1916年,美国物理化学家路易斯(G. N. Lewis)提出了经典共价键理论:分子中的每个原子都有达到稳定的稀有气体结构的倾向。在非金属原子组成的分子中,原子达到稀有气体稳定结构不是通过电子的得失,而是通过共享一对或几对电子来实现的。这种由共享电子对所形成的化学键称为共价键。稀有气体除氦仅有两个价电子外,其他的价电子层中均为8个电子,所以路易斯共价键理论又称为八隅律(octet rule)。例如:

$$H\cdot + \cdot H \longrightarrow H:H \text{ 或 } H—H$$

路易斯共价键理论揭示了共价键与离子键的区别,但未能解释共价键的本质,也无法解释某些不形成稀有气体电子层结构的分子。直到量子力学建立以后,共价键的理论才开始发展。

2. 价键理论 氢分子是最简单的典型共价键分子。量子力学计算结果表明,两个具有$1s^1$电子构型的氢原子靠近时,两个自旋相反的1s电子形成电子对,从而使体系的能量降低,形成稳定状态(基态)。当距离为74pm时,体系的能量最低,处于最稳定的状态(图1-1)。此时两个H原子的1s轨道发生最大重叠(图1-2),核间电子云密集,为两核共享,形成共价键。若两个具有自旋

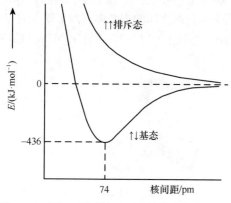

图1-1 两个H原子接近时系统势能变化曲线

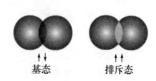

图1-2 两个H原子的1s轨道重叠示意图

平行 1s 电子的 H 原子逐渐靠近，两核之间电子云稀疏，相互斥力越来越大，系统的势能上升，因而不能形成共价键（排斥态）。可见共价键的本质是两原子轨道重叠，成键原子共享配对电子，电子云密集区把两个带正电荷的原子核吸引在一起而形成稳定的共价分子。

将研究氢分子的结果推广到一般的共价键，就形成了价键理论，其要点如下：当两个原子接近时，自旋方向相反的未成对电子相互配对，原子轨道重叠，核间电子出现的概率密度增大，使系统能量降低，形成稳定的共价键；每个原子形成共价键的数目取决于单电子数目，即一个原子含有几个未成对电子，通常就能与其他原子的几个自旋方向相反的未成对电子配对形成共价键，这就是共价键的饱和性；形成共价键的原子轨道重叠越多，两核间电子出现的概率密度就越大，形成的共价键就越牢固。因此，在可能情况下，共价键的形成将沿着原子轨道最大重叠的方向进行，这就是共价键的方向性。

有机化合物中的共价键类型主要有 σ 键（σ bond）和 π 键（π bond）两种。由两个成键原子轨道沿着轨道的键轴方向重叠所形成的共价键称为 σ 键，其电子云呈圆柱形对称分布于键轴周围，轨道的重叠程度最大，成键的两个原子可以沿键轴自由旋转。由两个 p 轨道从侧面相互平行重叠形成的共价键称为 π 键，其电子云分布在键轴的参考平面（节面）的上、下方，在节面上电子云密度几乎为零，此种轨道重叠程度最小。π 键不能自由旋转，也不如 σ 键牢固。有机化合物分子中的单键都是 σ 键。

3. 杂化轨道理论 价键理论比较简要地阐明了共价键的形成过程和本质，并成功地解释了共价键的方向性和饱和性等特点，但在解释分子的空间结构方面却遇到了困难。为了解释多原子分子的空间结构，1931 年，美国化学家鲍林（L. C. Pauling）在价键理论的基础上，提出了杂化轨道理论，其基本要点如下：原子在形成分子时，由于原子间相互影响，同一原子中参与成键的不同类型、能量相近的原子轨道进行重新组合，形成能量、形状和空间取向与原来轨道不同的新的原子轨道，这个过程称为原子轨道的杂化（hybridization），所形成的新的原子轨道称为杂化轨道（hybrid orbital）。杂化轨道的数目等于参与杂化的原子轨道的数目，杂化轨道的成键能力比未杂化的原子轨道的成键能力强，形成的化学键的键能大，杂化轨道的空间构型取决于中心原子的杂化类型。碳原子的杂化方式主要有 sp^3、sp^2、sp 三种。

（1）sp^3 杂化轨道：碳原子在基态时的外层电子构型为 $2s^2 2p_x^1 2p_y^1 2p_z^0$，在形成共价键时，2s 轨道上的 1 个电子激发到 $2p_z$ 空轨道上，形成 $1s^2 2s^1 2p_x^1 2p_y^1 2p_z^1$（激发态），然后 1 个 2s 和 3 个 2p 轨道进行杂化，形成 4 个完全相同的 sp^3 杂化轨道。

sp^3 杂化轨道的形状类似葫芦形，一头大、一头小[图 1-3（a）]。四个 sp^3 杂化轨道对称地排布在碳原子的周围，它们的对称轴在空间的取向相当于从正四面体的中心伸向四个顶点的方向，形成正四面体的空间构型，杂化轨道对称轴间夹角为 109.5º[图 1-3（b）]。这样 sp^3 杂化轨道之间的相互斥力最小，能量最低，体系最稳定。

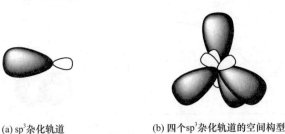

(a) sp^3 杂化轨道　　　　(b) 四个 sp^3 杂化轨道的空间构型

图 1-3　碳原子的 sp^3 杂化

（2）sp^2 杂化轨道：如果碳原子激发态中的 1 个 2s 轨道与 2 个 2p 轨道进行杂化，形成 3 个完全相同的 sp^2 杂化轨道，还剩 1 个 p 轨道未参与杂化。

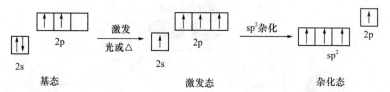

sp^2 杂化轨道的形状也类似葫芦形，一头大、一头小，但比 sp^3 略短一些。3 个 sp^2 杂化轨道的对称轴在同一平面上，构成三角形的平面构型，杂化轨道对称轴间的夹角为 120°[图 1-4（a）]。碳原子上余下 1 个未参与杂化的 2p 轨道，它的对称轴垂直于 sp^2 杂化轨道的平面[图 1-4（b）]。

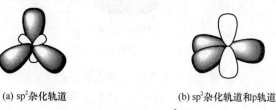

(a) sp^2 杂化轨道　　　　　　(b) sp^2 杂化轨道和p轨道

图 1-4　碳原子的 sp^2 杂化

（3）sp 杂化轨道：如果碳原子激发态中的 1 个 2s 轨道与 1 个 2p 轨道进行杂化，形成 2 个完全相同的 sp 杂化轨道，还剩 2 个 p 轨道未参与杂化。

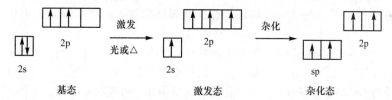

sp 杂化轨道的形状也类似葫芦形，但比 sp^2 还要短一些。2 个 sp 杂化轨道呈直线形构型，杂化轨道对称轴间的夹角为 180°[图 1-5（a）]。余下两个未参与杂化的 2p 轨道与 sp 杂化轨道相互垂直[图 1-5（b）]。

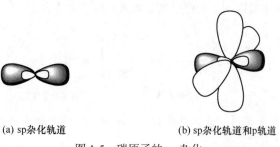

(a) sp杂化轨道　　　　　　(b) sp杂化轨道和p轨道

图 1-5　碳原子的 sp 杂化

4. 分子轨道理论　价键理论是从定域（成键的电子只局限于成键两原子之间）的观点出发，形象直观，易理解，说明了共价键的形成和分子空间构型等问题，但没有把分子看作是一个整体，因此，该理论具有一定的局限性。而分子轨道理论是以离域（成键的电子分布在整个分子中）的观点为基础，对分子的描述更准确，逐渐在有机化学理论中占据了主导地位。分子轨道理论的基本要点如下：

（1）成键的电子在分子中空间的运动状态称为分子轨道（molecular orbital），可用波函数 Ψ 来描述。分子轨道是由组成分子的原子轨道线性组合而成的。形成的分子轨道数与参与成键原子轨道数相等。例如，两个原子轨道线性组合得到两个分子轨道，一个是成键分子轨道，其能量比两个原子轨道中能量较低的轨道还低，较稳定；另一个是反键分子轨道，其能量比两个原子轨道中能量较高的轨道还要高，不稳定（图1-6）。

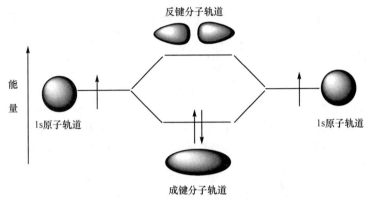

图 1-6　氢分子轨道示意图

（2）为了有效地组合成分子轨道，参与组合的原子轨道还必须满足以下三条原则：①对称性匹配原则，成键的两个原子轨道，必须是位相相同的部分相互重叠才能形成稳定的分子轨道。②能量相近原则，只有能量相近的两个对称性匹配的原子轨道才能有效地组合成分子轨道，而且原子轨道的能量越接近，组合成的分子轨道越有效。③轨道最大重叠原则，能量相近、对称性匹配的两个原子轨道线性组合分子轨道时，应尽可能使原子轨道重叠程度最大，以使成键分子轨道的能量尽可能降低，使形成的化学键更加稳定。

（3）电子在分子轨道中的排布，同样遵循能量最低原理、泡利（Pauli）不相容原理和洪德（Hund）规则。

5. 共振论　为了解决经典结构式表达复杂的电子离域体系的矛盾，鲍林（Pauling）在价键理论的基础上提出了共振论（resonance theory）。其基本要点是：电子离域体系的分子、离子或自由基不能用一个经典结构式（路易斯式）表示清楚，而需用几个可能的原子核位置不变只是电子位置变化的路易斯结构式来表示，这些路易斯结构式称为共振式或共振极限式。实际上分子、离子或自由基是共振式的共振杂化体（resonance hybrid）。共振杂化体表达了成键的电子离域于整个分子、离子或自由基中，因此能比较全面地解释化合物的性质。

例如，硝基甲烷的结构可以用下列两个共振式或共振杂化体表示。

$$\left[\ H_3C-\overset{+}{N}\underset{\overset{\cdot\cdot}{O:}}{\overset{\overset{\cdot\cdot}{O:}}{\|}} \ \longleftrightarrow \ H_3C-\overset{+}{N}\underset{\overset{\cdot\cdot}{O:}}{\overset{\overset{\cdot\cdot}{O:}}{\|}} \ \right] \quad 或 \quad H_3C-N\underset{O^{\delta-}}{\overset{O^{\delta-}}{\diagup}}$$

两个共振体　　　　　　　共振杂化体

双箭头"$\longleftrightarrow$"是共振符号，连接共振式，表示共振式的共振或叠加，合起来表示共振杂化体。弯箭头"⌒"表示电子对转移。

一般情况下，能级相等或近似的共振式越多，电子离域程度越大，这个体系的热力学能越低，越稳定。每个共振式对共振杂化体的贡献不是均等的，越稳定的共振式其贡献越大，相同的共振式对共振杂化体的贡献相等。

1.4.2　共价键的性质

表征共价键性质的键参数主要有键能、键长、键角和键的极性。

1. 键能　键能（bond energy）是原子形成共价键时所放出的能量。共价键断裂成原子所吸收的能量，称为解离能。对于双原子分子来说，键能就等于其解离能。而对于多原子分子来说，即使相同的共价键其解离能也不相同，但差别不大，可用各键解离能的平均值作为该键的键能。例如，甲烷分子中的四个 C—H 键各步的解离能为：

$$CH_3—H \longrightarrow \cdot CH_3 + H\cdot \qquad E_d=439.3kJ \cdot mol^{-1}$$

$$\cdot CH_3 \longrightarrow \cdot \overset{\cdot}{C}H_2 + H\cdot \qquad E_d=442kJ \cdot mol^{-1}$$

$$\cdot \overset{\cdot}{C}H_2 \longrightarrow \cdot \overset{\cdot}{\underset{\cdot}{C}}H + H\cdot \qquad E_d=442kJ \cdot mol^{-1}$$

$$\cdot \overset{\cdot}{\underset{\cdot}{C}}H \longrightarrow \cdot \overset{\cdot}{\underset{\cdot}{C}} \cdot + H\cdot \qquad E_d=338.6kJ \cdot mol^{-1}$$

C—H 键的键能为 $\dfrac{(439.3+442+442+338.6)kJ \cdot mol^{-1}}{4}=415.5kJ \cdot mol^{-1}$。键能是衡量共价键强度的重要参数，一般来说，键能越大，键的稳定性越好，由该键组成的分子越稳定。

2. 键长　键长（bond length）是指分子中两个成键原子核间的平衡距离，键长的单位常用 pm 或 nm 表示。键长可通过 X 射线衍射法、电子衍射法等物理方法测定。

不同的共价键具有不同的键长，即使相同的共价键，由于成键原子受到整个分子中各部分的相互影响，其键长也稍有不同，可用其平均值即平均键长作为该键的键长。对于两个相同原子形成的共价键而言，单键键长＞双键键长＞叁键键长。例如：C—C 键长为 154pm，C＝C 键长为 134pm，C≡C 键长为 120pm。

> **问题 1-1**　解释乙烷、乙烯、乙炔中的 C—C 键长为何不同。

3. 键角　键角（bond angle）是指分子中同一原子形成的两个共价键之间的夹角，是反映分子空间构型的一个重要参数。例如，甲烷分子中四个键的相邻键角为 109.5º，是正四面体构型。通常根据分子中的键角和键长，可确定分子的空间构型。

4. 键的极性和极化性　键的极性是由成键原子的电负性不同而引起的。当两个相同原子形成共价键时，由于两个原子的电负性相同，核间电子云对称地分布在两个原子之间，正负电荷重心重合，这种键是无极性的，称为非极性共价键（nonpolar covalent bond），如 H—H、Cl—Cl。当两个不同原子形成共价键时，由于两原子的电负性不同，核间电子云偏向电负性较大原子那一端，使之带部分负电荷，通常用符号"δ^-"表示；而电负性较小原子那一端带部分正电荷，通常用符号"δ^+"表示，正电荷重心与负电荷重心不重合，这种键具有极性，称为极性共价键（polar covalent bond）。例如 $\overset{\delta^+}{H}—\overset{\delta^-}{Cl}$。

键极性的大小主要取决于成键两原子的电负性之差，电负性差值越大，键的极性就越大。两个原子的电负性差值等于或大于 1.7，通常形成离子键。电负性差值小于 1.7 通常形成共价键，其中差值在 0.6～1.7 时形成极性共价键。

键的极性大小还可用偶极矩（键矩）μ 来表示。偶极矩等于正电荷重心（或负电荷重心）的电量（q）与正、负电荷重心之间的距离（d）的乘积：

$$\mu = q \times d$$

其单位为库·米（C·m）。偶极矩是一个矢量，通常用符号"$+\!\!\longrightarrow$"表示，其箭头指向表示的是从正电荷重心指向负电荷重心方向。有机物分子中一些常见共价键的偶极矩在 1.33×10^{-30}～11.7×10^{-30} C·m。偶极矩越大，键的极性就越大。

键的极化性（polarization of bond）是指在外界电场作用下，共价键的电子云分布发生变化，从而改变键的极性。极化性的大小与成键原子的体积、电负性、键的种类和外电场强度等因素有关。成键原子的体积越大，电负性越小，对核外价电子的束缚能力越弱，则键的极化性越大；外电场越强，键的极化性越大。

共价键的极性与极化性是共价键的重要性质，是决定分子的物理及化学性质的重要因素之一。

问题 **1-2** 将 C—F、C—N、C—I、C—Br 共价键按极性从小到大顺序排列。

1.4.3 共价键的断裂与有机化学反应的基本类型

有机化合物发生化学反应时,总是伴随着某些共价键的断裂和新的共价键的生成。共价键的断裂有均裂和异裂两种方式,基于此,可以把有机反应分为不同的类型。

均裂(homolysis)是指共价键断裂时,组成该键的一对电子由键合的两个原子或基团各保留一个单电子的裂解过程。例如:

$$-\overset{|}{\underset{|}{C}}:A- \xrightarrow{均裂} -\overset{|}{\underset{|}{C}}\cdot + \cdot A$$

均裂产生的具有单电子的原子或基团称为自由基(free radical),又称游离基。自由基性质非常活泼,可以继续引起一系列的反应(链反应)。有自由基参与的反应称为自由基反应,一般多在光照、热或过氧化物存在下进行。生物体内许多生理或病理过程(如衰老、损伤和肿瘤的发生等)都与自由基有关。

异裂(heterolysis)是共价键断裂时,成键的一对电子保留在一个原子或基团上,从而产生正离子或负离子的裂解过程。例如:

$$-\overset{|}{\underset{|}{C}}:A- \xrightarrow{异裂} \begin{cases} -\overset{|}{\underset{|}{C}}{}^+ + :A^- \\ -\overset{|}{\underset{|}{C}}:^- + A^+ \end{cases}$$

这种碳正离子和碳负离子是在有机化学反应中暂时生成、瞬间存在的活泼中间体。由异裂产生的离子而进行的反应称为离子型反应,它不同于无机化合物的离子反应。有机离子型反应一般是在酸或碱的催化下,或在极性介质中,与试剂通过形成正或负离子而发生反应。有机离子型反应又可根据进攻试剂类型,分为亲电反应和亲核反应两种。

亲电反应(electrophilic reaction)是由缺少电子的试剂进攻反应物(底物)分子中电子云密度较高部位所发生的反应。反应试剂一般为正离子或缺电子的化合物(如 Br^+、$FeCl_3$、$AlCl_3$ 等),称为亲电试剂。

亲核反应(nucleophilic reaction)是由亲核试剂进攻底物分子中电子云密度较低部位所发生的反应。反应试剂一般为能供给电子的负离子或带有孤对电子的分子(如 RO^-、OH^-、NH_3、H_2O 等),称为亲核试剂。

除上述自由基反应和离子型反应外,还有一种反应称为协同反应或周环反应。该反应是在反应过程中,旧的共价键断裂和新的共价键形成同时发生于环状过渡态结构中,不生成自由基或离子型活泼中间体,反应一般在光照或加热条件下进行,有较好的立体选择性。

1.5 分子间作用力

1.5.1 分子的极性

任何分子中都含有带正电荷的原子核和带负电荷的电子,如果分子的正、负电荷重心重合,则分子为非极性分子;若正、负电荷的重心不重合,则为极性分子。分子极性的大小常用分子的偶极矩来衡量。偶极矩为零的分子是非极性分子。分子的偶极矩越大,其极性就越强。

对于双原子分子来说,键的偶极矩就是分子的偶极矩;但对于多原子分子,分子的偶极矩是各键偶极矩的矢量和, 即在多原子分子中, 分子的极性不仅与共价键的极性有关, 还与分子的空间构型有关。例如, 四氯甲烷分子中 C—Cl 键是极性键, 偶极矩为 4.87×10^{-30} C·m, 但由于分子是正四面体结构, 四个 C—Cl 键偶极矩相互抵消, 四氯甲烷分子的偶极矩为零, 是非极性分子。而一氯甲烷分子中 1 个 C—Cl 键和 3 个 C—H 键(偶极矩为 1.33×10^{-30} C·m)是极性键, 分子是变形的四面体结构, 一氯甲烷分子 4 个键的极性没有被抵消, 偶极矩为 6.47×10^{-30} C·m, 是极性分子(图 1-7)。

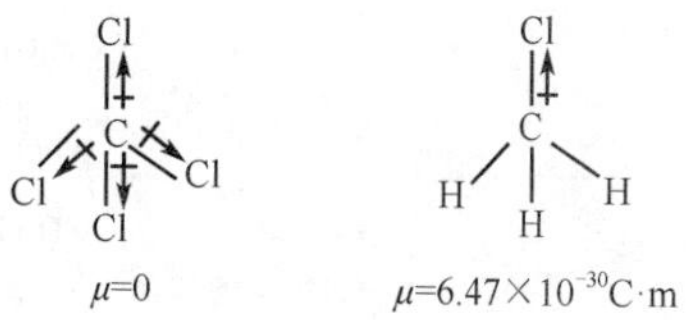

图 1-7 四氯甲烷和一氯甲烷分子的偶极方向和偶极矩

> **问题 1-3** 下列化合物分子中有无偶极矩, 若有用 ($+\!\longrightarrow$) 标明极性的方向。
> (1) CH_3Cl　　(2) CH_4　　(3) CH_3OCH_3　　(4) CH_3OH

1.5.2　分子间作用力

除化学键外, 分子间还存在一种约比化学键键能小一到两个数量级的较弱作用力, 称为分子间作用力, 它最早由荷兰物理学家范德瓦耳斯(J. D. van der Waals)提出, 故也称为范德瓦耳斯力。这种力是决定物质熔点、沸点、溶解度、表面张力等物理性质的重要因素。

分子间作用力的实质是分子偶极间的静电作用力, 不具有方向性和饱和性。分子间作用力源于分子的极化, 按其产生的原因和特性可分为取向力、诱导力和色散力三种。由极性分子的偶极定向排列产生的静电作用力称为取向力, 极性分子的偶极矩越大, 取向力就越大。极性分子固有偶极与非极性分子的诱导偶极产生的作用力称为诱导力, 极性分子之间也存在诱导力, 诱导力通常很小。由非极性分子的瞬时偶极产生的吸引作用力称为色散力, 非极性分子与极性分子之间及极性分子之间也存在色散力。对于大多数分子来说, 色散力是主要的。

1.5.3　氢键

当氢原子与电负性大、半径小的 X 原子(如 F、O、N 等)以共价键结合成分子时, 密集于核间的电子云强烈偏向于 X 原子, 使氢原子几乎变成了"裸核", 这个氢原子还能与另一个电负性大、半径小的 Y 原子(如 F、O、N 等)中的孤对电子产生静电作用形成 X—H⋯Y 结构, 这种产生在 H⋯Y 之间的静电作用力(虚线所示)称为氢键(hydrogen bond)。氢键的键能比共价键弱得多, 但比分子间作用力稍强, 氢键具有方向性和饱和性, 这又有别于分子间作用力, 因此可以把氢键看作是较强的、有方向性和饱和性的特殊分子间作用力。

氢键的形成不仅对物质的物理性质有较大的影响, 而且对于分子内含氢键的蛋白质、核酸和多糖等生物大分子的结构和功能也起着极为重要的作用。

1.6　有机化学中的酸碱概念

酸碱是化学中的重要概念之一。酸和碱的最早定义是由瑞典化学家阿伦尼乌斯(S. A. Arrhenius)于 1887 年提出的, 酸碱电离理论中涉及: 凡是在水溶液中能电离出 H^+ 的物质是酸, 能电离出 OH^- 的物质是碱。这个酸碱概念只限于水溶液, 因而有一定的局限性。随着对酸碱的深入研究, 又产生了多种理论。在有机化学中应用较多的是酸碱质子理论和酸碱电子理论。

1.6.1　酸碱质子理论

1923 年, 丹麦化学家布朗斯特(J. N. Brønsted)和英国化学家劳里(T. M. Lowry)提出酸碱质子理论。该理论认为: 凡能给出质子(H^+)的物质都是酸, 凡能接受质子的物质都是碱。酸失去质子后形成其共轭碱, 酸越强, 其共轭碱就越弱; 同理, 碱得到质子后形成其共轭酸,碱越强，其共轭酸就越弱。例如：

$$CH_3COOH + CH_3NH_2 \rightleftharpoons CH_3COO^- + CH_3NH_3^+$$
酸　　　　碱　　　　　　共轭碱　　　共轭酸

$$CH_3CH_2OH + H_2SO_4 \rightleftharpoons CH_3CH_2OH_2^+ + HSO_4^-$$
碱　　　　酸　　　　　　共轭酸　　　共轭碱

酸碱反应的实质就是两对共轭酸碱对之间的质子传递反应，酸碱反应总是由较强的酸与较强的碱作用，向着生成较弱的碱和较弱的酸的方向进行。

化合物的酸性强度通常用离解常数 K_a 或 pK_a 表示，K_a 值越大或 pK_a 值越小，酸性就越强；碱性强度可以用 K_b 或 pK_b 表示，K_b 值越大或 pK_b 值越小，碱性就越强。

酸碱质子理论与电离理论相比，扩大了酸和碱的范围，并且把酸和碱的性质和溶剂的性质联系起来。

1.6.2　酸碱电子理论

1923 年，美国物理化学家路易斯（G. N. Lewis）提出酸碱电子理论。该理论认为：凡能接受电子对的分子或离子则称为路易斯酸，而能够给出电子对的分子或离子称为路易斯碱。酸是电子对的受体，碱是电子对的给体。酸碱反应的实质是酸从碱接受一对电子，形成配位键而生成酸碱配合物：

$$A + :B \rightleftharpoons A:B$$
酸　　碱　　酸碱配合物

根据路易斯酸碱概念，亲电试剂可以看作是路易斯酸，如 H^+、Li^+、NO_2^+、$AlCl_3$、$FeCl_3$、$ZnCl_2$、$SnCl_4$、R^+等；亲核试剂可以看作是路易斯碱，如 OH^-、X^-、SH^-、RNH_2、RO^-、ROR'、$C=O$、$—C≡N$、烯烃、芳香烃等。

酸碱电子理论所定义的酸碱包括的物质种类极为广泛，大多数有机反应都可以看成是路易斯酸碱反应。但该理论对酸碱的认识过于笼统，也不易确定酸碱的相对强度。

1.7　有机化合物的分类和构造式的表示方法

1.7.1　有机化合物的分类

数以千万计的有机化合物中，分类的方法有多种，但一般是按分子中碳原子的连接方式（碳的骨架）和有特征反应的官能团来分类。

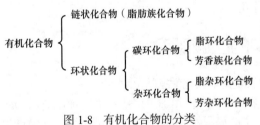

图 1-8　有机化合物的分类

根据碳的骨架可以将有机化合物分成链状化合物和环状化合物，后者又可分为碳环化合物（包括脂环化合物和芳香族化合物）和杂环化合物（包括脂杂环化合物和芳杂环化合物）（图 1-8）。

链状化合物是指分子中的碳原子相互连接成链状的化合物，由于最初这类化合物是在油脂中发现的，所以习惯上称为脂肪族化合物。环状化合物可根据成环原子的种类分成碳环化合物和杂环化合物。碳环化合物分子中的环完全是由碳原子互相连接成的环状化合物，这类化合物中含有苯环的化合物称为芳香族化合物，不含苯环的碳环化合物称为脂环族化合物。杂环化合物是指分子中组成环的原子除碳原子外，还有杂原子（如氧、硫或氮等）。

另一种分类方法是按官能团分类。官能团（functional group）又称功能基，是代表有机化合物主要性质和反应的原子或基团，官能团对有机化合物的性质起着决定性的作用。含有相同官能团的有机化合物具有相似的性质，因此将含有相同官能团的化合物归为一类。本书主要按官能团分类，并结合骨架结构展现有机化学的基本内容。一些常见官能团见表 1-1。

表 1-1　一些常见的官能团

类别（英文名）	官能团		实例	
	结构	名称	结构	名称
烷烃（alkane）*	$-\overset{\mid}{\underset{\mid}{C}}-\overset{\mid}{\underset{\mid}{C}}-$		H_3C-CH_3	乙烷
烯烃（alkene）	$\overset{}{C}=\overset{}{C}$	碳碳双键	$\underset{H}{\overset{H}{}}C=C\underset{H}{\overset{H}{}}$	乙烯
炔烃（alkyne）	$-C\equiv C-$	碳碳叁键	$H-C\equiv C-H$	乙炔
卤代烃（halohydrocarbon）	$-X$	卤素	CH_3Cl	氯甲烷
醇（alcohol）和酚（phenol）	$-OH$	羟基	CH_3CH_2OH ⬡$-OH$	乙醇 苯酚
醚（ether）	$R-O-R$	醚键	$H_3CH_2C-O-CH_2CH_3$	乙醚
醛（aldehyde）	$-\overset{O}{\overset{\|}{C}}-H$	醛基	$H_3C-\overset{O}{\overset{\|}{C}}-H$	乙醛
酮（ketone）	$\overset{O}{\overset{\|}{C}}$	羰基	$H_3C\overset{O}{\overset{\|}{C}}CH_3$	丙酮
羧酸（carboxylic acid）	$-\overset{O}{\overset{\|}{C}}-OH$	羧基	$H_3C-\overset{O}{\overset{\|}{C}}-OH$	乙酸
酯（ester）	$-\overset{O}{\overset{\|}{C}}-OR$	酯基	$H_3C-\overset{O}{\overset{\|}{C}}-OCH_2CH_3$	乙酸乙酯
胺（amine）	$-NH_2$	氨基	$H_3CH_2C-NH_2$	乙胺
酰卤（acyl halide）	$-\overset{O}{\overset{\|}{C}}-X$	卤代甲酰基	$CH_3\overset{O}{\overset{\|}{C}}-Cl$	乙酰氯
酰胺（amide）	$-\overset{O}{\overset{\|}{C}}-NH_2$	氨基甲酰基	$H_3C-\overset{O}{\overset{\|}{C}}-NH_2$	乙酰胺
硝基化合物（nitro compound）	$-NO_2$	硝基	CH_3NO_2	硝基甲烷
硫醇（thiol）、硫酚（thiophenol）和硫醚（thioether）	$-SH$	巯基	CH_3CH_2SH ⬡$-SH$ CH_3-S-CH_3	乙硫醇 苯硫酚 甲硫醚
磺酸（sulfonic acid）	$-SO_3H$	磺酸基	⬡$-SO_3H$	苯磺酸

*烷烃没有官能团，但它被看成是所有有机化合物的母体。

问题 1-4　指出化合物 $-CH=CHCOOH$ 中所含官能团的名称和类别。

1.7.2 有机化合物构造式的表示方法

有机化合物分子的组成可用分子式表示，但由于有机化合物同分异构现象很普遍，分子式不能表明唯一的有机化合物，因此，须用构造、构型或构象来表示有机化合物的结构。将有机化合物分子中各原子相互连接的顺序和方式称为构造，表示分子构造的化学式即为构造式。下面主要介绍构造式的表示方法，立体结构式中构型和构象的表示方法将在相关章节中加以介绍。

构造式主要有路易斯结构式、蛛网式、缩写式和键线式四种，举例说明见表 1-2。路易斯结构式是用圆点表示电子，两原子之间的两个圆点表示形成的共价单键，此结构式可以清楚地表示各原子间键合关系和非价键电子数，但书写麻烦。将路易斯结构式中一对共价电子改成一条短线，就得到了蛛网式，书写也麻烦。为了简化构造式的书写，将碳和氢之间的键线省略，或将碳氢单键和碳碳单键的键线均省略的书写式，称为缩写式。还有一种表示方式是只用键线表示出碳链、碳环（统称碳架或骨架）和除碳、氢以外的原子或基团与碳原子连接的关系，两个单键或一个双键与一个单键之间的夹角为 120°，一个单键与一个叁键之间的夹角为 180°，而分子中的碳原子、C—H 上的氢原子、C—H 键均省略不写，其他原子（杂原子）及与杂原子相连的氢原子要写出，此种方式表示的结构式称为键线式。缩写式和键线式应用较广泛，键线式最为简便。

表 1-2 有机化合物构造式的表示方法

化合物	路易斯结构式	蛛网式	缩写式	键线式
丁烷	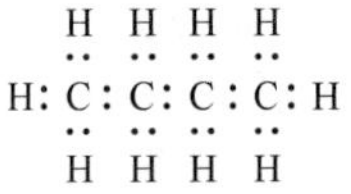 H:C:C:C:C:H	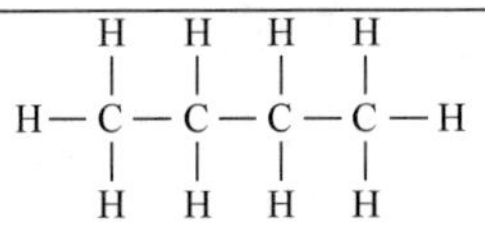 H—C—C—C—C—H	$CH_3CH_2CH_2CH_3$ 或 $CH_3(CH_2)_2CH_3$	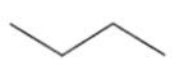
1-丁烯	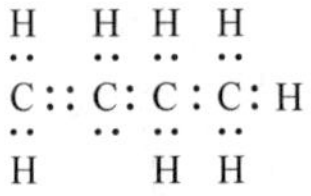 C::C:C:C:H	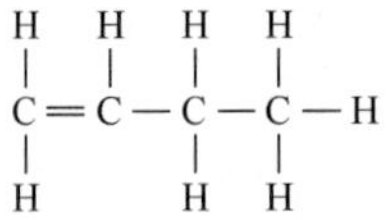 C=C—C—C—H	$H_2C=CHCH_2CH_3$	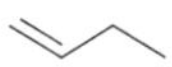
2-丁醇	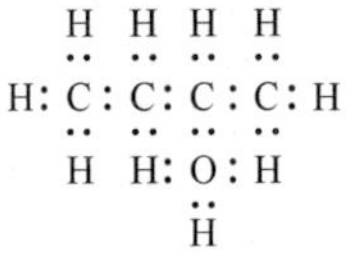 H:C:C:C:C:H	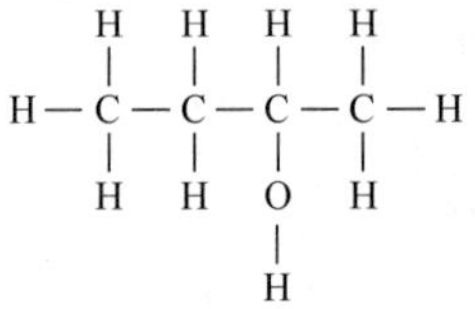 H—C—C—C—C—H	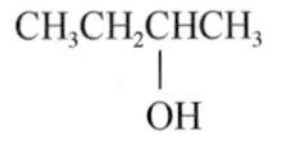 $CH_3CH_2CHCH_3$ OH 或 $CH_3CH_2CH(OH)CH_3$	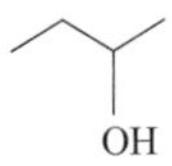 OH
环丁烷	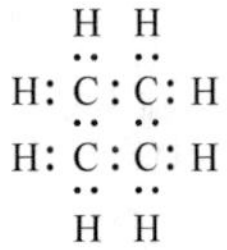 H:C:C:H H:C:C:H	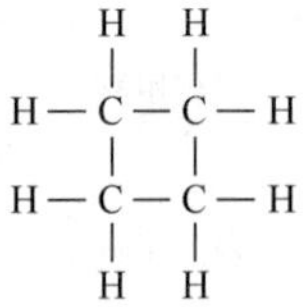 H—C—C—H H—C—C—H	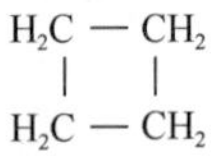 $H_2C—CH_2$ $H_2C—CH_2$	□
苯	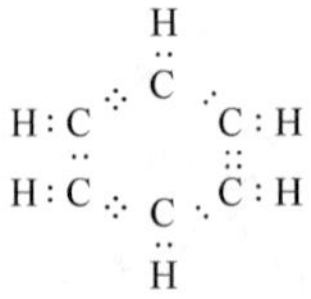	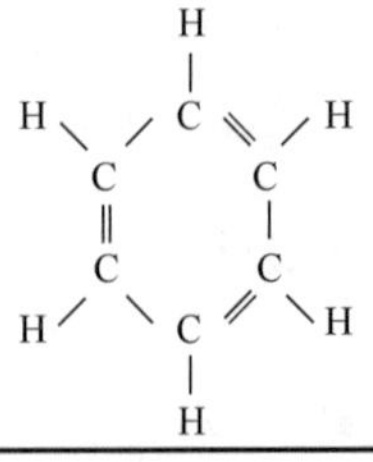	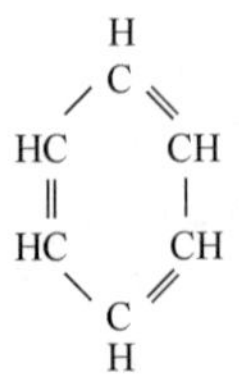	 或 

习 题

1-1 试解释有机化合物与无机化合物相比较，为何具有熔点、沸点较低，水溶性较差的特点。

1-2 为什么 C—X（X 为卤素）键的极性大小次序是 C—F＞C—Cl＞C—Br＞C—I，而 C—X 键的极化性大小次序是 C—I＞C—Br＞C—Cl＞C—F?

1-3 指出下列各化合物分子中碳原子杂化状态。

（1）HC≡C—CH₂—CH＝CH₂

（2）H₃C—C≡N

1-4　下列化合物分子中有无偶极矩，若有请用（ ├──➤ ）表示。

（1）CH₃Br　　　　　　（2）CCl₄　　　　　　（3）C₂H₅OC₂H₅　　　　　（4）CH₃CH₂OH

1-5　指出下列化合物或离子中哪些是路易斯酸？哪些是路易斯碱？

（1）NH₃　　　　　　（2）H₃O⁺　　　　　　（3）C₂H₅O　　　　　　（4）AlCl₃

（5）Br⁻　　　　　　（6）HSO₄⁻

1-6　写出分子式为 C₃H₆O 化合物的可能结构式，并指出化合物的类别。

1-7　指出下列各化合物分子中所含官能团的名称和化合物的类别。

（1）CH₃OH　　　　　　　　（2）C₆H₅OH　　　　　　　　（3）C₆H₅NH₂

（4）H₂C＝C—COOH　　　　　（5）C₆H₅CHO
　　　　　｜
　　　　　CH₃

1-8　指出下列化合物中的官能团和特征结构。

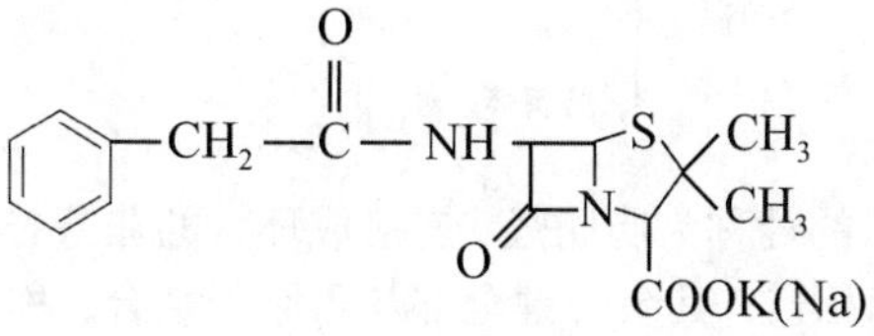

（李发胜）

第 2 章 烷烃和环烷烃

只含碳和氢两种元素的有机化合物称为烃（hydrocarbon）。烃是最基础的有机化合物，其他各类有机化合物可视为烃的衍生物。根据分子中碳原子的连接方式，烃有如下分类：

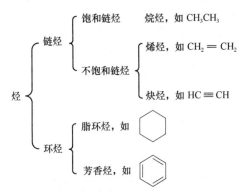

分子中碳原子连接成链状的烃称为脂肪烃，连接成环状的非芳香烃称为脂环烃。烃分子中所有碳原子间彼此都以 C—C 单键相连，其余价键全部与氢原子结合，称为饱和烃。其中，碳骨架为开链的称为烷烃（alkane）；碳骨架中包含环状结构的称为环烷烃。

本章重点介绍烷烃的结构、异构现象、命名及自由基取代反应，环烷烃的命名、环己烷的构象及取代环己烷的构象分析；一般阐述环烷烃的结构与环的稳定性关系；简要说明烃的概念和分类、烷烃和环烷烃的物理性质及其变化规律，为后续各章节的学习奠定基础。

2.1 烷 烃

2.1.1 烷烃的结构

烷烃是有机分子中结构最简单的化合物。烷烃分子中所有碳原子间彼此都以 C—C 单键相连，其余价键全部与氢原子结合，即烷烃分子中的碳原子达到了与其他原子结合的最大限度，属于饱和烃，通式为 C_nH_{2n+2}。甲烷是最简单的烷烃分子，分子式为 CH_4，分子中碳原子的 4 个 sp^3 杂化轨道分别与 4 个氢原子的 s 轨道沿轨道对称轴方向重叠，形成 4 个 C—H σ 键。电子衍射光谱证实，甲烷分子呈正四面体结构，碳原子位于正四面体的中心，4 个氢原子分别位于正四面体的 4 个顶点，H—C—H 键角为 109.5°，如图 2-1（a）和（b）所示。

(a) 甲烷分子结构的电子云图

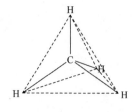

(b) 甲烷的正四面体结构

图 2-1 甲烷的分子结构

乙烷分子中两个碳原子各用一个 sp^3 杂化轨道沿轨道对称轴方向重叠形成 C—C σ 键，键长为

154pm，余下的 sp³ 杂化轨道与氢原子的 s 轨道形成 6 个完全相同的 C—H σ 键，键长为 110pm，如图 2-2 所示。

其他烷烃分子中的碳原子也是以同样的方式形成 C—C 键和 C—H 键，不同烷烃的键长、键角等稍有差别。因为烷烃分子中碳原子的价键呈四面体型分布，所以 3 个碳原子以上的直链烷烃分子，碳链呈锯齿状，如图 2-3 所示。但为书写方便，通常仍以直链的形式表达烷烃的结构。

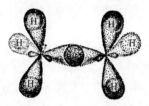

图 2-2　乙烷分子结构的电子云图　　　　图 2-3　丁烷的锯齿状

烷烃分子中碳原子均为饱和碳原子，根据与其直接相连的碳原子数目不同，可分为伯、仲、叔、季碳原子，对应地称为一、二、三、四级碳原子，分别以 1°、2°、3°、4°表示。

伯碳原子（primary carbon）是指仅与 1 个其他碳原子直接相连的碳原子。仲碳原子（secondary carbon）是指与 2 个碳原子直接相连的碳原子。叔碳原子（tertiary carbon）是指与 3 个碳原子直接相连的碳原子。季碳原子（quaternary carbon）是指与 4 个碳原子直接相连的碳原子。例如：

$$
\begin{array}{ccc}
& \overset{1°}{CH_3} & \overset{1°}{CH_3} \\
& | & | \\
\overset{1°}{CH_3} - \underset{3°}{CH} - \underset{2°}{CH_2} - \overset{4°}{C} - \overset{1°}{CH_3} \\
& & | \\
& & \underset{1°}{CH_3}
\end{array}
$$

除季碳原子外，伯、仲、叔碳原子上都连有氢原子，分别称为伯氢原子（1°H）、仲氢原子（2°H）和叔氢原子（3°H）。不同类型氢原子的相对反应活性不相同。

问题 2-1　指出下列分子中各碳原子的类型（伯、仲、叔、季）。

$$
\begin{array}{c}
\qquad\qquad CH_3 \quad CH_3 \\
\qquad\qquad | \qquad | \\
CH_3 - CH_2 - CH - CH - C - CH_3 \\
\qquad\qquad\quad | \qquad\qquad | \\
CH_3 - CH - CH_3 \quad CH_3
\end{array}
$$

2.1.2　烷烃的同分异构现象

有机化合物普遍存在同分异构现象，这是有机化合物数目繁多的原因之一。分子组成相同而结构不同的现象称为同分异构现象（isomerism），简称同分异构。具有同分异构现象的有机化合物互称为同分异构体（isomer），简称异构体。仅由碳原子连接顺序和方式不同而产生的异构称为构造异构（constitutional isomerism）。分子的构造相同，分子中的原子或基团在空间的排列不同产生的异构称为立体异构（stereoisomerism），立体异构包括构象异构、顺反异构和对映异构等。

1. 烷烃的构造异构　含 1～3 个碳原子的烷烃，分子中碳原子的连接方式和顺序仅有一种，无构造异构。但含 4 个碳原子及以上的烷烃，分子中碳原子的连接方式和顺序会不同，因此都有构造异构。仅由碳链骨架不同而产生的异构现象称为碳链异构（carbon chain isomerism）。例如：

$$
\begin{array}{ccc}
& & CH_3 \\
& & | \\
C_4H_{10} \qquad CH_3CH_2CH_2CH_3 \qquad CH_3CHCH_3 \\
& \text{丁烷} & \text{2-甲基丙烷}
\end{array}
$$

C_5H_{12} CH$_3$CH$_2$CH$_2$CH$_2$CH$_3$ CH$_3$CHCH$_2$CH$_3$ CH$_3$—C—CH$_3$

戊烷   2-甲基丁烷   2,2-二甲基丙烷

烷烃碳链异构体的数目随着分子中碳原子数的增多而迅速增加。例如，分子组成为 C_6H_{14}、C_7H_{16}、$C_{10}H_{22}$ 的烷烃，异构体分别有 5 个、9 个、75 个，当分子组成增加到 $C_{20}H_{46}$，碳链异构体更是迅猛增加，多达 366 319 个。

2. 烷烃的构象异构　分子中 C—C 单键绕键轴自由旋转，使分子中单键碳上的非键合原子或基团在空间产生的不同排列形式称为构象。每一种空间排列形式就是一种构象。因构象不同而产生的异构现象称为构象异构（conformational isomerism），同一分子由于构象不同所造成的异构体称为构象异构体。

（1）乙烷的构象：乙烷分子中的 2 个碳原子绕 C—C 单键旋转时，碳原子上的氢原子会呈现无数种不同的空间排列形式，即乙烷有无数种构象异构体，其中有两种最典型的构象是重叠式（eclipsed）和交叉式（staggered）构象，亦称为极限构象，常用锯架式（sawhorse）和纽曼（Newman）投影式表示。

锯架式是从分子模型侧面观察分子得到的立体表达式，能较直观地反映出分子中碳原子和氢原子在空间的排列情况，如图 2-4 所示。纽曼投影式是沿着 C—C 键轴方向观察分子模型得到的平面表达式，从圆圈中心伸出的 3 条直线，表示距离观察者较近的碳原子上的 3 个 C—H 键；从圆周外伸出的 3 条直线，表示距离观察者较远的碳原子上的 3 个 C—H 键，如图 2-5 所示。

重叠式　　　　交叉式　　　　　　　　重叠式　　　　交叉式

图 2-4　乙烷两种极限构象的锯架式　　　图 2-5　乙烷两种极限构象的纽曼投影式

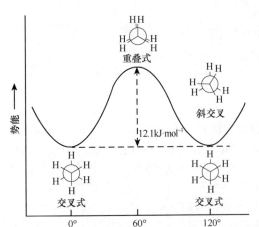

图 2-6　乙烷分子的势能曲线图

在乙烷的重叠式中，2 个碳原子上的氢原子相距最近，相互间斥力最大，分子内能最高，最不稳定。而在乙烷的交叉式中，2 个碳原子上的氢原子相距最远，相互间斥力最小，分子内能最低，是乙烷最稳定的构象，也称优势构象。处在这两种构象之间的无数构象，其能量都在重叠式和交叉式构象之间。乙烷各种构象的能量变化如图 2-6 所示。

由图 2-6 可知，交叉式处于能量曲线最低点，重叠式处于能量曲线最高点。由交叉式转变为重叠式需吸收 12.1 kJ·mol^{-1} 的能量，若从重叠式转为交叉式需放出 12.1 kJ·mol^{-1} 的能量，即二者间的相互转化需越过 12.1 kJ·mol^{-1} 的能垒。由此可见，乙烷单键的旋转也并不是完全自由的。但在室温下，分子碰撞可产生 83.3 kJ·mol^{-1} 的能量，足以克服这个能垒，致使各种构象间迅速互变，所以乙烷分子处于无数个构象异构体的动态平衡中，无法分离得到以任意单一构象异构体存在的乙烷分子，但大多数乙烷分子仍处于稳定的交叉式构象。

（2）正丁烷的构象：正丁烷的构象异构较乙烷复杂，围绕 C2—C3 键的键轴旋转也会产生无数种构象异构体，其中有 4 种典型的构象异构体，即对位交叉式、邻位交叉式、部分重叠式和全重

式。正丁烷绕 C2—C3 键旋转时各种构象的能量变化规律，如图 2-7 所示。由图 2-7 可知，在对位交叉式（Ⅰ）中，2 个体积较大的基团（甲基）相距最远，斥力最小，能量最低，是正丁烷的优势构象；在邻位交叉式（Ⅲ）和（Ⅴ）中，由于 2 个体积较大的甲基处于邻位，其间距离比对位交叉式小，斥力有所增大，能量相应升高，稳定性稍有下降；在部分重叠式（Ⅱ）和（Ⅵ）中，2 个甲基与氢原子重叠，相互间斥力增大，内能进一步升高，稳定性进一步下降；在全重叠式（Ⅳ）中，2 个碳原子上的甲基与甲基，氢原子与氢原子完全重叠，斥力最大，内能最高，是最不稳定的构象。因此正丁烷 4 种典型构象异构体的稳定性大小顺序为：对位交叉式＞邻位交叉式＞部分重叠式＞全重叠式。

　　与乙烷类似，正丁烷各种构象异构体间的能量差异很小，在室温下各种构象异构体可迅速转变，所以正丁烷实际上也是一个各种构象异构体的平衡混合物，其中主要是以对位交叉式（63%）和邻位交叉式（37%）的构象存在，其他构象所占的比例极少。同样，室温下也无法分离得到它们中的任何一种构象异构体。

　　随着分子中碳原子数的增加，正烷烃的构象异构更加复杂，但最稳定的构象仍然是对位交叉式，所以直链烷烃在空间的排布主要是锯齿形，而不是一条几何直链。

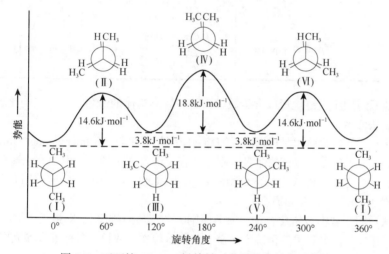

图 2-7　正丁烷 C2—C3 键旋转时各种构象的能量曲线

> **问题 2-2**　分别画出 1,2-二溴乙烷优势构象的纽曼投影式和锯架式。

2.1.3　烷烃的命名

烷烃的命名原则是各类有机化合物命名的基础，常用普通命名法和系统命名法。

1. 普通命名法　含 1～10 个碳原子的烷烃，采用天干（甲、乙、丙、丁、戊、己、庚、辛、壬、癸）表示碳原子数，10 个碳原子以上的烷烃则用中文小写数字表示碳原子数，称为"某烷"，并在母体名称前加词头"正（normal 或 n-）"字表示直链烷烃（通常被省略）；加"异"字和"新"字分别命名仅链端含有（CH_3）$_2CH$—和（CH_3）$_3C$—，链中无其他侧链的烷烃。例如：

$CH_3CH_2CH_2CH_2CH_3$　　　　$CH_3(CH_2)_{14}CH_3$　　　　$CH_3CHCH_2CH_3$　　　　CH_3CCH_3

　　　　　　　　　　　　　　　　　　　　　　　　　　　　　$|$　　　　　　　　$|$

　　　　　　　　　　　　　　　　　　　　　　　　　　　　　CH_3　　　　　　CH_3

　　正戊烷　　　　　　　　　正十六烷　　　　　　　　异戊烷　　　　　　　　新戊烷

　　烃分子中去掉一个氢原子的剩余基团称为烃基，常用"R—"或"Ar—"表示。烃基的名称是根据相应烃的名称而定。所以烷烃分子去掉一个氢原子的剩余基团即为相应的烷基，命名时把相应烷烃命名中的"烷"字改为"基"字即可。常见烷烃、烷基的结构和名称见表2-1。

表 2-1　常见烷烃、烷基的结构与名称

烷烃的结构式	名称	烷基的结构式	名称	简写
CH₄	甲烷（methane）	CH₃—	甲基（methyl）	Me
CH₃CH₃	乙烷（ethane）	CH₃CH₂—	乙基（ethyl）	Et
CH₃CH₂CH₃	丙烷（propane）	CH₃CH₂CH₂—	（正）丙基（n-propyl）	n-Pr
		CH₃CH— $\overset{\vert}{\underset{CH_3}{}}$	异丙基（iso-propyl）	iso-Pr
CH₃（CH₂）₂CH₃	丁烷（butane）	CH₃（CH₂）₂CH₂—	丁基（butyl）	n-Bu
		CH₃CHCH₂CH₃ 丨	仲丁基（sec-butyl）	s-Bu
CH₃CHCH₃ 丨 CH₃	异丁烷（iso-butane）	CH₃CHCH₂— 丨 CH₃	异丁基（iso-butyl）	i-Bu
CH₃CHCH₂CH₃ 丨 CH₃	异戊烷（iso-pentane）	CH₃C— 丨 CH₃	叔丁基（tert-butyl）	t-Bu
CH₃ 丨 CH₃CCH₃ 丨 CH₃	新戊烷（neo-pentane）	CH₃CHCH₂CH₂— 丨 CH₃	异戊基（iso-pentyl）	i-Pe

普通命名法只适用于直链烷烃或含碳数较少的烷烃异构体的命名，对于结构比较复杂的烷烃，则须用系统命名法命名。

2. 系统命名法　系统命名法是根据国际纯粹与应用化学联合会（International Union of Pure and Applied Chemistry，IUPAC）修订的命名原则，结合汉语言文字特点，由中国化学会于1983年审定后正式出版的命名方法，即《有机化合物命名原则（1980）》，2017年再次修订了命名原则。本书的命名方法遵从2017年版命名原则。

系统命名法适用于各类有机化合物，命名原则为"三最一排序"，即最长碳链、最多支链、最低位次，取代基排序。命名时主要由确定主链、取代基位次、数目、名称等步骤完成。具体命名方法为：

（1）选主链，确定母体名称。选择烷烃结构中支链最多的连续最长碳链为主链，支链则为取代基，根据主链碳数命名为"某烷"。例如：

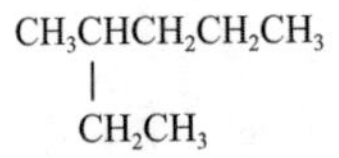

（2）主链碳编号，确定取代基位次。从靠近取代基的一端对主链碳编号，依次用阿拉伯数字1，2，3，…标出其位次。主链上有多个取代基，则采用最低（小）位次组的编号程序。当不同的取代基具有不同的编号时，应按取代基的英文命名字母顺序，给排列在前的取代基较小的编号。例如：

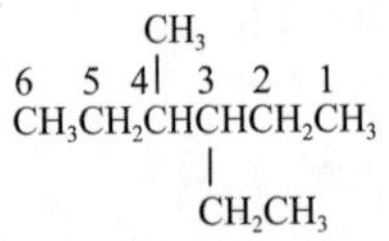

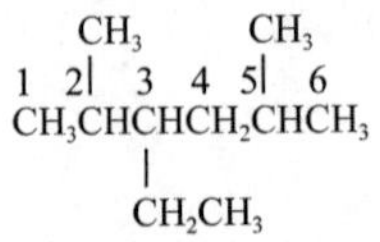

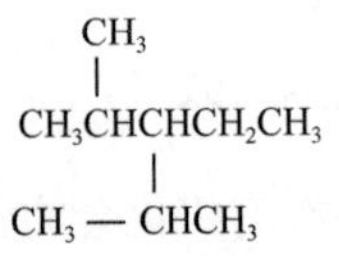

6 5 4 3 2 1
CH₃CH₂CHCHCH₂CH₃
　　丨 CH₃ 丨 CH₂CH₃

1 2 3 4 5 6
CH₃CHCHCH₂CHCH₃
CH₃ 丨 CH₂CH₃ 丨 CH₃

（3）处理取代基，完成命名。将取代基位次、数目和名称写在母体名称前。若有多个相同取代基时，则合并取代基，并在取代基前用中文数字二、三、四等表示取代基数目；各取代基的位次用数字标出，并用"，"隔开；取代基的位次与名称之间用半字线连接；不同取代基则按英文名称的字母顺序在前缀中依次排序命名。例如：

$$CH_3CHCH_2CH_3$$
$$\overset{|}{CH_3}$$

2-甲基丁烷
2-methylbutane

$$CH_3CHCHCH_2CHCH_3$$
$$\overset{|}{CH_3} \quad \overset{|}{CH_3}$$
$$CH_2CH_3$$

3-乙基-2,5-二甲基己烷
3-ethyl-2,5-dimethylhexane

问题 2-3 写出分子组成为 C_7H_{16} 的烷烃可能的构造异构体，并用系统命名法命名。

2.1.4 烷烃的物理性质

有机化合物的物理性质通常是指物态、熔点、沸点、密度、溶解度和折光率等，纯净有机化合物在一定条件下都有固定的数值，这些固定的数值称为物理常数，可以在各种资料中查到。通过测定物理常数可以鉴定有机化合物及其纯度。部分直链烷烃的常用物理常数见表 2-2。从表中数据可以看出，烷烃同系物的物理常数随着碳原子数增加呈现出规律性变化。

常温常压下，$C_1 \sim C_4$ 的烷烃为气体，$C_5 \sim C_{16}$ 的直链烷烃为液体，C_{17} 及以上的烷烃为固体。

直链烷烃随着碳原子数增加，分子间作用力增大，其沸点也相应升高。低碳数烷烃每增加一个系差"CH_2"，对其相对分子质量变化影响较大，引起沸点升高数值也较大；而对相对分子质量较高的烷烃来说，每增加一个系差"CH_2"，对其相对分子质量变化影响较小，引起沸点变化也较小。在相同碳原子数的同分异构体中，支链越多的烷烃，其沸点越低。这是由于支链的位阻，使带支链的分子不能紧密地靠在一起，其分子间作用力小于相应的直链分子，故它的沸点也相应地降低。例如，正戊烷沸点为 36.1℃，异戊烷沸点为 25℃，新戊烷沸点为 9℃。

直链烷烃的熔点也随着碳原子数的增加而升高，但变化的规律与沸点的变化有所不同。含偶数碳原子的烷烃，熔点升高的幅度较含奇数碳原子的烷烃大，这是因为偶数碳原子烷烃分子有较好的对称性，其晶格排列较紧密，分子间作用力较大，故其熔点较高。分子的对称性越好，其在晶格中排列得越紧密，熔点越高。例如，正戊烷熔点为 -129.7℃，异戊烷熔点为 -159.9℃，新戊烷熔点为 -19.8℃。

烷烃相对密度均小于 1，是有机化合物中相对密度最小的一类化合物。直链烷烃的相对密度随着碳原子的增多而增大，最后趋于 0.78。

烷烃是弱极性或非极性化合物，根据"极性相似者相溶"的经验规律，其不溶于水，而易溶于非极性或弱极性有机溶剂中，如苯、氯仿、四氯化碳、石油醚等。

表 2-2 一些直链烷烃的物理常数

名称	分子式	熔点/℃	沸点/℃	相对密度（d_4^{20}）
甲烷（methane）	CH_4	−182.6	−161.7	0.424
乙烷（ethane）	C_2H_6	−172.0	−88.6	0.546
丙烷（propane）	C_3H_8	−187.1	−42.2	0.5005
丁烷（butane）	C_4H_{10}	−135.0	−0.5	0.5778
戊烷（pentane）	C_5H_{12}	−129.3	36.1	0.6264
己烷（hexane）	C_6H_{14}	−94.0	68.7	0.6594
庚烷（heptane）	C_7H_{16}	−90.5	98.4	0.6837
辛烷（octane）	C_8H_{18}	−56.8	125.6	0.7028
壬烷（nonane）	C_9H_{20}	−53.7	150.7	0.7179
癸烷（decane）	$C_{10}H_{22}$	−29.7	174.0	0.7298

续表

名称	分子式	熔点/℃	沸点/℃	相对密度（d_4^{20}）
十一烷（undecane）	$C_{11}H_{24}$	−25.6	195.8	0.7404
十二烷（dodecane）	$C_{12}H_{26}$	−9.6	216.3	0.7493
十三烷（tridecane）	$C_{13}H_{28}$	−6.0	230	0.7568
十四烷（tetradecane）	$C_{14}H_{30}$	5.5	251	0.7636
十五烷（pentadecane）	$C_{15}H_{32}$	10.0	268.0	0.7688
十六烷（hexadecane）	$C_{16}H_{34}$	18.1	280.0	0.7749
十七烷（heptadecane）	$C_{17}H_{36}$	22.0	303.0	0.7767
十八烷（octadecane）	$C_{18}H_{38}$	28.0	308.0	0.7767
十九烷（nonadecane）	$C_{19}H_{40}$	32.0	330.0	0.7776
二十烷（eicosane）	$C_{20}H_{42}$	36.4	342.7	0.7777

2.1.5 烷烃的化学性质

烷烃是饱和链烃，分子中的化学键均为 σ 键，所以具有较高的稳定性。在室温下，与强酸、强碱、强氧化剂或还原剂都不易发生反应，通常用作非极性的有机溶剂。但在特殊的条件（如光照、适当的温度和压力或在催化剂的作用）下，烷烃也能发生反应。烷烃发生化学反应的主要部位及反应类型如下所示：

$$R-CH_2 \quad \begin{matrix} H \\ | \end{matrix} \longleftarrow 自由基取代反应$$

氧化反应

1. 卤代反应 有机化合物分子中的原子或基团被其他原子或基团取代的反应称为取代反应（substitution reaction）。有机化合物分子中的原子或基团被卤素原子取代的反应称为卤代反应（halogenation reaction）。卤代反应主要包括氟代、氯代、溴代和碘代反应。

烷烃与不同卤素的卤代反应活性顺序为氟代＞氯代＞溴代＞碘代。由于氟代反应十分剧烈难以控制，而碘代反应非常缓慢，没有实际意义，因此烷烃常见的卤代反应为氯代反应和溴代反应。

（1）甲烷的氯代反应：甲烷与氯气在常温下或黑暗中并不发生反应，但在光照、加热或引发剂的存在下，可发生氯原子逐步取代氢原子的反应，生成一氯代甲烷、二氯代甲烷、三氯代甲烷（氯仿）和四氯化碳等取代混合物。控制反应条件或调节甲烷和氯气的比例，可使反应生成其中一种氯代甲烷为主的反应产物。

（2）烷烃卤代反应的机理：反应机理（reaction mechanism）是对化学反应所经历的全部过程的详细描述和理论解释，也称为反应历程或反应机制。研究反应机理的目的在于揭示有机反应的内在规律，从而有效地控制和利用化学反应，达到预期的目的。

$$CH_4 + Cl_2 \xrightarrow{\text{紫外光}} CH_3Cl + HCl$$
$$\xrightarrow[\text{紫外光}]{Cl_2} CH_2Cl_2 + HCl$$
$$\xrightarrow[\text{紫外光}]{Cl_2} CHCl_3 + HCl$$
$$\xrightarrow[\text{紫外光}]{Cl_2} CCl_4 + HCl$$

烷烃的卤代反应机理是典型的自由基反应，可分为链引发、链增长和链终止 3 个阶段。下面以甲烷氯代反应为例说明烷烃卤代反应的机理。

1）链引发（chain initiation）：氯分子在光或热的作用下，均裂生成两个带有单电子的氯自由基。氯自由基具有较高的能量，非常活泼，一旦形成就有获取一个电子形成稳定的八隅体结构的倾向，因而具有很强的反应活性。

$$Cl : Cl \xrightarrow{光照} Cl \cdot + Cl \cdot \qquad \Delta H = 242.7 kJ \cdot mol^{-1}$$

2）链增长（chain propagation）：氯自由基与高浓度的甲烷分子发生有效碰撞，使 C—H 键均裂，产生新的活性甲基自由基（·CH$_3$），同时与氢原子结合，形成稳定的氯化氢分子。甲基自由基再与氯分子碰撞，形成产物一氯甲烷和新的氯自由基。新的氯自由基重复着上述反应，周而复始，反复进行着自由基的消失和生成，直到生成氯仿和四氯化碳，因此烷烃的氯代反应得到的是多种氯代物的混合物。

$$Cl \cdot + CH_4 \longrightarrow \cdot CH_3 + HCl \qquad \Delta H = 7.5 kJ \cdot mol^{-1}$$

$$\cdot CH_3 + Cl_2 \longrightarrow CH_3Cl + Cl \cdot \qquad \Delta H = -112.9 kJ \cdot mol^{-1}$$

3）链终止（chain termination）：随着反应的进行，甲烷和氯气浓度逐渐降低，氯自由基与甲烷分子及相应自由基碰撞机会也随之减少，而各种自由基相互碰撞机会增多，相互寻找电子配对生成稳定分子。由于自由基消失，反应不能继续进行而到此终止。

$$Cl \cdot + Cl \cdot \longrightarrow Cl_2$$
$$\cdot CH_3 + Cl \cdot \longrightarrow CH_3Cl$$
$$\cdot CH_3 + \cdot CH_3 \longrightarrow CH_3CH_3$$

综上所述，自由基形成后，反应就连续不断地进行，整个过程就像一条链，一环扣一环地进行下去，所以称为自由基链反应（free radical chain reaction）。在整个链反应中，链引发需获取能量产生自由基，启动反应，是重要的一步。链的增长每一步都消耗一个活泼的自由基，同时又为下一步反应产生另一个活泼的自由基，链增长阶段的能量变化如图 2-8 所示。由图 2-8 可知，链增长的第一步产物甲基自由基的生成需要的能量是 17kJ · mol^{-1}，第二步其他自由基的生成反应只需要能量 4.1kJ · mol^{-1}，反应继续进行，转变成产物氯代甲烷和新的氯自由基，体系则释放出大量的能量，因此生成甲基自由基是较慢的一步，也是决定反应速率的关键一步。链终止消除自由基不需要很高能量，还可放出能量，是结束反应的一步。

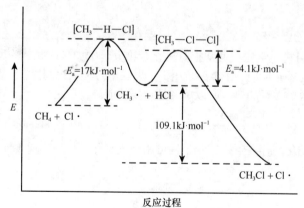

图 2-8　甲烷光卤代反应链增长阶段能量变化图

甲烷的氯代反应机理也适用于甲烷的溴代反应和其他烷烃的卤代反应。决定总反应速率的一步是形成稳定的烃基自由基。烃基自由基形成时所需能量越低，越易形成，越稳定。因此，不同烃基形成自由基时，所需能量依 CH$_3$·、RCH$_2$·、R$_2$CH·、R$_3$C· 次序降低，所以生成的烷基自由基稳定性次序为 R$_3$C· > R$_2$CH· > RCH$_2$· > CH$_3$·。

（3）反应活性：在相同条件下，其他烷烃也能发生类似的卤代反应，但是卤素取代的位置与氢原子的种类有关，因而生成的产物更为复杂。例如：

$$CH_3CH_2CH_3 + Cl_2 \xrightarrow[25℃]{光照} CH_3CH_2CH_2Cl + CH_3\overset{Cl}{\underset{|}{C}}HCH_3$$

丙烷　　　　　　　　　　1-氯丙烷（43%）　2-氯丙烷（57%）

$$CH_3\overset{CH_3}{\underset{|}{C}}HCH_3 + Cl_2 \xrightarrow[25℃]{光照} CH_3\overset{CH_3}{\underset{|}{C}}HCH_2Cl + CH_3-\overset{CH_3}{\underset{|}{\underset{Cl}{C}}}-CH_3$$

异丁烷　　　　　　1-氯-2-甲基丙烷（64%）　2-氯-2-甲基丙烷（36%）

丙烷的一氯代反应可得到1-氯丙烷和2-氯丙烷两种产物，产率分别为43%和57%，即2°H被取代的概率比1°H大，这两种类型氢的相对活性比为

$$2°H : 1°H = (57/2) : (43/6) = 4 : 1$$

异丁烷的一氯代反应可得到36%的2-氯-2-甲基丙烷和64%的1-氯-2-甲基丙烷，同理可知3°H被取代的概率比1°H大，这两种类型氢的相对活性比为

$$3°H : 1°H = (36/1) : (64/9) = 5 : 1$$

由此可知，烷烃的一氯代反应，氢原子的相对活性比为3°H : 2°H : 1°H = 5 : 4 : 1。结构不同的烷烃，氢原子的相对活性比值略有差异，但活性顺序不变。

叔、仲、伯氢原子之间的活性差异除与烷烃结构有关外，还与取代的卤素有关。例如：

$$CH_3CH_2CH_3 + Br_2 \xrightarrow[127℃]{光照} CH_3CH_2CH_2Br + CH_3\overset{Br}{\underset{|}{C}}HCH_3$$

丙烷　　　　　　　　　1-溴丙烷（3%）　2-溴丙烷（97%）

烷烃的一溴代反应，三种氢原子的相对活性比为3°H : 2°H : 1°H = 1 600 : 82 : 1，远大于一氯代反应的5 : 4 : 1。这是由于溴的反应活性比氯小，对三种氢的选择性比氯高。在有机化学反应中，反应活性大，选择性差；反应活性小，选择性好，这是反应活性与选择性之间普遍存在的规律。

综上所述，氢原子被卤化的由易到难次序为3°H>2°H>1°H。

> **问题 2-4**　下列化合物在光照条件下可生成几种一溴代产物？写出其一溴代反应主要产物的反应式。
> （1）$CH_3CH_2CH(CH_3)_2$　　　　　（2）$CH_3CH_2CH_3$

2. 氧化反应　在有机化学中，通常把有机化合物分子中加氧或脱氢的反应称为氧化反应；脱氧或加氢的反应则称为还原反应。在常温常压下，烷烃不与强氧化剂反应，但可在空气中燃烧，生成二氧化碳和水，并放出大量的热，所以烷烃是重要的能源物质之一。

$$CH_4 + 2O_2 \xrightarrow{燃烧} CO_2 + 2H_2O \qquad \Delta H = -881 kJ·mol^{-1}$$

在高温及锰盐等催化剂存在下，控制条件可用空气氧化烷烃，生成不同的含氧化合物，例如：

$$CH_4 \xrightarrow[460℃, 20kPa]{空气} CH_3OH + HCHO$$

甲醇　　甲醛

此外，甲烷也可氧化生成一氧化碳和氢的混合物，称为合成气，在合成工业中用途广泛。

2.2　环　烷　烃

2.2.1　环烷烃的分类和命名

1. 环烷烃的分类　根据分子中所含碳环数目，环烷烃可分为单环、双环和多环环烷烃。单环环

烷烃又可根据成环的碳原子数分为小环（$C_3 \sim C_4$）、普通环（$C_5 \sim C_6$）、中环（$C_7 \sim C_{11}$）和大环（C_{12} 及以上）环烷烃。在双环或多环环烷烃中，环与环间共用一个碳原子的称为螺环烷烃（spirocyclic hydrocarbon），两环共用的碳原子称为螺原子（spiro atom）；环与环间共用两个或两个以上碳原子的称为桥环烷烃（bridged cyclic hydrocarbon），所共用的碳原子称为桥头碳原子（bridgehead carbon atom）。

小环　　　　　　普通环　　　　　中环　　　　　　大环　　　　螺环烃　　　　桥环烃

2. 环烷烃的命名　环烷烃命名与烷烃相似，只需在相应的烷烃名称前加"环"字。带支链的环烷烃一般将支链作为取代基的方式命名。若环上有不同取代基，取代基名称的排列顺序应按英文名称的字母顺序在前缀中依次列出。环上的取代基较复杂时，则可将环作为取代基，以烃为母体命名。例如：

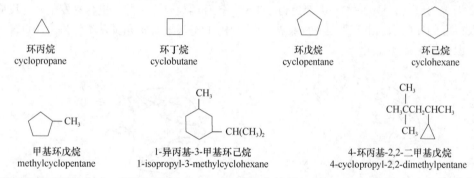

环丙烷　　　　　　　　　　环丁烷　　　　　　　　　　环戊烷　　　　　　　　　　环己烷
cyclopropane　　　　　　　cyclobutane　　　　　　　cyclopentane　　　　　　　cyclohexane

甲基环戊烷　　　　　　1-异丙基-3-甲基环己烷　　　　　　　　4-环丙基-2,2-二甲基戊烷
methylcyclopentane　　1-isopropyl-3-methylcyclohexane　　　4-cyclopropyl-2,2-dimethylpentane

环烷烃由于环的存在，阻碍了环中 C—C 键的自由旋转，所以环上两个或两个以上取代基分别处于不同碳原子上时，可产生顺反异构。两个相同取代基或原子位于环平面同侧的异构体，称为顺式异构体，用"顺（*cis*）"词头表示；位于环平面异侧的异构体，则称为反式异构体，用"反（*trans*）"词头表示。例如，1,2-二甲基环己烷，具有顺式和反式两种异构体。

顺-1,2-二甲基环己烷　　　　　　　　　　　反-1,2-二甲基环己烷
cis-1,2-dimethylcyclohexane　　　　　　　*trans*-1,2-dimethylcyclohexane

2.2.2　小环烷烃的结构与不稳定性

链状烷烃的碳原子均以 sp^3 杂化形成四面体的结构，键角接近 109.5°，并且相邻两个碳原子之间的基团取向以对位交叉构象最稳定。环烷烃能否达到这一稳定形式呢？研究表明，环烷烃的稳定性大小与环的几何形状和角张力有关。环烷烃的结构与稳定性通常用冯·拜耳张力学说（1885 年，A. von Baeyer 提出）和现代共价键理论解释。

冯·拜耳张力学说认为，成环碳原子成环时处于同一平面并构成正多边形，正多边形的内角与正四面体碳的自然键角 109.5°间的偏差，反映了环烷烃中角张力的大小。环丙烷和环丁烷中 C—C 键间的夹角，须由自然键角 109.5°分别压缩到 60°或 90°，以适应正三角形和正方形的几何形状，即每个键分别偏离自然键角 24.7°和 9.7°，致使分子中有恢复到自然键角的趋势，即分子内部产生了一种张力，称为角张力。显然，键的偏离角度越大，环的张力越大，稳定性就越差，越容易发生开环反应，以解除角张力。另外环丙烷和环丁烷分子中还存在着另一种张力——扭转张力（由于环中碳原子位于同一平面，相邻的 C—H 键互相处于重叠式构象，有旋转成交叉式的趋向，这种张力称为扭转张力）。因此，环丙烷和环丁烷又具有较大的扭转张力，使环烷烃的稳定性降低。而环戊烷和环己烷的键角都接近 109.5°，为"无张力环"，是稳定的环烷烃。但该学说认为环己烷以上的环烷烃不稳定，与实验事实不符，说明这一理论还未从本质上认识问题。该学说主要是基于碳环都是平面结构，实际上除环丙烷中的 3 个碳原子共平面外，其他环烷烃的碳原子都不在同一平面中，而是形成曲折碳环，为张力最小环甚至无张力环。

现代共价键理论认为，两个成键原子的原子轨道重叠程度越大，形成的共价键越牢固。sp^3 杂化碳原子的匹配键角为 109.5°，只有环烷烃分子键角接近 109.5°，两个成键原子的杂化轨道才能达到最大程度重叠。在环丙烷分子中，成环碳原子的 sp^3 轨道之间的重叠并不是典型的"头碰头"σ键，实际测得环丙烷分子中 C—C—C 键角为 105.5°。这说明成环碳原子的 sp^3 杂化轨道彼此间不能完全沿键轴方向达到最大程度重叠，只能偏离一定角度进行部分重叠，形成如"香蕉"的弯曲键，如图 2-9 所示。这种弯曲键的强度比一般的碳碳单键弱，存在着很大的张力，导致分子不稳定，易发生开环加成反应。此外，环丙烷是平面型分子，三个成环碳原子上的基团相互之间都形成重叠式构象，分子内能升高，这种构象排列会产生扭转张力，也会引起环丙烷分子稳定性较差。环丁烷的情况与环丙烷相似，只是 C—C—C 键角为 111.5°，比环丙烷略大一些，也容易发生开环反应。而环戊烷及以上的环烷烃，由于不是平面结构，分子中的 C—C—C 键角都基本保持为 109.5°，比较稳定，一般不发生开环反应。

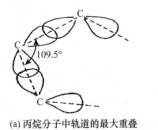

(a) 丙烷分子中轨道的最大重叠　　　　(b) 环丙烷分子中轨道的部分重叠

图 2-9　丙烷和环丙烷分子的轨道示意图

2.2.3　环戊烃的构象

如果将环戊烷看作是平面型分子，碳原子键角为 108°，与四面体碳原子键角 109.5°非常接近，可以认为几乎无角张力。但平面型分子中相邻的两个碳原子上的基团必定处于重叠式的构象，这样将产生较大的扭转张力，影响了分子的稳定性。为了克服较大的扭转张力，环戊烷转化为非平面型的"信封式"构象，即环戊烷的 4 个碳原子通常处在同一平面上，另一个碳原子在距离平面外约 50pm 处，通过 C—C σ 键的扭转，时而在上，时而在下，呈动态平衡。这种构象因离开平面的—CH_2—上的氢原子与相邻的两个碳上的氢原子呈交叉式构象，扭转张力明显降低，分子稳定性增加，是环戊烷的优势构象，如图 2-10 所示。

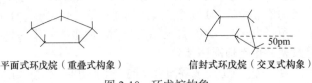

平面式环戊烷（重叠式构象）　　　　信封式环戊烷（交叉式构象）

图 2-10　环戊烷构象

2.2.4　环己烃的构象

1. 环己烷的椅式构象和船式构象　电子衍射法研究表明，环己烷不是平面结构，两种典型的构象是椅式构象（chair conformation）和船式构象（boat conformation）。

用锯架式和纽曼（Newman）投影式表示环己烷的椅式构象（图 2-11），可以看到所有的 C—C—C 键角接近 109.5°，几乎无角张力。环上相邻的两个碳原子间形成邻位交叉式构象，扭转张力很低。处于竖直向上的 3 个相间 C—H 键上的氢原子和垂直向下的 3 个 C—H 键上的氢原子之间的最近距离约为 250pm，大于氢原子的范德瓦耳斯半径之和 240pm，无空间张力。因此椅式构象是环己烷中能量最低的优势构象。

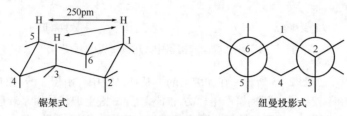

锯架式　　　　　　　　　　　　　　　　纽曼投影式

图 2-11　环己烷的椅式构象

　　用锯架式和纽曼投影式表示环己烷的船式构象（图 2-12），显示所有的 C—C—C 键角也接近 109.5°，也无角张力。处于"船底"的 4 个碳原子，C2 与 C3 或 C5 与 C6 间的 2 个碳原子均为重叠式构象，具有扭转张力。此外，处于船头、船尾碳原子上的氢原子伸向内侧，彼此仅相距 183pm，小于它们的 van der Waals 半径之和，表现出空间张力。因此，船式构象的能量较高，比椅式构象高出 28.9kJ·mol^{-1}，是环己烷中最不稳定的构象。由于常温下分子热运动产生的能量很容易克服这个能量差值，使得船式与椅式构象间可以迅速互相转化，在平衡体系中，椅式构象约占 99.9%。

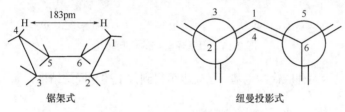

锯架式　　　　　　　　　　　　　　　　纽曼投影式

图 2-12　环己烷的船式构象

　　2. 环己烷椅式构象中的竖键和横键　在环己烷椅式构象中，6 个碳原子在空间上分布于 2 个互相平行的平面上：C1、C3、C5 在一个平面上，C2、C4、C6 处在另一个平面上，两个平面相距 50pm。将 12 个 C—H 键分为两组，一组与分子的对称轴平行的 6 个 C—H 键称为直立键（axial bond，a 键），其中 3 个直立键相间分布于分子平面上，另 3 个直立键相间分布于分子平面下；另一组其余 6 个 C—H 键与对称轴成 109.5°的倾斜角，并伸向环外，称为平伏键（equatorial bond，e 键），如图 2-13 所示。环中每一个碳原子都有 1 个 a 键和 1 个 e 键，其空间取向对分子平面而言为"一上一下"的关系。

图 2-13　环己烷椅式构象的 a 键（a）和 e 键（b）

　　环己烷的椅式构象可通过环内 C—C 键的旋转扭曲，由椅式构象Ⅰ转动变为椅式构象Ⅱ，这种翻转使构象Ⅰ中的 a 键，全部转变为构象Ⅱ中的 e 键，e 键则全部转变为 a 键，如图 2-14 所示。这种从一种椅式构象转变成另一种椅式构象的过程称为构象的翻环作用。这两种椅式构象异构体之间的能垒为 46 kJ·mol^{-1}，虽然稍高于船式，但都能在室温下迅速地相互转化，形成一个动态平衡体系。

　　3. 取代环己烷的构象　一取代环己烷取代基主要取代 e 键上的氢原子，即取代基处于 e 键上。特别是取代基体积较大时，几乎一取代都在 e 键上。例如，甲基环己烷，有 a 键上取代和 e 键上取

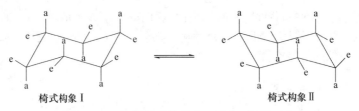

图 2-14　环己烷椅式构象中 a 键和 e 键的互变

代的两种构象异构体，如图 2-15 所示。在 a 键上的甲基环己烷中，由于 a 键上的甲基与 3、5 位碳上 a 键上的氢原子相距较近，空间拥挤产生斥力而不稳定；e 键上取代的甲基环己烷则因甲基在水平方向伸向环外，与相邻氢、相间氢原子的距离都较远，相斥作用较小而稳定。由于环己烷构象可以通过分子热运动而翻转，因此，不稳定的 a 键取代物可以通过分子扭动而转变为稳定的 e 键取代物。所以，e 键取代甲基环己烷构象比较稳定，在平衡体系中占 95%，为优势构象。

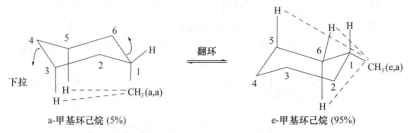

图 2-15　甲基环己烷的相互转化

用纽曼投影式显示两种取代的甲基环己烷也可得到与上述相同的结果，如图 2-16 所示。

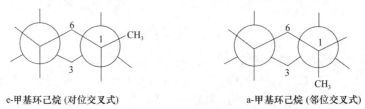

图 2-16　甲基环己烷纽曼投影式

甲基处在 a 键时，可以看到甲基环己烷中—CH_3 与环 C3 的位置是邻位交叉式构象，分子能量较高；甲基处在 e 键时，甲基环己烷中—CH_3 与环 C3 的位置是对位交叉式构象，是较稳定的构象式。

环己烷有多个取代基时，往往是 e 键上取代基最多的构象最稳定；如果环上有不同的取代基，则体积大的取代基处于 e 键上的构象最稳定。

> **问题 2-5**　写出反-1-乙基-3-甲基环己烷的所有椅式构象式，并按稳定性递减顺序排列成序。

2.2.5　环烷烃的物理性质

环烷烃的物理性质与烷烃相似。在常温下，小环为气体，普通环为液体，中环和大环为固体。环烷烃的沸点、熔点和相对密度都比相应的开链烃高，这是因为环烷烃分子具有一定的对称性和刚性。环烷烃都不溶于水，易溶于低极性有机溶剂。一些环烷烃的物理常数见表 2-3。

表 2-3　一些环烷烃的物理常数

环烷烃	结构式	熔点/℃	沸点/℃	相对密度（d_4^{20}）
环丙烷（cyclopropane）	△	−127.6	−32.7	0.689
环丁烷（cyclobutane）	□	−80.0	12.5	0.689

续表

环烷烃	结构式	熔点/℃	沸点/℃	相对密度（d_4^{20}）
环戊烷（cyclopentane）	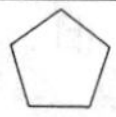	−93.9	49.3	0.746
环己烷（cyclohexane）		6.6	80.7	0.779
环庚烷（cycloheptane）	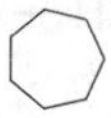	−12.0	118.5	0.810
环辛烷（cyclooctane）	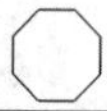	14.3	150.0	0.835

2.2.6　环烷烃的化学性质

环烷烃的化学性质随着环的大小不同而表现为稳定性不同：小环烷烃不稳定，具有开环加成的性质，五元环和六元环等常见的环烷烃则较稳定，与链状烷烃的化学性质相似。

1. 加氢反应　环烷烃可发生催化加氢反应，生成链状烷烃。由于环的大小不同，反应的难易也不同。例如：

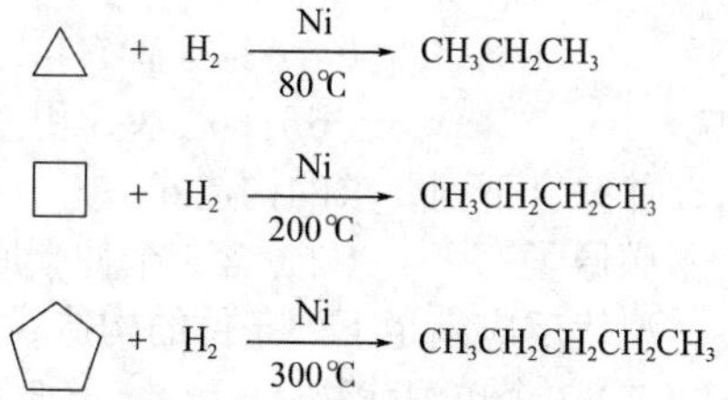

$$\triangle + H_2 \xrightarrow[80℃]{Ni} CH_3CH_2CH_3$$

$$\square + H_2 \xrightarrow[200℃]{Ni} CH_3CH_2CH_2CH_3$$

$$\pentagon + H_2 \xrightarrow[300℃]{Ni} CH_3CH_2CH_2CH_2CH_3$$

2. 与卤素、卤化氢的反应　环丙烷及其衍生物在室温下可以与卤素、卤化氢发生开环加成反应，环丁烷在加热条件下才能发生开环加成反应，环戊烷或环己烷即使在加热条件也不能发生开环加成反应，但在紫外光照射下能发生自由基取代反应。例如：

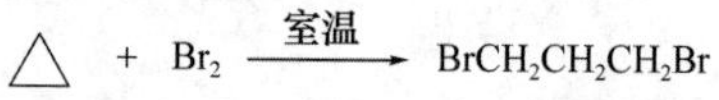

$$\triangle + Br_2 \xrightarrow{室温} BrCH_2CH_2CH_2Br$$
1, 3-二溴丙烷

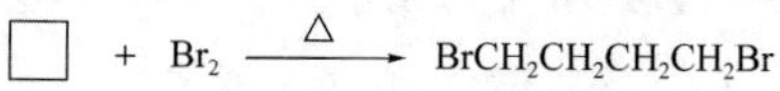

$$\square + Br_2 \xrightarrow{\triangle} BrCH_2CH_2CH_2CH_2Br$$
1, 4-二溴丁烷

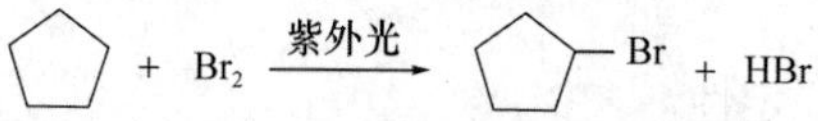

$$\pentagon + Br_2 \xrightarrow{紫外光} \pentagon-Br + HBr$$
1-溴环戊烷

取代环丙烷与卤化氢的加成反应，反应的取向以形成的中间体碳正离子的稳定性决定其主产物，即碳环开环发生在连氢原子最多和最少的两个碳原子之间。氢卤酸中的氢原子加在连氢原子较多的碳原子上，卤原子加在连氢原子较少的碳原子上。例如：

$$+ HBr \longrightarrow \underset{\substack{| \quad\quad | \\ Br \quad H}}{CH_3CHCH_2CH_2}$$
2-溴丁烷

3. 氧化反应　在室温下，环烷烃一般不能与 $KMnO_4$、K_2CrO_7 等发生氧化反应，表现出较好的稳定性。和链状烷烃一样，在加热情况下用强氧化剂或在催化剂存在下用空气直接氧化，环烷烃也能被氧化。例如：

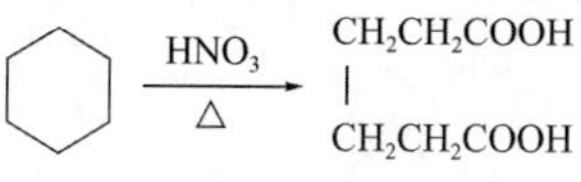

$$\hexagon \xrightarrow[\triangle]{HNO_3} \underset{\substack{| \\ CH_2CH_2COOH}}{CH_2CH_2COOH}$$
己二酸

习　题

2-1　命名下列化合物并指出分子中各碳原子的类型（伯、仲、叔、季）。

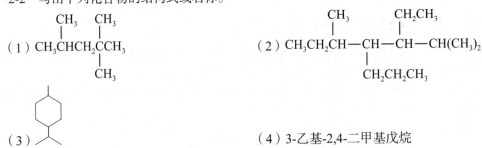

$$CH_3-CH_2-\overset{\overset{\displaystyle CH_3}{|}}{\underset{\underset{\displaystyle CH_3}{|}}{C}}-CH_2-\overset{\overset{\displaystyle CH_3}{|}}{CH}-CH_3$$

2-2　写出下列化合物的结构式或名称。

（1）$CH_3CHCH_2\overset{\overset{\displaystyle CH_3}{|}}{\underset{\underset{\displaystyle CH_3}{|}}{C}}CH_3$　（其中 CH_3 在CHCH上）

（2）$CH_3CH_2\overset{\overset{\displaystyle CH_3}{|}}{CH}-\overset{\overset{\displaystyle CH_2CH_3}{|}}{CH}-\overset{}{CH}-CH(CH_3)_2$，下方 $CH_2CH_2CH_3$

（3）（环己基取代丙基结构图）

（4）3-乙基-2,4-二甲基戊烷

（5）4-乙基-2,2,5-三甲基辛烷

（6）1-乙基-3-甲基环己烷（优势构象）

2-3　写出分子组成为 C_7H_{16}，并符合下列要求的构造式。

（1）含1个季碳原子和1个叔碳原子　　（2）含2个仲碳原子和1个季碳原子

2-4　写出分子组成为 C_5H_{12}，溴代反应满足下列条件的构造式。

（1）1个单溴代物　　　　（2）3个单溴代物　　　　（3）4个单溴代物

2-5　完成下列化学反应式。

（1）$(CH_3)_2CHCH_2CH_3 + Cl_2(1mol) \xrightarrow{\text{紫外光}}$　　（2）（螺环结构）$+ HCl \longrightarrow$

（3）（环戊基环丙烷结构）$\xrightarrow[\text{室温}]{Br_2}$

2-6　将下列体系按指定性质由大到小排列成序。

（1）自由基稳定性

①$\dot{C}H_3$　　　②$CH_3\dot{C}HCH_2CH_3$　　　③$\dot{C}H_2CH(CH_3)_2$　　　④$\dot{C}(CH_3)_3$

（2）取代环己烷构象式的稳定性

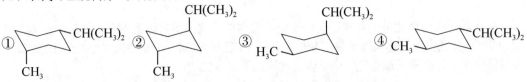

①（环己烷 $CH(CH_3)_2$ 和 CH_3）　②（环己烷 $CH(CH_3)_2$ 和 CH_3）　③（环己烷 H_3C 和 $CH(CH_3)_2$）　④（环己烷 CH_3 和 $CH(CH_3)_2$）

2-7　写出正戊烷绕 C2—C3 键旋转时产生的4种极限构象的纽曼投影式。

2-8　写出丁烷、甲基环丙烷的结构式，并用简单化学方法鉴别。

2-9　乙烷与氯气在光照下的反应机制与甲烷氯代相似，试写出该反应的链引发、链增长和链终止的各步反应。

2-10　化合物 A 的分子式为 C_6H_{12}，室温下能使溴水褪色，但不能使 $KMnO_4$ 溶液褪色，与 HBr 反应得化合物 B（$C_6H_{13}Br$），A 氢化得 2,3-二甲基丁烷，写出 A、B 的结构式及各步反应式。

（李映苓）

第 3 章　烯烃和炔烃

烯烃和炔烃均属于不饱和烃。根据烃基的不同，不饱和烃又分为不饱和链烃（亦称不饱和脂肪烃）和不饱和环烃。本章重点讨论不饱和脂肪烃的命名、结构和主要化学性质，学习诱导效应和共轭效应等电子效应的有关知识，进一步理解有机化合物结构与性质的关系。

3.1　烯　　烃

烯烃（alkene）是分子中含有 C=C 双键的烃类化合物，C=C 双键是烯烃的官能团。分子中含有一个 C=C 双键为单烯烃（monoolefin），简称烯烃，含有两个 C=C 双键的称为二烯烃（diene），含有三个以上 C=C 双键的称为多烯烃（polyene）。本节主要讨论开链单烯烃，其组成通式为 C_nH_{2n}。

3.1.1　烯烃的结构和异构

1. 烯烃的结构　最简单的烯烃是乙烯，经电子衍射和光谱分析等物理方法测定，乙烯分子中的所有原子在同一平面上，键角近似为 120°，C=C 双键键长为 134pm，C—H 键键长为 109pm，如图 3-1 所示。

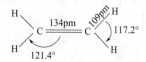

图 3-1　乙烯分子中键长和键角

乙烯分子中的双键碳原子均为 sp^2 杂化。形成乙烯时，2 个碳原子各以一个 sp^2 杂化轨道沿键轴方向重叠，形成 C—C σ 键，其余的 sp^2 杂化轨道分别与 4 个氢原子的 1s 轨道重叠，形成 4 个 C—H σ 键，5 个 σ 键在同一平面上。每个碳原子上未杂化的 2p 轨道垂直于 3 个 sp^2 杂化轨道所在的平面，彼此相互平行，侧面重叠形成 π 键，从而构成了 C=C 双键。因此，C=C 双键是由一个 σ 键和一个 π 键构成，如图 3-2 所示。

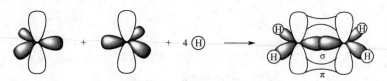

图 3-2　乙烯分子的形成

π 键的成键方式决定了其电子云重叠程度和键能都较 σ 键小，不能绕键轴自由旋转，而且 π 键电子云呈上下两层，对称分布在分子平面的上方和下方，离核较远，受核束缚力小，极化度较大，所以 C=C 双键比 C—C 单键的反应活性高。

2. 烯烃的异构　烯烃的异构较烷烃复杂，除具有构造异构外，有的烯烃还有顺反异构。

（1）烯烃构造异构：烯烃的构造异构除碳链异构外，还有因 C=C 双键的位置不同产生的位置异构，例如：

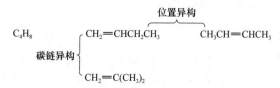

（2）烯烃的顺反异构：烯烃分子中 C=C 双键因其中的π键不能自由旋转，当 C=C 双键碳上

连接不同的原子或基团时，C=C 双键碳上的原子或基团的空间排列方式就有两种：一种是相同原子或基团处于双键同侧，称顺式异构体；另一种是相同原子或基团处于双键异侧，称反式异构体。例如，丁-2-烯的两种异构体如下

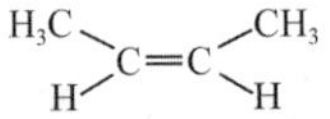

顺-丁-2-烯　　　　　　　　　反-丁-2-烯
cis-丁-2-烯　　　　　　　　*trans*-丁-2-烯

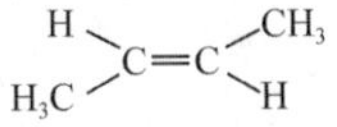

这种由于分子中存在限制旋转的因素（如双键、脂环等）而使分子具有不同构型的现象称为顺反异构现象，同一化合物的不同构型分子称为顺反异构体。

分子中具有限制原子自由旋转的因素是顺反异构产生的重要条件，但不是唯一条件。例如，丙烯（$CH_3CH=CH_2$）和 2-甲基丁-2-烯[（CH_3）$_2C=CHCH_3$]，分子中都有限制旋转的因素（双键）存在，但是 C=C 双键中都有一个碳原子上连接两个相同的原子（或基团），因此只有一种构型而不存在顺反异构现象。

除烯烃外，还有 C=N 双键、N=N 双键化合物和环烷烃等，只要具备产生顺反异构的必需条件，也可产生顺反异构。

顺反异构体由于分子中原子或基团在空间取向不同，所以理化性质和生理活性也常常存在很大的差异。例如，人工合成的己烯雌酚是雌性激素类药物，反式异构体生理活性很强，是顺式异构体的 7~10 倍，故供临床药用的是反式异构体。具有降血脂作用的亚油酸和花生四烯酸，分子中所有 C=C 双键的构型都是顺式。

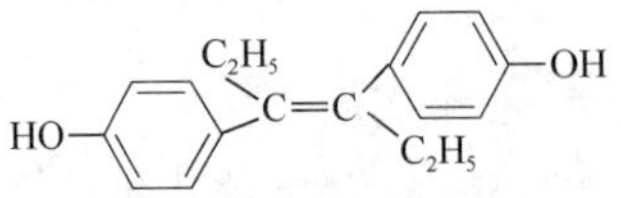

反-己烯雌酚 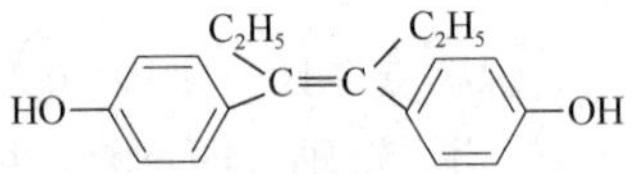　　　　　　　　　　　顺-己烯雌酚

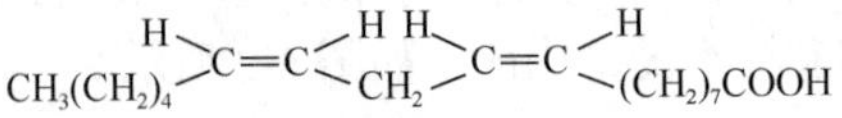

亚油酸

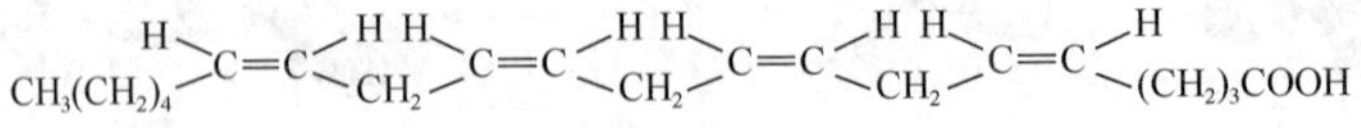

花生四烯酸

问题 3-1　下列化合物中，哪些具有顺反异构？若有，请写出其顺反异构体的构型。

（1）$CH_3CH_2-\overset{\underset{|}{CH_3}}{C}=CHCH_3$

（2）$CH_2=CHCHCH_2CH_3$（带两个 CH_3）

（3）$\underset{Cl}{\underset{|}{C}}=CHCH_2CH_3$（苯环）

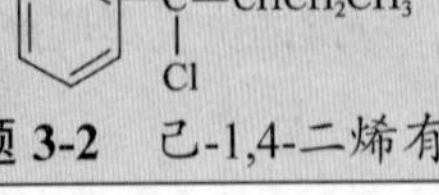

（4）$(CH_3)_2C=CHCHO$

问题 3-2　己-1,4-二烯有无顺反异构？若有，请写出其顺反异构体的构型。

3.1.2　烯烃的命名

烯烃的命名多采用系统命名法，其关键也是如何选择母体以及确定取代基的位次。命名原则为"三最一排序，注意官能团"，即最长碳链、最多支链、最低位次，取代基排序，注意 C=C 双键官能团。具体命名方法如下：

1）选择分子中最多支链的最长碳链为主链，若主链含 C═C 双键，则根据主链所含碳原子数称为“某烯”，主链多于 10 个碳的烯烃，应在中文数字后加“碳烯”，以区分双键数目。

2）对主链编号，确定取代基位置。若主链含 C═C 双键，应遵循先确保双键位次最低，再兼顾各取代基的位次尽量低的原则，从靠近双键一端对主链碳原子编号，用 C═C 双键中碳原子编号较小的位次，将双键位置标示在烯烃名称的“某”后“烯”前，并用半字线隔开。

3）把支链作为取代基，其位置、数目和名称写在烯烃名称的前面。例如：

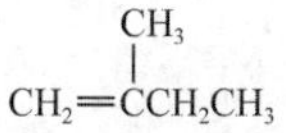

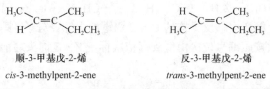

2-甲基丁-1-烯
2-methylbut-1-ene

3-乙基十一碳-2-烯
3-enthylundec-2-ene

3-甲亚基己烷
3-methylidenehexane

2, 2, 4-三甲基己-3-烯
2, 2, 4-trimethylhex-3-ene

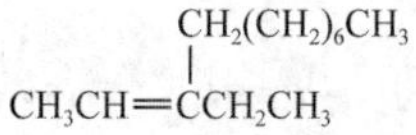

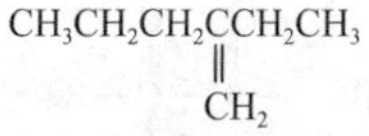

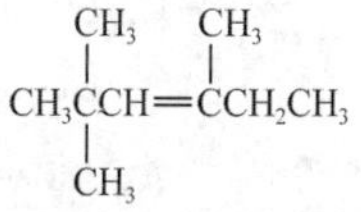

4）烯烃去掉一个氢原子后余下的基团称为烯基，常见的烯基为

$CH_2{=}CH-$

乙烯基
ethenyl (vinyl)

$CH_3CH{=}CH-$

丙-1-烯基（丙烯基）
prop-1-en-1-yl (propenyl)

$CH_2{=}CHCH_2-$

丙-2-烯基（烯丙基）
prop-2-en-1-yl (allyl)

1-甲基乙烯基（异丙烯基）
1-methylethenyl (isopropenyl)

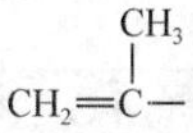

烃分子中同一碳原子上去掉两个氢原子余下的基团称为“某亚基”，例如：

$CH_2{=}$

甲亚基
methylidene

$CH_3CH{=}$

乙亚基
ethylidene

$CH_3CH_2CH{=}$

丙亚基
propylidene

5）对于有顺反异构的烯烃，可用顺，反或 *Z*，*E* 命名法标明其构型。

顺，反标记法是根据烯烃分子中双键上不同碳原子连接的相同原子或基团的相对位置进行标记的方法，即相同原子或基团处于双键同侧的异构体，用“顺”字或“*cis*”标记；相同原子或基团处于双键异侧的异构体，用“反”字或“*trans*”标记。例如：

顺-3-甲基戊-2-烯
cis-3-methylpent-2-ene

反-3-甲基戊-2-烯
trans-3-methylpent-2-ene

顺，反标记法比较直观，一目了然，但当双键碳原子连有 4 个不同的原子或基团时，就无法用顺、反标记其异构体，则需要用 *Z*、*E*-标记法标记烯烃的顺反异构体。

Z，*E*-标记法是以“次序规则”为基础确定双键碳上所连接的不同原子或基团在空间的相对位置的标记方法。因此，在介绍 *Z*，*E*-标记法之前，首先介绍“次序规则”。

“次序规则（sequence rule）”是有机化合物命名时常见原子或基团按优先次序高低（或大小）顺序进行排列的规则，其要点为：

（1）原子的优先次序：直接比较原子的原子序数，原子序数大者优先次序高，原子序数小者优先次序低；原子序数相同的同位素，质量重者优先次序高。例如，碘、溴、氯、氘和氢，优先次序高低顺序为：I＞Br＞Cl＞D＞H。

（2）基团的优先次序：首先比较键合原子的原子序数，原子序数大者优先次序高，反之优先次序低；键合原子相同时，则顺延比较与键合原子相连的其他原子，直至比较出次序高低为止。例如，—OH 与—CH_3，键合原子分别为氧原子和碳原子，由于氧原子的原子序数大于碳原子，所以—OH 优先于—CH_3。而—CH_2CH_3 与—CH_3，二者的键合原子均为碳原子，则顺延比较与该碳原子相连的

其他原子的原子序数：—CH_3 中与键合碳原子相连的原子分别为 H、H、H，—CH_2CH_3 中与键合碳原子相连的原子分别为 C、H、H，由于 H 的原子序数小于 C，所以优先次序为—CH_2CH_3＞—CH_3。同理推出，—$CH(CH_3)_2$ 优先次序高于—$CH_2CH_2CH_2CH_3$。

根据次序规则，一些常见烷基的优先次序为

$$—C(CH_3)_3＞—CH(CH_3)_2＞—CH_2CH_2CH_3＞—CH_2CH_3＞—CH_3$$

（3）含有重键基团的优先次序：如—$CH＝CH_2$、—CN、—CHO、—$COOH$ 等，双键可看作键合原子与两个相同原子直接相连，叁键则看作键合原子与三个相同原子直接相连。例如：

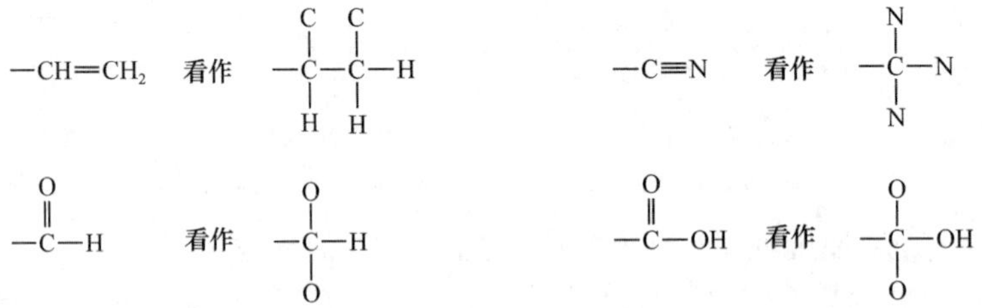

> 问题 3-3　根据"次序规则"比较下列各组基团的优先次序高低。
> （1）—$C(CH_3)_3$ 与—$CH(Br)CH_2CH_3$　　　　（2）—$COOH$ 与—CHO
> （3）—$COOH$ 与—CH_2OH

Z,E-标记法的具体步骤为：首先分别将双键碳原子上各自连有的两个原子或基团按"次序规则"确定出优先次序高低，然后把优先次序高的原子或基团处于双键同侧的异构体标记为 Z-构型，处于双键异侧的异构体标记为 E-构型。Z,E 分别取自于德文 "$zusammen$"（一同）、"$entgegen$"（相反）首字母，它们通常以斜体加括号作为立体词头写在化合物名称的前面。例如：

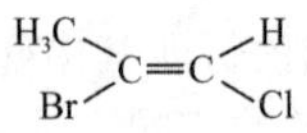

(Z)-2-溴-1-氯丙烯　　　　　　　　　　(E)-2-溴-1-氯丙烯
(Z)-2-bromo-1-chloropropene　　　　　(E)-2-bromo-1-chloropropene

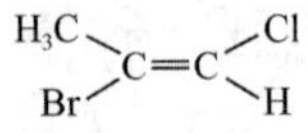

基团的优先次序：—Br＞—CH_3，—Cl＞H　　　　—CH_3＜—Br，—Cl＞H

含有两个或两个以上能产生顺反异构的 C＝C 双键的多烯烃分子，则每个 C＝C 双键的构型均需标出，并将双键的位次按照编号位次由低到高依次标于 Z,E 词头之前。例如：

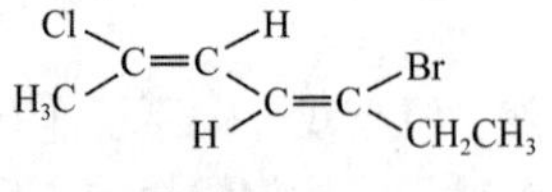

(2E,4Z)-5-溴-2-氯庚-2,4-二烯
(2E,4Z)-5-bromo-2-chlorohept-2,4-diene

Z,E-标记法适用于所有的顺反异构体，比顺，反标记法更具有广泛的适用性。这两种标记法之间没有必然的对应关系，顺式构型不一定是 Z 构型；反式构型也不一定是 E 构型。例如：

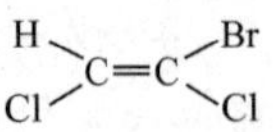

顺-1-溴-1,2-二氯乙烯　　　　　　　　　反-1-溴-1,2-二氯乙烯
(E)-1-溴-1,2-二氯乙烯　　　　　　　　(Z)-1-溴-1,2-二氯乙烯
(E)-1-bromo-1,2-dichloroethene　　　　(Z)-1-bromo-1,2-dichloroethane

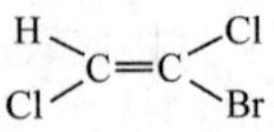

维生素 A_1 分子中侧链上的 C＝C 双键的构型均为 E 构型。

维生素A$_1$

问题 3-4 写出分子式为 C_5H_{10} 的烯烃的所有同分异构体，用系统命名法命名构造异构体，用顺，反标记法或 Z、E-标记法标记构型异构体。

3.1.3 烯烃的物理性质

烯烃的物理性质与相应的烷烃相似，常温下 $C_2 \sim C_4$ 的烯烃为气体，$C_5 \sim C_{18}$ 的烯烃为液体，C_{18} 以上的烯烃为固体。烯烃的熔点、沸点随着相对分子质量增加而升高，沸点比相应烷烃略低。相对密度均小于 1，但比相应烷烃略高。烯烃难溶于水而易溶于有机溶剂，且可溶于浓硫酸。

对称取代的烯烃分子中，反式异构体是对称分子，偶极矩等于零；顺式异构体两个取代基处于双键同侧，偶极矩不为零，分子间作用力较大，所以顺式异构体的沸点一般比反式高。但顺式异构体的对称性较低，在晶格中的排列不如反式异构体紧密，所以其熔点通常比反式异构体低。这说明顺反异构体由于分子中的原子或基团在空间取向不同，其物理性质（如偶极矩、沸点、熔点、密度等）存在差异。一些烯烃的物理常数见表 3-1。

表 3-1 一些烯烃的物理常数

化合物	结构式	熔点/℃	沸点/℃	密度（d_4^{20}）
乙烯（ethene）	$CH_2{=}CH_2$	−169.2	−103.7	0.5790
丙烯（propene）	$CH_3CH{=}CH_2$	−185.3	−47.7	0.5193
丁-1-烯（but-1-ene）	$CH_3CH_2CH{=}CH_2$	−185.4	−6.5	0.5951
戊-1-烯（pen-1-tene）	$CH_3(CH_2)_2CH{=}CH_2$	−165.2	30.0	0.6405
己-1-烯（hex-1-ene）	$CH_3(CH_2)_3CH{=}CH_2$	−139.8	63.4	0.6731
庚-1-烯（hept-1-ene）	$CH_3(CH_2)_4CH{=}CH_2$	−119	93.6	0.6970
辛-1-烯（oct-1-ene）	$CH_3(CH_2)_5CH{=}CH_2$	−101.7	121.3	0.7149
壬-1-烯（non-1-ene）	$CH_3(CH_2)_6CH{=}CH_2$	81.4	146	0.7300
癸-1-烯（dec-1-ene）	$CH_3(CH_2)_7CH{=}CH_2$	−66.3	172.6	0.7408
顺-丁-2-烯（cis-but-2-ene）		−138.9	4	0.6213
反-丁-2-烯（trans-but-2-ene）		−105.6	1	0.6042

3.1.4 烯烃的化学性质

烯烃的化学性质由其官能团 C=C 双键所决定。C=C 双键由稳定的 σ 键和不稳定的 π 键组成，由于 π 键的电子云重叠程度小，键能较小，易极化变形断裂，因而烯烃的化学性质较烷烃活泼，易发生加成、氧化、聚合等反应。烯烃发生化学反应的主要部位及反应类型如下所示：

催化加氢、亲电加成反应, 氧化反应, 聚合反应

自由基取代反应

1. 加成反应 加成反应（addition reaction）是指反应时，分子中的 π 键断裂，在原来以 π 键相连的两个原子上各加上一个原子或基团，生成新化合物的反应。

$$\begin{array}{c} >C=C< \end{array} \quad + \quad A-B \quad \longrightarrow \quad \begin{array}{c} A \\ | \\ >C-C< \\ | \\ B \end{array}$$

1）催化加氢：通常情况下，烯烃与氢气并不发生反应，但在适当的催化剂，如 Pt、Pd、Ni 的存在下，烯烃与氢气加成生成相应的烷烃。例如：

$$H_2C=CH_2 \quad + \quad H_2 \xrightarrow{\text{Pt}} CH_3CH_3$$

$$CH_3CH=CH_2 \quad + \quad H_2 \xrightarrow{\text{Pt}} CH_3CH_2CH_3$$

$$\xrightarrow[\text{0.1MPa}]{H_2, \text{Pt}}$$

顺-1, 2-二甲基环己烷（86%）

由于催化加氢反应是定量进行的，所以可根据反应所吸收氢气的体积（或物质的量）来推测分子中不饱和键的数目。

催化加氢反应的机理比较复杂，一般认为是通过催化剂首先将氢分子及不饱和烃吸附在金属表面，使 C=C 双键中的 π 键和 H—H σ 键松弛，然后两个氢原子与不饱和键在催化剂表面同侧完成加成过程，主要生成顺式加成产物。催化剂在反应中的作用是有效地降低活化能，使反应能在较温和的条件下进行。

2）亲电加成反应：烯烃能与卤素、卤化氢等试剂发生加成反应，生成卤代烃。卤素是由同种类的元素原子组成的试剂，称为对称试剂。卤化氢是由不同种类的元素原子组成的试剂，称为不对称试剂。

（1）与卤素加成：烯烃与卤素在常温下即能发生加成反应，主要生成相应的邻二卤代烃。

$$\begin{array}{c} >C=C< \end{array} \quad + \quad X_2 \quad \longrightarrow \quad \begin{array}{c} X \\ | \\ -C-C- \\ | \\ X \end{array}$$

不同卤素的反应活性不一，氟太活泼，反应难以控制，碘则难以反应，因而烯烃通常是与氯、溴发生加成反应。烯烃与溴的四氯化碳溶液反应时，溴的红棕色迅速消失，所以常利用此方法鉴别有机化合物中碳碳不饱和键的存在。例如：

$$CH_3CH=CH_2 \quad + \quad Br_2 \xrightarrow{\text{CCl}_4} CH_3\overset{\overset{\displaystyle Br}{|}}{C}HCH_2Br$$

红棕色　　　　　1,2-二溴丙烷（无色）

（2）与卤化氢加成：烯烃与卤化氢加成生成卤代烷，对称烯烃与卤化氢加成只生成一种卤代烷，而不对称烯烃与卤化氢加成则可生成两种不同卤代烷。例如：

$$CH_3CH=CHCH_3 \quad + \quad HBr \quad \longrightarrow \quad CH_3CH_2\overset{\overset{\displaystyle Br}{|}}{C}HCH_3$$

2-溴丁烷

$$CH_3CH_2CH=CH_2 \quad + \quad HBr \quad \longrightarrow \quad CH_3CH_2CH_2CH_2Br \quad + \quad CH_3CH_2\overset{\overset{\displaystyle Br}{|}}{C}HCH_3$$

1-溴丁烷（20%）　　　2-溴丁烷（80%）

　　1866 年俄国化学家马尔科夫尼科夫（V. V. Markovnikov）根据大量不对称烯烃与 HX 加成的实验事实，总结出一个经验规律：不对称烯烃与不对称试剂加成时，试剂中带正电荷部分总是加在含氢较多的双键碳原子上，带负电荷部分则加在含氢较少的双键碳原子上。该经验规律称为马尔科夫尼科夫规则，简称马氏规则。

　　烯烃与不同卤化氢加成反应活性顺序为：HI＞HBr＞HCl＞HF。HI 和 HBr 很易与烯烃加成，HCl 与烯烃反应速率较慢，HF 一般不能直接与烯烃加成。

　　（3）与水加成：烯烃与水在酸的催化下可发生加成反应生成醇，又称烯烃的水合反应。反应取向也遵循马氏规则。例如：

$$H_2C=CH_2 + H_2O \xrightarrow[300℃]{H_3PO_4} CH_3CH_2OH$$
乙醇

$$H_2C=CHCH_3 + H_2O \xrightarrow[250℃]{H_3PO_4} CH_3\overset{\displaystyle OH}{\underset{}{C}}HCH_3$$
异丙醇

这是工业上生产乙醇和异丙醇最重要的方法之一。

　　（4）与含氧无机酸（H_2SO_4、HOX）加成：烯烃与 H_2SO_4 加成生成烷基硫酸氢酯，经水解生成醇，该反应亦称烯烃的间接水合反应，是工业上生产低碳数醇的方法之一。

$$\rangle C=C\langle + HOSO_3H \longrightarrow \rangle\overset{H}{\underset{OSO_3H}{C-C}}\langle \xrightarrow{H_2O} \rangle\overset{H}{\underset{OH}{C-C}}\langle$$

不同结构的烯烃，反应难易不同，生成的醇的种类也不同。例如：

$$CH_2=CH_2 + H_2SO_4(98\%) \longrightarrow CH_3CH_2OSO_2OH \xrightarrow[90℃]{H_2O} CH_3CH_2OH$$
硫酸氢乙酯　　　　　　乙醇

$$CH_3CH=CH_2 + H_2SO_4(80\%) \longrightarrow CH_3\underset{OSO_2OH}{CH}CH_3 \xrightarrow[50℃]{H_2O} CH_3\underset{OH}{CH}CH_3$$
硫酸氢异丙基酯　　　　异丙醇

$$CH_3\overset{CH_3}{\underset{}{C}}=CH_2 + H_2SO_4(63\%) \longrightarrow CH_3\overset{CH_3}{\underset{OSO_2OH}{C}}CH_3 \xrightarrow[25℃]{H_2O} CH_3\overset{CH_3}{\underset{OH}{C}}CH_3$$
硫酸氢叔丁基酯　　　　叔丁醇

　　烯烃与次卤酸（HOX）加成，生成邻卤代醇，反应通常是通过烯烃与溴或氯的水溶液来实现。例如：

$$H_2C=CH_2 + Cl_2 + H_2O \longrightarrow ClCH_2CH_2OH$$

$$CH_3CH=CH_2 + Cl_2 + H_2O \longrightarrow CH_3\underset{OH}{CH}CH_2Cl$$

　　必须注意，烯烃与卤素如氯、溴的加成，可因反应介质不同得到不同的主要产物，因此控制反应条件可得到预期的产物。例如：

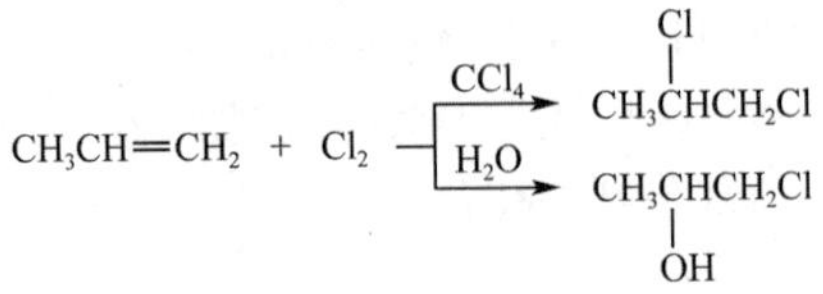

$$CH_3CH=CH_2 + Cl_2 \xrightarrow[H_2O]{CCl_4} \begin{array}{l} \underset{Cl}{CH_3CHCH_2Cl} \\ \underset{OH}{CH_3CHCH_2Cl} \end{array}$$

2. 氧化反应 烯烃较烷烃易氧化，在较温和条件下仅 π 键断裂，条件强烈时 σ 键也随之断裂，得到的氧化产物随氧化剂的性质、反应条件及烯烃分子结构的不同而不同。

（1）与高锰酸钾作用：中性或碱性条件下，烯烃与稀、冷 $KMnO_4$ 溶液作用时，不饱和键中的 π 键断裂，生成邻二醇。例如：

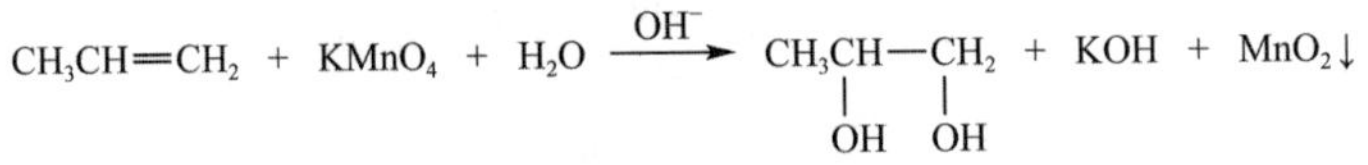

$$CH_3CH=CH_2 + KMnO_4 + H_2O \xrightarrow{OH^-} \underset{OH\ \ OH}{CH_3CH-CH_2} + KOH + MnO_2\downarrow$$

烯烃与酸性 $KMnO_4$ 溶液作用时，双键中的 π 键和 σ 键相继断裂，根据双键碳原子上连接的基团不同，可得到各种不同的氧化产物。双键碳上有两个烃基时，产物为酮；双键碳上连有一个烃基和一个氢原子时，产物为羧酸；双键碳上连有两个氢原子时，产物为二氧化碳。例如：

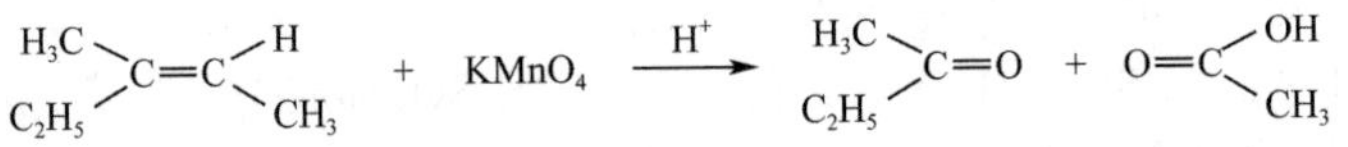

丁酮　乙酸

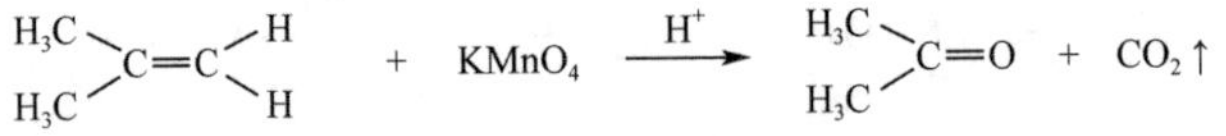

丙酮

根据此反应的产物可推断烯烃的结构，也可利用反应前后 $KMnO_4$ 颜色的改变来鉴别烯烃。

（2）臭氧化反应：含有体积分数为 6%～8% 臭氧的氧气在低温下能与烯烃迅速地发生定量反应，生成环状的臭氧化物，该反应称为臭氧化反应。臭氧化物中含过氧键（—O—O—），很不稳定，容易爆炸，因此一般不将其分离，而是直接在溶液中进行水解，得到醛或酮以及过氧化氢。

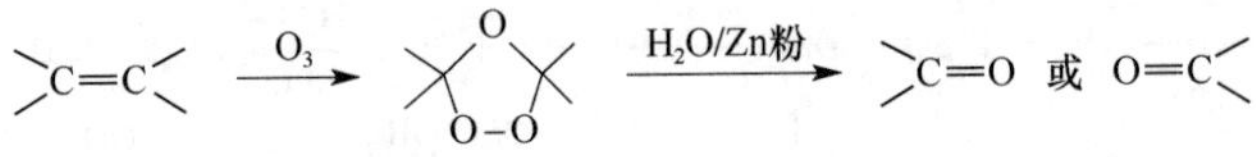

臭氧化物　　　醛或酮

为了防止生成的过氧化物继续氧化醛、酮，通常臭氧化物的水解是在加入还原剂（如 Zn/H_2O）或催化氢化条件下进行。烯烃的臭氧化物在锌粉存在下水解，断裂部位是烯烃的 C=C 双键处，氧化产物与烯烃相似，但双键碳上连有一个烃基和一个氢原子时，产物为醛；双键碳上连有两个氢原子时，产物为甲醛。所以也可根据反应产物推断烯烃的结构。例如：

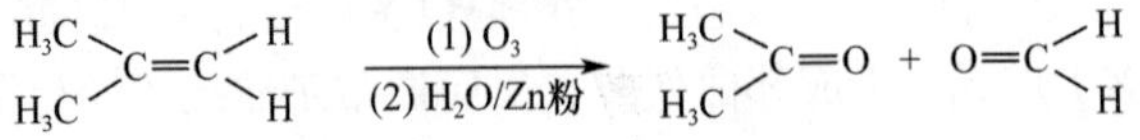

丙酮　甲醛

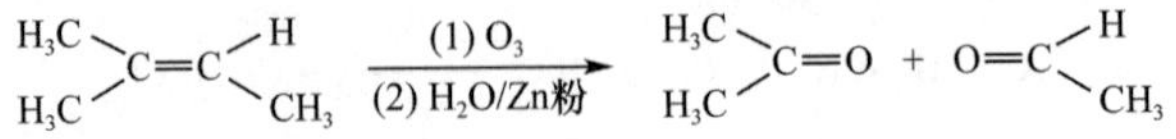

乙醛

问题 3-5　完成下列反应方程式。

（1）$CH_2=CHCH_2C=CH_2 \xrightarrow{KMnO_4/H^+}$
　　　　　　　　　　$|$
　　　　　　　　　CH_3

（2）$CH_2=CHCH_2C=C(CH_3)_2 \xrightarrow[\text{(2) } H_2O/Zn\text{粉}]{\text{(1) } O_3}$
　　　　　　　　　$|$
　　　　　　　　CH_3

3. 自由基反应

（1）加成反应：在过氧化物存在下，烯烃与溴化氢加成，生成反马氏规则的溴代烷产物。这种因过氧化物的存在而引起不对称烯烃与溴化氢加成所得的产物不遵循马氏规则的现象称过氧化物效应。过氧化物分子中 O—O 键解离能小，易均裂成自由基，加成反应按自由基加成机制进行。例如：

链引发：$R—O—O—R \longrightarrow 2RO\cdot$

$RO\cdot + HBr \longrightarrow ROH + Br\cdot$

链增长：$Br\cdot + CH_3CH=CH_2 \longrightarrow CH_3\dot{C}HCH_2Br$（中间体）

$CH_3\dot{C}HCH_2Br + HBr \longrightarrow CH_3CH_2CH_2Br + Br\cdot$

……

链终止：$Br\cdot + Br\cdot \longrightarrow Br_2$

$Br\cdot + \dot{C}HCH_2Br \longrightarrow CH_3\overset{\overset{\displaystyle Br}{|}}{C}HCH_2Br$

过氧化物效应只存在于不对称烯烃与溴化氢的加成反应中，氟化氢、氯化氢、碘化氢等试剂都无过氧化物效应。

（2）α-氢的卤代反应：烯烃中与官能团双键直接相连的烷基碳原子称为 α-碳原子，该碳原子上的氢原子称为 α-氢原子。α-氢原子受双键的影响，变得比较活泼，在高温或光照下易与卤素发生自由基取代反应，生成相应的卤代烯烃。例如：

$CH_3CH=CH_2 + Cl_2 \xrightarrow{500℃} ClCH_2CH=CH_2$

3-氯丙烯（烯丙基氯）

问题 3-6　用自由基取代反应机理解释下列反应。

$CH_3CH_2CH=CH_2 + Br_2 \xrightarrow{hv} CH_3\overset{\overset{\displaystyle}{}}{C}HCH=CH_2$
　　　　　　　　　　　　　　　　　　$|$
　　　　　　　　　　　　　　　　　Br

4. 聚合反应

在一定条件下，烯烃能以自由基或离子型反应机理发生多个相同或相似分子间的自身加成，形成相对分子质量较大的化合物。这种由一种或几种结构简单的小分子化合物，通过共价键重复连接生成相对分子质量较大的化合物的反应称为聚合反应。形成的化合物称为高分子化合物或聚合物，也称高聚物。组成高分子的重复单元叫作链节，一个高分子中的链节数称为聚合度（用"n"表示），能聚合成高分子化合物的小分子化合物称为单体。

$$n \quad \diagdown C=C \diagup \quad \longrightarrow \quad \left[\begin{matrix} | & | \\ C-C \\ | & | \end{matrix}\right]_n$$

单体　　　　　聚合物

例如，聚乙烯是常见的聚合物，其通过乙烯在高温、高压下聚合反应得到。

$$n\ CH_2=CH_2 \xrightarrow[\text{催化剂}]{\text{高温，高压}} \left[CH_2CH_2\right]_n$$

聚合物（$n = 500 \sim 2000$）

3.1.5 亲电加成反应机理

1. 亲电加成反应机理 将乙烯通入含氯化钠的溴水中，除主要生成 1,2-二溴乙烷外，还生成了 1-溴-2-氯乙烷，但并无 1,2-二氯乙烷生成。

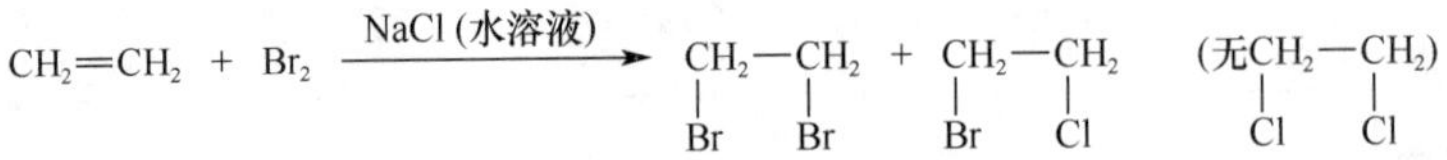

$$CH_2{=}CH_2 \ + \ Br_2 \ \xrightarrow{\text{NaCl (水溶液)}} \ \underset{\underset{Br}{|}\ \underset{Br}{|}}{CH_2{-}CH_2} \ + \ \underset{\underset{Br}{|}\ \underset{Cl}{|}}{CH_2{-}CH_2} \quad (\underset{\underset{Cl}{|}\ \underset{Cl}{|}}{无 CH_2{-}CH_2})$$

上述实验结果说明加成反应是分步进行的。首先是溴分子受乙烯 π 键的影响而发生极化（$Br^{\delta-}$—$Br^{\delta+}$），极化的溴正离子进攻烯烃，与 π 电子结合，通过 π-配合物的形成使 Br—Br 键异裂，生成带正电荷的中间体环状溴正离子（bromonium ion）和带负电荷的溴负离子。在这一步，烯烃分子中 π 键的断裂及溴分子中 σ 键的断裂都需要能量，速率较慢，是决定整个反应速率的一步。

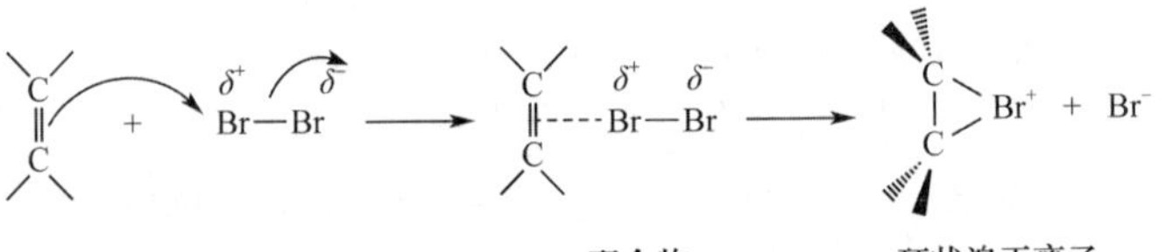

$$\text{π-配合物} \qquad\qquad \text{环状溴正离子}$$

环状溴正离子之所以能形成，主要是因为 C—Br 键形成后，溴原子上孤对电子与缺电子的碳原子的空 p 轨道从侧面重叠，即

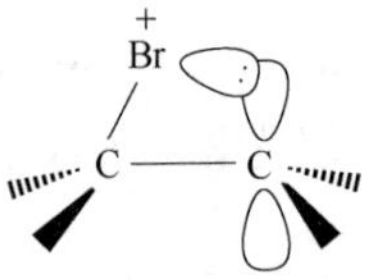

这种侧面重叠有利于溴负离子从背面进攻溴正离子，生成反式加成产物 1,2-二溴乙烷。这一步反应速率较快。

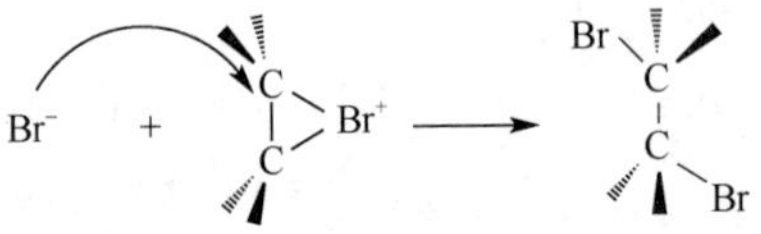

因此，上述反应的第一步只有 $Br^{\delta+}$ 进攻电子云密度大的 C=C 双键，因而无 1,2-二氯乙烷生成；第二步带正电荷的溴正离子既能与 Br^- 反应，也能和氯化钠溶液中的 Cl^- 反应，所以反应除主要生成 1,2-二溴乙烷外，还生成了 1-溴-2-氯乙烷。这种由亲电试剂进攻而引起的加成反应称为亲电加成反应（electrophilic addition reaction）。

烯烃与卤化氢（HX）的加成反应也是分两步进行：首先是 HX 解离出的 H^+ 进攻电子云密度大的 C=C 双键，使 π 键打开，经过渡态（Ⅰ）生成碳正离子（carbocation）中间体，然后卤负离子进攻碳正离子与之结合生成加成产物。其过程如下：

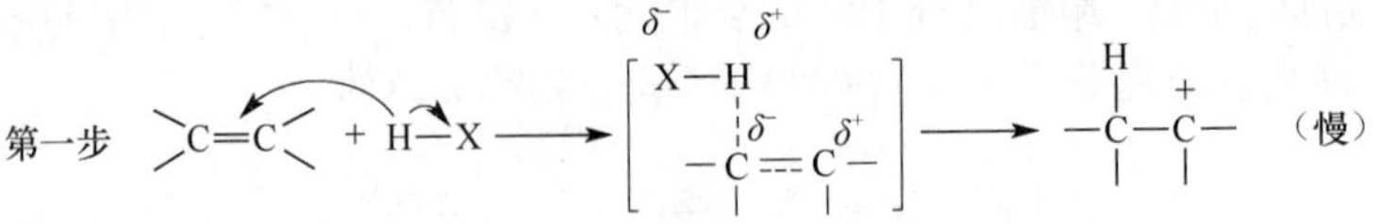

第一步

$$\text{过渡态（Ⅰ）} \qquad\qquad \text{碳正离子}$$

第二步

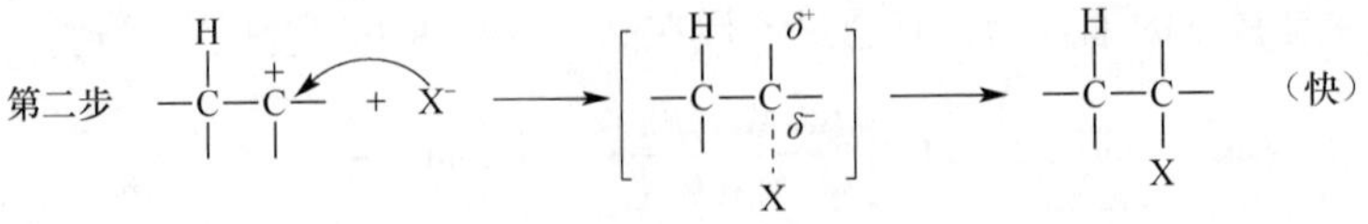

$$\text{过渡态（Ⅱ）}$$

　　烯烃与氯分子的加成也是分两步完成，由于氯原子半径比溴小，形成三元环的张力较大，且氯的电负性高，难容纳正电荷而更倾向形成非环状的碳正离子中间体。

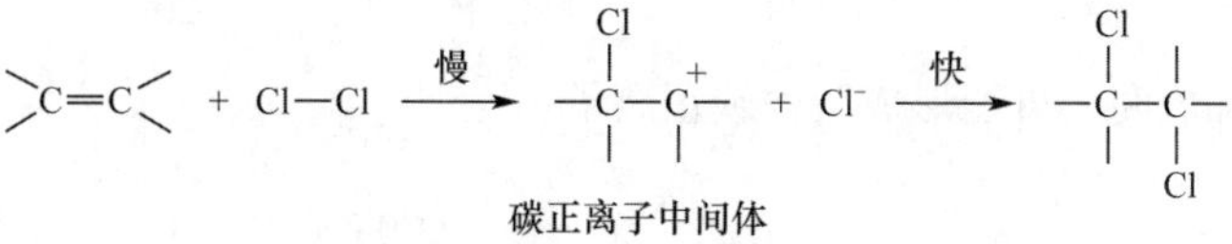

$$>C=C< \quad + \quad Cl-Cl \xrightarrow{\text{慢}} \quad -\overset{Cl}{\underset{}{\overset{|}{C}}}-\overset{+}{C}- \quad + \quad Cl^- \xrightarrow{\text{快}} \quad -\overset{Cl}{\underset{}{\overset{|}{C}}}-\overset{|}{\underset{Cl}{C}}-$$

碳正离子中间体

　　不对称烯烃与不对称试剂的亲电加成取向遵循马氏规则。由于亲电加成反应中，碳正离子中间体形成是决定反应速率的关键一步，所以碳正离子稳定性是决定加成反应速率的关键因素，碳正离子越稳定，亲电反应活性越大，反应速率越快。碳正离子的稳定性与其分子中电子云密度分布密切相关。

2. 诱导效应及马氏规则的解释

　　（1）诱导效应：诱导效应是有机化合物中的一种电子效应（分子中电子云密度分布对分子性质的影响）。在多原子分子中，一个键的极性将影响到分子中的其他部分，致使分子中的电子云密度分布发生一定程度的改变，从而影响到其分子性质。例如，在氯丙烷分子中，由于 C、Cl 原子电负性不同，C—Cl 键具有极性，C—Cl 键极性的影响通过 σ 电子的转移传递到 C2 和 C3 上，致使整个分子中的电子云密度分布发生了改变，每个碳原子上都带上了不同电量的正电荷。

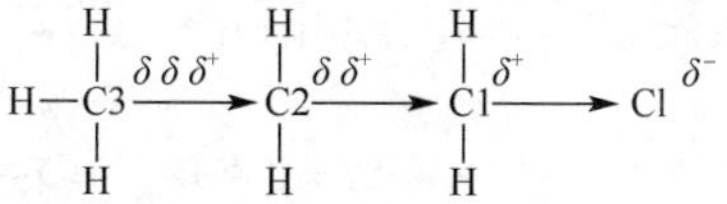

$$H-\overset{H}{\underset{H}{\overset{|}{C3}}}\xrightarrow{\delta\delta\delta^+}\overset{H}{\underset{H}{\overset{|}{C2}}}\xrightarrow{\delta\delta^+}\overset{H}{\underset{H}{\overset{|}{C1}}}\xrightarrow{\delta^+}Cl^{\delta^-}$$

　　这种由成键原子电负性不同，使成键电子对偏向一方引起键的极性改变，并通过静电引力沿分子链由近及远依次传递，致使分子的电子云密度分布发生改变的现象称为诱导效应（inductive effect），简称 I 效应。

　　诱导效应的方向是以 C—H 键中的氢原子作为比较标准，其他原子或基团（X 或 Y 表示）取代 C—H 键中的氢原子后，该键的电子云密度分布将发生一定程度的改变。与氢原子相比，若取代原子或基团 X 电负性大于氢原子，C—X 键电子云偏向于 X，X 具有吸电子性，称为吸电子基。由吸电子基引起的诱导效应称为吸电子诱导效应，常以–I 表示。反之，若原子或基团 Y 电负性小于氢原子，C—Y 键的电子云偏向碳原子，Y 具有给电子性，称为给电子基。由给电子基引起的诱导效应称为给电子诱导效应，常以+I 表示。

$$-\overset{|}{\underset{|}{C}}\longrightarrow X \qquad\qquad -\overset{|}{\underset{|}{C}}-H \qquad\qquad -\overset{|}{\underset{|}{C}}\longleftarrow Y$$

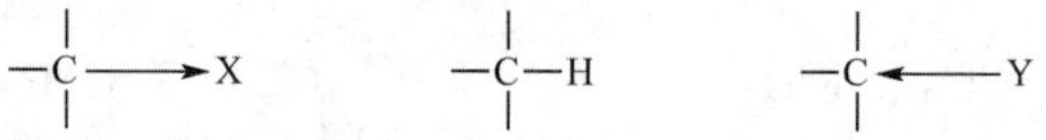

–I效应　　　　　　　　　比较标准　　　　　　　　　+I效应

　　常见原子或基团的电负性大小顺序如下：

　　—F＞—Cl＞—Br＞—I＞—OCH₃＞—OH＞—NH—CO—CH₃＞—C₆H₅＞—CH=CH₂＞H＞—CH₃＞—CH₂CH₃＞—CH(CH₃)₂＞—C(CH₃)₃

　　排在 H 前面的原子或基团为吸电子基，排在 H 后面的原子或基团为给电子基。吸电子基的电负性越大，–I 效应越强；给电子基的电负性越小，+I 效应越强，–I 效应则越弱。

　　诱导效应具有加和性，且可沿分子链通过 σ 电子由近及远依次传递，但随碳链增长效应会迅速减弱乃至消失，一般认为经过 3 个碳原子以后，可忽略不计，因此诱导效应是一种"短程效应"。

　　（2）马氏规则的解释：根据静电学原理，带电体系的稳定性随着电荷的分散而增大。烷基是给电子基团，碳正离子上连有的烷基越多，+I 效应越强，正电荷越分散，体系能量越低，碳正离子越稳定。不同类型的烷基碳正离子的稳定性顺序为

$$\overset{+}{R_3C} \quad > \quad \overset{+}{R_2CH} \quad > \quad \overset{+}{RCH_2} \quad > \quad \overset{+}{CH_3}$$

叔碳正离子　　　仲碳正离子　　　伯碳正离子　　甲基碳正离子
3°　　　　　　　2°　　　　　　　1°　　　　　$\overset{+}{CH_3}$

丁-1-烯与 HBr 加成时，可能形成两种碳正离子：

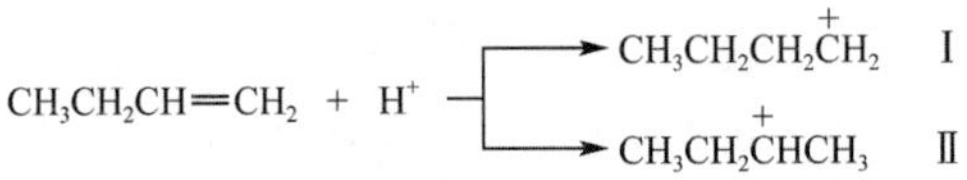

$$CH_3CH_2CH{=}CH_2 + H^+ \longrightarrow \begin{cases} CH_3CH_2CH_2\overset{+}{C}H_2 & \text{I} \\ CH_3CH_2\overset{+}{C}HCH_3 & \text{II} \end{cases}$$

由于 I 是伯碳正离子，II 是仲碳正离子，II 比 I 稳定，容易生成，所以反应的主产物是 2-溴丁烷。

3,3,3-三氟丙烯与 HCl 的加成时，分子中 3 个氟原子的强吸电子性，使 C=C 双键中的 π 电子云分布不均匀，出现正、负电荷中心不重合。试剂中带正电荷的 H⁺进攻分子中的负电荷中心，即含氢较少的双键碳原子，通过形成较稳定的三氟丙基碳正离子（ $F_3CCH_2\overset{+}{C}H_2$ ），继而很快完成反应，生成的主要产物为 3-氯-1,1,1-三氟丙烷，而不是氢加在含氢较多的双键碳原子上的 2-氯-1,1,1-三氟丙烷。

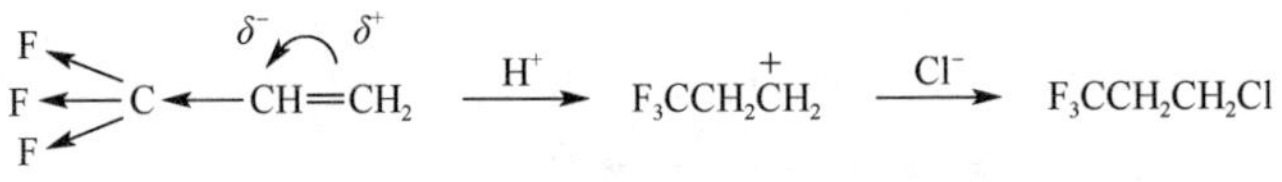

$$\begin{array}{ccc} F{-}\overset{F}{\underset{F}{C}}{\leftarrow}\overset{\delta^-}{CH}{=}\overset{\delta^+}{CH_2} & \xrightarrow{H^+} & F_3CCH_2\overset{+}{C}H_2 & \xrightarrow{Cl^-} & F_3CCH_2CH_2Cl \end{array}$$

3,3,3-三氟丙烯　　　三氟丙基碳正离子　　3-氯-1,1,1-三氟丙烷

由此可见，马氏规则的实质就是不饱和烃的亲电加成总是以形成较稳定的碳正离子中间体决定反应的主要产物。

（3）亲电加成反应活性：碳碳双键（C=C）上所连的原子或基团不仅影响亲电加成的取向，还影响双键的反应活性。由于亲电加成反应中，碳正离子中间体的形成是决定反应速率的关键一步，因此越易形成稳定的碳正离子中间体的烯烃，亲电反应活性越大。例如，异丁烯、丁烯、乙烯和氯乙烯与氢卤酸亲电加成的反应活性次序如下：

$$(CH_3)_2C{=}CH_2 > CH_3CH_2CH{=}CH_2 > CH_2{=}CH_2 > CH_2{=}CHCl$$

问题 3-7　写出化合物 $(CH_3)_2C{=}CHC(CH_3)_3$ 与 HBr 加成的主要产物，并简述理由。
问题 3-8　比较下列各组碳正离子的稳定性。
（1） $(CH_3)_2\overset{+}{C}CH_3$ 和 $CH_3\overset{+}{C}HCH_3$ （2） $CF_3\overset{+}{C}HCH_3$ 和 $CF_3CH_2\overset{+}{C}H_2$

3.2 炔　烃

炔烃（alkyne）是分子中含碳碳叁键（C≡C）的烃类化合物，C≡C 是炔烃的官能团。与烯烃类似，也可分为单炔烃（常称炔烃）、二炔烃和多炔烃。本节主要讨论开链单炔烃，其组成通式为 C_nH_{2n-2}。

3.2.1　炔烃的结构和同分异构

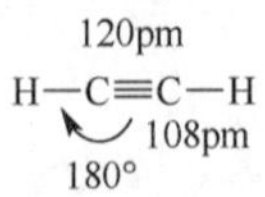

1. 炔烃的结构　最简单的炔烃是乙炔，经电子衍射和光谱分析等物理方法测定，乙炔是直线形分子，键角为 180°，碳碳叁键的键长为 120pm，C—H 键的键长 108pm，如图 3-3 所示。

120pm
H—C≡C—H
108pm
180°

图 3-3　乙炔分子中键角和键长

乙炔分子中的碳原子均为 sp 杂化，两个碳原子各以 1 个 sp 杂化轨道沿键轴方向重叠形成 C—C σ 键，其余的 sp 杂化轨道分别与两个氢原子的 1s 轨道重叠形成两个 C—H σ 键，这 3 个 σ 键均在同一条直线上。每个碳原子上未杂化的 2 个 p 轨道相互垂直并同时垂直于分子 σ 键所在的直线，两两相互对应平行，侧面重叠形成两个 π 键，构成了 C≡C 叁键。π 电子云对称地分布在分子 σ 键的上下和前后，呈圆筒状，如图 3-4 所示。

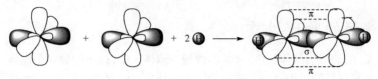

图 3-4 乙炔分子的形成

由于 C≡C 叁键中的碳原子为 sp 杂化，该轨道的 s 成分较 sp^2、sp^3 杂化轨道多，电子云形状粗而短，发生重叠时，两原子靠得更近，因此 C≡C 叁键的键长（120pm）较 C═C 双键（134pm）及 C—C 单键（154pm）都短。

2. 炔烃的异构　炔烃的异构比烷烃复杂，但较烯烃简单，只有构造异构，没有顺反异构。炔烃的构造异构除碳链异构外，也有由于分子中 C≡C 叁键的位置不同而产生的位置异构，但因 C≡C 叁键的限制，碳原子数目数相同的炔烃比烯烃的异构体数目少。例如：

位置异构

C_5H_8　碳链异构 {
CH≡CCH₂CH₃　　　CH₃C≡CCH₂CH₃

CH≡CCH(CH₃)₂
}

位置异构

C_5H_{10}　碳链异构 {
CH₂═CHCH₂CH₂CH₃　　　CH₃CH═CHCH₂CH₃

CH₂═C(CH₃)CH₂CH₃

CH₂═CHCH(CH₃)₂　　　CH₃CH═C(CH₃)₂
}

3.2.2　炔烃的命名

炔烃的命名多采用系统命名法，命名方法与烯烃相似，即选择支链最多的最长碳链为主链，若主链含 C≡C 叁键，则根据主链碳原子数称为"某炔"；从靠近 C≡C 叁键一端对主链碳原子编号，并使取代基的位次尽量低（小）；用 C≡C 叁键中编号较低的碳位次将 C≡C 叁键位置标示在炔烃名称的"某"后"炔"前。例如：

HC≡CCH₂CH₃

丁-1-炔
but-1-yne

CH₃C≡CCHCH₃
　　　　|
　　　　CH₃

4-甲基戊-2-炔
4-methylpent-2-yne

CH₃
|
CH₃-C-C≡CCHCH₃
|
CH₃　CH₃

2, 2, 5-三甲基己-3-炔
2, 2, 5-trimethylhex-3-yne

CH₃
|
CH₃C≡CCH₂CHCHCH₃
　　　　　　|
　　　　　　Cl

6-氯-5-甲基庚-2-炔
6-chloro-5-methylhept-2-yne

分子中同时含有 C═C 双键和 C≡C 叁键的化合物称为烯炔。在系统命名法中，选择分子内支链最多的最长碳链为主链，若主链为含 C═C 双键和 C≡C 叁键的最长碳链，则一般称为"某烯炔"，并从靠 C═C 双键或 C≡C 叁键最近的一端开始对主链碳原子编号；当 C═C 双键与 C≡C 叁键处于同等位置时，应优先 C═C 双键位次最低对主链碳原子编号。例如：

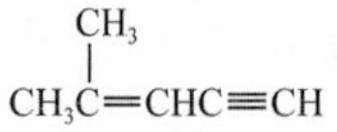

$$CH_3C=CHC\equiv CH$$

（此处为结构式，含 CH_3 支链）

4-甲基戊-3-烯-1-炔
4-methylpent-3-en-1-yne

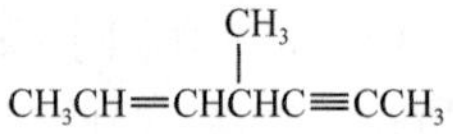

$$CH_3CH=CHCHC\equiv CCH_3$$

（此处为结构式，含 CH_3 支链）

4-甲基庚-2-烯-5-炔
4-methylhept-2-en-5-yne

3.2.3 炔烃的物理性质

常温下 $C_2 \sim C_4$ 的炔烃为气体，$C_5 \sim C_{15}$ 的炔烃为液体，C_{15} 以上的炔烃为固体。炔烃与烷烃、烯烃相似，熔点和沸点都随着相对分子质量的增加而升高。同碳数的炔烃，$C\equiv C$ 叁键在中间比在末端的沸点、熔点都高。炔烃的相对密度都小于 1，但比对应的烯烃大。炔烃是弱极性化合物，在水中的溶解度很小，但易溶于有机溶剂。一些炔烃的物理常数见表 3-2。

表 3-2 一些炔烃的物理常数

名称	结构式	熔点/℃	沸点/℃	密度（d_4^{20}）
乙炔（ethyne）	$HC\equiv CH$	−81.8	−75	
丙炔（propyne）	$HC\equiv CCH_3$	−101.5	−23	
丁-1-炔（but-1-yne）	$HC\equiv CCH_2CH_3$	−122	9.0	
丁-2-炔（but-2-yne）	$H_3CC\equiv CCH_3$	−24	27	0.694
戊-1-炔（pen-1-yne）	$HC\equiv CCH_2CH_2CH_3$	−98	39.7	0.695
己-1-炔（hex-1-yne）	$HC\equiv CCH_2CH_2CH_2CH_3$	−124	72	0.791
己-3-炔（hex-3-yne）	$H_3CCH_2C\equiv CCH_2CH_3$	−51	81	0.725
庚-1-炔（hept-1-yne）	$HC\equiv C(CH_2)_4CH_3$	−80	100	0.733
辛-1-炔（oct-1-yne）	$HC\equiv C(CH_2)_5CH_3$	−70	126	0.747
壬-1-炔（non-1-yne）	$HC\equiv C(CH_2)_6CH_3$	−65	151	0.763
癸-1-炔（dec-1-yne）	$HC\equiv C(CH_2)_7CH_3$	−36	182	0.770

3.2.4 炔烃的化学性质

炔烃的化学性质取决于其官能团 $C\equiv C$ 叁键。$C\equiv C$ 叁键与 $C=C$ 双键相似，均含有活泼的 π 键，所以炔烃与烯烃相似，较易发生催化加氢、亲电加成、氧化、聚合等反应，但反应难易与烯烃也有所区别。炔烃发生化学反应的主要部位及反应类型如下所示：

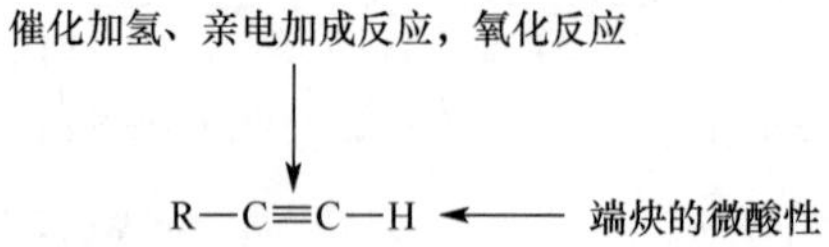

催化加氢、亲电加成反应，氧化反应

$$R-C\equiv C-H \longleftarrow 端炔的微酸性$$

1. 催化加氢 在 Pt、Pd、Ni 等催化剂的存在下，炔烃可与氢气加成，先生成烯烃，进一步加成生成烷烃。反应通常较难停留在生成烯烃的一步，容易直接生成烷烃。例如：

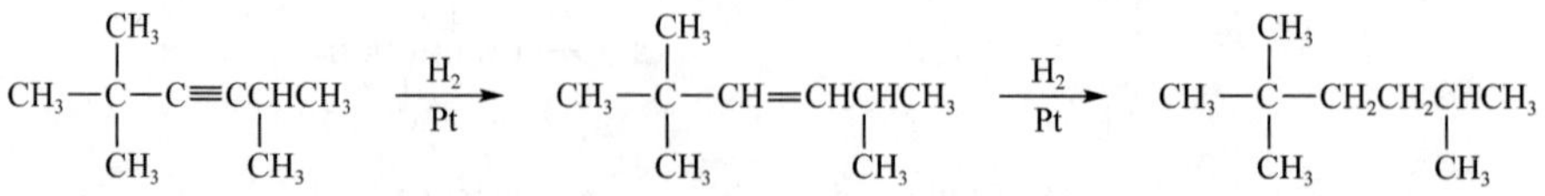

$$CH_3-\overset{CH_3}{\underset{CH_3}{C}}-C\equiv CCHCH_3 \xrightarrow{H_2 \atop Pt} CH_3-\overset{CH_3}{\underset{CH_3}{C}}-CH=CHCHCH_3 \xrightarrow{H_2 \atop Pt} CH_3-\overset{CH_3}{\underset{CH_3}{C}}-CH_2CH_2CHCH_3$$

2, 2, 5-三甲基己-3-炔   2, 2, 5-三甲基己-3-烯   2, 2, 5-三甲基己烷

但若用特殊方法制备的催化剂，如在催化剂 Lindlar Pd（将金属钯的细粉末沉淀在碳酸钙上，再用乙酸铅溶液处理以降低其活性）存在下，反应也可以停留在生成烯烃的一步，产物为顺式烯烃。例如：

$$CH_3-\overset{\overset{\displaystyle CH_3}{|}}{\underset{\underset{\displaystyle CH_3}{|}}{C}}-C{\equiv}CCHCH_3 \xrightarrow{\text{H}_2}{\text{Lindlar Pd}} \overset{(CH_3)_3C}{\underset{H}{}}C{=}C\overset{CH(CH_3)_2}{\underset{H}{}}$$

2, 2, 5-三甲基己-3-炔   *cis*-2, 2, 5-三甲基己-3-烯

2. 亲电加成反应　　炔烃也能与卤素、卤化氢、水等试剂发生亲电加成反应，但反应比烯烃稍难。一般需经过逐步断开 π 键而完成反应。

（1）加卤素：炔烃与足够量的溴的四氯化碳溶液反应时，可以断开两个 π 键，直接生成加成产物四溴代烷烃。其反应现象为溴的红棕色迅速消失，常利用此反应鉴别炔烃与烷烃。例如：

$$CH_3C{\equiv}CCH(CH_3)_2 + 2Br_2 \xrightarrow{\text{CCl}_4} CH_3-\overset{\overset{\displaystyle Br}{|}}{\underset{\underset{\displaystyle Br}{|}}{C}}-\overset{\overset{\displaystyle Br}{|}}{\underset{\underset{\displaystyle Br}{|}}{C}}-CH(CH_3)_2$$

红棕色   2, 2, 3, 3-四溴-4-甲基丁烷（无色）

烯炔与卤素反应时，控制卤素量，一般可使双键优先加成。例如：

$$\overset{\overset{\displaystyle CH_3}{|}}{CH_3C}{=}CHCH_2C{\equiv}CH + Br_2 (1mol) \xrightarrow{\text{CCl}_4} CH_3-\overset{\overset{\displaystyle CH_3}{|}}{\underset{\underset{\displaystyle Br}{|}}{C}}-\overset{}{\underset{\underset{\displaystyle Br}{|}}{CH}}CH_2C{\equiv}CH$$

5-甲基戊-4-烯-1-炔   4, 5-二溴-5-甲基戊-1-炔

（2）加卤化氢：炔烃与卤化氢加成，先生成卤代烯烃，进而生成偕二卤代烷。加成取向也遵循马氏规则。例如：

$$CH_3C{\equiv}CH \xrightarrow{\text{HBr}} CH_3\overset{\overset{\displaystyle Br}{|}}{C}{=}CH_2 \xrightarrow{\text{HBr}} CH_3\overset{\overset{\displaystyle Br}{|}}{\underset{\underset{\displaystyle Br}{|}}{C}}CH_3$$

2-溴丙烯   2, 2-二溴丙烷

炔烃加溴化氢的反应也存在过氧化物效应，反应机理是自由基加成，生成反马氏规则的产物。例如：

$$CH_3C{\equiv}CH \xrightarrow[\text{ROOR}]{\text{HBr}} CH_3CH{=}CHBr \xrightarrow[\text{ROOR}]{\text{HBr}} CH_3CH_2CHBr_2$$

1-溴丙烯   1, 1-二溴丙烷

（3）加水：在催化剂（硫酸汞-硫酸溶液）存在下，炔烃能与水发生加成反应，生成烯醇型中间体，然后经重排生成更稳定的醛或酮，此反应也称为炔烃的水合反应。不对称炔烃水合反应取向遵循马氏规则。

$$RC{\equiv}CH \xrightarrow[\text{H}_2\text{SO}_4/\text{HgSO}_4]{\text{H}_2\text{O}} \left[\overset{\overset{\displaystyle OH}{|}}{RC}{=}CH_2\right] \xrightarrow{\text{重排}} R-\overset{\overset{\displaystyle O}{\|}}{C}-CH_3$$

烯醇   酮

炔烃的水合反应，只有乙炔水合生成乙醛，其他炔烃水合产物均为酮。例如：

$$HC{\equiv}CH \xrightarrow[\text{H}_2\text{SO}_4/\text{HgSO}_4]{\text{H}_2\text{O}} \left[\overset{\overset{\displaystyle OH}{|}}{HC}{=}CH_2\right] \xrightarrow{\text{重排}} CH_3CHO$$

乙烯醇   乙醛

$$CH_3C{\equiv}CH \xrightarrow[\text{H}_2\text{SO}_4/\text{HgSO}_4]{\text{H}_2\text{O}} \left[\begin{array}{c} \text{OH} \\ | \\ CH_3C{=}CH_2 \end{array} \right] \xrightarrow{\text{重排}} CH_3{-}\overset{\overset{\text{O}}{\|}}{C}{-}CH_3$$

丙烯-2-醇   丙酮

3. 氧化反应 与烯烃相似,炔烃的氧化在较温和条件下仅 π 键断裂,条件强烈时 σ 键也随之断裂,氧化产物随氧化剂、反应条件及炔烃的分子结构不同而不同。

炔烃与碱性 $KMnO_4$ 稀冷溶液作用时,不饱和键中的 π 键断裂,非端基炔烃生成邻二酮。例如:

$$CH_3C{\equiv}CCH_3 + KMnO_4 + H_2O \xrightarrow{\text{OH}^-} H_3C{-}\overset{\overset{\text{O}}{\|}}{C}{-}\overset{\overset{\text{O}}{\|}}{C}{-}CH_3 + KOH + MnO_2\downarrow$$

炔烃与酸性高锰酸钾溶液作用时,$C{\equiv}C$ 叁键中的 π 键和 σ 键相继断裂,根据 $C{\equiv}C$ 叁键碳原子上连接的基团不同,可得羧酸、二氧化碳等产物。例如:

$$RC{\equiv}CH \xrightarrow[\triangle]{\text{KMnO}_4/\text{H}^+} RCOOH + CO_2\uparrow$$

$$RC{\equiv}CR' \xrightarrow[\triangle]{\text{KMnO}_4/\text{H}^+} RCOOH + R'COOH$$

根据反应生成的不同产物可推断炔烃的结构,也可利用反应前后 $KMnO_4$ 颜色的改变鉴别炔烃与饱和烃。

4. 末端炔烃的反应 叁键碳上连有氢原子的炔烃称为末端炔烃($R{-}C{\equiv}CH$)。由于叁键碳原子是 sp 杂化,其电负性较 sp^2 和 sp^3 杂化的碳原子大,使得末端炔烃的炔氢具有微酸性,能与一些金属离子发生反应,生成不溶性的炔化物。例如,将末端炔烃与硝酸银的氨溶液或氯化亚铜的氨溶液混合,则分别有白色的炔化银或砖红色的炔化亚铜沉淀生成。

$$R{-}C{\equiv}C{-}H + Ag(NH_3)_2NO_3 \longrightarrow R{-}C{\equiv}C{-}Ag\downarrow + NH_4NO_3 + NH_3$$

炔化银(白色)

$$R{-}C{\equiv}C{-}H + Cu(NH_3)_2Cl \longrightarrow R{-}C{\equiv}C{-}Cu\downarrow + NH_4Cl + NH_3$$

炔化亚铜(砖红色)

炔化银和炔化亚铜等金属炔化物也称为"炔淦",所以上述反应也称为"炔淦反应"。该反应极为灵敏,现象明显,常用来鉴别具有 $-C{\equiv}CH$ 结构特征的炔烃,并可将其从混合物中分离出来。银和铜的炔化物在水中都比较稳定,干燥时因受震动或升温易发生爆炸,因此实验结束后应立即用硝酸或浓盐酸将其分解,以免发生危险。

> **问题 3-9** 写出化合物 4-甲基戊-2-炔与下列试剂反应的主要产物。
> (1)$KMnO_4/OH^-$ (2)$KMnO_4/H^+$ (3)H_2SO_4(稀)/$HgSO_4$

3.3 二 烯 烃

二烯烃是指分子中含两个 $C{=}C$ 双键的烯烃,开链二烯烃与碳原子数目相同的炔烃互为同分异构体,其通式也为 C_nH_{2n-2}。含碳原子数最少的常见环状二烯烃是环戊-1,3-二烯。本节主要介绍开链二烯烃(以下简称二烯烃)。

3.3.1 二烯烃的分类和命名

1. 二烯烃的分类

根据二烯烃分子中两个 $C{=}C$ 双键的相对位置,二烯烃可分为三类。

（1）聚集二烯烃：两个 C＝C 双键连在同一个碳原子上，即含 "＞C＝C＝C＜" 结构体系的二烯烃，称为聚集二烯烃（cumulated diene）。例如，CH_2＝C＝CH_2（丙-1,2-二烯）。此类化合物不稳定，在自然界中存在不多，也较难制备。

（2）隔离二烯烃：两个 C＝C 双键间相隔两个或两个以上 C—C 单键，即含 "＞C＝C+C＝C＜"（$n \geqslant 1$）结构体系的二烯烃，称为隔离二烯烃（isolated diene）。例如，CH_2＝$CHCH_2CH_2CH$＝CH_2（己-1,5-二烯）。此类二烯烃两个双键相隔较远，彼此影响很小，化学性质类似于单烯烃。

（3）共轭二烯烃：两个 C＝C 双键间隔一个 C—C 单键，即单、双键交替排列，含 "＞C＝C—C＝C＜" 结构体系的二烯烃，称为共轭二烯烃（conjugated diene）。例如，CH_2＝CH—CH＝CH_2（丁-1,3-二烯）。此类二烯烃结构、性质都比较特殊，因此在理论和实际应用上都较重要，本节主要以丁-1,3-二烯为例，重点讨论共轭二烯烃的结构特点和特殊性质。

2. 二烯烃的命名　二烯烃的系统命名原则与烯烃相似，选择支链最多的最长的碳链为主链。若主链中包括两个双键称为"某二烯"，并用较低碳位标明两个双键的位置。例如：

CH_3CH＝C＝CH_2

丁-1, 2-二烯
buta-1, 2-diene

$(CH_3)_2C$＝CH—CH＝CH_2

4-甲基戊-1, 3-二烯
4-methylpenta-1, 3-diene

CH_2＝CH—CH＝CH_2

丁-1, 3-二烯
buta-1, 3-diene

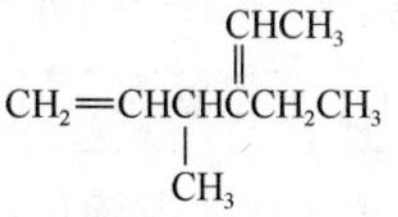

CH_2＝CHCHCCH_2CH_3
（CHCH$_3$ 上方，CH$_3$ 下方）

4-乙基-3-甲基己-1, 4-二烯
4-ethyl-3-methylhexa-1, 4-diene

对于有顺反异构的二烯烃，则可用顺，反标记法或 *Z*, *E*-标记法标出每个 C＝C 双键的构型。例如：

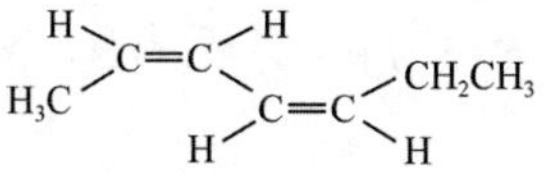

顺, 顺-庚-2, 4-二烯
或(2*Z*, 4*Z*)-庚-2, 4-二烯
(2*Z*, 4*Z*)-hepta-2, 4-diene

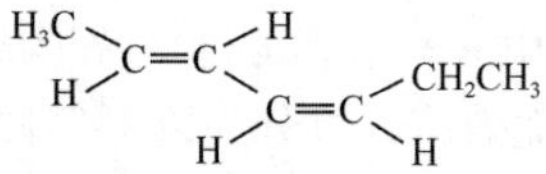

反, 顺-庚-2, 4-二烯
或(2*E*, 4*Z*)-庚-2, 4-二烯
(2*E*, 4*Z*)-hepta-2, 4-diene

3.3.2　共轭二烯烃的结构和共轭效应

1. 共轭二烯烃的结构　丁-1,3-二烯是最简单的共轭二烯烃，分子中的 4 个碳原子均为 sp^2 杂化，各碳原子之间形成 3 个 C—C σ 键，构成分子碳骨架；其余 sp^2 杂化轨道分别与氢原子的 1s 轨道重叠，形成 6 个 C—H σ 键，分子中所有的 σ 键都处于同一平面。每个碳原子上未杂化的 p 轨道都垂直于 σ 键所在平面，且相互平行，不仅 C1 与 C2，C3 与 C4 之间能相互侧面重叠形成 π 键，而且 C2 和 C3 的 p 轨道也有一定程度的侧面重叠，这样使得两个 π 键不是孤立存在的，而是形成以 4 个碳原子为中心，包含 4 个 p 轨道的大 π 键，又称为共轭 π 键（conjugated π bond），如图 3-5 所示。经电子衍射法测得丁-1,3-二烯的各种共价键的键长如图 3-6 所示。

丁-1,3-二烯分子的键长数据表明：丁-1,3-二烯分子中 π 键的键长（135pm）比单烯烃的双键（134pm）略长，而 C2—C3 间的键长（147pm）明显小于碳碳单键的键长（154pm），说明丁-1,3-二烯分子中不存在典型的单键和双键，特别是 C2 与 C3 间的化学键具有部分双键的性质。

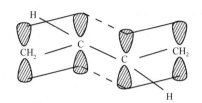

图 3-5　丁-1,3-二烯分子中 p 轨道的重叠

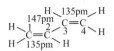

图 3-6　丁-1,3-二烯分子中的键长

2. 共轭体系和共轭效应　在丁-1,3-二烯分子中，π 电子不再局限于 C1—C2 和 C3—C4 之间，而是在整个分子中运动，即 π 电子发生离域（delocalization），具有电子离域现象的分子称为共轭分子，具有共轭分子的体系称为共轭体系（conjugated system）。正是由于共轭体系中 π 电子的离域，电子可以在更大的空间运动，所以共轭分子具有内能降低、稳定性增加、键长平均化、不存在典型的单键和双键等特性。

在共轭体系中，由于电子离域，共轭体系中的电子云密度分布发生变化，对分子性质产生影响，这种通过共轭体系传递的电子效应称为共轭效应（conjugated effect）。根据共轭效应作用的结果，共轭效应又可分为+C 效应和−C 效应。电子离域能使共轭体系电子云密度增高的共轭效应为+C 效应；反之，为−C 效应。

共轭效应是一类重要的电子效应，是建立在成键电子离域的基础上，共轭效应沿着共轭链交替传递，强弱不受共轭链长短影响，是一种远程电子效应。

问题 3-10　3-甲基戊-1,3-二烯是共轭体系吗？若是，请指出共轭体系 π 电子离域的范围。

根据形成共轭 π 键的轨道不同，共轭体系和共轭效应主要有以下几种类型。

1）π-π 共轭：由形成两个或两个以上 π 键的 p 轨道相互重叠形成的共轭体系称为 π-π 共轭体系，π-π 共轭体系中的离域作用称为 π-π 共轭效应。凡双键、单键交替连接的结构都属此类型，例如：

$$CH_2{=}CH{-}CH{=}CH_2 \qquad\qquad CH_3CH{=}CH{-}CH{=}CHCH_3$$

丁-1, 3-二烯　　　　　　　　　　　己-2, 4-二烯

2）p-π 共轭：由 p 轨道和 π 键重叠形成的共轭体系为称为 p-π 共轭体系，p-π 共轭体系中的离域作用称为 p-π 共轭效应，可分为以下三种。

（1）缺电子 p-π 共轭：在烯丙基碳正离子（$\overset{+}{C}H_2CH{=}CH_2$）中，3 个碳原子均为 sp^2 杂化，在同一个平面上，带正电荷的碳原子的 p 轨道无电子，与相邻的 π 键侧面重叠，形成以 3 个碳原子为中心，包含 2 个 p 电子的共轭 π 键。由于成键电子数少于成键轨道数，所以称为缺电子 p-π 共轭，如图 3-7（a）所示。

（2）多电子 p-π 共轭：在溴乙烯（$CH_2{=}CHBr$）分子中，溴原子以 σ 键直接连在双键碳原子上，溴原子具有孤对 p 电子，能与 π 键侧面重叠，形成以 C、C、Br 3 个原子为中心，包含 4 个 p 电子的共轭 π 键。由于成键电子数多于成键轨道数，所以称为多电子 p-π 共轭，如图 3-7（b）所示。

（3）等电子 p-π 共轭：在烯丙基自由基（$\overset{\cdot}{C}H_2CH{=}CH_2$）中，与双键相连的碳原子的 p 轨道上有 1 个单电子，该 p 轨道与 π 键侧面重叠，形成以 3 个碳原子为中心，包含 3 个 p 电子的共轭 π 键。由于成键电子数等于成键轨道数，所以称为等电子 p-π 共轭，如图 3-7（c）所示。

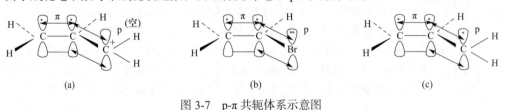

(a)　　　　　　　　　　　(b)　　　　　　　　　　　(c)

图 3-7　p-π 共轭体系示意图

3.3.3　共轭二烯烃的化学性质

共轭二烯烃的化学性质与单烯烃有相似之处，但由于共轭效应的影响，其具有一些特殊的化学性质。

1. 亲电加成反应　共轭二烯烃与卤素、卤化氢等发生加成反应时，可随反应条件不同得到两种加成产物。例如：

$$CH_2=CH-CH=CH_2 \xrightarrow{\hspace{1cm}}$$

$$\xrightarrow{Br_2} \underset{\substack{|\ \ \ |\\ Br\ Br}}{CH_2-CH-CH=CH_2} + \underset{\substack{|\qquad\quad|\\ Br\qquad\ Br}}{CH_2-CH=CH-CH_2}$$

1, 2-加成产物　　　　　　　1, 4-加成产物

$$\xrightarrow{HBr} \underset{\substack{|\ \ \ |\\ H\ \ Br}}{CH_2-CH-CH=CH_2} + \underset{\substack{|\qquad\quad|\\ H\qquad\ Br}}{CH_2-CH=CH-CH_2}$$

上述结果表明，共轭二烯烃与亲电试剂加成时，有 1,2-加成和 1,4-加成两种取向。1,2-加成是亲电试剂的两部分分别加在一个 C=C 双键的相邻两个碳原子上（与单烯烃的加成方式相同）。1,4-加成是亲电试剂的两部分分别加在共轭 π 键两端，原来 C=C 双键间的 C—C 单键则形成新的 C=C 双键，这种加成也称共轭加成。

共轭二烯烃的亲电加成机理与单烯烃相同，反应也分两步进行。以丁-1,3-二烯与 HBr 反应为例说明。

第一步，试剂中的 H^+ 进攻电子云密度呈交替极化分布的丁-1,3-二烯分子的负电荷中心，可能生成两种碳正离子中间体：

$$\overset{\delta^+}{H_2C}=\overset{\delta^-}{CH}-\overset{\delta^+}{CH}=\overset{\delta^-}{CH_2} + H^+ \longrightarrow \underset{(Ⅰ)}{H_2C=CH-\overset{+}{C}HCH_3} + \underset{(Ⅱ)}{H_2C=CH-CH_2\overset{+}{C}H_2}$$

（Ⅰ）为烯丙基型碳正离子，带正电荷的碳原子的空 p 轨道既可与 π 键形成 p-π 共轭，又可与甲基上 3 个 C—H σ 键形成 σ-p 超共轭，从而使体系的正电荷得以分散，稳定性较大。而（Ⅱ）是 1° 碳正离子，无 p-π 共轭，稳定性较差，因此反应第一步主要形成碳正离子（Ⅰ）。

第二步，试剂中的溴负离子（Br^-）进攻活性碳正离子（Ⅰ）中间体，由于该碳正离子中间体为 p-π 共轭体系，p-π 共轭效应使其电荷分布呈交替极化，即体系中正电荷不是均匀分布，而是间隔分布在 C2 和 C4 上，所以 Br^- 可以进攻的正电荷中心为 C2 和 C4，因而分别得到 1,2-加成和 1,4-加成产物。

$$\underset{4\ \ \ 3\ \ \ \ 2\ \ 1}{H_2C=CH-\overset{+}{C}HCH_3} \longleftrightarrow \underset{4\ \ \ 3\ \ \ \ 2\ \ 1}{\overset{\delta^+}{H_2C}=\overset{\delta^-}{CH}=\overset{\delta^+}{C}HCH_3}$$

烯丙基碳正离子

$$\xrightarrow{Br^-} \underset{\substack{|\\ Br}}{H_2C=CH-CHCH_3}$$

1, 2-加成产物

$$\xrightarrow{Br^-} BrH_2CCH=CHCH_3$$

1, 4-加成产物

1,2-和 1,4-亲电加成反应是同时发生的，两种加成产物的比例与反应温度和溶剂等因素有关。通常在较低温度及非极性溶剂中，以 1,2-加成产物为主；在较高温度及极性溶剂中，以 1,4-加成产物为主。例如，丁-1,3-二烯与 HBr 的加成，在–80℃、非极性溶剂中反应，80%为 1,2-加成产物，而在 40℃、极性溶剂中反应，80%为 1,4-加成产物。这说明了低温有利于 1,2-加成反应，即产物的比例由反应速率决定，称动力学控制产物。在较高温度下以 1,4-加成为主，产物比例是由产物的稳定性决定，称热力学控制产物。

问题 3-11　完成下列反应方程式。

$$CH_3CH = CH - \underset{\underset{CH_3}{|}}{C} = CHCH(CH_3)_2 + HCl \longrightarrow$$

2. 双烯合成反应　在加热条件下，共轭二烯烃与含有烯键或炔键的化合物进行 1,4-环加成反应，生成稳定的六元环状化合物，此类反应称为双烯合成反应（diene synthesis reaction）。双烯合成反应是德国化学家第尔斯（A. Diels）和阿尔德（K. Alder）于 1928 年在研究丁-1,3-二烯与顺-丁烯二酸酐互相作用时共同发现的，亦称为第尔斯-阿尔德反应。

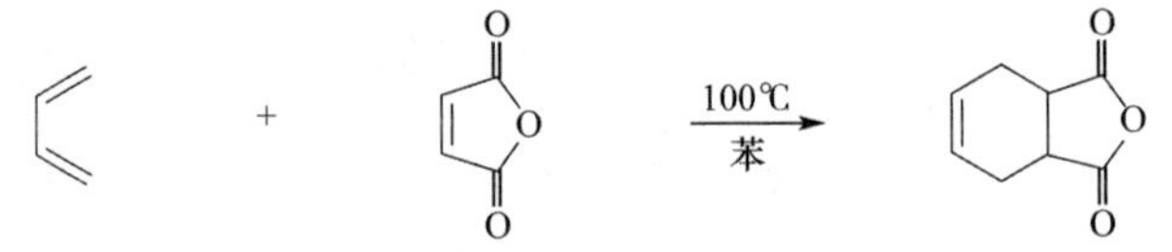

丁-1,3-二烯　　　　　顺-丁烯二酸酐　　　　　4-环己烯-1,2-二甲酸酐
（双烯体）　　　　　（亲双烯体）

反应中提供共轭双键的反应物称为双烯体，提供重键的化合物称为亲双烯体。双烯体含有 4 个 π 电子，亲双烯体含有 2 个 π 电子，所以它们之间的反应也称为[4+2]环加成反应。反应时双烯体与亲双烯体彼此靠近，互相作用，通过形成环状过渡态，一步完成得到环加成产物，其旧键的断裂和新键的形成是同时进行的，具有这种特点的反应称为协同反应（synergistic reaction）。

第尔斯-阿尔德反应在有机合成以及药物合成中有着广泛的应用。

习　　题

3-1　用系统命名法命名下列化合物。

（1）$(CH_3)_3CCH = CHCH(CH_3)_2$

（2）$(CH_3)_2CHCH_2C \equiv CH$

（3）$CH_3CH_2\underset{\underset{CHCH_3}{\|}}{C}CH(CH_3)_2$

（4）$HC \equiv CC = \underset{\underset{CH(CH_3)_2}{|}}{C}(CH_3)_2$

（5）$CH_3C \equiv C\underset{\underset{C_2H_5}{|}}{C}HCH_3$

（6）$CH_3CH_2C = CHCH = CHC(CH_3)_3$ 下标 CH_3

3-2　写出下列化合物的结构式。

（1）cis-3,4-二甲基戊-2-烯

（2）4,5-二甲基庚-2-炔

（3）(1Z,3E)-1-氯戊-1,3-二烯

（4）(5E)-2-异丙基庚-1,5-二烯-3-炔

3-3　何谓诱导效应和共轭效应？试比较它们的特点。

3-4　完成下列化学反应式。

（1）$CH_3CH_2C = C(CH_3)_2 + Cl_2 \xrightarrow{CCl_4}$ 上标 CH_3

（2）$CH_3CH_2C = CHCH_3 + Cl_2 \xrightarrow{H_2O}$ 上标 CH_3

（3）$(CH_3)_2C = CHCH(CH_3)_2 + H_2SO_4 \longrightarrow \xrightarrow{H_2O}$

（4）$(CH_3)_2C\!=\!CHCH_2\underset{\underset{\displaystyle CH_3}{|}}{C}\!=\!CHCH_3$ ＋ $KMnO_4$ $\xrightarrow{\ H^+\ }$

（5）$(CH_3)_3CCH\!=\!C(CH_3)_2$ $\xrightarrow{\ O_3\ }$ $\xrightarrow{\ H_2O/锌粉\ }$

（6）$CH_3CH_2\underset{\underset{\displaystyle CH_3}{|}}{C}\!=\!CH_2$ ＋ HBr $\xrightarrow{\ ROOR\ }$

（7）⬡ ＋ Cl_2 $\xrightarrow{\ 高温，高压\ }$

（8）$CH_3C\!\equiv\!CCH_3$ ＋ H_2O $\xrightarrow[\ HgSO_4\ ]{\ H_2SO_4\ }$

3-5　将下列化合物按指定要求由大到小排列成序。

（1）碳正离子稳定性

①$CH_2\!=\!CH\overset{+}{C}HCH_3$　　②$CH_3CH_2CH_2\overset{+}{C}H_2$　　③$CH_3\overset{+}{C}HCH_2CH_3$

④$CH_3CH_2\overset{+}{C}(CH_3)_2$　　⑤$\overset{+}{C}H_3$　　　　　　⑥$CH_2\!=\!CH\overset{+}{C}H_2$

（2）与 H_2SO_4 反应的活性

①$H_2C\!=\!CH_2$　　　　　　②（CH_3）$_2C\!=\!CHCH_3$　　③$H_2C\!=\!CHCH$（CH_3）$_2$

3-6　指出下列各共轭体系中具有的共轭效应类型。

（1）$CH_2\!=\!CH\overset{+}{C}HCH_3$　　　　　　（2）$CH_3CH\!=\!CHCl$　　　　　　（3）$CH_3CH\!=\!CHCH\!=\!CH_2$

3-7　根据下列各烯烃的反应产物，试写出其结构式。

（1）经酸性 $KMnO_4$ 溶液氧化后，得乙酸（CH_3COOH）和 4-甲基戊-2-酮[$CH_3COCH_2CH(CH_3)_2$]

（2）经酸性 $KMnO_4$ 溶液氧化后，得两分子乙酸和一分子乙二酸（$HOOC\!-\!COOH$）

（3）经酸性 $KMnO_4$ 溶液氧化后，得乙酸、丁-3-酮酸（CH_3COCH_2COOH）和 3-甲基丁-2-酮[$CH_3COCH(CH_3)_2$]

（4）经臭氧氧化还原水解后得 2-甲基丙醛[$(CH_3)_2CHCHO$]和丙酮（CH_3COCH_3）

3-8　写出下列各组化合物的结构式或名称，并用简单化学方法鉴别。

（1）丁烷、环丙烷、丁-2-烯和丁-1-炔

（2）$CH\!\equiv\!CCH(CH_3)_2$、$CH_3C\!\equiv\!CCH_2CH_3$ 和$(CH_3)_2CHCH_2CH_3$

3-9　化合物 A（C_5H_{10}）及 B（C_5H_8）都能使溴水褪色，与酸性 $KMnO_4$ 溶液作用都有 CO_2 气体放出；A 经臭氧氧化水解后得 HCHO 和$(CH_3)_2CHCHO$，B 在硫酸汞存在下与稀硫酸作用则得含氧化合物 C。试写出化合物 A、B、C 的可能结构式。

3-10　分子式均为 C_6H_{10} 的四种化合物 A、B、C、D，都能使溴的四氯化碳溶液褪色。A 能与 $AgNO_3$ 的氨溶液作用生成沉淀，B、C、D 则不能。经热的酸性 $KMnO_4$ 氧化后，A 得 CO_2 和戊酸（$CH_3CH_2CH_2CH_2COOH$）；B 得乙酸和 2-甲基丙酸[$(CH_3)_2CHCOOH$]；C 只得丙酸；D 则得 2-甲基丙二酸[$HOOCCH(CH_3)COOH$]和 CO_2。试写出化合物 A、B、C、D 的结构式和名称。

（李映苓）

第4章 芳 香 烃

芳香烃（aromatic hydrocarbon）简称芳烃，通常是指含有苯环的碳氢化合物。在有机化学发展初期，人们从天然的树脂和香精油等中提取出一些具有芳香气味的物质，它们大多含有苯环结构。为了与脂肪族化合物相区别，把此类化合物称为芳香族化合物（aromatic compound）。后来发现，许多含有苯环结构的化合物并不都具有芳香味，有的甚至还有难闻的气味，"芳香"二字只是历史的沿用而已。芳香族化合物具有独特的化学性质——芳香性（aromaticity）。因此，芳香族化合物的现代概念是基于它们的结构和性质来定义的，主要指苯及其衍生物，以及不含苯环但却具有芳香性的非苯型芳香族化合物，如杂环化合物（第12章中介绍）等。

本章主要介绍苯的结构、芳香烃的主要性质，以及萘、蒽、菲的结构，简介休克尔（Hückel）规则和非苯型芳香烃的芳香性。

4.1 苯 的 结 构

4.1.1 苯的凯库勒结构式

苯的分子式是 C_6H_6，分子中碳与氢原子的比例为 $1:1$，显示高度的不饱和性。但事实上，苯的结构非常稳定，在一般情况下，苯不易与卤素发生加成反应，也不易被高锰酸钾氧化，却容易发生取代反应。在加压条件下苯通过氢化反应可生成环己烷，说明苯具有六元碳环的结构；苯的一取代物只有一种，说明苯环上 6 个碳原子和 6 个氢原子的化学环境完全等同。19 世纪中期，德国化学家凯库勒（A. Kekulé）提出了苯的环状结构，认为苯的结构是一个对称的六元碳环，碳碳之间以单、双键相间隔的方式结合，每个碳原子上都连有一个氢原子，这个结构式称为苯的凯库勒式，书写如下：

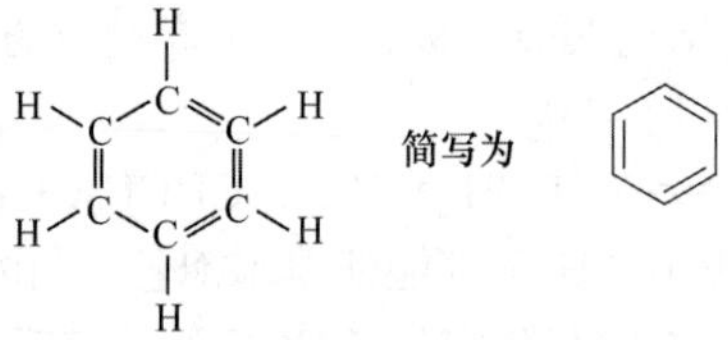

苯的凯库勒式说明了苯分子的组成及原子间的连接次序，但无法解释以下事实：苯分子中有 3 个碳碳双键，但不易发生类似烯烃的加成和氧化反应；此外，按照苯的凯库勒式，苯的邻位二元取代物应有下列两种异构体，但实际上只有一种。

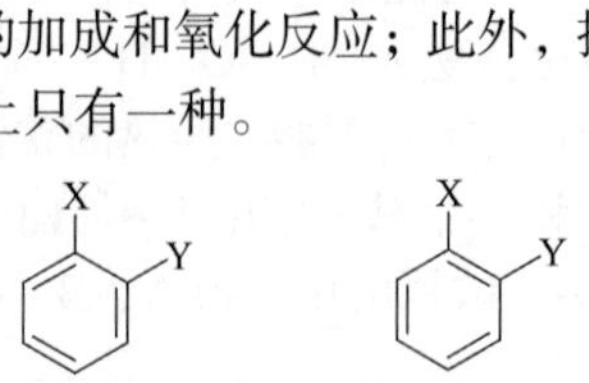

虽然至今仍然使用凯库勒式来表示苯，但必须了解到苯分子中并不存在单、双键间隔的体系。因此，苯的凯库勒式不能完全正确反映苯的真实结构。

4.1.2 苯分子结构的现代解释

近代物理学方法证明，苯分子是平面正六边形碳架，每个碳原子与一个氢原子相连，碳架与 6 个氢原子共处于同一平面，所有键角均为 120°，所有 C—C 键长均为 139pm，C—H 键长为 110pm [图 4-1（a）]。

价键理论认为：苯分子的 6 个碳原子均为 sp² 杂化，每个碳原子以 sp² 杂化轨道互相重叠形成 C—C σ键，构成正六边形，碳原子另一个 sp² 杂化轨道与氢原子的 1s 轨道重叠形成 6 个 C—H σ键，6 个氢原子也处于碳原子的同一平面上。每个碳原子未参与杂化的 p 轨道垂直于分子平面且相互平行，侧面重叠形成一个包含 6 个碳原子的闭合"大π键"，从而形成了苯的闭合共轭体系，大π键的电子云对称地分布在环平面的上方和下方[图 4-1（b）]。由于π电子离域在闭合环体系中，电子云密度平均化，环上没有单键和双键的区别，键长均一[图 4-1（c）]。

图 4-1　苯分子的骨架和 π 轨道（大 π 键）

苯结构的书写方法，除仍沿用凯库勒式外，还可采用正六边形中心加一个圆圈表示，圆圈代表苯分子中的大π键。

苯的结构也可以用两个凯库勒式的共振杂化体表示。

4.2　芳香烃的分类和命名

4.2.1　芳香烃的分类

根据分子中是否含有苯环，芳香烃可分为苯型芳香烃（benzenoid aromatic hydrocarbon）和非苯型芳香烃（nonbenzenoid aromatic hydrocarbon）两类。

（1）苯型芳香烃：根据分子结构中所含苯环的数目和连接方式的不同，苯型芳香烃可分为单环芳香烃和多环芳香烃。分子中含有一个苯环的芳香烃，包括苯、苯的同系物和苯基取代的不饱和烃称为单环芳香烃。分子中含有一个以上苯环的芳香烃称为多环芳香烃。按照苯环间的连接方式可以分为稠环芳香烃、联环芳香烃、多苯代脂肪烃和富勒烯等系列。

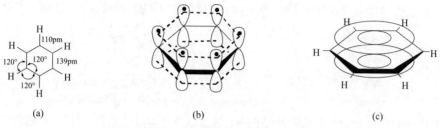

（2）非苯型芳香烃：分子中不含苯环，但具有芳香性的烃，称为非苯型芳香烃。它们的结构与苯型芳香烃结构非常类似，也具有芳香性。例如：

环戊二烯负离子   薁   环庚三烯正离子

4.2.2 芳香烃的命名

苯分子中的氢原子被烃基取代，形成一烃基苯、二烃基苯和三烃基苯等，称为苯的同系物。一烃基苯的命名多以苯作母体，简单烷基作取代基来命名，称"某烷基苯"（"基"字可省略，简称"某苯"），例如：

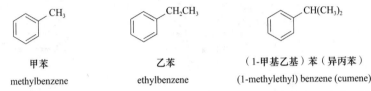

甲苯　　　　　　　　乙苯　　　　　　　（1-甲基乙基）苯（异丙苯）

methylbenzene　　　　ethylbenzene　　　(1-methylethyl) benzene (cumene)

当苯环上连接的较复杂烃基为非环结构时，通常以苯环为母体命名。当苯环与脂环相连时，一般以环碳原子多者为母体；若苯环与脂环碳原子数相同，则以苯环为母体。例如：

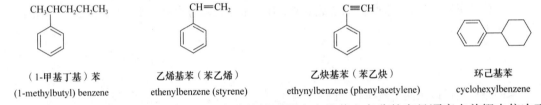

（1-甲基丁基）苯　　　乙烯基苯（苯乙烯）　　　乙炔基苯（苯乙炔）　　　环己基苯

(1-methylbutyl) benzene　ethenylbenzene (styrene)　ethynylbenzene (phenylacetylene)　cyclohexylbenzene

当苯环上连接不同的烷基时，烷基名称的排列顺序应按英文名称的字母顺序在前缀中依次列出。例如：

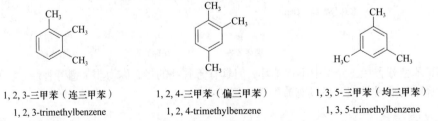

1-异丙基-2-甲基-4-丙基苯

1-isopropyl-2-methyl-4-propylbenzene

二烃基苯有 3 种异构体。命名时为了表示取代基的不同位置，应在名称前用邻、间、对位或 o-（ortho）、m-（meta）、p-（para）等词头表示，或用 1,2-、1,3-、1,4-表示。例如：

1, 2-二甲苯（邻二甲苯）　　　1, 3-二甲苯（间二甲苯）　　　1, 4-二甲苯（对二甲苯）

（o-二甲苯）　　　　　　　（m-二甲苯）　　　　　　　（p-二甲苯）

1, 2-dimethylbenzene　　　1, 3-dimethylbenzene　　　1, 4-dimethylbenzene

苯的三烃基取代物如 3 个烃基相同，则有 3 种位置异构体。例如：

1, 2, 3-三甲苯（连三甲苯）　　　1, 2, 4-三甲苯（偏三甲苯）　　　1, 3, 5-三甲苯（均三甲苯）

1, 2, 3-trimethylbenzene　　　1, 2, 4-trimethylbenzene　　　1, 3, 5-trimethylbenzene

芳香烃分子中去掉一个氢原子后剩下的基团称为芳烃基（aryl），常用"Ar—"表示。常见的芳烃基有苯基（—C_6H_5），可用 Ph—表示。甲苯分子中的甲基上去掉一个氢原子后剩余的基团称为苯甲基（$C_6H_5CH_2$—），又称苄基。

问题 4-1 试写出对叔丁基甲苯和间氯苯乙炔的结构式。

4.3 单环芳香烃的物理性质

苯及其常见同系物多为有芳香气味的无色液体，难溶于水，易溶于石油醚、四氯化碳、乙醚等有机溶剂。苯、甲苯、二甲苯等液态芳香烃是常用的有机溶剂。单环芳香烃的相对密度小于 1，但比同碳数的脂肪烃和脂环烃大，一般为 0.8～0.9。单环芳香烃的沸点与其相对分子质量有关，苯的同系物中每增加 1 个系差—CH_2，沸点相应升高 20～30℃，含相同碳原子数目的各种异构体，其沸点相差不大。结构对称的异构体，具有较高的熔点。芳香烃燃烧时产生带烟的火焰。苯及同系物有毒，长期吸入它们的蒸气会损害造血器官及神经系统。一些常见芳香烃的物理常数见表 4-1。

表 4-1 一些常见芳香烃的物理常数

名称	结构式	熔点/℃	沸点/℃	相对密度（d_4^{20}）
苯（benzene）	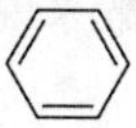	5.5	80.1	0.879
甲苯（toluene）	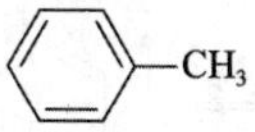 —CH_3	−9.5	110.6	0.867
邻二甲苯（o-xylene）	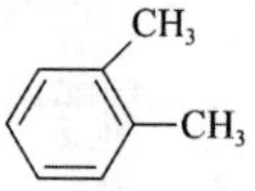	−25	144.4	0.880
对二甲苯（p-xylene）		−13.2	138.4	0.861
间二甲苯（m-xylene）	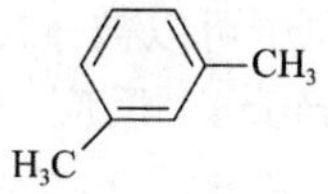	−47.9	139.1	0.864
乙苯（ethylbenzene）	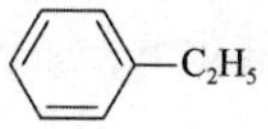 —C_2H_5	−95	136.1	0.867
连三甲苯（hemimellitene）	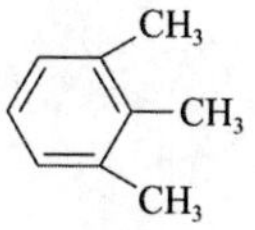	−25.5	176.1	0.894
偏三甲苯（pseudocumene）	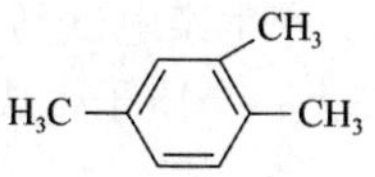	−43.9	169.2	0.876
均三甲苯（mesitylene）	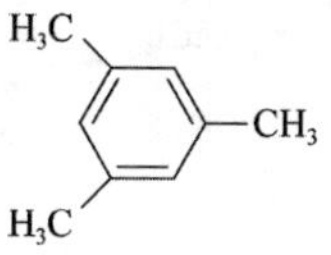	−44.7	164.6	0.865
正丙苯（propylbenzene）	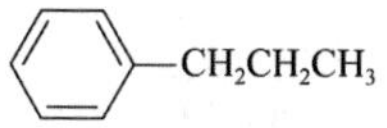 —$CH_2CH_2CH_3$	−99.6	159.3	0.862
异丙苯（isopropylbenzene）	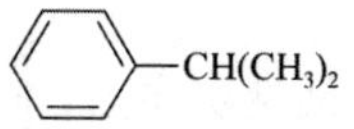 —$CH(CH_3)_2$	−96	152.4	0.862

4.4 单环芳香烃的化学性质

由于苯环是一个稳定的共轭体系，所以其化学性质与不饱和烃有显著不同，具有特殊的"芳香性"，即一般不容易发生加成反应，难以氧化，而易发生苯环氢原子的取代反应。芳香性是芳香族化合物所共有的特性。单环芳香烃发生化学反应的主要部位及反应类型如下所示：

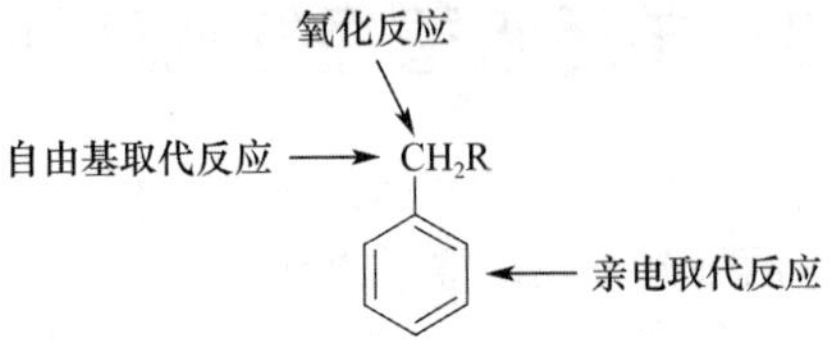

4.4.1 苯环的亲电取代反应

苯环的取代反应是亲电取代反应（electrophilic substitution reaction），反应中苯环的π电子提供电子给亲电试剂，反应机理如下：

第一步，在催化剂作用下，亲电试剂 E$^+$ 进攻苯环，和苯环中的π电子形成π-配合物（π-complex），进而形成非芳香碳正离子中间体——σ-配合物（σ-complex）。第二步，σ-配合物失去一个 H$^+$，重新恢复苯环闭合的共轭体系，生成苯的取代产物。一般来说，生成σ-配合物的反应需要较高的活化能，反应较慢，是决定整个反应速率的一步。

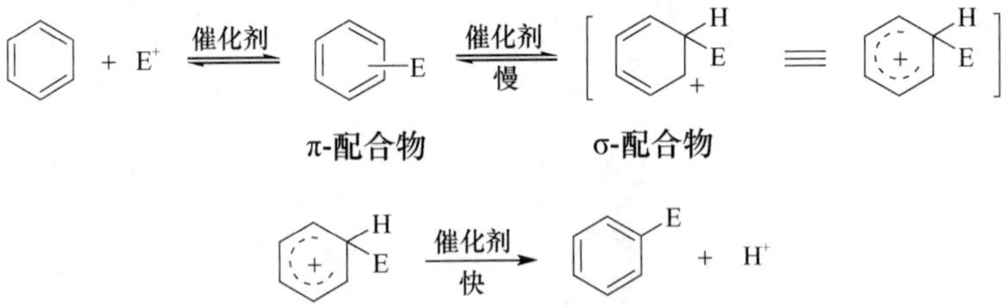

在芳香烃的亲电取代反应中，苯环上的 H 原子可以被—X、—NO$_2$、—SO$_3$H、—R 等原子或基团所取代，发生相应的卤代反应、硝化（nitration）反应、磺化（sulfonation）反应、烷基化（alkylation）反应等。

1. 卤代反应 苯与卤素在铁粉或三卤化铁的催化下，加热发生反应，苯环上的氢原子可被溴、氯等卤原子取代，生成相应的卤代苯。例如：

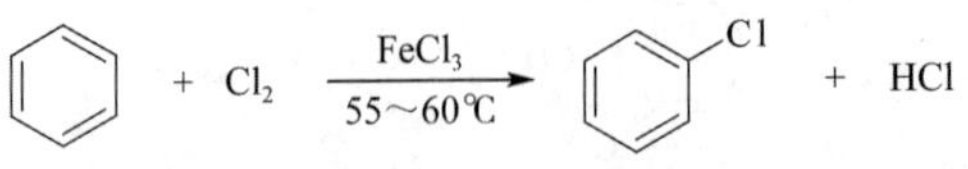

反应中 Cl$_2$ 在三氯化铁的作用下极化而离解，产生亲电试剂氯正离子（Cl$^+$），Cl$^+$ 进攻苯环形成非芳香碳正离子中间体，此中间体不稳定，易失去一个质子生成氯苯。

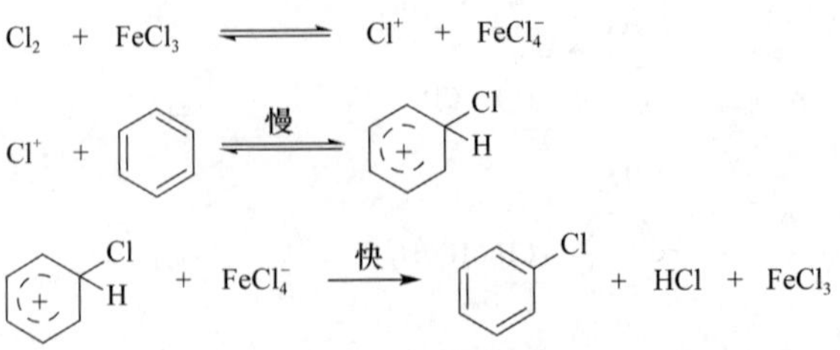

苯与不同的卤素进行卤代反应，卤素的反应活性次序为：F ＞ Cl ＞ Br ＞ I。苯与氟的反应过于激烈，很难控制。苯与碘的反应是可逆的，平衡偏于苯，因此反应需要在氧化剂（如 HNO$_3$ 或铜盐）存在下才能顺利进行。

2. 硝化反应 苯与浓硝酸和浓硫酸组成的"混酸"作用，苯环上的氢原子被硝基取代，生成硝基苯。

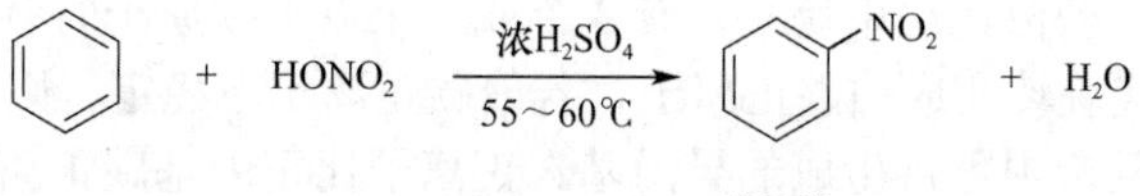

$$\text{苯} + HONO_2 \xrightarrow[55\sim60℃]{\text{浓}H_2SO_4} \text{硝基苯}(NO_2) + H_2O$$

在硝化反应中，浓硫酸既是催化剂，又是脱水剂，它与硝酸作用生成硝酰正离子（NO_2^+），硝酰正离子进攻苯环形成碳正离子中间体σ-配合物，再失去一个质子生成硝基苯。

$$HNO_3 + 2H_2SO_4 \rightleftharpoons NO_2^+ + H_3O^+ + 2HSO_4^-$$

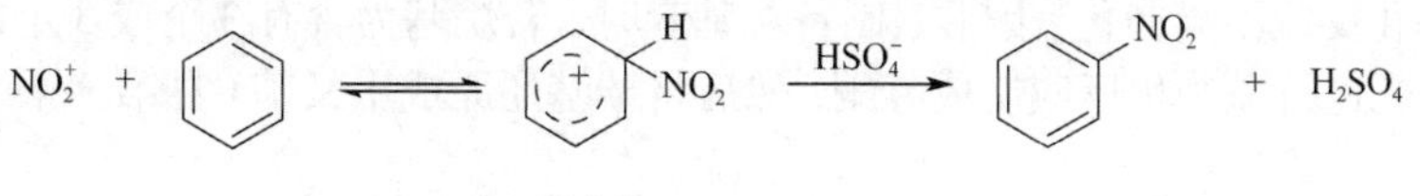

$$NO_2^+ + \text{苯} \rightleftharpoons \underset{\text{σ-配合物}}{\text{中间体}} \xrightarrow{HSO_4^-} \text{硝基苯}(NO_2) + H_2SO_4$$

硝基苯在过量的"混酸"存在下能够继续被硝化，生成间二硝基苯。但第二次硝化反应要比第一次慢得多，且需要较高的温度。

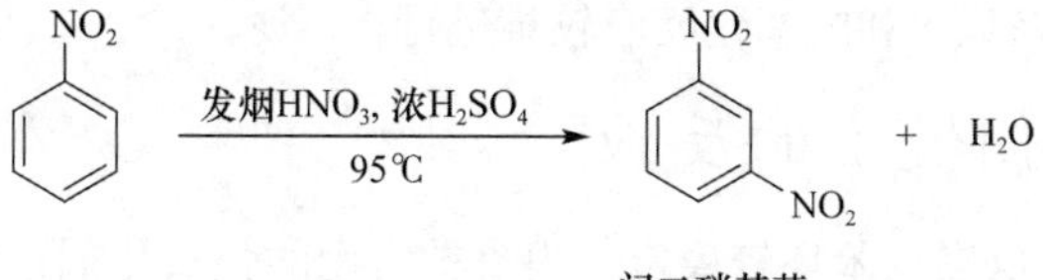

$$\text{硝基苯}(NO_2) \xrightarrow[95℃]{\text{发烟}HNO_3, \text{浓}H_2SO_4} \text{间二硝基苯} + H_2O$$

烷基苯比苯容易硝化，如甲苯在 30℃时就可以硝化，生成主要产物是邻硝基甲苯和对硝基甲苯。

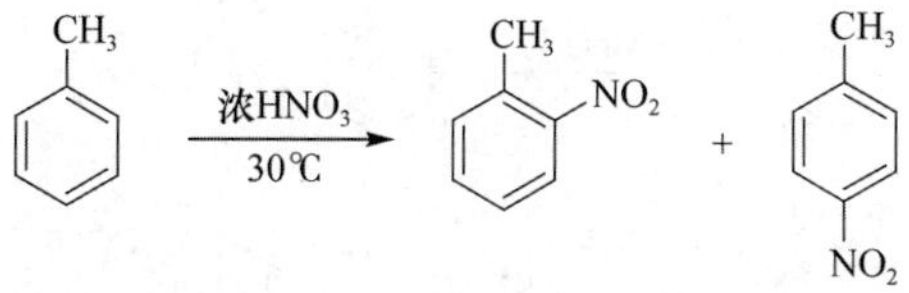

$$\text{甲苯}(CH_3) \xrightarrow[30℃]{\text{浓}HNO_3} \text{邻硝基甲苯} + \text{对硝基甲苯}$$

可以看出，甲苯比苯容易硝化，而硝基苯比苯难硝化。

3. 磺化反应 在有机化合物分子中引入磺酸基的反应称为磺化反应。苯与浓硫酸一起加热或与发烟硫酸（SO_3 与硫酸的混合物）作用，苯环的氢原子被磺酸基（—SO_3H）取代生成苯磺酸。

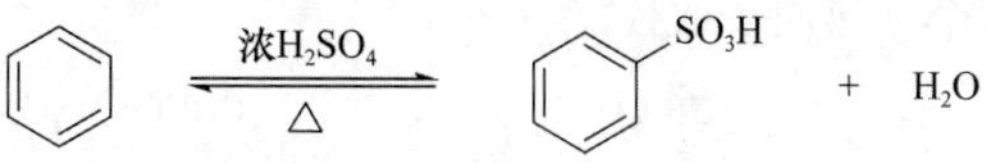

$$\text{苯} \underset{\triangle}{\overset{\text{浓}H_2SO_4}{\rightleftharpoons}} \text{苯磺酸}(SO_3H) + H_2O$$

磺化反应是一个可逆反应，反应中生成的水可以使苯磺酸发生水解反应，脱去磺酸基又生成苯。因此用发烟硫酸进行磺化，有利于苯磺酸的生成。苯磺酸易溶于水，某些芳香族类药物的水溶性差，常利用磺化反应引入磺酸基增加其水溶性。

4. 烷基化与酰基化反应 在路易斯酸作用下，苯与卤代烃、醇和烯烃等反应生成烷基苯，这类反应称为烷基化反应。卤代烃、醇和烯烃等称为烷基化试剂。苯在路易斯酸作用下，与酰卤、酸酐等反应，生成酰基苯（芳酮），称作酰基化反应。酰卤、酸酐等称作酰基化试剂。这两类反应是法国有机化学家弗里德（C. Friedel）和美国化学家克拉夫茨（J. M. Crafts）两人共同发现的，统称为 Friedel-Crafts 反应。这是苯环上引入侧链最重要的方法之一，在有机合成中应用较广。例如：

（苯）+ CH$_3$CH$_2$Cl $\xrightarrow{\text{无水AlCl}_3}$ （苯）CH$_2$CH$_3$ + HCl

在烷基化的反应中，若卤代烷中烷基含有 3 个或 3 个以上碳原子时，常得到异构化产物。由于 AlCl$_3$ 的作用是使卤代烷转变成伯碳正离子，若伯碳正离子不稳定，则常重排形成更稳定的仲碳或叔碳正离子，下面反应中重排生成的异丙基碳正离子比正丙基碳正离子稳定，所以最后产物异丙苯为主要产物。

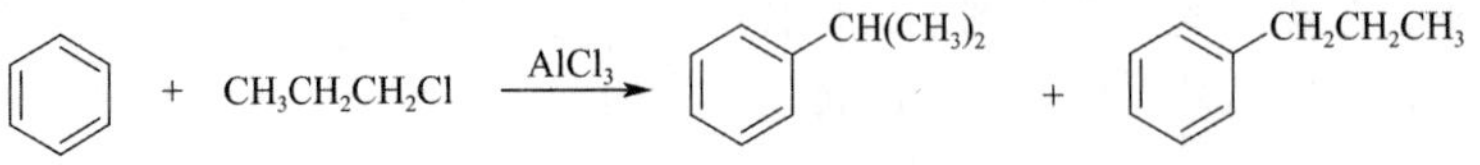

（苯）+ CH$_3$CH$_2$CH$_2$Cl $\xrightarrow{\text{AlCl}_3}$ （苯）CH(CH$_3$)$_2$ + （苯）CH$_2$CH$_2$CH$_3$

异丙苯（70%）　　　　　正丙苯（30%）

然而，酰基化反应不异构化，因此，制备烷基苯时，若烷基为含有 3 个或 3 个以上碳原子的直链烷基，可采用先进行酰基化反应制成芳酮，然后将羰基还原成甲叉基（见第 8 章）的方法。例如：

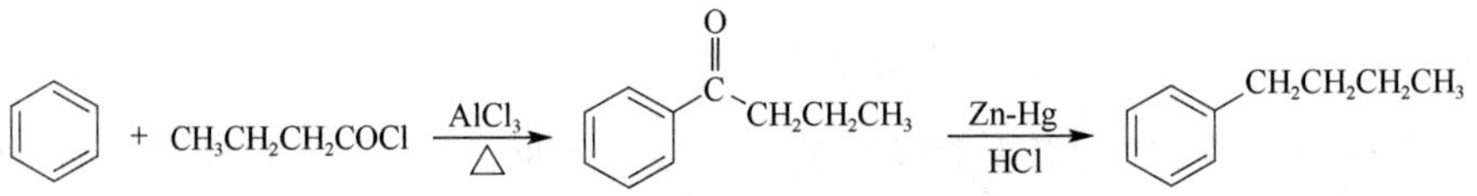

（苯）+ CH$_3$CH$_2$CH$_2$COCl $\xrightarrow[\triangle]{\text{AlCl}_3}$ （苯）C(=O)CH$_2$CH$_2$CH$_3$ $\xrightarrow[\text{HCl}]{\text{Zn-Hg}}$ （苯）CH$_2$CH$_2$CH$_2$CH$_3$

当苯环上已有 —NO$_2$、—SO$_3$H 等强吸电子基时，由于这些取代基的吸电子作用，苯环的反应活性降低，Friedel-Crafts 烷基化和酰基化反应较难进行。

4.4.2　烷基苯侧链上的反应

1. 烷基苯的侧链氧化反应　苯环较稳定，很难被常用的强氧化剂，如高锰酸钾、重铬酸钾、浓硫酸、硝酸等氧化。但苯环侧链烷基则可以被氧化。一般无论侧链长短，只要与苯环直接相连的 α-C 上有氢原子，都可以被氧化成羧基。无 α-H 的烷基苯一般不易发生上述氧化反应。例如：

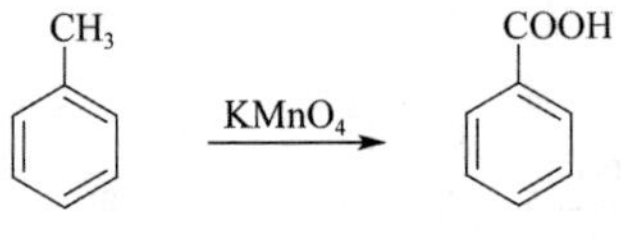

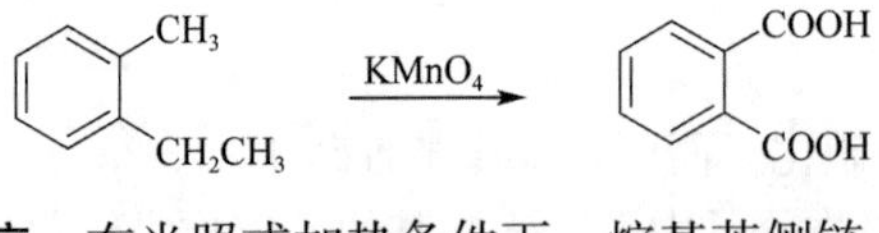

（苯）CH$_3$ $\xrightarrow{\text{KMnO}_4}$ （苯）COOH

（苯）CH$_3$／CH$_2$CH$_3$ $\xrightarrow{\text{KMnO}_4}$ （苯）COOH／COOH

2. 烷基苯的侧链卤代反应　在光照或加热条件下，烷基苯侧链上的 α-氢原子能被卤素取代。其反应机理与烷烃卤代反应相同，属于自由基反应。例如：在日光照射下，将氯气通入沸腾的甲苯中，甲基上的氢原子可以逐个被氯原子取代。

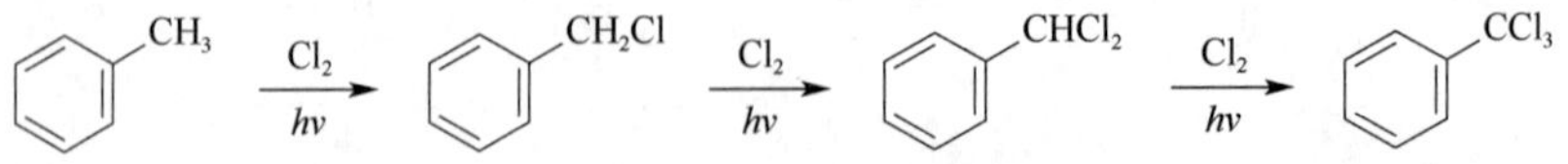

（苯）CH$_3$ $\xrightarrow[hv]{\text{Cl}_2}$ （苯）CH$_2$Cl $\xrightarrow[hv]{\text{Cl}_2}$ （苯）CHCl$_2$ $\xrightarrow[hv]{\text{Cl}_2}$ （苯）CCl$_3$

苯氯甲烷（氯化苄）　　　苯二氯甲烷　　　　苯三氯甲烷

对含有多碳烷基的芳香烃，卤代时先取代 α-C 上的氢原子，例如：

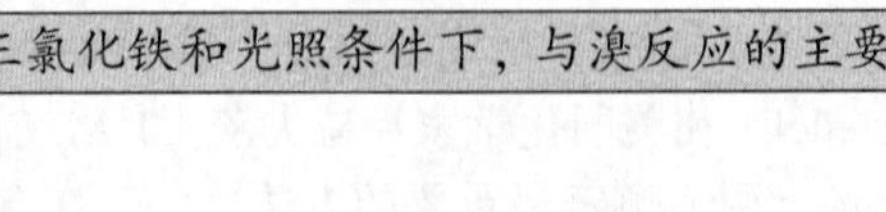

（苯）CH$_2$CH$_3$ $\xrightarrow[hv]{\text{Br}_2}$ （苯）CHCH$_3$／Br + HBr

问题 4-2　甲苯分别在三氯化铁和光照条件下，与溴反应的主要产物和反应机理各是什么？

4.4.3　加成反应

单环芳香烃不易发生加成反应，但在特殊的条件下也能与氢或卤素发生加成反应。

1. 加氢　苯在催化剂存在下，加压、高温条件下可与氢气加成生成环己烷。

$$\text{苯} + H_2 \xrightarrow[\text{或Ni，加热，加压}]{\text{Pt，}180\sim250℃} \text{环己烷}$$

2. 加氯　在紫外光照射下，苯与 Cl_2 在 40℃ 即可发生加成反应，生成六氯化苯（$C_6H_6Cl_6$）。

$$\text{苯} + Cl_2 \xrightarrow{\text{紫外线}} \text{六氯化苯}$$

六氯化苯商品名称"六六六"，曾作为一种有效的杀虫剂大量使用，但由于本身稳定性高，残留毒性大而逐渐被淘汰，现已被禁止使用。

4.5　苯环亲电取代反应的定位效应

4.5.1　定位效应概述

当苯环上已有取代基，若再发生亲电取代反应，苯环上原有的取代基将影响亲电取代反应的活性和第二个基团进入苯环的位置。如前面已讨论过：甲苯比苯容易硝化，主要得到邻位或对位取代产物；而硝基苯比苯难硝化，主要得到间位取代产物。苯环上原有的取代基称为定位基（orienting group），定位基的这种作用称为定位效应（orienting effect）。

根据定位效应的不同，可将定位基分为邻对位定位基（*ortho-para* director）和间位定位基（*meta* director）两类。

邻对位定位基又称为第一类定位基，主要使新引入的基团进入其邻、对位。此类定位基一般使苯环活化（卤素除外），通常使苯环上亲电取代反应的活性增强，故又称为致活基团，其结构特征是一般不含有重键，多数带有孤对电子。属于这类定位基的有—NR_2、—NHR、—NH_2、—OH、—OR、—$NHCOR$、—$OCOR$、—R、—Ar、—X（Cl、Br、I）等。

间位定位基又称为第二类定位基，它使新引入的基团主要进入苯环的间位。此类定位基使苯环的亲电取代反应活性降低，故又称为致钝基团。其结构特征是与苯环直接相连的原子一般含有双键或三键或带有正电荷。属于这类定位基的有 —NR_3^+、—NO_2、—CN、—SO_3H、—CHO、—COR、—$COOH$ 等（表 4-2）。

表 4-2　取代基的定位效应

性能	定位基	定位结果
强活化	—NH_2，—NHR，—NR_2，—OR，—OH	邻、对位
中等活化	—$NHCOR$，—$OCOR$	邻、对位
弱活化	—R，—Ar	邻、对位
弱钝化	—X	邻、对位
中等钝化	—CHO，—$COOH$，—COR，—SO_3H，—CN	间位
强钝化	—NO_2，—NR_3^+，—CF_3，—NH_3^+	间位

上述两类定位基的定位效应各不相同，在苯环上进行亲电取代反应的位置只取决于原有定位基的种类和性质，而与新进入的取代基的性质无关。总之，能够增大苯环电子云密度的基团使苯环活化，反应比苯容易，取代基进入邻、对位；反之，能降低苯环电子云密度的基团则使苯环钝化，反应比苯难，取代基进入间位（卤素除外）。

4.5.2 定位效应的机理

单取代苯分子中取代基的定位效应与该取代基的诱导效应、共轭效应、超共轭效应等电子效应有关，此外，空间位阻也有一定的影响。

对于第一类定位基，以甲苯为例，甲苯中甲基对苯环有斥电子的+I 效应，同时甲基的 C—H 键的σ轨道与苯环的大π键存在σ-π超共轭效应，这两种效应的方向一致，都使 C—H 键的σ电子云向苯环转移，特别是与甲基直接相连的苯环碳原子的邻位和对位电子云密度相对增加得多一些。

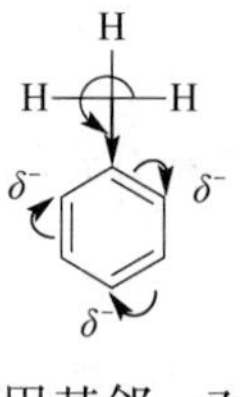

量子化学计算的结果证明了甲苯分子中甲基邻、对位碳原子上的电子云密度都比苯高。因此，甲苯比苯更易发生亲电取代反应，取代主要进入甲基的邻、对位。

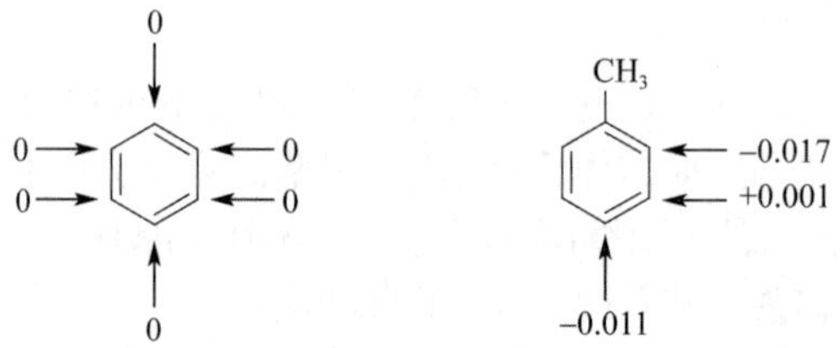

取代基的定位效应，还可以通过反应过程中形成的碳正离子中间体（σ-配合物）的稳定性来解释。甲苯发生亲电取代反应生成的碳正离子中间体的结构如下（E^+为亲电试剂）：

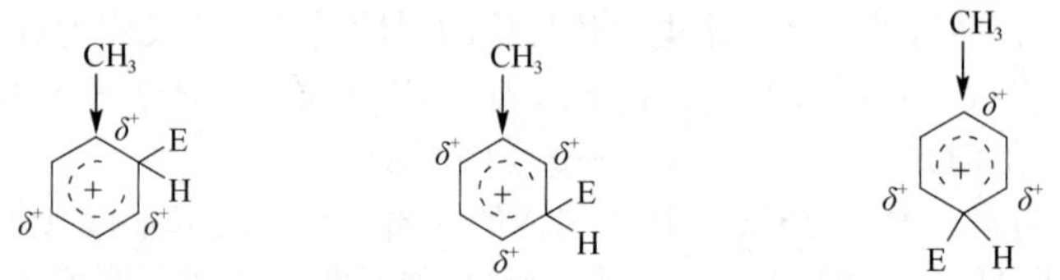

（Ⅰ）　　　　　（Ⅱ）　　　　　（Ⅲ）

在碳正离子中间体（Ⅰ）和（Ⅲ）中具有供电子效应的甲基直接与共轭体系中带部分正电荷的碳原子相连，使正电荷得到较有效的分散，碳正离子中间体更稳定。而（Ⅱ）的结构中不具备这种稳定作用，故稳定性不及前两者，在亲电取代反应中以邻、对位产物为主。

对于第二类定位基，如硝基苯分子中的硝基为吸电子基，具有吸电子–I 效应，同时硝基又具有–C 效应，诱导和共轭的方向一致，均使苯环上电子云密度下降，特别使邻位和对位下降显著，间位相对降低少些，即电子云密度相对稍高一些。因此，亲电取代反应易发生在间位，主要得到间位产物。

量子化学计算的结果表明硝基苯的分子中，邻位、对位和间位的电子云密度分布如下所示：

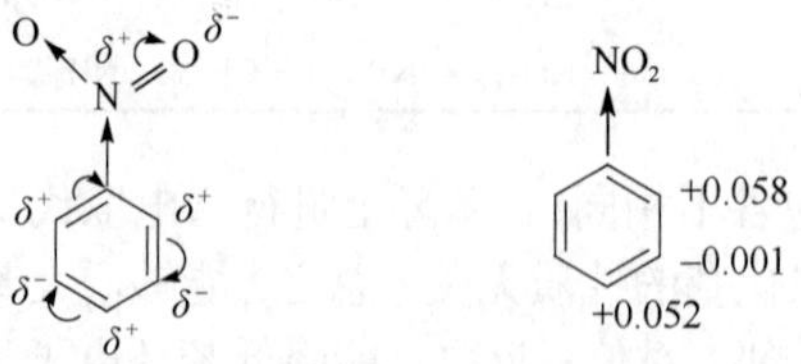

硝基苯在发生亲电取代反应中可能形成下列三种碳正离子中间体：

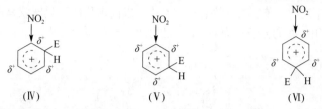

（Ⅳ）　　　　　　　　（Ⅴ）　　　　　　　　（Ⅵ）

这三种碳正离子中间体中，（Ⅰ）和（Ⅲ）中硝基和带部分正电荷的碳原子直接相连，由于硝基的吸电子作用，正电荷更集中，稳定性差。而在碳正离子中间体（Ⅱ）中，硝基未与带部分正电荷的碳原子直接相连，正电荷不及（Ⅰ）和（Ⅲ）集中，碳正离子（Ⅱ）的稳定性比（Ⅰ）和（Ⅲ）稍高。因此，亲电取代反应的产物以间位为主。

4.5.3　定位效应的应用

对于二取代苯的定位规律可归纳如下：

（1）若两个取代基都是邻、对位定位基，第三个取代基进入苯环的位置主要取决于定位效应较强的基团。在上述两类常见定位基的顺序中，排在前面的是作用较强的基团。例如：

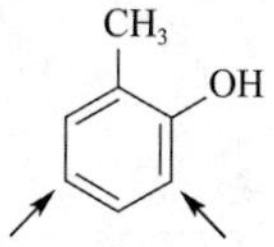

（2）若已有的两个取代基中，一个是邻、对位定位基，另一个是间位定位基，则主要由邻、对位定位基支配第三个取代基进入苯环的位置。例如：

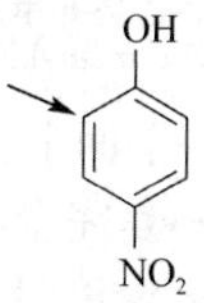

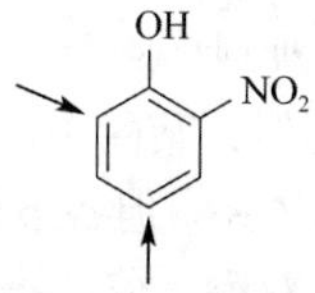

（3）取代反应一般不进入 1,3-二取代苯的 2 位。例如：

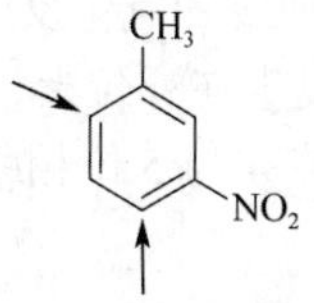

应用定位效应，可以预测亲电取代反应的主要产物及选择最合理的合成路线，得到预期的产率较高的产物。

问题 4-3　试以苯为原料合成邻硝基苯甲酸和间硝基苯甲酸。

4.6　稠环芳香烃

稠环芳香烃（polycyclic aromatic hydrocarbons），也称并环芳香烃，是多环芳香烃中的一类，它是由两个或两个以上的苯环，共用两个邻位碳原子而稠合形成的多环芳香烃。例如，萘、蒽、菲等，它们均存在于煤焦油的高温分馏产物中。

4.6.1　萘

萘（naphthalene）为光亮的片状晶体，熔点为 80.2℃，沸点为 218.0℃，易升华，具有特殊气味；不溶于水，易溶于乙醇、苯、乙醚等有机溶剂中。以前市售的卫生球就是用萘做成的，因对人体有害，已被禁止使用。萘的分子式为 $C_{10}H_8$，是由两个苯环稠合而成的，它的结构式及环上碳原子的编号表示如下：

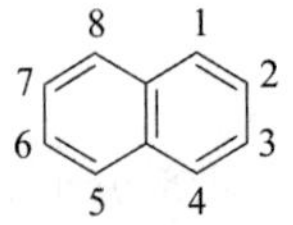

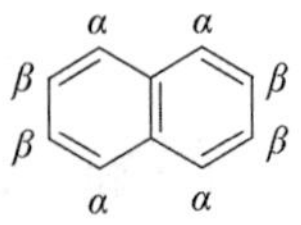

其中 C1、C4、C5 和 C8 的位置是完全等同的，称为 α-碳原子；C2、C3、C6、C7 完全等同，称为 β-碳原子。因此，萘的一元取代物有 α 和 β 两种异构体，如萘酚有 α-萘酚和 β-萘酚两种：

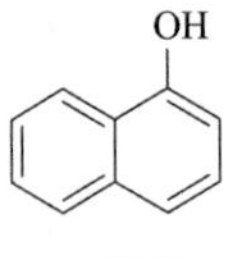

α-萘酚
α-naphthol

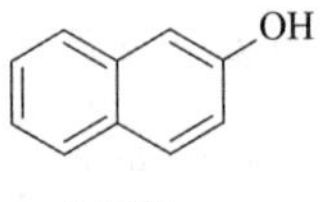

β-萘酚
β-naphthol

如果碳环上有两个或两个以上的取代基，命名时可用阿拉伯数字标明取代基的位置，连同取代基名称写于萘名之前。

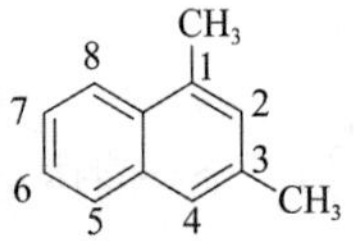

1,3-二甲基萘
1,3-dimethylnaphthalene

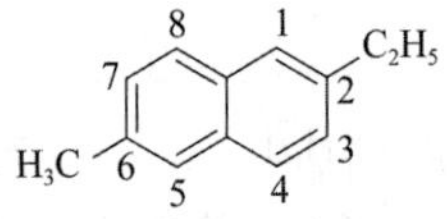

2-乙基-6-甲基萘
2-ethyl-6-methylnaphthalene

萘分子和苯分子的结构类似，萘的 10 个碳原子处于同一平面上，各碳原子的 p 轨道都平行重叠，也形成了一个闭合的共轭体系。但各 p 轨道重叠的程度不是完全相同的，因此萘分子中各碳碳键的键长不同于开链烃的单、双键，彼此不完全相等。电子云密度没有完全平均化，α-碳原子的电子云密度较大，而 β-碳原子的电子云密度较小。因此，萘的亲电取代反应易发生在 α 位上。萘的"芳香性"比苯差，比苯容易发生亲电取代、加成和氧化反应。

（1）取代反应：萘的卤代、硝化主要发生在 α 位上，磺化反应根据温度不同，反应产物可分为 α-萘磺酸或 β-萘磺酸。这是由于 1 与 8 位或 4 与 5 位相距很近，有大的取代基（如磺基）时比较拥挤，不稳定。例如：

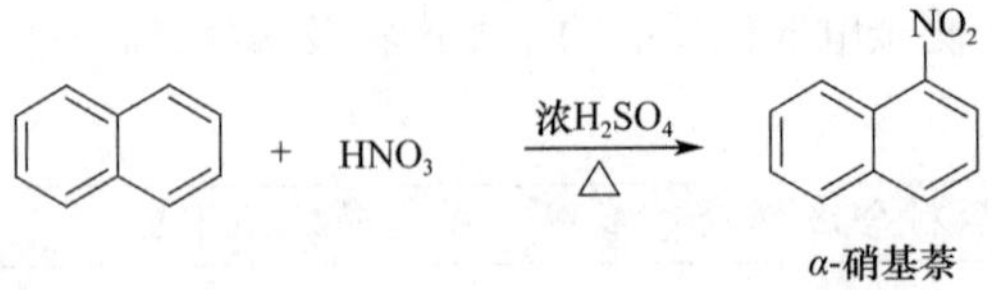

α-硝基萘

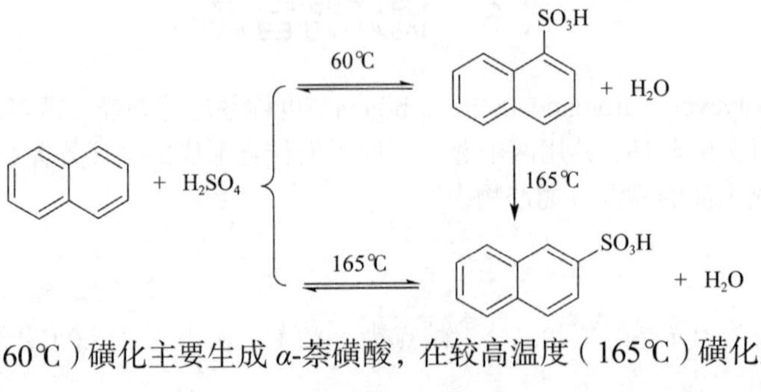

萘在较低温度（60℃）磺化主要生成 α-萘磺酸，在较高温度（165℃）磺化主要生成 β-萘磺酸。

α-萘磺酸与硫酸共热到165℃，也变成β-萘磺酸。这是由于磺化反应是可逆反应。在低温条件下，取代反应发生在电子云密度高的α位上，但因为磺酸基的体积较大，它与相邻的α位上的氢原子之间距离小于两者的van der Waals半径之和，所以α-萘磺酸的空间比较拥挤，稳定性较差，在较高温度时生成稳定的α-萘磺酸。即低温时磺化反应是动力学控制，高温时是热力学控制。

（2）加成反应：由于萘的芳香性比苯差，因此，容易发生加成反应。工业上用催化加氢制备四氢化萘和十氢化萘。

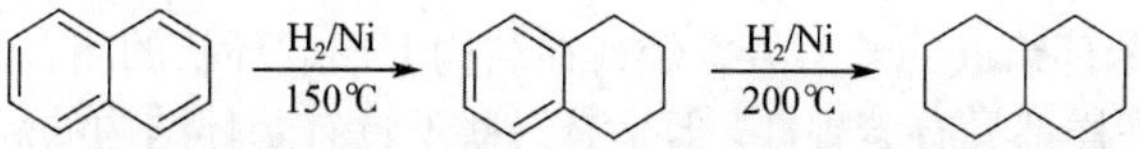

（3）氧化反应：萘比苯容易被氧化，不同的反应条件可得不同的氧化产物。用V_2O_5作催化剂，萘蒸气在高温下，就可被空气氧化成邻苯二甲酸酐，后者是有机合成的重要原料。

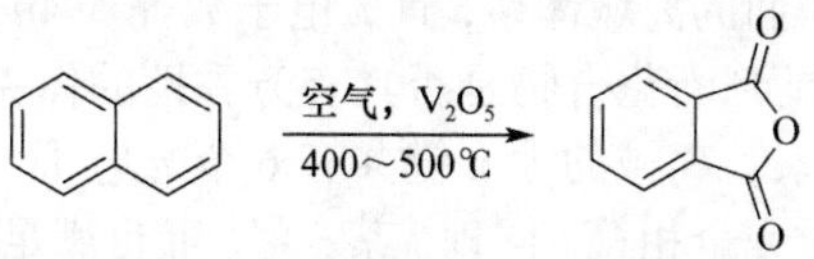

问题 4-4 萘的一取代和二取代产物各有几种异构体？

4.6.2 蒽和菲

蒽（anthracene）为无色片状晶体，熔点为217.06℃，沸点为354.0℃，不溶于水，难溶于乙醇和乙醚，能溶于苯。菲（phenanthrene）为具有光泽的无色结晶，熔点为101.1℃，沸点为340.0℃，易溶于苯和乙醚。蒽和菲的分子式皆为$C_{14}H_{10}$，二者互为同分异构体，其结构式和碳原子编号表示为

蒽

菲

或

菲

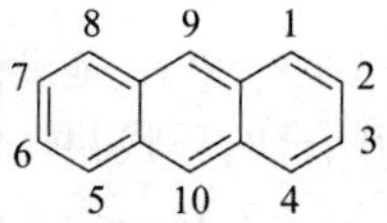

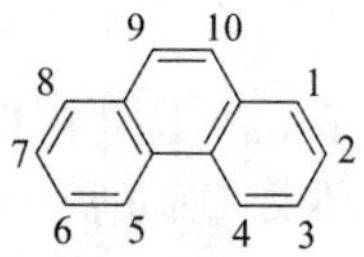

蒽和菲在结构上也都形成了闭合的共轭体系，同萘一样，分子中各碳原子的电子云密度也是不均等的。因此，各碳原子的反应能力也随之有所不同，其中的9、10位碳原子特别活泼，所以它们的取代、加成及氧化反应都易发生在9、10位上。其反应产物如下：

9,10-二硝基蒽

9,10-蒽醌

9,10-二氢菲

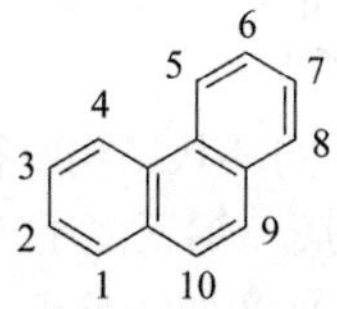

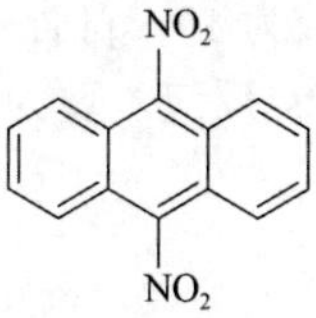

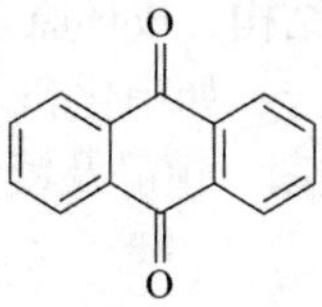

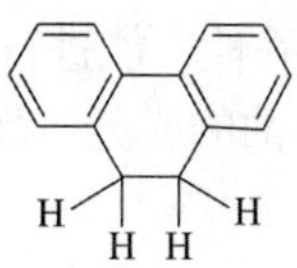

蒽和菲的芳香性比苯和萘都差，具有一定的不饱和性和氧化性。

完全氢化的菲在C3和C4处与环戊烷稠合成的结构称为环戊烷并氢化菲，碳骨架如下：

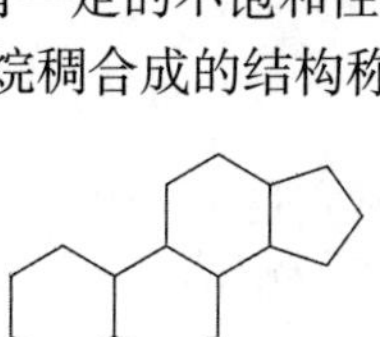

环戊烷并氢化菲

环戊烷并氢化菲本身在自然界中不存在，但它的衍生物广泛地分布于动植物体内，而且具有重

要的生理作用，如胆甾醇、胆酸、性激素等，这类化合物被称为甾族化合物，分子中都含有环戊烷并氢化菲的基本结构。有关甾族化合物的知识详见第 14 章。

4.7 非苯型芳香烃

4.7.1 芳香性和休克尔规则

萘、蒽、菲都是由苯环组成的苯型芳香烃，在结构上形成环状的闭合共轭体系，π电子高度离域，它们和单环芳香烃一样都具有芳香性。但是有一些不具有苯环结构的烃类化合物也具有类似苯环的芳香性，这类化合物称为非苯型芳香烃，如环戊二烯负离子、薁等。

通过对大量环状化合物的芳香性的研究，德国化学家休克尔（E. Hückel）发现：在一个环状多烯烃化合物中，只要它具有共平面的离域体系，且 π 电子数等于 $4n+2$（$n = 0$, 1, 2, …, 正整数），该化合物就具有芳香性。这就是判断化合物是否具有芳香性的休克尔规则，也称为 $4n+2$ 规则。苯分子具有平面的电子离域体系，离域的大 π 键共有 6 个 π 电子，符合休克尔规则（即 $n=1$），具有芳香性，这与苯的化学性质完全相符。同理，萘、蒽、菲也满足休克尔规则，也都具有芳香性。

4.7.2 常见非苯型芳香烃

1. 环多烯离子 下列化合物中，环丙烯正离子（a）、环戊二烯负离子（c）、环庚三烯正离子（d）和环辛四烯二负离子（g）具有芳香性。

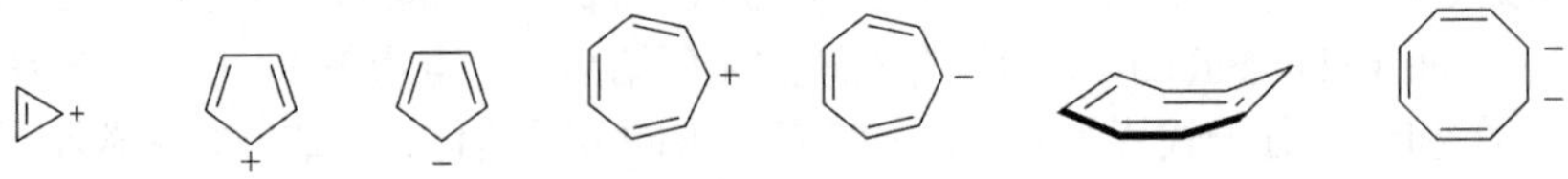

环丙烯正离子（a）是具有两个 π 电子的环状结构，符合 $4n + 2$（$n = 0$），是最简单的带电荷的非苯型芳香烃。环戊二烯负离子（c）、环庚三烯正离子（d）均为闭合的环状共轭体系，π 电子数为 6，符合 $4n + 2$（$n = 1$），具有芳香性。环辛四烯分子（f）中的原子不在一个平面上，但环辛四烯在四氢呋喃溶液中与金属 K 反应，生成环辛四烯二负离子（g）具有平面结构，有 10 个 π 电子，符合 $4n + 2$（$n = 2$），具有芳香性。

此外，环戊二烯正离子（b）和环庚三烯负离子（e）均不符合休克尔规则。

2. 薁 薁（azulene）又称蓝烃，分子式为 $C_{10}H_8$，是由一个五元碳环和一个七元碳环稠合而成的结构。它是萘的同分异构体，具有平面结构，成环原子的 π 电子数为 10，符合 $4n + 2$ 规则（$n = 2$），所以具有芳香性，能进行亲电取代反应，如硝化和 Friedel-Crafts 反应。薁为蓝色固体，熔点为 99℃，是香精油的成分，具有明显的抗菌、镇静及镇痛作用。

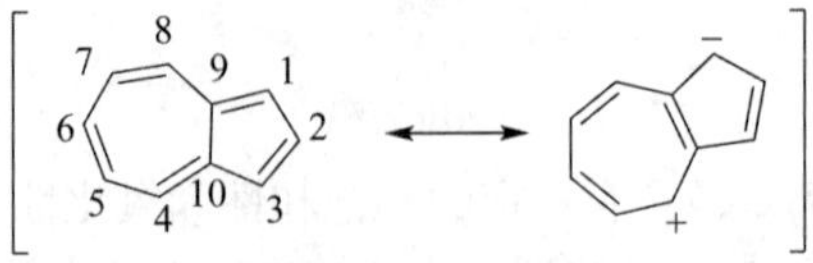

薁

3. 环烯 环烯属大环芳香体系，通常它是 $n \geqslant 10$ 的单环共轭多烯烃。命名时以环烯为母体，将环碳原子数置于方括号内，称为某环烯。例如：

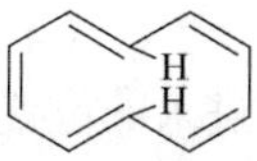

[10]-环烃   [18]-环烃

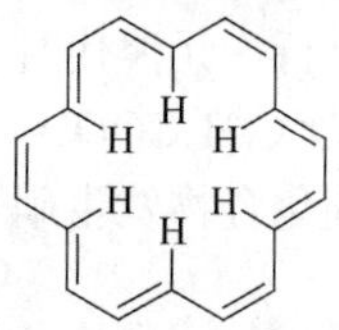

它们是否有芳香性,取决于成环的所有碳原子是否在同一平面,同时 π 电子数必须符合 $4n+2$,两者缺一不可。

[10]-环烃的 π 电子数为 10,虽符合休克尔规则,但因环较小,且环内的氢原子又比较集中,产生较强的斥力,而使环上碳原子不能在同一平面上,不能形成闭合共轭体系,无芳香性。而[18]-环烃的环较大,环内氢的斥力较小,保证了分子的共平面性,且 π 电子数为 18,符合休克尔规则,因而具有芳香性。

习　题

4-1　写出芳香烃 C_9H_{12} 所有同分异构体的结构式并命名。

4-2　命名下列化合物或写出结构式。

（1）

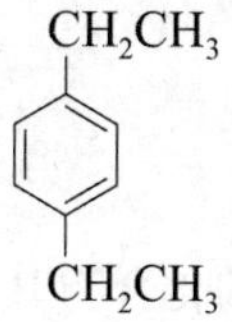

（2）

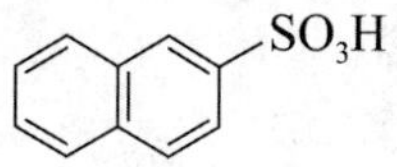

（3）$H_3C—C=CH_2$

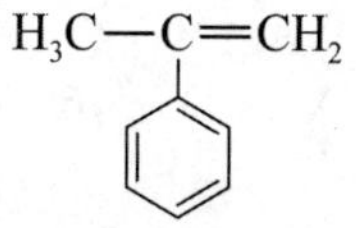

（4）

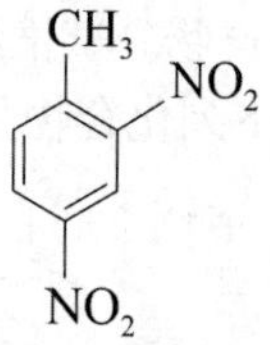

（5）连三甲苯
（6）对甲基溴化苄
（7）2-甲基-6-硝基萘
（8）o-氯苯磺酸
（9）2-氯萘
（10）9-溴蒽

4-3　写出下列反应的主要产物。

（1） 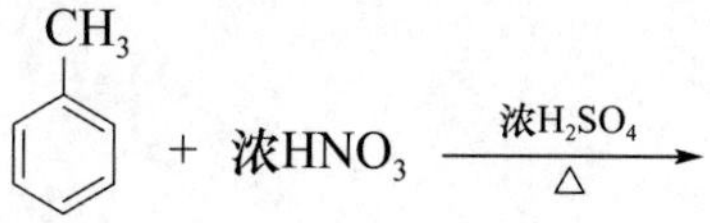
+ 浓HNO_3 $\xrightarrow[\triangle]{浓H_2SO_4}$

（2）
+ CH_3CH_2Cl $\xrightarrow{AlCl_3}$ $\xrightarrow[hv]{Cl_2}$

（3）
$\xrightarrow{KMnO_4}$

（4）
+ Br_2 $\xrightarrow{FeBr_3}$ $\xrightarrow[\triangle]{浓H_2SO_4}$

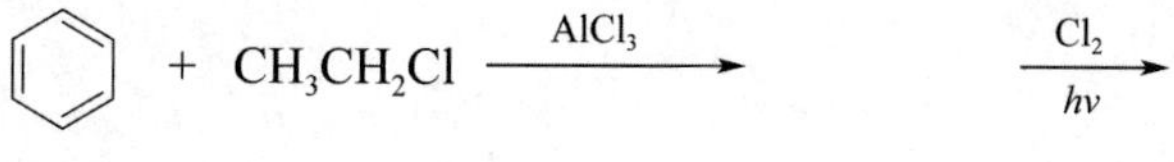

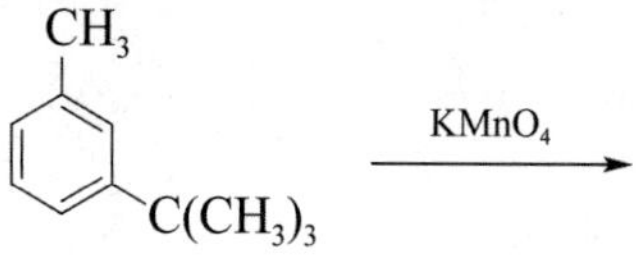

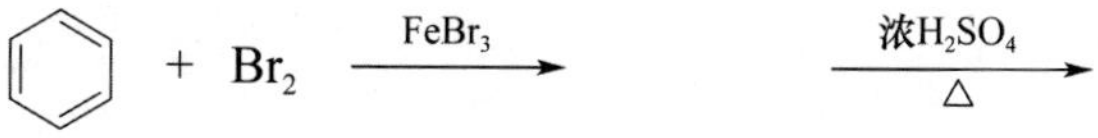

4-4　下列各化合物进行一元溴代时，主要产物是什么？

（1）C_6H_5Cl　　　（2）C_6H_5COOH　　　（3）$C_6H_5OCH_3$　　　（4）$C_6H_5CH_3$

4-5　用箭头表示下列化合物发生硝化反应时，硝基主要进入的位置。

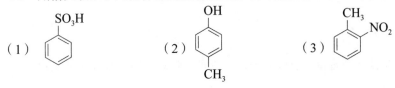

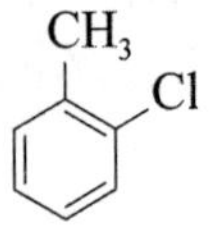

4-6　根据苯环定位取代规则，推测下列合成反应的路线，写出反应式。

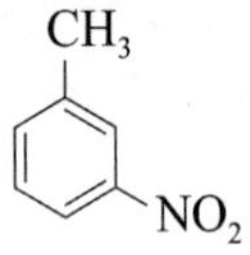

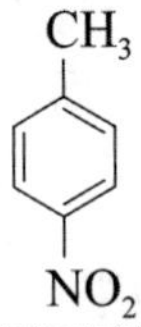

（1）由苯合成对硝基氯苯和间硝基氯苯。

（2）由苯合成对甲基苯磺酸。

4-7　用简单的化学方法鉴别下列化合物。

（1）苯、甲苯、环己烯

（2）乙苯、苯乙烯、苯乙炔

4-8　某化合物 A 分子式为 C_9H_{12}，能被高锰酸钾氧化为分子式为 $C_8H_6O_4$ 的化合物 B。将 A 进行硝化，只得到两种一硝基取代产物。试推测 A、B 的结构式。

4-9　根据 Hückel 规则判断下列化合物是否具有芳香性。

（1）　　（2）　　（3）　　（4） 　　（5） 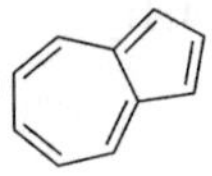　　（6）

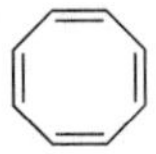

（刘　娜）

第5章 对映异构

在有机化合物分子中普遍存在同分异构现象，这是导致有机化合物数量众多、结构复杂的重要原因。同分异构一般分为构造异构和立体异构，如下所示。

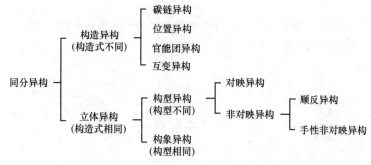

在前面几章中已涉及烷烃和环烷烃的构象、烯烃的顺反异构，本章着重介绍另一种构型异构——对映异构（enantiomerism）。生物体内的许多物质如氨基酸、多肽、蛋白质、糖类化合物和类脂化合物等都存在对映异构，它们多以对映异构体中的一种发挥生理作用。本章主要讨论对映异构的产生原因、基本概念、表示方式及有关理化性质和生物活性等，为研究生命过程中的各种生物分子的结构和功能奠定必要的立体化学基础知识。

5.1 物质的旋光性

5.1.1 偏振光和旋光性

光是一种电磁波，这种电磁波是振动前进的，其振动方向垂直于光波前进的方向（图 5-1）。普通光中含有各种波长的光在垂直于前进方向的各个平面内振动。振动方向和波长前进方向构成的平面称为振动面，光的振动面只限于某个固定方向的，称为平面偏振光，简称偏振光。当普通光通过 Nicol 棱镜时，一部分光被挡住了，只有振动方向与棱镜晶轴平行的光能通过，通过 Nicol 棱镜的光为偏振光（图 5-2）。

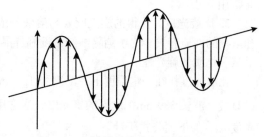

图 5-1 光波振动方向与传播方向垂直

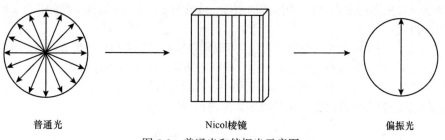

普通光　　　　　　　　Nicol棱镜　　　　　　　　偏振光

图 5-2 普通光和偏振光示意图

当偏振光通过各种介质时，有的物质（如蔗糖、乳酸、葡萄糖、石英晶体、氯酸钾晶体等）能使偏振光的偏振面旋转一定角度，物质的这种能够使偏振光振动平面旋转的性质称为旋光性（optical activity）或光学活性。具有这种性质的物质就称为"旋光性物质"或"光学活性物质"。能使偏振光振动平面向右（顺时针方向）旋转的物质称为右旋体（dextrorotatory），用（+）或"d"表示；能使偏振光振动平面向左（逆时针方向）旋转的物质称为左旋体（levorotatory），用（−）或"l"表示。

5.1.2 旋光度与比旋光度

1. 旋光度 平面偏振光偏转的角度可以用旋光仪测出。旋光仪主要由光源、起偏镜、样品管、检偏镜和刻度盘等部件组成（图 5-3）。

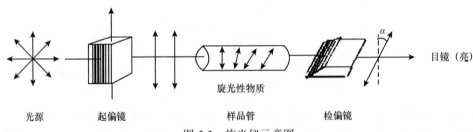

图 5-3 旋光仪示意图

图 5-3 中靠近光源的 Nicol 棱镜是固定不动的，称为起偏镜，其作用是将光源射来的光转化为偏振光；后面的 Nicol 棱镜可以旋转，称为检偏镜，并连有一个 180° 的刻度盘，它的作用是测定光通过被测物质后引起偏振面旋转的角度。当两个棱镜晶轴互相平行时，刻度为零。两个棱镜之间放入样品管，若从检偏镜中观察到均匀的亮视野，说明样品管中盛有的物质无旋光性，对平面偏振光不起作用。如果样品管中盛有旋光性物质，则通过起偏镜的偏振光不能通过检偏镜，看不到均匀的亮视野而发暗。为了能重新看到亮视野，须将检偏镜按一定方向旋转相应的角度才能使偏振光通过，视野恢复原来的亮度。旋光性物质使偏振面旋转的角度称为旋光度，通常用 α 表示。

2. 比旋光度 测得的旋光度 α 与溶液的浓度（c）、样品管的长度（l）、测定时的温度以及光源和溶剂的性质有关。为了消除溶液浓度和样品管长度对旋光度 α 的影响，通常用比旋光度[α]来表示某一物质的旋光性。

比旋光度指在一定温度下，浓度为 $1\mathrm{g \cdot ml^{-1}}$ 的被测物质在 1dm 长的盛液管中，使用钠光（也称D线，波长 589 nm）测得的旋光度，通常用 $[\alpha]_D^t$ 表示。因此，可根据测得的旋光度 α 计算比旋光度[α]，如下列公式所示

$$[\alpha]_D^t = \frac{\alpha}{l \times c}$$

式中，α 为旋光仪测得的旋光度；c 为溶液的浓度，单位为 $\mathrm{g \cdot ml^{-1}}$；l 为样品管的长度，单位为 dm；t 为测定时的温度。

比旋光度是旋光性物质的一个物理常数，可以定量地表示旋光物质的旋光特性。可以鉴定未知旋光性化合物的旋光方向和旋光能力的大小，确证已知旋光性化合物的纯度。

例题：将胆固醇样品 260mg 溶于 5ml 氯仿中，然后将其装满 5cm 长的样品管，在 20℃时，在钠光旋光仪上测的旋光度为–2.5°，试计算胆固醇的比旋光度。

解：
$$[\alpha]_D^t = \frac{\alpha}{c \times l} = \frac{-2.5°}{0.26 / 5 \times 0.5} = -96°$$
因此，胆固醇的比旋光度为–96°（氯仿），与文献查阅的值相一致。

5.2 分子的手性和对称性

5.2.1 对映异构和手性分子

对映异构是立体化学的重要内容之一，而产生对映异构的原因是手性。何谓手性? 人的左右手是不能同向重合的，如手指的排列刚好相反[图 5-4 (a)]。如果将左手对着镜面，得到的镜像恰好与右手相同[图 5-4 (b)]。这种左右手互为实物和镜像，并且相互又不能完全重合的现象称为手性 (chirality)。

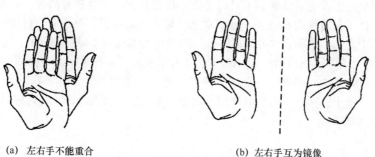

(a) 左右手不能重合   (b) 左右手互为镜像

图 5-4　手性关系图

实物与镜像不能相互完全重合的现象，同样存在于微观世界的分子中。例如，从肌肉中分离得到的乳酸能使偏振光右旋，是右旋体; 从葡萄糖经左旋乳酸杆菌发酵制得的乳酸可使偏振光左旋，为左旋体。两种乳酸的构造是相同的，都是 α-羟基丙酸，其不同点在于连接在 α-碳原子上的四个基团在空间上的排列 (构型) 不同。从图 5-5 可以看出，这两种乳酸构型的关系如实物和镜像的关系，这两种构型看起来很相似，但犹如左右手那样，相互对映而不能重合，因此乳酸分子具有手性。这种互为实物与镜像关系，但又不能完全重合的异构体，称为对映异构体 (enantiomer)，简称对映体，有时也称为旋光异构体。这种现象称为对映异构现象。一对对映体包含一个左旋体和一个右旋体，它们的比旋光度的绝对值相等，但旋光方向相反。

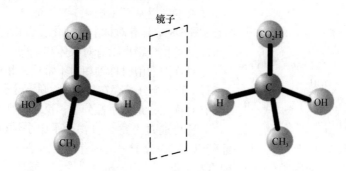

图 5-5　乳酸的对映体模型

像乳酸这种与其镜像不能重合的分子称为手性分子。手性分子与其镜像互为对映体。而与其镜像能重合的分子称为非手性分子。非手性分子没有对映体，也没有对映异构现象。

仔细观察乳酸分子结构，发现分子中有一个碳原子连有四个不同的原子或基团 (—H、—CH_3、—COOH、—OH)，这个碳原子称为手性碳原子或称为手性中心，也称为立体异构源中心，通常用"*"标明。例如:

$$H_3C-\overset{\overset{\displaystyle H}{|}}{\underset{\underset{\displaystyle OH}{|}}{C}}-COOH$$

5.2.2 分子的对称性

如何判断一个化合物分子是否具有手性，最直接的方法是看该分子与其镜像是否能重合，是否有对映体；或看该分子的结构是否有对称性；此外，较好的方法是寻找该分子中的手性碳原子。

可以搭建这个分子和它镜像的模型，比较二者的结构，若分子和它的镜像能重合，该分子的结构是对称的，则该分子没有对映体，不具有手性；反之，该分子存在对映体，具有手性。

分子的对称性又与对称因素有关，分子常见的对称因素主要有对称面、对称中心和对称轴等。

假定在分子中有一个平面，它可以把分子分割成互为实物与镜像的两部分，这个平面就是分子的对称面。例如，2-溴丙烷分子中，沿 Br、C、H 所形成的平面就是一个对称面，整个分子是对称的，它和其镜像能够重合，是非手性分子，所以没有对映体和手性（图 5-6）。如果分子中所有的原子都在同一个平面上，这个平面是对称面。例如：反-1,2-二氯乙烯分子有对称面（图 5-7）。这种分子也没有对映体和手性。

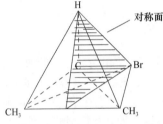

图 5-6 2-溴丙烷分子的对称面

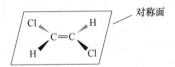

图 5-7 反-1,2-二氯乙烯的对称面

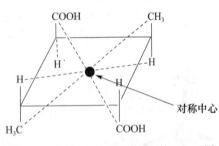

图 5-8 （E）-2,4-二甲基环丁烷-1,3-二甲酸的对称中心

如果分子中有一点，从分子的任一原子或基团向该点做一条直线并延长出去，在距该点等距离处，总会遇到相同的原子或基团，则该点称为分子的对称中心。例如，（E）-2,4-二甲基环丁烷-1,3-二甲酸分子中就有一个对称中心（图 5-8）。具有对称中心的化合物和它的镜像也能重合，所以这类化合物也没有对映体和手性。

对称因素中对称轴相对不常见，和对称面及对称中心一样，若一个分子存在对称轴，则该分子能与其镜像重合，具有对称性，是非手性分子；反之，则是手性分子。

还可通过考察化合物分子中手性碳原子来判断分子是否具有手性。如果分子只含有一个手性碳原子，该分子一定具有手性，有一对对映体。若该分子中存在两个或两个以上的手性碳原子，则需要根据其结构分析其手性，一般具有手性，也有例外情况（见本章 5.5 内消旋体）。

问题 5-1 写出二甲基环丁烷的所有结构，并判断哪些是手性分子。

5.3 构型的表示方法

通常用球棒式、透视式或费歇尔投影式来表示分子的构型。

球棒式一般是将手性碳原子和与它相连的原子或基团画成球，并标出原子或基团的符号，用棍棒表示原子或基团与手性碳之间的共价键，用立体关系表示出原子或基团在空间的排列关系。

透视式将手性碳原子放在纸平面上，用实线表示与手性碳原子同在纸平面上的共价键，用虚线"⋯⋯"表示伸向纸平面后方的共价键，用楔形线"━"表示伸向纸平面前方的共价键。透视式是化合物分子在纸平面上的立体表达式。

费歇尔投影式是由立体模型投影到平面上面得到的平面影像式。其投影规则是把含有手性碳原子的主链直立，编号小的碳原子位于上端，十字交叉点代表手性碳原子，使竖直键上所连的原子或基团伸向纸平面的后面，横键上所连的原子或基团伸向纸平面的前方（横前竖后）。

乳酸分子构型的三种表示方法如图 5-9 所示。虽然球棒式和透视式清楚直观，但书写麻烦，为了方便地写出对映体，一般用费歇尔投影式来表示。

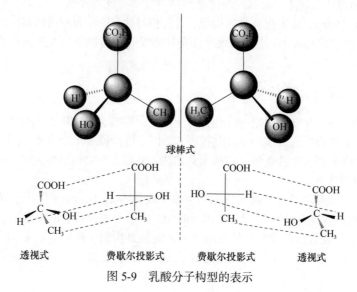

图 5-9 乳酸分子构型的表示

费歇尔投影式使用平面式表示三维空间的立体结构。在书写时，必须按照其规定表示分子构型的立体结构。使用费歇尔投影式不能将其脱离纸平面翻转，否则构型将发生改变。投影式可在纸面上旋转 180°或其偶数倍，构型保持不变；而不能旋转 90°或 270°，否则构型将发生改变。

5.4 对映体构型的标记

一对对映体结构之间的差别就在于手性碳原子所连的四个原子或基团在空间的排列不同。为了区分其结构的不同，在对映体名称前应注明其构型。标记对映体构型的方法有两种。

5.4.1 D，L-构型标记法

分子中各原子或基团在空间的真实排布称为这种分子的绝对构型。在 1951 年以前，由于技术手段的限制，人们还不能确定对映体的绝对构型。为了表示对映体的构型，费歇尔选择甘油醛作为标准来规定对映异构体的构型，即 D，L-构型标记法。该标记法在有机化学发展早期使用很普遍，现多用于糖类和氨基酸类构型的标记。手性碳原子上所连的羟基处于费歇尔投影式的右侧称为 D 构型（D 是拉丁文 *dextro* 的首字母，意为"右"），在左侧的称为 L 构型（L 是拉丁文 *leavo* 的首字母，意为"左"）。其他物质的构型以甘油醛为参照标准，在反应过程中不涉及手性碳原子构型的情况下，由 D-甘油醛构型衍生得到的化合物构型就是 D 构型，由 L-甘油醛构型衍生得到的化合物构型就是 L 构型。例如：

$$\begin{array}{c}\text{COOH}\\ \text{H}\!-\!\!\!-\!\!\!-\!\text{OH}\\ \text{CH}_2\text{OH}\end{array} \quad\xleftarrow{\text{衍生}}\quad \begin{array}{c}\text{CHO}\\ \text{H}\!-\!\!\!-\!\!\!-\!\text{OH}\\ \text{CH}_2\text{OH}\end{array} \quad\bigg|\quad \begin{array}{c}\text{CHO}\\ \text{HO}\!-\!\!\!-\!\!\!-\!\text{H}\\ \text{CH}_2\text{OH}\end{array} \quad\xrightarrow{\text{衍生}}\quad \begin{array}{c}\text{COOH}\\ \text{HO}\!-\!\!\!-\!\!\!-\!\text{H}\\ \text{CH}_2\text{OH}\end{array}$$

D-(−)-甘油酸 　　　　　　 D-(+)-甘油醛 　　　　 L-(−)-甘油醛 　　　　　　 L-(+)-甘油酸

应注意的是 D 和 L 表示构型时，是以它们与甘油醛的衍生物的关系来确定的。而（+）和（−）表示旋光方向，是在旋光仪上测定的。所以，构型与旋光方向之间并无一一对应关系，D 构型的旋光性物质中有右旋体，也有左旋体；而 L 构型的旋光性物质中有左旋体，也有右旋体。在一对对映体中，如果 D 构型是右旋体，则其对映体必然是左旋体；反之亦然。

以甘油醛为标准物质，确定化合物的构型，具有相对性，故称为相对构型标记法。用此方法标记构型时，费歇尔投影式必须书写规范。现已证实甘油醛的真实构型与人为规定的相对构型是相一致的。

5.4.2　*R，S*-构型标记法

R，S-构型标记法是 1970 年根据国际纯粹与应用化学联合会（IUPAC）的建议所采用的系统命名法。它是根据旋光性物质的真实构型或其投影式，以手性碳原子上四个不同原子或基团在"次序规则"中的排列次序来表示手性碳原子的构型命名法，又称为绝对构型标记法，它是一种应用广泛并具有普遍性的命名法。

首先利用"次序规则"将手性碳所连的四个原子或基团 a，b，c，d 按次序规则排序，如 a＞b＞c＞d。其次，将排序中最小的原子或基团（即 d）置于距离观察者的最远端，其余三个基团按优先次序（a→b→c）观察，若为顺时针方向排列，则是 *R* 构型（*R* 是拉丁文 "*rectus*" 的首字母，表示右的意思）；若为逆时针方向排列，则是 *S* 构型（*S* 是拉丁文 "*sinister*" 的首字母，表示左的意思）（图 5-10）。

R 构型　　　　　　　顺时针　　　　　　　*S* 构型　　　　　　　逆时针

图 5-10　观察 *R，S* 构型的方法

以甘油醛为例，先将手性碳原子上的四个原子或基团按次序规则排列，优先顺序是—OH＞—CHO＞—CH₂OH＞—H，其构型标记如下

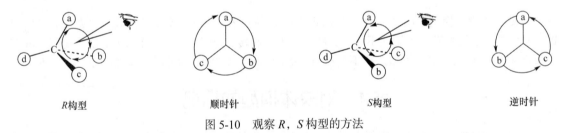

—OH→—CHO→—CH₂OH　为顺时针　　　　　—OH→—CHO→—CH₂OH　为逆时针

R 构型　　　　　　　　　　　　　　　　　*S* 构型

R，S-构型标记法也可直接用于费歇尔投影式。当最小基团 d 位于竖键上时，处于纸平面的后边，符合观察条件。这种情况下，在纸平面上 a→b→c 顺时针方向排列，手性碳原子为 *R* 构型，逆时针方向排列，则手性碳原子为 *S* 构型。

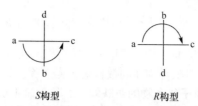

S构型　　　　　　　　R构型

当最小基团 d 位于横键上时，处于纸平面的前面，与上述观察条件相反。这种情况下，在纸平面上 a→b→c 顺时针方向排列，手性碳原子为 S 构型，逆时针方向排列，则手性碳原子为 R 构型。

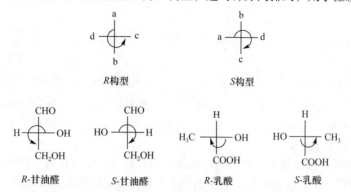

R构型　　　　　　　　S构型

R-甘油醛　　　S-甘油醛　　　R-乳酸　　　S-乳酸

需要注意的是，D 构型不一定是 R 构型，L 构型也不一定是 S 构型，反之亦然。此外，还没有发现 R，S 构型和旋光方向有明确对应规律。

问题 5-2　画出下列分子的一个对映体（R 或 S）：

（1）2-氯丁烷

（2）2-氯-2-氟丁烷

（3）$HC \equiv C - \underset{\underset{CH=CH_2}{|}}{\overset{\overset{Br}{|}}{C}} - CH_3$

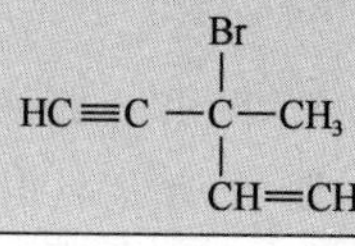

5.5　具有手性碳原子的分子

5.5.1　具有一个手性碳原子化合物的对映异构体

上述讨论的乳酸、甘油醛分子都有一个手性碳原子或一个手性中心，具有一对对映体并具有旋光性。在非手性条件下，一对对映体表现出的性质除旋光方向相反外，其他物理性质如熔点、沸点、溶解度以及化学性质都相同。而在手性条件下，对映体的性质却不一样，如与手性试剂反应、在手性溶剂或手性催化剂催化下的转化速率等都不相同。

如果将一对对映体等量混合，由于它们的比旋光度大小相等，旋光方向相反，等量混合后旋光性可以相互抵消，形成的混合物没有旋光性，这种等量对映体混合物称为外消旋体（racemate），用"±"或"dl"表示。例如，从牛奶中得到的乳酸就是外消旋体。外消旋体与纯对映体除旋光性不同外，其他物理性质也不同。例如，（+）-乳酸和（−）-乳酸的熔点都是 53℃，而（±）-乳酸的熔点是 18℃。

外消旋体是一种混合物，不是一种旋光异构体。可用物理、化学或生物方法将其分离为两个纯净的左、右旋体，这一过程又称为外消旋体的拆分。

问题 5-3　下列化合物的构型是什么？

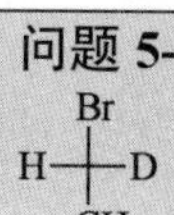

$H - \underset{\underset{CH_3}{|}}{\overset{\overset{Br}{|}}{C}} - D$　　　$F - \underset{\underset{I}{|}}{\overset{\overset{Cl}{|}}{C}} - Br$　　　$H_2N - \underset{\underset{H}{|}}{\overset{\overset{CH_3}{|}}{C}} - COOH$

（1） 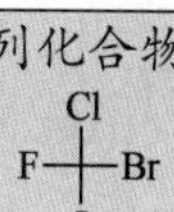　　　　　（2） 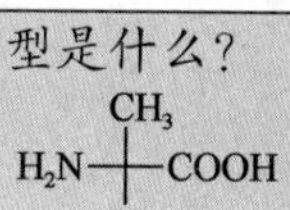　　　　　（3）

5.5.2 具有两个手性碳原子化合物的对映体

有机化合物随着分子中手性碳原子数目的增加,异构现象变得复杂,异构体的数目也增多。含有 n 个手性碳原子的化合物,其对映异构体的数目最多为 2^n 个。

1. 含有两个不相同手性碳原子化合物的对映体 2-溴-3-氯丁烷分子中含有两个不相同手性碳原子,每个手性碳原子所连的四个原子或基团不完全相同。每个手性碳原子都各有两种不同的构型,它们可以组成 4 个异构体,用费歇尔投影式表示如下:

(Ⅰ)(2S, 3S)   (Ⅱ)(2R, 3R)   (Ⅲ)(2R, 3S)   (Ⅳ)(2S, 3R)

这四种异构体都不能重合,其中(Ⅰ)和(Ⅱ),(Ⅲ)和(Ⅳ)分别组成对映体。(Ⅰ)和(Ⅲ)或(Ⅳ),(Ⅱ)和(Ⅲ)或(Ⅳ)之间不是实物与镜像关系,称为非对映体。非对映体的物理性质都不相同,化学性质可能相似。

2. 含有两个相同手性碳原子化合物的对映体 酒石酸分子中含有两个相同手性碳原子,每个手性碳原子所连的四个基团彼此相同。似乎也有 4 个异构体,用费歇尔投影式表示如下:

(+)-酒石酸   (-)-酒石酸   m-酒石酸

(Ⅰ)(2R, 3R)   (Ⅱ)(2S, 3S)   (Ⅲ)(2R, 3S)   (Ⅳ)(2S, 3R)

(Ⅰ)和(Ⅱ)互为实物与镜像关系,不能重合,是一对对映体。(Ⅲ)和(Ⅳ)好像也是一对对映体,但它们可以重合,如将(Ⅳ)在纸平面上旋转180°,即可得到(Ⅲ),所以(Ⅲ)和(Ⅳ)是同一种构型,代表同一个化合物。在(Ⅲ)和(Ⅳ)式的 C2 和 C3 之间有一对称面,可将分子分成两部分,呈实物与镜像关系,这两个手性碳原子的旋光度大小相等,旋光方向相反,旋光性互相抵消。这种由于分子内部将旋光性互相抵消而不具有旋光性的化合物称为内消旋体(meso compound),以 meso 表示。因此,酒石酸只有三种立体异构体,包括一对对映体和一个内消旋体。当分子中存在相同的手性碳原子时,对映异构体数目小于 2^n 个。

3. 含有两个以上手性碳原子的化合物 戊糖有 3 个手性碳,有 8 个立体异构体,用费歇尔投影式表示如下:

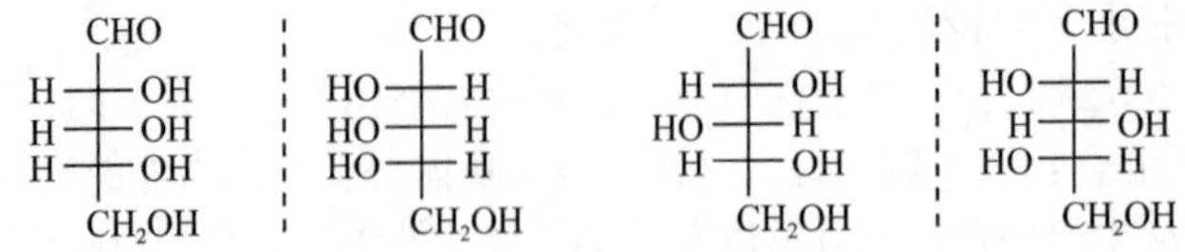

(Ⅰ)   (Ⅱ)   (Ⅲ)   (Ⅳ)

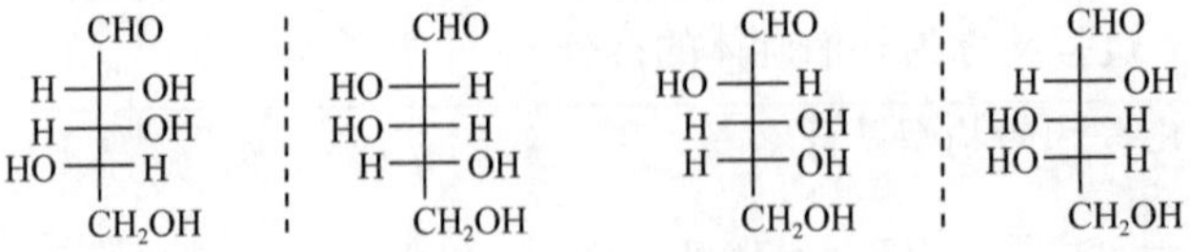

(Ⅴ)   (Ⅵ)   (Ⅶ)   (Ⅷ)

在这些立体异构体中,(Ⅰ)与(Ⅱ)、(Ⅲ)与(Ⅳ)、(Ⅴ)与(Ⅵ)、(Ⅶ)与(Ⅷ)是四对对映体。（Ⅰ）与（Ⅲ）、（Ⅱ）与（Ⅳ）、（Ⅰ）与（Ⅶ）中都只有一个手性碳原子的构型不同，其他手性碳原子的构型均相同，这种异构体称为差向异构体（epimer）。分别根据构型不同的手性碳原子的位置称为 C*n* 差向异构体。例如，（Ⅰ）与（Ⅲ）为 C3 的差向异构。

问题 5-4 有手性碳原子的分子是否一定为手性分子，试举例说明。

5.6 对映异构与生物活性

在生物体中，具有重要生理活性的有机大分子，如蛋白质、多糖、核酸和酶，大多数都具有手性。这些手性物质在生物体内常常表现出不同的生理作用，即它们对生物体的生理效能有显著的差异。实验已证明，这些物质的生物活性与手性物质的构型有密切关系。例如，作为生命基础的蛋白质及其所产生的酶——生物体的重要催化剂都是由 α 氨基酸构成的。自然界存在的 α-氨基酸（除甘氨酸外）都具有旋光性，而且都是 L 构型。天然存在的单糖多为 D 构型，如对人体有着重要作用的葡萄糖，只有右旋异构体，才能被人体吸收，而左旋异构体则不被吸收，所以血浆代用品葡萄糖酐是右旋糖酐。实际上具有生理活性的分子往往是对映体中的一种。

目前使用的药物中，手性药物具有很大比例。对于手性药物，一个异构体可能是有效的，而其对映体可能是无效甚至是有害的。例如，右旋的维生素 C 具有抗维生素 C 缺乏症（坏血病）作用，而其左旋对映体无此功效；左旋氯霉素是抗生素，但右旋氯霉素几乎无抗菌作用。左旋肾上腺素升高血压的作用是右旋体的 20 倍；（*S*）-布洛芬的消炎镇痛解热效果比（*R*）-布洛芬强 28 倍。左旋多巴是治疗帕金森病的药物，而它的右旋体不仅无生理活性，还有毒性。有些药物和其对映体具有不同的生理活性，如右旋四咪唑为抗抑郁药，其左旋体则是治疗癌症的辅助药物。在临床治疗方面，服用手性药物不仅可以排除由于无效（或不良）对映体所引起的毒副作用，还能减少药剂量和人体对无效对映体的代谢负担。

在"沙利度胺"事件案例中所提到的沙利度胺，其（*R*）-（＋）-沙利度胺是镇静剂，用于各种妊娠反应，而其对映体（*S*）-（－）-沙利度胺则有致畸作用。为什么一对对映体之间，在生理活性上会有如此大的差别？这是因为生物体内的反应一般通过化学物质作用于细胞的专一特定部位，这些特定部位大多是具有手性的。很多药物的生理作用是通过与受体大分子之间的严格手性匹配与手性识别而实现的。只有当手性分子的立体结构与生物体内的受体的立体结构相匹配，这种手性药物才能发挥它的生理作用，产生特定的药理效果。这就像一把钥匙开一把锁。图 5-11 是手性分子与手性生物受体之间的相互作用示意图。一种对映体与受体完全匹配[图 5-11（a）]，而另一种却不能匹配[图 5-11（b）]。

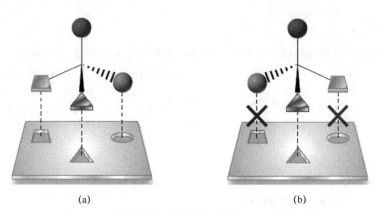

(a)　　　　　　　　　(b)

图 5-11　手性分子和手性生物受体相互作用示意图

习　题

5-1　指出下列化合物有无手性碳原子，并加以标识。

（1）CH₃CH₂CH₂CHCH₂CH₃
　　　　　　　　|
　　　　　　　CH₃

（2）

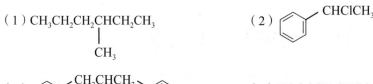

（3）

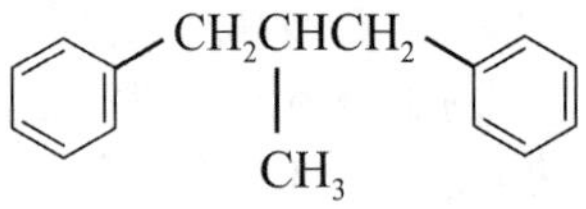

（4）HOOCCH₂CHCOOH
　　　　　　　　　|
　　　　　　　　OH

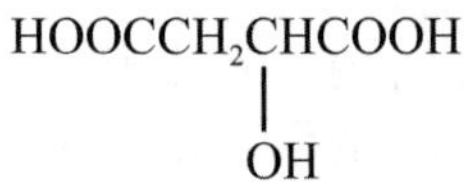

（5）

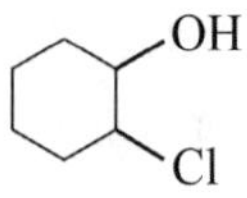

5-2　下列化合物中哪些分子具有对称中心？哪些具有对称面？

（1） 　　　　（2） 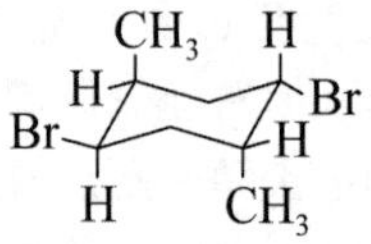　　　　（3） 　　　　（4）

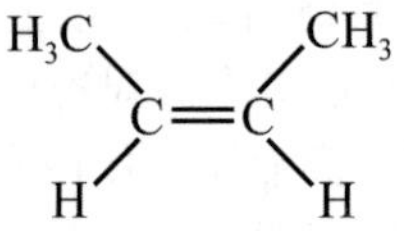

5-3　比较下列化合物的结构，哪些是相同的化合物？

（1） 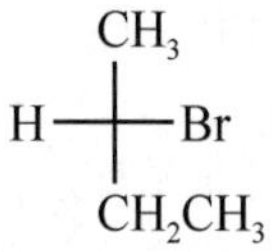　　（2） 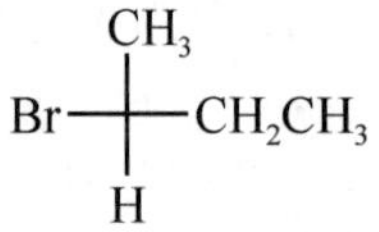　　（3） 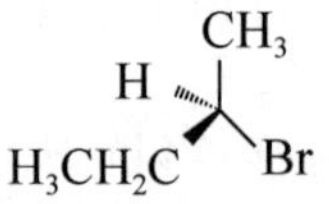　　（4）

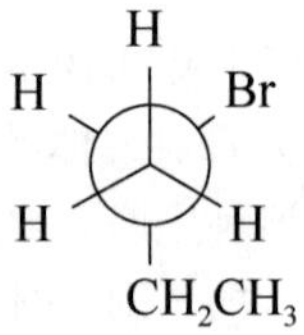

5-4　下列各组化合物的关系属于对映体、非对映体、顺反异构体，还是同一物质？

（1） 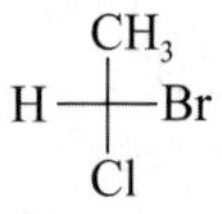　　　和 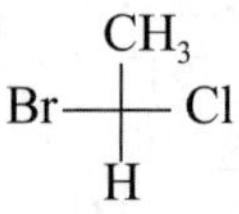　　　（2） 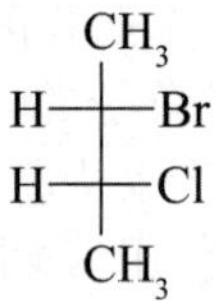　　　和

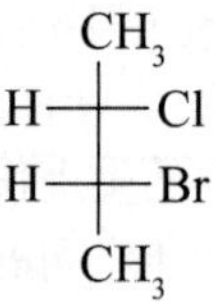

（3） 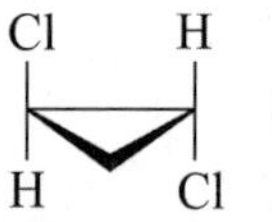　　　和

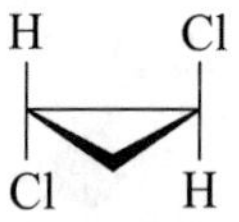

5-5　将下列结构转化为费歇尔投影式，并指出手性碳是 R 构型还是 S 构型。

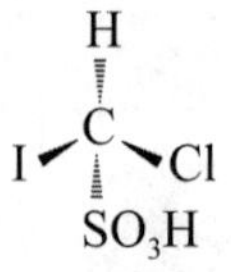

A 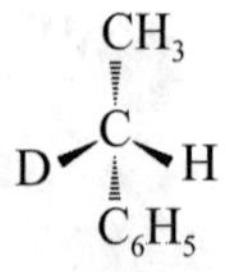　　　　B 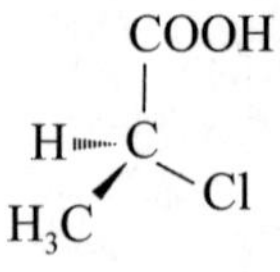　　　　C 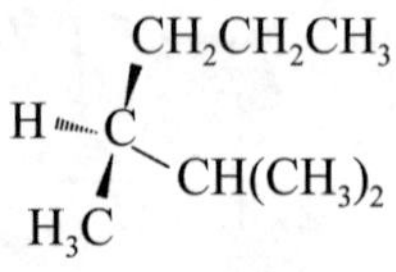　　　　D

5-6　画出下列化合物的构型。

（1）（R）-CHBrDC₂H₅　　　　（2）（S）-CH₃CHClBr

（3）（2R，3S）-C₂H₅CHBrCHBrCH₃

5-7　氯代苹果酸（2-氯-3-羟基丁二酸）有四个立体异构体。

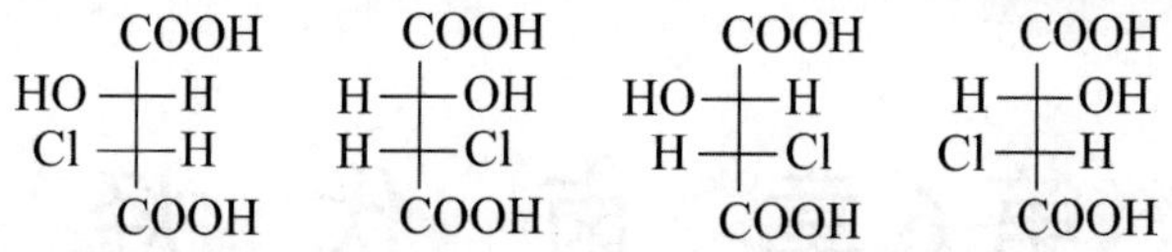

$$
\begin{array}{cccc}
\text{COOH} & \text{COOH} & \text{COOH} & \text{COOH} \\
\text{HO}-\!\!\!\!\!\mid\!\!\!\!-\text{H} & \text{H}-\!\!\!\!\!\mid\!\!\!\!-\text{OH} & \text{HO}-\!\!\!\!\!\mid\!\!\!\!-\text{H} & \text{H}-\!\!\!\!\!\mid\!\!\!\!-\text{OH} \\
\text{Cl}-\!\!\!\!\!\mid\!\!\!\!-\text{H} & \text{H}-\!\!\!\!\!\mid\!\!\!\!-\text{Cl} & \text{H}-\!\!\!\!\!\mid\!\!\!\!-\text{Cl} & \text{Cl}-\!\!\!\!\!\mid\!\!\!\!-\text{H} \\
\text{COOH} & \text{COOH} & \text{COOH} & \text{COOH} \\
\text{A} & \text{B} & \text{C} & \text{D}
\end{array}
$$

（1）它们是否都有旋光性?

（2）哪些是对映体，哪些是非对映体?

（3）它们的等量混合物是否有旋光性?

（4）A 与 B 的等量混合物是否有旋光性?

（5）A 与 C 的等量混合物是否有旋光性?

5-8　下列阐述哪些是正确的? 哪些是错误的?

（1）一对对映体总有实物和镜像关系。

（2）所有手性分子都有非对映体。

（3）如果一个化合物没有对称面，它必然是手性的。

（4）内消旋体和外消旋体都是非手性分子，因为它们都无旋光性。

（5）构象异构体都没有旋光性。

（6）对映异构体可以通过单键旋转相互重合。

（7）由一种异构体转变成其对映体时，必须断裂与手性碳相连的键。

5-9　化合物 A 的分子式为 C_5H_9Br，没有旋光性，分子中有 1 个环丙烷环，在环上有 2 个甲基和 1 个溴原子，试写出 A 的可能结构式。

（刘　娜）

第6章 卤　代　烃

卤代烃(halohydrocarbon)是烃分子中的氢原子被卤素原子取代后生成的化合物,卤素原子(F、Cl、Br、I)是其官能团。卤代烃的结构通式一般用 R(Ar)—X 表示,X 代表卤素原子。

卤代烃是有机物中的一个大家族,种类众多。在海洋生物、海底广泛存在。通常情况下,卤代烃的性质比烃活泼,能发生多种化学反应。所以,引入卤原子往往是改造分子性能的第一步,在有机合成中起着桥梁作用。不同结构的卤代烃化学性质差别很大,有些卤代烃的性质稳定,可作为溶剂、杀虫剂、灭火剂及制冷剂等;有些卤代烃的性质很活泼,常用作有机合成的原料。卤代烃中的卤原子可被其他原子或基团取代,通过亲核取代反应可制备醇、醚、腈、胺等多种化合物。由此可见,卤代烃在有机物中占有很重要的地位。

本章在介绍卤代烃化学性质的基础上,对亲核取代反应及反应机理、消除反应及札依采夫规则作进一步阐述,简要讨论不饱和卤代烃亲核取代反应的活性。

6.1　卤代烃的分类和命名

6.1.1　卤代烃的分类

根据卤原子的种类不同,卤代烃可分为氟代烃、氯代烃、溴代烃和碘代烃,其中氯代烃、溴代烃和碘代烃较为常见。例如:

$$CH_3CH_2F \qquad\qquad CH_3CH_2Cl \qquad\qquad CH_3CH_2Br \qquad\qquad CH_3CH_2I$$

$$\text{氟代烃} \qquad\qquad\quad \text{氯代烃} \qquad\qquad\quad \text{溴代烃} \qquad\qquad\quad \text{碘代烃}$$

根据卤原子所连烃基的类型不同,卤代烃分为饱和卤代烃、不饱和卤代烃和卤代芳香烃。

$$RCH_2X \qquad\qquad CH_2\text{=}CH\text{—}Cl$$

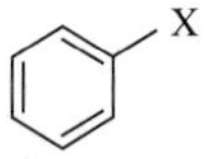

饱和卤代烃　　　　　不饱和卤代烃　　　　　卤代芳香烃

根据与卤原子直接相连的饱和碳原子类型不同,饱和卤代烃分为伯卤代烃、仲卤代烃和叔卤代烃。

$$RCH_2X \qquad\qquad R_2CHX \qquad\qquad R_3CX$$

伯卤代烃　　　　　　仲卤代烃　　　　　　叔卤代烃

根据双键与卤原子的相对位置不同,不饱和卤代烯烃分为乙烯型卤代烃、烯丙基型卤代烃和孤立型卤代烯烃。乙烯型卤代烃是指卤原子与双键碳原子直接相连的卤代烃。烯丙基型卤代烃是指卤原子与双键碳原子之间隔有一个饱和碳原子的卤代烃。孤立型卤代烯烃则是卤原子与双键碳原子之间相隔两个或两个以上饱和碳原子的卤代烃。

$$RCH\text{=}CHX \qquad\qquad RCH\text{=}CHCH_2X \qquad\qquad RCH\text{=}CH(CH_2)_nX(n\geqslant 2)$$

乙烯型卤代烃　　　　　烯丙基型卤代烃　　　　　孤立型卤代烯烃

与卤代烯烃情况类似,卤代芳香烃分为卤苯型、苄基型和孤立型三种。

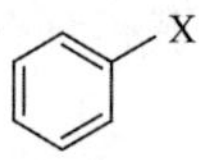

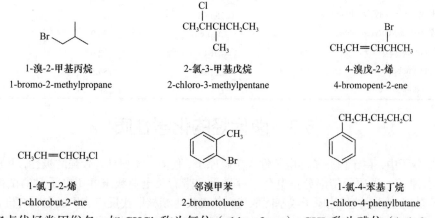

| 卤苯型卤代烃 | 苄基型卤代烃 | 孤立型卤代烃 $(n \geqslant 2)$ |

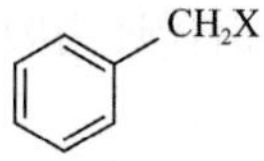

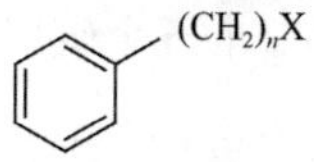

根据分子中所含卤原子的数目，卤代烃又可分为一卤代烃、二卤代烃和多卤代烃。例如：

$$CH_3CH_2Br \qquad ClCH_2CH_2Cl \qquad CHI_3$$

一卤代烃　　　　　二卤代烃　　　　　多卤代烃

6.1.2　卤代烃的命名

简单的卤代烃常采用普通命名法，根据卤原子相连的烃基的名称来命名，称为"卤某烃"或"某基卤"。例如：

CH_2Cl_2
二氯甲烷
dichloromethane

$CH_2{=}CHCl$
氯乙烯
vinyl chloride

$(CH_3)_3CBr$
叔丁基溴
tert-butyl bromide

CH_3CH_2Br
溴乙烷
bromoethane

$CH_2{=}CHCH_2Cl$
烯丙基氯
allyl chloride

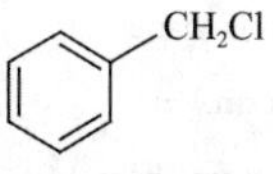

苄基氯（氯化苄）
benzyl chloride

结构复杂的卤代烃采用系统命名法命名。具体方法是以烃作为母体，按烃的命名原则对碳链进行编号和命名，卤原子为取代基。英文命名时，卤原子用词头表示：氟（fluoro）、氯（chloro）、溴（bromo）、碘（iodo）。例如：

1-溴-2-甲基丙烷
1-bromo-2-methylpropane

2-氯-3-甲基戊烷
2-chloro-3-methylpentane

4-溴戊-2-烯
4-bromopent-2-ene

$CH_3CH{=}CHCH_2Cl$
1-氯丁-2-烯
1-chlorobut-2-ene

邻溴甲苯
2-bromotoluene

1-氯-4-苯基丁烷
1-chloro-4-phenylbutane

有些多卤代烃常用俗名，如 $CHCl_3$ 称为氯仿（chloroform），CHI_3 称为碘仿（iodoform）。

问题 6-1　命名下列化合物。

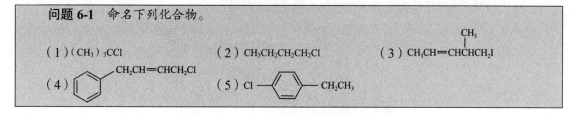

（1）$(CH_3)_3CCl$　　　（2）$CH_3CH_2CH_2CH_2Cl$　　　（3）$CH_3CH{=}CHCHCH_2I$（含CH_3）

（4）　　　（5）

6.2　卤代烃的物理性质

在常温常压下，低级卤代烃除了四个碳以下的氟代烷、氯甲烷、溴甲烷和氯乙烷为气体外，其他卤代烃多数为无色液体，十五个碳以上的高级卤代烃为固体。很多卤代烃具有较强的气味，通常也具有一定的毒性。

除了一氟代烃和一氯代烃的密度比水小外，大多数卤代烃的密度都比水大，其密度按 F、Cl、Br、I 的顺序增加。分子中卤原子增多，密度增大。卤代烃不溶于水，但能溶于大多数有机溶剂，许多卤代烃如二氯甲烷、氯仿等本身就是优良的有机溶剂。有的卤代烃如四氯化碳可作为灭火剂。卤代烃的沸点随碳原子数目和卤素原子序数的增加而升高，且高于相应的烷烃，这是由于 C—X 键具有极性，因而增加了分子间的引力。卤代烃异构体中支链分子的沸点较直链低，且支链越多，沸点越低。一些常见卤代烃的物理常数见表 6-1。

表 6-1　一些常见卤代烃的物理常数

名称	结构式	沸点/℃	相对密度（d_4^{20}）
氟甲烷（fluoromethane）	CH_3F	−78	—
氯甲烷（chloromethane）	CH_3Cl	−24.2	0.920
溴甲烷（bromomethane）	CH_3Br	3.6	1.732
碘甲烷（iodomethane）	CH_3I	42.4	2.279
二氯甲烷（dichloromethane）	CH_2Cl_2	40.0	1.336
三氯甲烷（chloroform）	$CHCl_3$	61.0	1.489
四氯化碳（tetrachloromethane）	CCl_4	77.0	1.595
氟乙烷（fluoroethane）	CH_3CH_2F	−38.0	0.72
氯乙烷（chloroethane）	CH_3CH_2Cl	12.3	0.898
溴乙烷（bromoethane）	CH_3CH_2Br	38.4	1.440
碘乙烷（iodoethane）	CH_3CH_2I	72.3	1.933
叔丁基氯（*tert*-butyl chloride）	$(CH_3)_3CCl$	52.0	0.84
叔丁基溴（*tert*-butyl bromide）	$(CH_3)_3CBr$	73.0	1.23
叔丁基碘（*tert*-butyl iodide）	$(CH_3)_3CI$	100.0	1.54
氯苯（chlorobenzene）	C_6H_5Cl	132.0	1.106
溴苯（bromobenzene）	C_6H_5Br	155.5	1.495
碘苯（iodobenzene）	C_6H_5I	188.5	1.832

6.3　卤代烃的化学性质

卤代烃分子中，由于卤原子的电负性大于碳原子，使 C—X 键具有较强的极性，共价键上的电子对偏向卤原子，碳原子带部分正电荷，容易受到带有负电荷或未共用电子对的试剂进攻，使 C—X 键异裂，卤原子被其他原子或基团取代，从而发生亲核取代反应或生成金属有机化合物。此外，β-C—H 键受到 C—X 键极性的影响，极性增大，在碱性试剂作用下，卤代烃还可以发生消除反应。卤代烃发生化学反应的主要部位及反应类型如下所示：

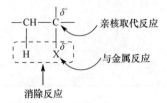

6.3.1　卤代烃的亲核取代反应及反应机理

1. 卤代烷的亲核取代反应　卤代烷分子中的卤原子被其他原子或基团取代，生成各种产物。

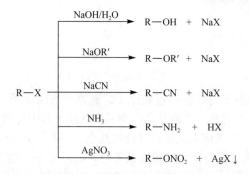

卤代烷与氢氧化钠（钾）的水溶液共热时，卤原子被羟基取代生成相应的醇，此反应又称为卤代烷的水解，可用于制备某些醇类化合物。卤代烷与醇钠或酚钠反应可生成相应的醚，这是合成醚类化合物常用的方法——Willamson 合成法。卤代烷与氰化钠（钾）的醇溶液共热，卤原子被氰基取代得到腈，生成物增加了一个碳原子，腈在酸性条件下水解可得到相应的羧酸，此反应是有机合成中增长碳链的方法之一。卤代烷与氨反应可得到胺，由于胺可以继续与卤代烷反应，因此反应得到的是各级胺及铵盐的混合物。卤代烷与硝酸银的乙醇溶液共热,卤原子被硝酸根取代生成硝酸酯，同时有卤化银沉淀析出，此反应可用于鉴别不同结构的卤代烃。

上述反应的共同特点，都是试剂中带负电荷的基团或含有孤对电子（如 OH$^-$、CN$^-$、RO$^-$、ONO$_2^-$、:NH$_3$）的分子进攻卤代烷分子中带部分正电荷的碳原子，即亲核试剂进攻中心碳原子引起的取代反应，称为亲核取代反应（nucleophilic substitution），以 S$_N$ 表示。反应通式表示如下：

$$\overset{\delta^+}{\underset{}{R}}CH_2\overset{\delta^-}{-}X + Nu^- \longrightarrow RCH_2Nu + X^-$$

底物　　　亲核试剂　　　　　产物　　离去基团

其中 Nu$^-$为亲核试剂，受亲核试剂进攻的卤代烷称为反应底物，被取代的卤素负离子 X$^-$称为离去基团。卤代烷中卤原子所连的碳原子称为中心碳原子。

问题 6-2 写出下列反应的主要产物。

（1）$CH_3CH_2CH_2CH_2I + NaOH/H_2O \longrightarrow$

（2）$CH_3CH_2Cl + CH_3CH_2ONa \longrightarrow$

（3）$CH_3CH_2CH_2Br + NaCN \xrightarrow{C_2H_5OH} \xrightarrow{H^+/H_2O}$

---

2. 卤代烷的亲核取代反应机理　在研究水解速率与反应物浓度的关系时，发现有些卤代烷的水解速率不仅与卤代烷的浓度有关，还受到亲核试剂 OH$^-$浓度的影响；而另一些卤代烷的水解速率仅取决于卤代烷自身的浓度，与亲核试剂的浓度无关。为了解释这些现象提出了两种不同的反应机理：一种是双分子亲核取代反应（bimolecular nucleophilic substitution reaction），用 S$_N$2 表示；另一种是单分子亲核取代反应（unimolecular nucleophilic substitution reaction），用 S$_N$1 表示。

（1）双分子亲核取代反应机理（S$_N$2）：实验表明，溴甲烷在碱溶液中的水解速率 v 与卤代烷及亲核试剂 OH$^-$的浓度成正比，这说明 CH$_3$Br 和 OH$^-$都参与了反应速率的控制步骤，在动力学上属于二级反应。

$$OH^- + H_3C-Br \longrightarrow CH_3OH + Br^-$$

$v=k$ [CH$_3$Br][OH$^-$]，k 为反应速率常数。

溴甲烷的水解反应机理表示如下：

$$\text{OH}^- + \begin{matrix} H \\ | \\ H - C \overset{\delta^+}{} \overset{\delta^-}{-} Br \\ | \\ H \end{matrix} \longrightarrow \left[\begin{matrix} H \\ | \\ \overset{\delta^-}{HO} - C - \overset{\delta^-}{Br} \\ | \\ H \end{matrix} \right] \longrightarrow \begin{matrix} H \\ | \\ HO - C \overset{}{} H \\ | \\ H \end{matrix} + Br^-$$

过渡态

上述过程中，OH⁻从溴原子的背面接近碳原子，氧原子与碳原子之间的距离逐渐减小，同时 C—Br 键逐渐变长，反应体系的能量逐渐升高。当三个氢原子和中心碳原子处于一个平面时，Br、C、O 三个原子成一直线时，形成体系能量最高的过渡态，需要的活化能为 ΔE。随着 OH 进一步接近中心碳原子，Br 原子继续远离，体系能量逐渐降低，最后 C—O 键完全建立，C—Br 键完全断裂，Br⁻离去。上述反应过程是一步完成的，即旧键的断裂和新键的形成同时进行。在这个过程中，中心碳原子与甲醇分子中甲基上 3 个 C—H 键就像一把雨伞被大风吹翻的情况。若中心碳原子是手性碳原子，手性碳的构型会完全翻转，反应物的构型与生成物的构型完全相反，这种构型转化称为瓦尔登翻转（Walden inversion）。构型翻转是 S_N2 机制在立体化学方面的重要特征。

反应过程中，决定反应速率的一步是由两种分子所控制的，反应为双分子反应，因此这一反应称为双分子亲核取代反应（S_N2）。

S_N2 反应过程中能量的变化如图 6-1 所示。从图中可以看出，当反应物吸收一定能量形成过渡态，即达到反应所需的活化能（ΔE）时，此时体系能量达到最高点，过渡态的生成是整个反应进行最慢的一步。从过渡态到产物的生成是体系能量降低的过程，反应很快完成。图中 ΔH 为整个反应的

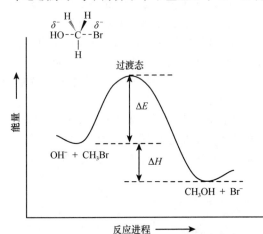

图 6-1　溴甲烷水解反应（S_N2）的能量曲线

反应热，即溴甲烷的水解反应为放热反应。

（2）单分子亲核取代反应机理（S_N1）：实验表明，叔丁基溴在碱性溶液中的水解反应速率 v 仅与叔丁基溴的浓度成正比，而与亲核试剂 OH⁻的浓度无关。这说明只有叔丁基溴参与了反应速率的控制步骤。此反应在动力学上属于一级反应，反应分两步进行。

$$(CH_3)_3CBr + OH^- \longrightarrow (CH_3)_3COH + Br^-$$

$v = k\,[\,(CH_3)_3CBr]$，k 为反应速率常数。

第一步：$(CH_3)_3CBr \xrightarrow{\text{慢}} \left[(CH_3)_3 \overset{\delta^+}{C} \cdots \overset{\delta^-}{Br} \right] \longrightarrow (CH_3)_3C^+ + Br^-$

过渡态（Ⅰ）　　　　　　碳正离子

第二步：$(CH_3)_3C^+ + OH^- \xrightarrow{\text{快}} \left[(CH_3)_3 \overset{\delta^+}{C} \cdots \overset{\delta^-}{OH} \right] \longrightarrow (CH_3)_3COH$

过渡态（Ⅱ）

第一步叔丁基溴发生 C—Br 键异裂，生成活泼中间体叔丁基碳正离子和溴负离子，此步反应进行较慢。第二步是叔丁基碳正离子与 OH⁻迅速结合生成叔丁醇，这一步反应很快完成。

图 6-2 是叔丁基溴水解反应的能量曲线图。由图 6-2 可以看出，过渡态（Ⅰ）的能量最高，产生的活性中间体叔丁基碳正离子的能量处于能量曲线的峰谷，第一步反应的活化能 ΔE_1 明显大于第二步反应的活化能 ΔE_2，因此第一步反应较慢，是决定整个反应速率的关键步骤。而这一步反应只涉及叔丁基溴的碳溴键断裂，与亲核试剂无关。所以整个反应速率只与卤代烃的浓度有关的取代反应称为单分子亲核取代反应（S_N1）。

手性卤代烃按 S_N1 发生取代反应时，sp^2 杂化的碳正离子具有平面三角形结构，当亲核试剂与其成键时，可以从平面的两侧分别进攻中心碳原子，从而形成两种不同构型的产物。如果生成的两种对映体是等量的，就会得到外消旋体。因此产物的外消旋化是 S_N1 反应的特征之一。在多数 S_N1 反应中，构型转化产物的比例往往大于构型保持产物的比例，即生成的取代产物部分消旋化。例如：(R) - $(-)$ -2-溴辛烷在含水的乙醇中进行水解反应时，水解产物中有 83%发生了构型转化，生成 (S) - $(+)$ -2-辛醇，有 17%的产物保持了原来的构型，生成了 (R) - $(-)$ -2-辛醇。

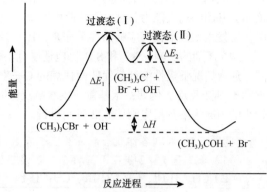

图 6-2　叔丁基溴水解反应（S_N1）的能量曲线

H₃C—C—Br 乙醇/H₂O (R)-(−)-2-溴辛烷 → HO—C—CH₃ (S)-(+)-2-辛醇（83%）构型翻转 ＋ H₃C—C—OH (R)-(−)-2-辛醇（17%）构型保持

3. 影响亲核取代反应的因素　卤代烷的亲核取代反应是按 S_N2 机制还是按 S_N1 机制进行，与烷基的结构、试剂的亲核性能、离去基团的离去能力以及溶剂的极性等多种因素有关。

（1）烷基结构的影响：烷基结构的不同会明显影响亲核取代反应的活性，是决定反应机制的主要因素。一般来说，影响反应活性的因素是电子效应和空间效应。对于 S_N2 反应，如果中心碳原子上连接的烷基越多且体积越大，亲核试剂从碳卤键的背面进攻中心碳原子受到的空间位阻就越大，不利于亲核试剂与中心碳原子的接近，反应越难进行。同时，中心碳原子所连的烷基越多，其正电性越弱，越不利于亲核试剂的进攻，发生 S_N2 反应就越困难。影响 S_N2 反应活性的主要是空间效应。卤代烷进行 S_N2 反应的相对活性次序为：$CH_3X > RCH_2X > R_2CHX > R_3CX$。

S_N1 反应中，碳正离子的生成是速率控制步骤，越稳定的碳正离子越容易生成，越有利于提高 S_N1 反应的速率。碳正离子的稳定性大小与带正电荷的中心碳原子上所连的烷基数目有关，中心碳原子上连接的烷基越多，碳正离子越稳定。从电子效应看，烷基的给电子诱导效应能分散碳正离子的正电荷，碳正离子上所连的烷基越多，对正电荷的分散越充分，碳正离子越稳定。从空间效应看，中心碳原子连有多个烷基时，基团之间比较拥挤，彼此互相排斥，当中心碳原子上的卤原子解离后转变为平面结构的碳正离子，降低了拥挤程度，有助于碳正离子的稳定性。因而卤代烷进行 S_N1 反应的相对活性次序为：$R_3CX > R_2CHX > RCH_2X > CH_3X$。

由此可见，卤代甲烷和伯卤代烷易发生 S_N2 反应，叔卤代烷易发生 S_N1 反应。仲卤代烷介于两者之间，既可按 S_N1 也可按 S_N2 机制进行，或两者都有，具体按哪种反应机制取决于反应条件。

（2）亲核试剂的影响：在 S_N2 反应中，亲核试剂参与过渡态的形成，反应速率受其浓度、亲核能力强弱、体积的影响较大。一般来说，亲核试剂的浓度越大且亲核能力越强，反应越易进行。一些常见试剂的亲核性顺序为：$RO^- > OH^- > ArO^- > RCOO^- > ROH > H_2O$。空间位阻小的亲核试剂，有利于从背面接近中心碳原子形成过渡态，反应速率很快；空间位阻大的亲核试剂，难以从背面接近中心碳原子，S_N2 反应速率降低。

在 S_N1 反应中，反应速率取决于卤代烷的解离生成碳正离子这一步，此步骤并无亲核试剂的参与，因此试剂亲核性的强弱对其影响不大。

（3）离去基团的影响：S_N2 和 S_N1 机制中，都涉及 C—X 键的异裂，X^- 作为离去基团，离去倾向越大，亲核取代反应越易进行，反应速率也就越快。卤原子离去的难易与碳卤键的键能大小顺序相反，碳卤键的键能随着卤素原子序数的增大而减小。碳卤键的键能越小，离去基团的稳定性越好，该离去基团的离去能力就越强，因此卤素离子离去能力的顺序为 $I^- > Br^- > Cl^-$。烷基结构相同的卤代烷发生亲核取代反应的活性顺序是：$R-I > R-Br > R-Cl$。

（4）溶剂的影响：S_N2 和 S_N1 反应还受到溶剂极性大小的影响。不同的溶剂对反应的影响也不同。通常情况下极性溶剂易促使卤代烷的 C—X 键异裂成碳正离子，有利于反应按 S_N1 机制进行，不利于 S_N2 反应。例如：苄基氯发生水解反应时，若以水为溶剂反应按 S_N1 机制进行；若用极性较小的丙酮为溶剂反应则按 S_N2 机制进行。

问题 6-3　排列各组化合物发生 S_N1 反应的活性排序。
（1）正丁基溴、2-溴-2-甲基丁烷、2-溴丁烷
（2）CH_3CH_2Cl、CH_3CH_2Br、CH_3CH_2I

6.3.2　卤代烃的消除反应

1. 卤代烷的消除反应　卤代烷中的 C—X 键有极性，卤素的诱导效应使 β-H 显示出一定的酸性。卤代烷与氢氧化钠（钾）的乙醇溶液共同加热，分子易脱去一分子卤化氢生成烯烃，这种反应称为消除反应（elimination），以 E 表示。卤代烷除失去 X 以外，还从 β 碳原子上脱去了一个氢原子，故又称为 β-消除反应。通过消除反应可以在分子内引入双键，是制备烯烃的重要反应之一。

$$R-\overset{\beta}{\underset{H}{CH}}-\overset{\alpha}{\underset{X}{CH_2}} + KOH \xrightarrow[\triangle]{C_2H_5OH} R-CH=CH_2 + KX + H_2O$$

实验表明，不同卤代烃脱卤化氢反应的活泼顺序为：

$$叔卤代烃 > 仲卤代烃 > 伯卤代烃$$

仲、叔卤代烷分子中有两个或两个以上 β-H 时，就可能得到不同的消去产物。

$$R-\overset{\beta}{\underset{H}{CH}}-\underset{X}{CH}-\overset{\beta}{\underset{H}{CH_2}} \xrightarrow{KOH/乙醇} \begin{cases} R-CH=CHCH_3 (主要产物) \\ R-CH_2CH=CH_2 (次要产物) \end{cases}$$

$$CH_3CH_2\underset{\underset{Br}{|}}{\overset{\overset{CH_3}{|}}{C}}CH_3 \xrightarrow{KOH/乙醇} \begin{cases} CH_3CH=C(CH_3)_2 (71\%) \\ CH_3CH_2\underset{\underset{}{}}{\overset{\overset{CH_3}{|}}{C}}=CH_2 (29\%) \end{cases}$$

实验证明，卤代烷发生消除反应时的主要产物是生成双键碳原子上连有最多烃基的烯烃，这一经验规律称为 Zaitsev 规则。此规则说明反应总是倾向于消除含氢较少的 β-C 原子上的氢原子。

2. 消除反应机理　卤代烷消除反应的动力学研究表明，与亲核取代反应类似，消除反应也是按照两种不同的机制进行，有些反应速率不仅与卤代烷的浓度有关，还与碱的浓度有关，为双分子消除反应（bimolecular elimination reaction），以 E2 表示。有些反应速率仅与卤代烷的浓度有关，为单分子消除反应（unimolecular elimination reaction），以 E1 表示。

（1）双分子消除反应（E2）：与 S_N2 反应机理相似，E2 反应也是一步完成。反应中碱性试剂 B 进攻卤代烷分子中的 β-H，使该氢原子以质子的形式与试剂结合而脱去，同时卤原子在溶剂的作用下离去，α-C 和 β-C 之间形成 π 键而生成烯烃。由于有卤代烷和试剂两种分子参与过渡态的形成，C—X 键和 C—H 键的断裂与 π 键的形成同时进行，因此为双分子消除反应。

$$B^- \underset{X}{\overset{\overset{\displaystyle H}{\underset{\beta}{|}}}{-C}}\underset{X}{\overset{\alpha}{-C}}- \xrightarrow{\text{慢}} \left[\underset{X}{\overset{B^{--}H}{-C=C-}} \right] \longrightarrow \quad {>}C{=}C{<} \ + \ HB \ + \ X^-$$

（2）单分子消除反应（E1）：与 S_N1 反应机理相似，E1 反应也是分为两步完成，第一步是卤代烷的 C—X 键异裂，产生碳正离子中间体，α-C 由 sp^3 杂化转化为 sp^2 杂化，这一步反应速率慢，决定消除反应速率。第二步试剂 B 进攻 β-H，失去质子的 β-C 转化为 sp^2 杂化，其 p 轨道与 α-C 上的 p 轨道平行重叠形成 π 键，生成烯烃。此反应只涉及卤代烷分子发生共价键的异裂，因此为单分子消除反应。

$$\underset{X}{\overset{\overset{\displaystyle H}{\underset{\beta}{|}}}{-C}}\overset{\alpha}{-C}- \xrightarrow{\text{慢}} \overset{\overset{\displaystyle H}{|}}{-C}-\overset{+}{C}- \ + \ X^-$$

$$B^- \ \underset{+}{\overset{\overset{\displaystyle H}{|}}{-C}}-\overset{|}{C}- \xrightarrow{\text{快}} \quad {>}C{=}C{<} \ + \ HB$$

无论是发生 E1 反应还是 E2 反应，不同卤代烷脱卤化氢的活性顺序均为叔卤代烷＞仲卤代烷＞伯卤代烷。对 E2 反应来说，由于叔卤代烷 β-H 多，生成的烯烃稳定性最大，其反应活性就高，伯卤代烷 β-H 少，生成的烯烃稳定性最小，其反应活性低，仲卤代烷则介于两者之间；对 E1 来讲，反应中间体是碳正离子，叔碳正离子最稳定，其次为仲碳正离子，伯碳正离子最不稳定。

3. 取代反应和消除反应的竞争性 卤代烷可以发生亲核取代反应，亦可发生消除反应；这些反应可以是单分子的，亦可以是双分子的。因此四种反应机制 S_N2、S_N1、E2、E1 以竞争的方式同时发生。反应产物的比例受卤代烷的结构、试剂的性质、溶剂的极性和反应温度等诸多因素的影响。

一般来说，对于伯卤代烷，S_N2 反应很容易进行，E2 反应较慢。无支链的伯卤代烷与强的亲核试剂（如 RO⁻、OH⁻ 等）作用，主要发生 S_N2 反应。例如：

$$CH_3CH_2CH_2Br + C_2H_5ONa \xrightarrow{C_2H_5OH} \begin{cases} \xrightarrow{S_N2} CH_3CH_2CH_2OCH_2CH_3 (91\%) \\ \xrightarrow{E2} CH_3CH=CH_2 (9\%) \end{cases}$$

仲卤代烷和 β-C 上有支链的伯卤代烷，因空间位阻增加，试剂难以从背面接近 α-C，而易于进攻 β-H，故不利于 S_N2，有利于 E2。例如：

$$\underset{Br}{\overset{|}{CH_3CHCH_3}} + C_2H_5ONa \xrightarrow[\triangle]{C_2H_5OH} \begin{cases} \xrightarrow{S_N2} (CH_3)_2CHOCH_2CH_3 (21\%) \\ \xrightarrow{E2} CH_3CH=CH_2 (79\%) \end{cases}$$

叔卤代烷一般倾向于单分子反应，在无强碱存在时，主要发生 S_N1 反应，有强碱性试剂时，主要发生 E2 反应。例如：

$$\underset{Br}{\overset{\overset{\displaystyle CH_3}{|}}{CH_3CCH_3}} + C_2H_5OH \begin{cases} \xrightarrow{C_2H_5ONa} \underset{97\%}{\overset{\overset{\displaystyle CH_3}{|}}{CH_3C=CH_2}} + (CH_3)_3COCH_2CH_3(3\%) \\ \\ \underset{19\%}{\overset{\overset{\displaystyle CH_3}{|}}{CH_3C=CH_2}} + (CH_3)_3COCH_2CH_3(81\%) \end{cases}$$

进攻试剂的碱性越强，浓度越大，越有利于 E2 反应；试剂的亲核性越强，则越有利于 S_N2 反应。亲核性强、碱性弱的试剂对取代反应有利，亲核性弱、碱性强的试剂则对消除反应有利。实验证明，对相同的卤代烷，以水为溶剂时，有利于亲核取代反应，以醇为溶剂时，则有利于消除反应。这是因为水解时 OH⁻ 既是亲核试剂又是强碱；而在醇溶液中存在着碱性更强的 RO⁻。

$$CH_3CHCH_3 + NaOH \begin{cases} \xrightarrow{H_2O} (CH_3)_2CHOH（主产物） \\ \xrightarrow{C_2H_5OH} CH_3CH{=}CH_2（主产物） \end{cases}$$

（其中 X 连接在中心碳上）

极性溶剂对 S$_N$1 和 E1 反应均有利，对 S$_N$2 和 E2 反应都不利。溶剂极性增大，亲核试剂 OH⁻ 的负电荷不易分散，对过渡态不利，因此溶剂极性增大，S$_N$2 反应速率减慢，E2 的反应速率则更慢。卤代烷的消除反应都在醇的溶液中进行是由于醇的极性比水小，而且在醇溶液中 RO⁻ 为进攻试剂，其碱性比 OH⁻ 强，有利于 E2 反应。

一般情况下，提高温度更有利于消除反应。

问题 6-4　写出下列卤代烷发生消除反应的主产物。
（1）2-溴-2,3-二甲基丁烷　　　（2）2-溴-3-乙基戊烷　　　（3）1-氯-2-甲基环己烷
（4）4-溴环己烯　　　　　　　　（5）2-溴-1-苯基丁烷

6.3.3　卤代烃与金属反应

卤代烷能与一些金属如 Li、Na、Mg、K 发生反应，生成有机金属化合物（organometallic compound），这类化合物是指金属直接与碳相连的一类化合物（M—C，M 代表金属原子），用 R—M 表示。与金属的反应是卤代烷的重要反应之一，其中特别重要的是与镁的反应。

卤代烃与金属镁在无水乙醚中反应生成烃基卤化镁，也称为 Grignard 试剂，简称格氏试剂。此外，苯、四氢呋喃也可作为溶剂。格氏试剂是有机金属化合物中重要的一类化合物，也是有机合成上非常重要的试剂之一。

$$RX + Mg \xrightarrow{无水乙醚} \underset{烃基卤化镁}{RMgX（格氏试剂）}$$

由于该试剂中的 C—Mg 键具有较强的极性，碳原子带部分负电荷，镁上带有部分正电荷，所以此试剂性质很活泼，能与多种含活泼氢的化合物作用生成相应的烃。

$$RMgX \begin{cases} \xrightarrow{H_2O} RH+MgX(OH) \\ \xrightarrow{ROH} RH+MgX(OR) \\ \xrightarrow{HX} RH+MgX_2 \\ \xrightarrow{R'C{\equiv}CH} RH + MgX(C{\equiv}CR') \end{cases}$$

由于格氏试剂遇水就分解，所以在制备时必须用干燥的反应器和无水溶剂，操作时要采取措施隔绝空气中的湿气。

格氏试剂是有机合成中用途较广的一种试剂，与二氧化碳反应可以得到比原来卤代烃多一个碳原子的羧酸，这也是有机合成中增长碳链的一种方法。

$$RMgX + CO_2 \longrightarrow RCOOMgX \xrightarrow{H^+/H_2O} RCOOH + Mg(OH)X$$

利用格氏试剂与醛酮反应可制备醇，这将在后续的章节中讨论。

6.3.4 不饱和卤代烃的取代反应

不饱和卤代烃发生亲核取代反应的活性取决于分子中卤原子与 π 键的相对位置。

1. 乙烯型和卤苯型卤代烃 乙烯型和卤苯型卤代烃的卤原子与双键或苯环直接相连。由于卤原子 p 轨道上的未共用电子对与卤代烯烃 C=C 双键的 π 键或苯环的大 π 键形成 p-π 共轭体系，电子云向双键转移，使 C—X 键长缩短，键能增大，因此 C—X 键变得更加牢固，不易断裂。这类卤代烃的卤原子最不活泼，不易发生亲核取代反应。如与硝酸银的醇溶液在加热时无卤化银沉淀生成。

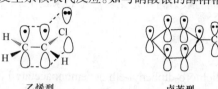

乙烯型   卤苯型

2. 烯丙基型和苄基型卤代烃 烯丙基型和苄基型卤代烃中，卤原子与双键碳或芳环碳之间相隔了一个饱和碳原子。此类卤代烃卤原子和双键或苯环未直接相连，C—X 键异裂后生成烯丙基碳正离子或苄基碳正离子，碳正离子中带正电荷的碳原子的空 p 轨道与相邻 π 键形成 p-π 共轭体系（图 6-3），使正电荷得以分散，体系能量降低，相对稳定。由于碳正离子

烯丙基型   苄基型

图 6-3 碳正离子电子离域示意图

容易生成，故烯丙基型和苄基型卤代烃的卤原子非常活泼，比饱和卤代烃更容易发生亲核取代反应。如与硝酸银的醇溶液在室温下即能迅速反应，产生卤化银沉淀。

$$(H)R—CH=CH—CH_2X + AgNO_3 \xrightarrow{C_2H_5OH} (H)R—CH=CH—CH_2—ONO_2 + AgX\downarrow$$

3. 孤立型不饱和卤代烃 孤立型不饱和卤代烃的卤原子与双键或苯环相隔两个或两个以上饱和碳原子。

$$RCH=CH(CH_2)_nX \ (n\geq 2) \qquad C_6H_5(CH_2)_nX \ (n\geq 2)$$
孤立型卤代烯烃   孤立型卤代芳香烃

由于此类卤代烃分子中卤原子与双键或芳环相隔较远，相互影响较小，分子自身不存在共轭体系，异裂成碳正离子后也不能形成共轭体系，因此卤原子的活泼性与饱和卤代烷相似。如与硝酸银的醇溶液在加热条件下才可发生反应生成卤化银沉淀。

综上所述，三种不同结构类型的不饱和卤代烃进行亲核取代反应的活性次序为：

烯丙基型卤代烃~苄基型卤代烃＞孤立型不饱和卤代烃＞乙烯型卤代烃~卤苯型卤代烃

> **问题 6-5** 排列下列各组化合物与硝酸银的醇溶液反应的活性顺序。
> （1）1-溴戊-1-烯、3-溴戊-1-烯、4-溴戊-1-烯
> （2）对氯甲苯、苄基氯、β-氯乙苯

6.4 重要的卤代烃

1. 三氯甲烷 三氯甲烷（$CHCl_3$）俗称氯仿，是具有甜味的无色液体，沸点为 61.0℃，相对密度为 1.489，不易燃烧，不溶于水。由于氯仿能溶解脂肪等多种有机物，常用作溶剂。氯仿在医药上也曾用作全身麻醉剂，因毒性较大，现已停止使用。

2. 四氯化碳 四氯化碳（CCl_4）为无色液体，沸点为 77.0℃，相对密度为 1.595，有特殊的气味，它能溶解脂肪、油漆、树脂、橡胶等物质，可用作溶剂及萃取剂。四氯化碳不能燃烧，沸点低，遇热易挥发，蒸气比空气重，不导电。当四氯化碳受热蒸发成为气体覆盖燃烧着的物体时，就能隔绝空气而灭火，四氯化碳是一种常用的灭火剂。它较适用于扑灭油类的燃烧和电源附近的火灾。由

于四氯化碳在高温下遇水作用会产生光气，用它作灭火剂时，必须注意空气流通，以免中毒。

3. 氯乙烷 氯乙烷（CH_3CH_2Cl）是带有甜味的气体，沸点是 12.3℃，低温时可液化为液体。工业上用作冷却剂，在有机合成上用以乙基化反应。施行小型外科手术时，用作局部麻醉剂，将氯乙烷喷洒在要施行手术的部位，因氯乙烷沸点低，很快蒸发，吸收热量，温度急剧下降，局部暂时失去知觉。

4. 三氯杀虫酯 三氯杀虫酯，纯品为白色结晶。熔点为 84.5℃，微溶于水，易溶于丙酮、苯、乙醇等有机溶剂中，在中性和弱酸性较稳定。它是一种高效低毒，对人畜安全的有机氯杀虫剂。主要用于防治卫生害虫，杀灭蚊蝇的效力高，是比较理想的家庭用杀虫剂。

结构式：

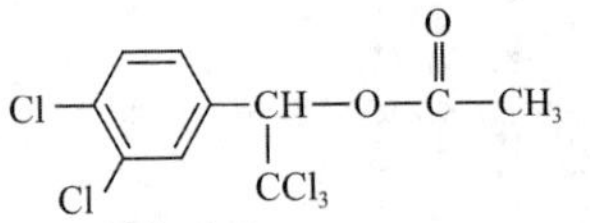

5. 杀螨酯 杀螨酯（4,4'-dichloro-diphenyl-ethylenemonoacetate），为黄色黏稠液体，稍带香味，微溶于水，可溶于大多数有机溶剂。农业上用作杀虫剂和杀螨剂，对动物的毒性很小，可配成乳剂使用。能有效地防治苹果、柑橘、茶树上的各种螨类和卵。

结构式：

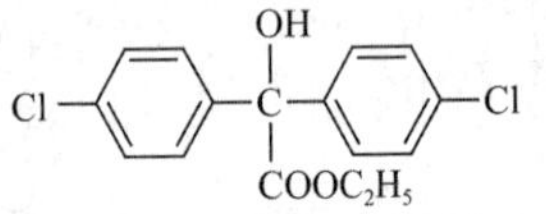

6. 聚四氟乙烯 聚四氟乙烯是四氟乙烯单体在催化剂（过硫酸铵）的作用下聚合而成的一种全氟高聚物，相对分子质量可达 50 万～200 万。

聚四氟乙烯有优越的耐热耐寒性能，可在 –100～300℃ 的范围内使用。它的机械强度高，绝缘性能好，化学稳定性高，王水也不能使它反应，故有"塑料王"的称号。它的商品名为特氟龙（Teflon）。聚四氟乙烯很适用于制造化学仪器，应用于耐腐蚀设备，以及用于制造雷达、高频通信器材、无线电器材等。其分散液可用作各种材料的绝缘浸液和金属、玻璃、陶器表面的防腐蚀涂料等。

习　题

6-1　比较卤代烷亲核取代反应 S_N1 机制和 S_N2 机制的特点。

6-2　命名下列化合物。

（1）

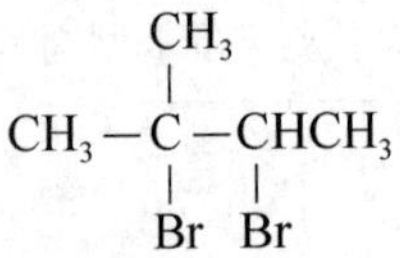

（2）

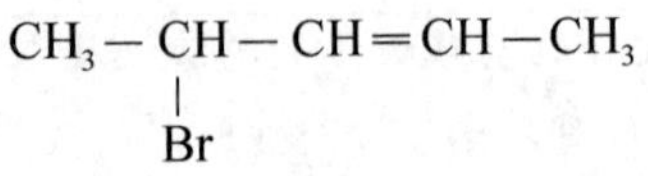

（3）

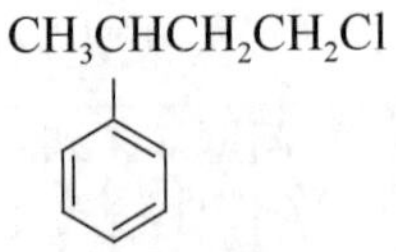

（4）

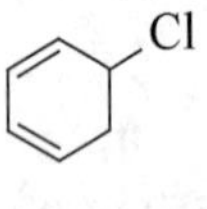

（5）

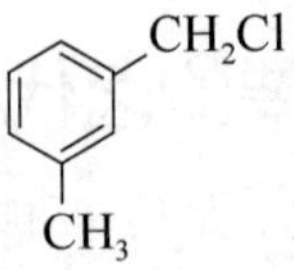

（6）

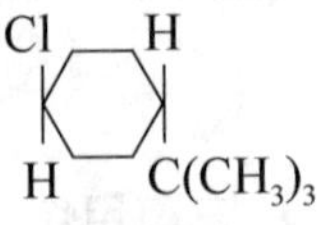

6-3　写出下列化合物的结构式。

（1）1-溴-3-乙基戊烷　　　　（2）（S）-2-溴-1-苯基丁烷　　　　（3）烯丙基溴

（4）苄基溴　　　　　　　　　（5）3-氯环己烯　　　　　　　　　（6）间溴甲苯

（7）反-5-碘-4-甲基戊-2-烯　（8）（S）-3-溴-4-氯丁-1-烯

6-4　完成下列反应式。

（1）$CH_3CH(CH_3)CHBrCH_3$ $\xrightarrow[\triangle]{NaOH/H_2O}$

（2） 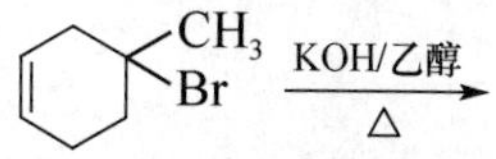 $\xrightarrow[\triangle]{KOH/乙醇}$

（3） $\xrightarrow[\triangle]{AgNO_3/乙醇}$

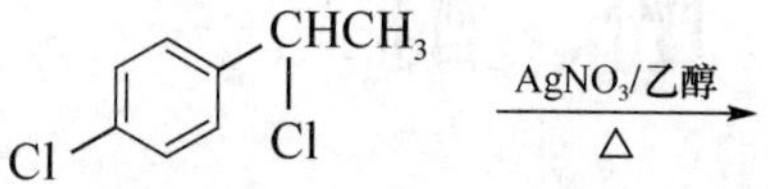

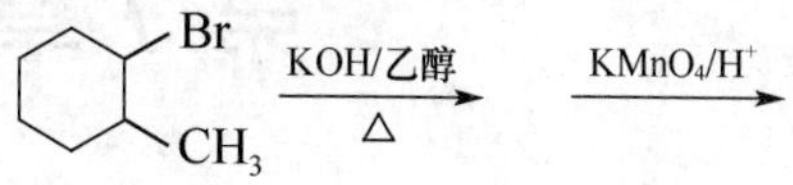

（4） $\xrightarrow[\triangle]{KOH/乙醇}$ $\xrightarrow{KMnO_4/H^+}$

（5） $+ CH_3ONa$ $\xrightarrow[\triangle]{CH_3OH}$

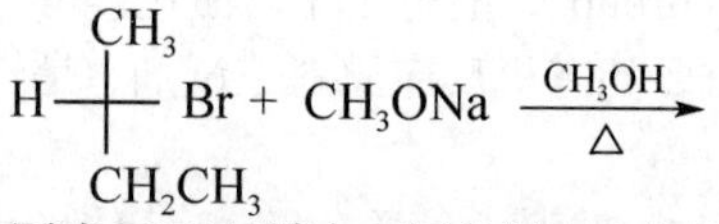

6-5 写出正丁基溴与下列试剂反应的主要产物。

（1）NaOH 水溶液　　　　（2）NaCN 醇溶液　　　　（3）$NaOC_2H_5$

（4）KOH 醇溶液，加热　　（5）$AgNO_3$ 醇溶液，加热　　（6）Mg，无水乙醚

6-6 写出下列卤代烷进行 β-消除反应的主要产物。

（1）3-溴-2-甲基戊烷　　　　（2）3-溴-2,3-二甲基戊烷

（3）3-溴-2-甲基-4-苯基戊烷

6-7 用简单的化学方法鉴别下列化合物。

（1） 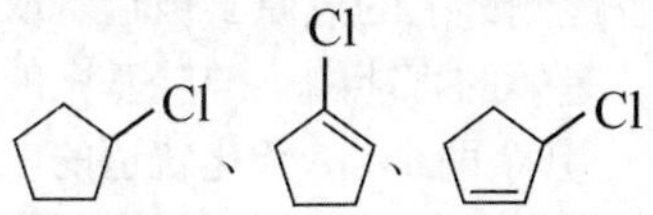 　　　　　　　　（2）对溴甲苯、苄基溴

6-8 排列下列各组化合物发生 S_N2 反应的活性顺序。

（1） 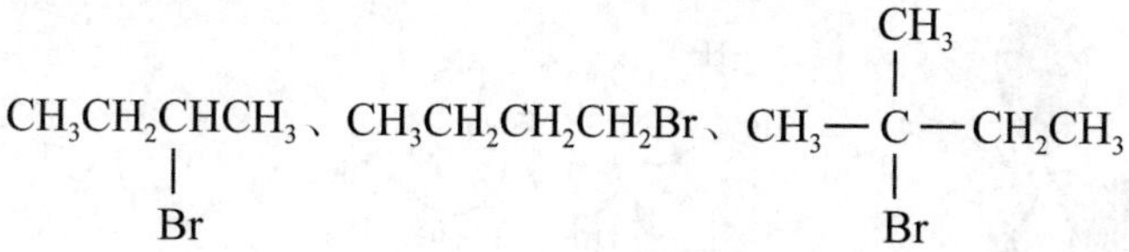 $CH_3CH_2CHCH_3$、$CH_3CH_2CH_2CH_2Br$、

（2） $CH_3CH_2CH_2Cl$、$CH_3CH_2CH_2Br$、$CH_3CH_2CH_2I$

（3）

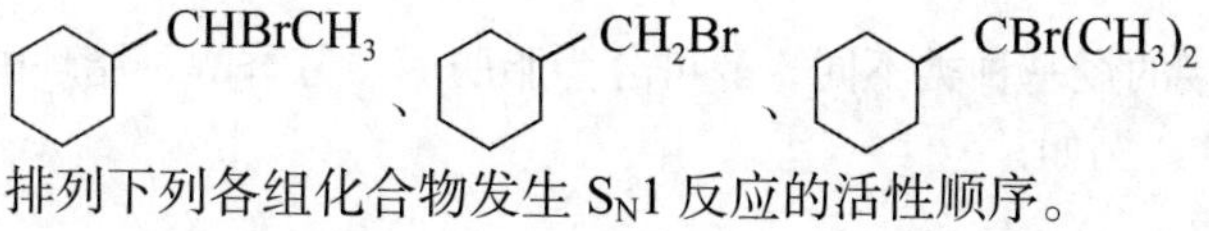

6-9 排列下列各组化合物发生 S_N1 反应的活性顺序。

（1） 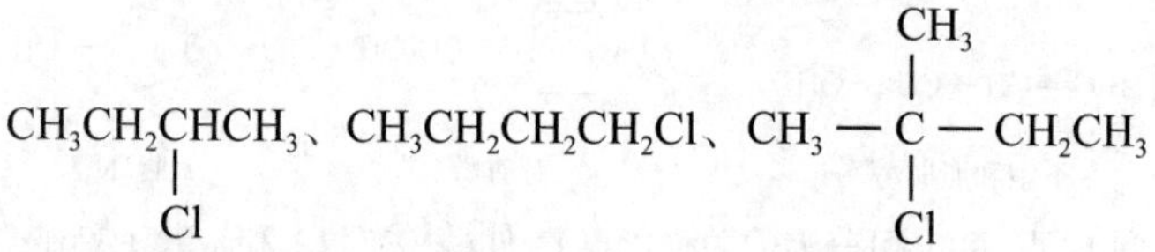 $CH_3CH_2CHCH_3$、$CH_3CH_2CH_2CH_2Cl$、

（2） $CH_2{=}CHBr$、$CH_2{=}CHCH_2Br$、$CH_3CH_2CH_2Br$

（3）

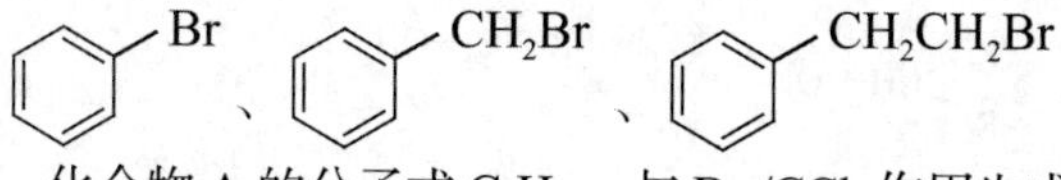

6-10 化合物 A 的分子式 C_6H_{12}，与 Br_2/CCl_4 作用生成 B（$C_6H_{12}Br_2$），B 与 KOH 的醇溶液作用得到两个异构体 C 和 D（C_6H_{10}），用酸性 $KMnO_4$ 氧化 A 和 C 得到同一种酸 E（$C_3H_6O_2$），用酸性 $KMnO_4$ 氧化 D 得到两分子的 CH_3COOH 和一分子 HOOCCOOH，试写出 A、B、C、D 的结构式。

6-11 有一旋光性溴代烃 A 的分子式为 C_5H_9Br，A 能与溴水反应。A 与酸性 $KMnO_4$ 作用放出 CO_2，生成 B（$C_4H_7O_2Br$），B 具有旋光性；A 与氢气反应生成无旋光性的化合物 C（$C_5H_{11}Br$）。试写出 A、B、C 的结构式。

（马志宏）

第 7 章 醇、酚、醚

醇（alcohol）、酚（phenol）、醚（ether）是烃的含氧衍生物，也可视为水分子中的氢原子被烃基取代的产物。醇、酚分子中都含官能团羟基（hydroxyl group），醚分子中含醚键。醇、酚、醚与生命现象、医药卫生及日常生产、生活关系密切，也是重要的有机反应原料或试剂，是较重要的有机化合物。

本章重点介绍醇、酚、醚的结构和主要化学性质。同时一并讨论硫醇（thiol）、硫酚（thiophenol）和硫醚（thioether）的性质。

7.1 醇

7.1.1 醇的结构、分类和命名

1. 醇的结构 醇是脂肪烃、脂环烃分子中的氢原子或芳香烃侧链上的氢原子被羟基取代生成的一类化合物，结构通式为 R—OH，分子中的羟基称为醇羟基，是醇的官能团。醇羟基中的氧原子采用不等性 sp^3 杂化，其中两个 sp^3 杂化轨道上各有一对孤对电子，其余两个 sp^3 杂化轨道的电子分别与一个碳原子和一个氢原子形成 C—O σ 键和 O—H σ 键。例如，甲醇分子的成键情况如图 7-1 所示。

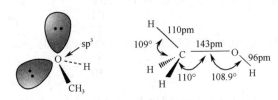

图 7-1 甲醇的结构

2. 醇的分类 根据醇羟基连接的烃基种类不同，醇可分为脂肪醇、芳香醇、脂环醇，其中，脂肪醇又有饱和醇和不饱和醇之分。例如：

饱和脂肪醇   不饱和脂肪醇   芳香醇   脂环醇

根据醇羟基连接的碳原子类型不同，醇又可分为伯醇（1°醇）、仲醇（2°醇）和叔醇（3°醇）。例如：

伯醇   仲醇   叔醇

根据醇分子中羟基数目的不同，醇还可分为一元醇、二元醇及三元醇等，二元以上的醇统称为多元醇。例如：

一元醇   二元醇   三元醇

3. 醇的命名

（1）普通命名法：结构简单的醇，常在"醇"字前加上烃基名称，"基"字常省略。例如：

CH₃CH₂OH

乙醇
ethyl alcohol

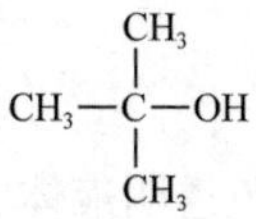

叔丁醇
tert-butyl alcohol

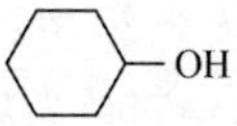

环己醇
cyclohexanol

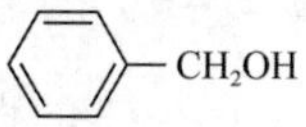

苯甲醇（苄醇）
benzyl alcohol

（2）系统命名法：选择含有羟基的最长碳链作为主链，从靠近羟基一端开始编号，根据主链碳原子数称为"某醇"，并将羟基的位次放在"醇"字之前，按取代基英文名称顺序依次标出取代基的位次、数目和名称，写在母体名称之前。例如：

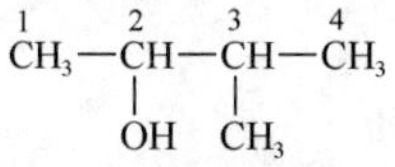

3-甲基丁-2-醇
3-methybutan-2-ol

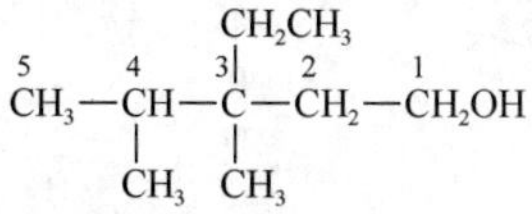

3-乙基-3, 4-二甲基戊-1-醇
3-ethyl-3, 4-dimethylpentan-1-ol

不饱和醇的命名是选择含有羟基和不饱和键在内的最长碳链为主链，从靠近羟基一端开始编号，根据主链碳原子数称为"某烯（炔）醇"，并标出不饱和键与羟基的位次。例如：

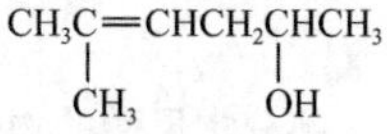

5-甲基己-4-烯-2-醇
5-methylhex-4-en-2-ol

脂环醇命名时，可在脂环烃基名称后加"醇"字，再从连接羟基的环上碳原子开始编号，并使环上取代基的编号最小。例如：

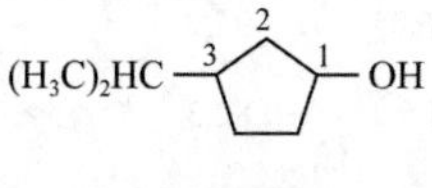

3-异丙基环戊醇
3-isopropylcyclopentanol

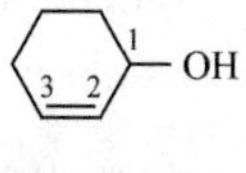

环己-2-烯-1-醇
cyclohex-2-en-1-ol

芳香醇命名时，通常把芳香烃基看作取代基，链醇作为母体。例如：

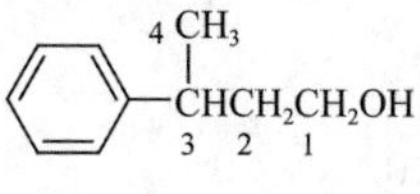

3-苯基丁-1-醇
3-phenylbutan-1-ol

多元醇命名时应尽可能选择包含多个羟基在内的最长碳链作为主链，按羟基的数目称为"某几醇"，并在"醇"字前标明羟基的位置。

结构简单的多元醇及一些天然醇习惯用俗名。例如：

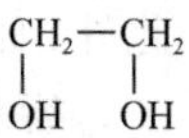

乙二醇（俗名: 甘醇）
ethane-1, 2-diol (glyc)

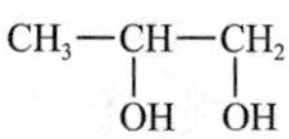

丙-1, 2-二醇
propane-1, 2-diol

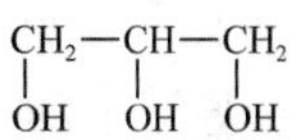

丙三醇（俗名: 甘油）
propane-1, 2, 3-triol (glycerinum)

问题 7-1 写出分子组成为 $C_5H_{12}O$ 的戊醇异构体并命名，指出其中哪些是伯醇、仲醇或叔醇。

7.1.2 醇的物理性质

在室温下，$C_1 \sim C_4$ 的直链饱和一元醇为易挥发无色透明液体，$C_5 \sim C_{11}$ 的直链饱和一元醇为油状黏稠液体，C_{12} 及以上的醇为蜡状固体。

低级醇分子间能形成使分子缔合的氢键，故其沸点比与其相对分子质量相近的烷烃和卤代烃高得多。随着碳链的增长，醇的沸点呈规律性的升高，但烃基的增多，会阻碍氢键的形成，其沸点和其相对分子质量相近的烷烃和卤代烃沸点差距变小。在醇的异构体中，所含支链越多，沸点越低。多元醇随着羟基数目的增多，形成氢键数目也增多，分子间的氢键作用增强，所以沸点更高。醇分子间形成的氢键如下所示：

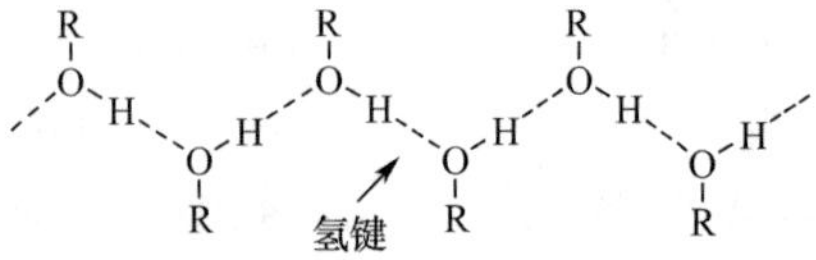

醇羟基可以与水形成氢键，因此甲醇、乙醇、丙醇等低级醇能与水任意混溶，但随着醇分子中烃基部分的增大，醇羟基与水形成氢键的能力逐渐减弱，醇的溶解度也随之降低，十个碳原子以上的醇几乎不溶于水。相同碳数的多元醇，随羟基的增多，水溶性也不断增大。部分常见醇的物理常数见表 7-1。

表 7-1 部分常见醇的物理常数

名称	结构式	熔点/℃	沸点/℃	相对密度（d_4^{20}）	溶解度/（g/100ml 水）
甲醇（methanol）	CH_3OH	−97	64.7	0.792	∞
乙醇（ethanol）	CH_3CH_2OH	−115	78.4	0.789	∞
丙醇（propanol）	$CH_3CH_2CH_2OH$	−126.0	97.2	0.804	∞
异丙醇（isopropanol）	$(CH_3)_2CHOH$	−88.5	82.3	0.786	∞
正丁醇（butanol）	$CH_3CH_2CH_2CH_2OH$	−90.0	117.8	0.810	7.9
环己醇（cyclohexanol）	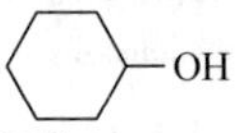 （环己基）—OH	24.0	161.5	0.962	3.8
苯甲醇（benzyl alcohol）	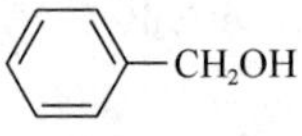 （苯基）—CH_2OH	−15.0	205.0	1.046	4.0
乙二醇（ethane-1，2-diol）	$HOCH_2CH_2OH$	−16	197.0	1.113	∞
甘油（propane-1，2，3-triol）	CH_2—CH—CH_2 分别连 OH OH OH	18.0	290.0	1.261	∞

7.1.3 醇的化学性质

醇分子中由于氧原子的电负性较大，吸引电子的能力较强，使醇分子中的 C—O 键和 O—H 键均具有明显的极性，易发生羟基或羟基上的氢原子被取代的反应。此外，由于羟基的吸电子诱导效应，α-碳原子上的 C—H 键极性增强，使得 α-H 原子比较活泼，容易被氧化脱去。醇发生化学反应的主要部位及反应类型如下所示：

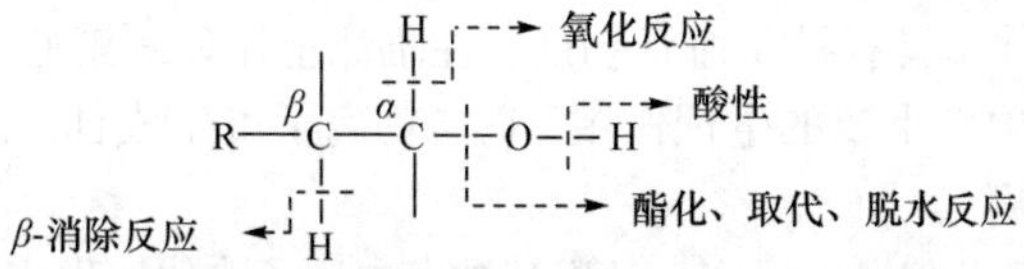

1. 醇的酸碱性

（1）醇的酸性：醇与水相似，羟基上的氢原子可被活泼金属（如钠、钾、锂、镁、铝等）取代生成醇盐和氢气。例如：

$$2CH_3CH_2OH + 2Na \longrightarrow 2CH_3CH_2ONa + H_2\uparrow$$

此反应比金属钠与水反应缓和得多，有氢气逸出，但不发生燃烧。

醇与活泼金属的反应说明，醇具有弱酸性，其酸性（一般 $pK_a=16\sim18$）比水（$pK_a=15.74$）还弱，故其共轭碱烷氧负离子的碱性比 OH 强。生成的醇钠为白色固体，具有强碱性，常用作碱性试剂或亲核试剂，能溶于过量醇中，遇水立即水解，生成醇和氢氧化钠。

$$CH_3CH_2ONa + H_2O \longrightarrow CH_3CH_2OH + NaOH$$

醇的酸性强弱与其结构有关，在水溶液中不同醇的酸性强弱顺序为甲醇＞伯醇＞仲醇＞叔醇。因此伯醇与金属钠的反应最快，而叔醇最慢。这主要是因为烷基负离子的溶剂化程度越小，其稳定性越差造成的。

（2）醇的碱性：与水相似，醇也可以作为质子的接受体，通过醇羟基的氧原子上的未共用孤对电子与酸中的质子结合，故醇具有碱性。

醇的碱性与和氧相连的烃基的电子效应相关，烃基的吸电子能力越强，醇的碱性越弱。反之，烃基的给电子能力越强，醇的碱性越强。此外，烃基的空间位阻对醇的碱性也有影响。

> **问题 7-2**　试排列下列几种醇的酸性大小。
> （1）甲醇　　　　（2）丙-1-醇　　　　（3）叔丁醇　　　　（4）丁-2-醇

2. 酯的生成

醇与无机含氧酸（如硫酸、硝酸、磷酸等）反应，醇的碳氧键断裂，羟基被无机酸的负离子取代生成相应的无机酸酯。例如：

$$CH_3OH + HOSO_2OH \longrightarrow CH_3OSO_2OH + H_2O$$
硫酸氢甲酯

$$CH_3OH + CH_3OSO_2OH \longrightarrow (CH_3O)_2SO_2 + H_2O$$
硫酸二甲酯

甘油三硝酸酯（硝酸甘油）

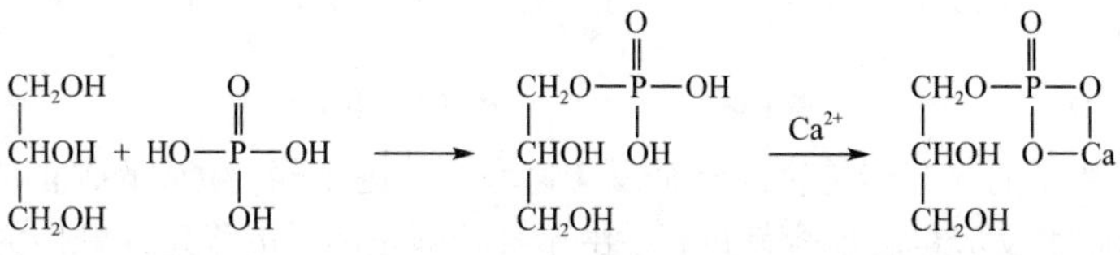

甘油磷酸酯　　　　甘油磷酸酯钙

醇的无机酸酯有广泛的用途，硫酸二甲酯是常用的甲基化试剂，它有剧毒，对呼吸器官和皮肤有强烈刺激作用；在人体内，软骨中的硫酸软骨素含有硫酸酯的结构；小剂量的亚硝酸异戊酯和甘油三硝酸酯（又称硝化甘油）具有扩张血管功能，在临床上用作缓解心绞痛、胆绞痛的药物；甘油磷酸酯在人体的代谢过程中有重要的生理作用，它与钙离子可生成甘油磷酸酯钙，用来调节体内钙磷的比例，防止发生佝偻病。

3. 卤代反应　醇可与氢卤酸发生反应，醇羟基被卤素原子取代，生成卤代烃和水。

$$ROH + HX \longrightarrow RX + H_2O \ (X=Cl, Br, I)$$

这是制备卤代烃的重要方法，反应速率取决于氢卤酸的种类和醇的结构。当氢卤酸相同时，醇的活性顺序为：烯丙基型醇、苄醇＞叔醇＞仲醇＞伯醇＞甲醇；当醇相同时，氢卤酸的活性顺序为：$HI>HBr>HCl$，氢氟酸一般不反应。

由于 HCl 的反应活性相对较小，需要在无水 $ZnCl_2$ 的催化下才能进行。将浓盐酸和无水 $ZnCl_2$ 配成的混合液称为 Lucas 试剂。不同醇与 Lucas 试剂反应活性大小不一。一般地，苄基型醇、烯丙基型醇、叔醇与 Lucas 试剂在室温下立即变浑浊；仲醇与 Lucas 试剂在室温下放置片刻变浑浊；伯醇与 Lucas 试剂在室温下很长时间不反应，加热后变浑浊。但因六碳以上的一元醇（苄醇除外）不溶于 Lucas 试剂，易混淆实验现象，且甲醇、乙醇与 Lucas 试剂分别生成的 CH_3Cl、CH_3CH_2Cl 为气体，故常用 Lucas 试剂鉴别 3～6 个碳原子的伯、仲、叔醇。

4. 脱水反应　醇在质子酸（如 H_2SO_4、H_3PO_4 等）或路易斯酸（如 Al_2O_3 等）的催化作用下，加热可发生脱水反应，主产物为烯烃或醚。脱水方式与反应温度及醇的结构有关。

（1）分子内脱水：酸催化下醇分子内脱去一分子水，生成烯烃。例如：

$$CH_3CH_2OH \xrightarrow[170℃]{浓H_2SO_4} CH_2{=}CH_2 + H_2O$$

$$CH_3CH_2CH_2CH_2OH \xrightarrow[140℃]{75\%H_2SO_4} CH_3CH{=}CHCH_3 + H_2O$$
（主要产物，发生重排）

$$CH_3CH_2\underset{\underset{OH}{|}}{C}HCH_3 \xrightarrow[100℃]{66\%H_2SO_4} CH_3CH{=}CHCH_3 + H_2O$$
（主要产物）

$$H_3C\underset{\underset{CH_3}{|}}{\overset{\overset{CH_3}{|}}{C}}OH \xrightarrow[85\sim90℃]{20\%H_2SO_4} CH_2{=}\underset{}{\overset{\overset{CH_3}{|}}{C}}{-}CH_3 + H_2O$$

从上述反应可见，叔丁醇最易发生脱水，仲丁醇次之，正丁醇、乙醇最难。这主要与醇脱水机理有关。在无机酸的催化下，醇首先发生羟基质子化，发生碳氧键断裂，以 H_2O 分子形式离去，形成碳正离子中间体，然后再消去 β-H 而生成烯烃（E1 机理）。

$$\underset{醇}{{-}\underset{\underset{H}{|}}{\overset{\overset{\overset{..}{O}H}{|}}{C}}{-}\overset{|}{\underset{|}{C}}{-}} \underset{快}{\overset{+H^+}{\rightleftharpoons}} \underset{质子化醇}{{-}\underset{\underset{H}{|}}{\overset{\overset{\overset{+}{O}H_2}{|}}{C}}{-}\overset{|}{\underset{|}{C}}{-}} \underset{慢}{\overset{-H_2O}{\longrightarrow}} \underset{碳正离子中间体}{{-}\underset{\underset{H}{|}}{\overset{\overset{+}{\ }}{C}}{-}\overset{|}{\underset{|}{C}}{-}} \underset{快}{\overset{-H^+}{\longrightarrow}} \underset{烯}{{>}C{=}C{<}}$$

其中生成碳正离子的这一步是决定整个反应速率的关键步骤，生成的碳正离子越稳定，反应速率就越快，相应的脱水反应也就越容易进行。由于各种碳正离子的稳定性顺序为：叔碳正离子＞仲碳正离子＞伯碳正离子，因此各种醇发生消除反应时叔醇最易，仲醇次之，伯醇最难。

醇的脱水反应与卤代烃脱除卤化氢相似，本质上是 β-消除反应，反应取向也遵循札依采夫规则，即生成稳定烯烃（双键碳上连烃基最多的烯烃；烃基数目相同时，对称性最大的烯烃；存在共轭体系的烯烃）为主产物。例如：

$$CH_3-\underset{\underset{OH}{|}}{\overset{\overset{CH_3}{|}}{C}}-CH_2CH_3 \xrightarrow{-H_2O} \underset{90\%}{CH_3C=CHCH_3} + \underset{10\%}{H_2C=CCH_2CH_3}$$

> **问题 7-3** 比较下列醇发生分子内脱水的反应活性。
> （1）乙醇　　　（2）异丙醇　　　（3）叔丁醇　　　（4）苯乙醇

（2）分子间脱水：两分子醇发生分子间脱水反应生成醚。在较低温度下，伯醇主要发生分子间脱水成醚，反应按 S_N2 机理进行。例如：

$$2CH_3CH_2OH \xrightarrow[140℃]{浓H_2SO_4} CH_3CH_2-O-CH_2CH_3 + H_2O$$

$$(CH_3)_3COH + CH_3OH \xrightarrow{15\%H_2SO_4} (CH_3)_3C-O-CH_3 + H_2O$$

叔丁基甲基醚（汽油抗爆剂）

5. 氧化反应　醇分子中，由于羟基的影响，α-H 较活泼，容易被氧化或脱氢。氧化产物取决于醇的类型和反应条件。不同类型的饱和一元醇，在用酸性 $KMnO_4$、$K_2Cr_2O_7$ 或 CrO_3 氧化时，可生成不同的氧化产物。伯醇氧化生成醛，醛很容易进一步氧化生成羧酸；仲醇氧化生成酮，酮比较稳定，通常不会继续被氧化；叔醇没有 α-H，一般不易被氧化。例如：

$$R-CH_2OH + Cr_2O_7^{2-} \xrightarrow{H^+} R-\overset{\overset{O}{\|}}{C}-H \xrightarrow{[O]} R-\overset{\overset{O}{\|}}{C}-OH + Cr^{3+}$$

$$\underset{R'}{\overset{R}{>}}CHOH + MnO_4^- \xrightarrow{H^+} \underset{R'}{\overset{R}{>}}C=O + Mn^{2+} + H_2O$$

根据氧化前后溶液颜色的变化，可鉴别伯醇、仲醇与叔醇。酒中的乙醇与铬酸试剂反应，会使原来橙色的试剂转变为绿色，检验驾驶员是否酒后驾车所使用的呼吸分析仪就是根据这一原理制成的。

欲使伯醇氧化停留在醛的阶段，则通常在无水条件下，采用以 CH_2Cl_2 为溶剂的三氧化铬-吡啶配合物$[CrO_3 \cdot (C_5H_5N)_2]$为氧化剂来实现。

伯醇或仲醇可在 Cu、Ag 等金属催化下，经高温脱氢而生成相应的醛或酮；叔醇分子中没有 α-H 原子，不能脱氢，但可脱水生成烯烃。

6. 邻二醇的特殊反应　邻二醇（两个羟基连在相邻的两个碳原子上的醇类化合物，如乙二醇、丙三醇等）能与新制氢氧化铜反应生成一种深蓝色的配合物溶液。实验室中常利用此特性鉴别具有邻位二醇结构的化合物。例如：

$$\underset{\underset{CH_2-OH}{|}}{\overset{\overset{CH_2-OH}{|}}{\underset{}{CH-OH}}} + Cu(OH)_2（新制） \longrightarrow \underset{\underset{CH_2-O}{|}}{\overset{\overset{CH_2-OH}{|}}{\underset{}{CH-O}}}\!\!\diagdown\!\!Cu + 2H_2O$$

蓝色沉淀　　　　　　　　深蓝色溶液

7.1.4　重要的醇

1. 甲醇　甲醇最早由木材干馏而得，故俗名木精或木醇。甲醇为无色透明液体，沸点为 64.7℃，能与水及多数有机溶剂混溶，是常用的溶剂和重要的化工原料。甲醇有较大的毒性，对人体的血液系统和神经系统尤其是视网膜影响最大。服用 10 ml 的甲醇即可致人失明，服用 30ml 甲醇可致死。

2. 乙醇　乙醇是酒的主要成分，故俗名酒精。乙醇为无色透明液体，沸点为 78.4℃，也能与水及大多数有机溶剂混溶，乙醇用途广泛，是一种重要的化工原料和有机溶剂。临床使用 70%～75%的乙醇-水溶液作外用消毒剂。医药上用乙醇作溶剂来溶解药物所得制剂称为酊剂，如碘酊（俗称碘酒）就是碘和碘化钾的乙醇溶液。

3. 丙三醇　丙三醇俗名甘油，为无色有甜味的黏稠液体，沸点为 290.0℃，能以任意比例与水混溶，吸湿性很强，对皮肤有刺激性，故润肤时须先用水稀释。由于甘油对无机盐及一些药物的盐有较好的溶解性，故常用作医药中的溶剂，如酚甘油、碘甘油等。

4. 苯甲醇　苯甲醇又名苄醇，常以酯的形式存在于植物香精油中，为无色液体，有芳香味，沸点为 205.0℃，微溶于水，易溶于乙醇、乙醚等有机溶剂。苯甲醇具有微弱的麻醉及防腐作用，某些注射剂中加入少量可减轻疼痛。临床上曾使用过的青霉素稀释液就是 2%的苯甲醇灭菌液，俗称"无痛水"。10%的苄醇软膏或洗剂可用作局部止痒剂。

7.2　酚

7.2.1　酚的结构、分类和命名

1. 酚的结构　酚是羟基与芳环碳原子直接相连的一类化合物，结构通式为 Ar—OH，分子中的羟基称为酚羟基，是酚的官能团。苯酚是最简单的酚类化合物。

酚分子中，与酚羟基相连的苯环上的碳原子为 sp^2 杂化，羟基氧原子通常也是 sp^2 杂化或接近 sp^2 杂化。例如，苯酚分子中，C—O—H 键角为 109°，C—O 键的键长为 136pm，比甲醇中的 C—O 键（143pm）短。羟基氧原子上有两对孤对电子，一对占据 sp^2 杂化轨道，另一对占据未杂化的 p 轨道。该 p 轨道能与苯环形成 p-π 共轭体系（图 7-2），氧原子上的电子云向苯环偏移，导致 C—O 键间的电子云密度相对增加，不易断裂；环上的电子云密度

图 7-2　苯酚的结构

相对增大，环上的亲电取代反应活性增加；氧原子上的电子云密度相对降低，O—H 键的极性增强，增大了羟基上氢原子的解离能力，表现出一定的酸性。

2. 酚的分类　根据酚羟基所连接的芳基种类的不同，可分为苯酚、萘酚和菲酚等。根据酚羟基的数目，可分为一元酚、二元酚和三元酚等，二元以上的酚统称为多元酚。

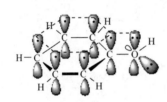

苯酚　　　　邻苯二酚　　　　苯-1,3,5-三酚
一元酚　　　　二元酚　　　　多元酚

α-萘酚　　　　　　β-萘酚

3. 酚的命名　酚的命名通常是以芳环名称加"酚"字为母体；苯酚从羟基所连的碳原子开始编号，对有固定编号的稠环芳香烃则使羟基的位次尽可能小；最后标明取代基的位次、数目和名称。有些酚类化合物还习惯用俗名。例如：

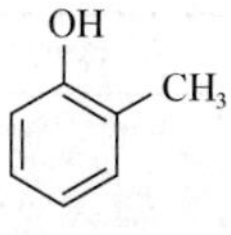

2-甲苯酚（邻甲苯酚）
o-methylphenol

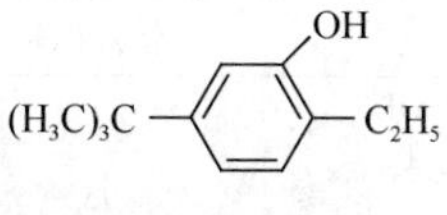

5-叔丁基-2-乙基苯酚
5-tert-butyl-2-ethylphenol

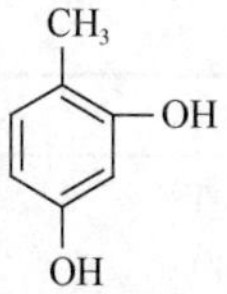

4-甲基苯-1,3-二酚
4-methylbenzene-1,3-diol

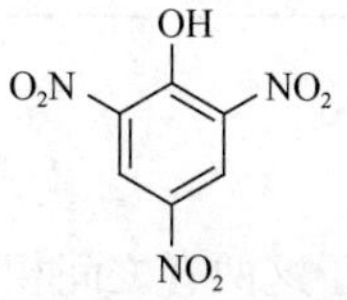

2,4,6-三硝基苯酚（苦味酸）
2,4,6-trinitrophenol (picric acid)

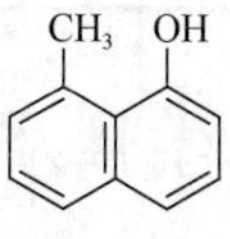

8-甲基-1-萘酚
8-methyl-1-naphthol

7.2.2 酚的物理性质

在室温下，除少数烷基酚为液体外，多数酚为无色结晶性固体，但放置过久，可被空气氧化而略带红色至褐色。多数酚由于酚羟基之间能形成分子间氢键，因此沸点比相对分子质量相当的烃类高得多。此外，酚羟基也能与水形成氢键，但由于烃基（疏水性）部分较大，游离的酚类化合物在水中的溶解度都较小，可溶于乙醇、乙醚、苯等有机溶剂。一些常见酚类化合物的物理常数见表 7-2。

表 7-2　一些常见酚类化合物的物理常数

名称	结构式	熔点/℃	沸点/℃	溶解度/（g/100ml 水）	pK_a
苯酚（phenol）	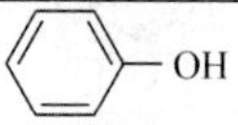	43.0	181.8	9.3	10.00
邻甲苯酚（2-methylphenol）	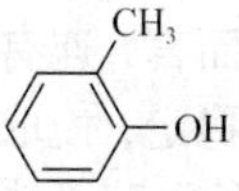	30.9	191.0	2.5	10.20
间甲苯酚（3-methylphenol）	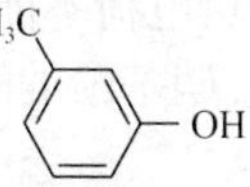	11.0	203.0	2.6	10.09
对甲苯酚（4-methylphenol）	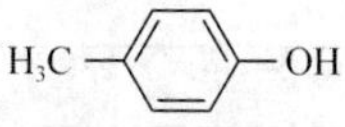	33.5	201.0	2.3	10.26
邻硝基苯酚（2-nitrophenol）	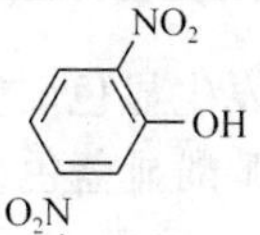	45.0	217.0	0.2	7.17
间硝基苯酚（3-nitrophenol）	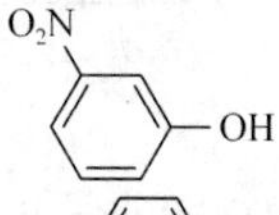	96.0	—	1.4	8.28
对硝基苯酚（4-nitrophenol）	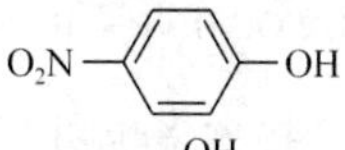	114.0	279.0	1.7	7.15
邻苯二酚（pyrocatechol）	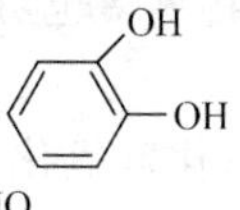	105	245.5	451	9.48
间苯二酚（resorcinol）	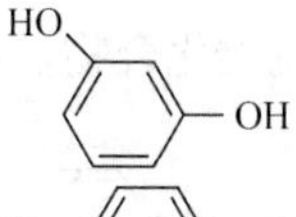	110	281	123	9.44
对苯二酚（hydroquinone）	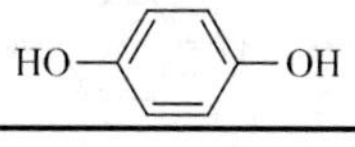	170	286	80	9.96

名称	结构式	熔点/℃	沸点/℃	溶解度/（g/100ml 水）	pK_a
α-萘酚（1-naphthol）	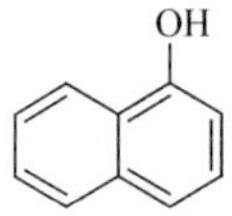	95	279	0.03	9.31
β-萘酚（2-naphthol）	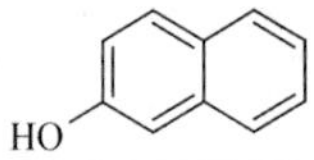	122	250	0.074	9.55

7.2.3 酚的化学性质

酚的化学性质主要有酚羟基和芳环两方面的性质，由于这两者之间相互影响，其又有别于醇类和芳香烃的某些特性。

1. 酸性 酚类化合物具有弱酸性，其酸性大于醇。酚羟基上的氢原子不仅能被碱金属取代，还能与强碱作用生成酚盐。例如，苯酚可与氢氧化钠反应生成易溶于水的苯酚钠。

$$\text{OH} + \text{NaOH} \longrightarrow \text{ONa} + H_2O$$

酚通常是很弱的酸，其水溶液不能使石蕊试纸变色。酚的酸性一般比碳酸（$pK_a = 6.35$）还要弱，因此在酚的钠盐水溶液中通入二氧化碳，酚就会游离出来。例如：

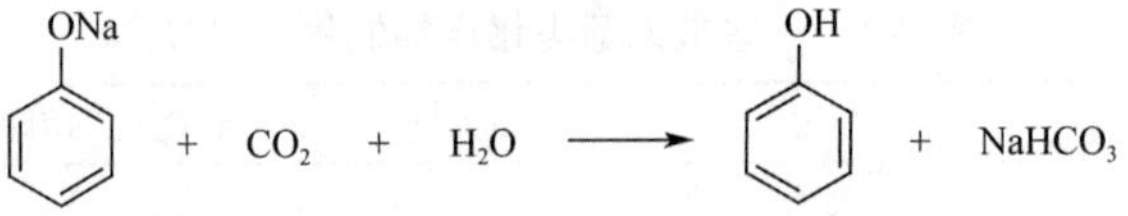

$$\text{ONa} + CO_2 + H_2O \longrightarrow \text{OH} + NaHCO_3$$

利用这一性质可分离、提纯或鉴别酚。

苯环上的其他取代基对酚的酸性有较大影响。一般而言，连有吸电子取代基时，可降低苯环的电子云密度，酚解离后形成的负电荷可得到有效分散而稳定，使取代酚的酸性增强；当连接给电子取代基时，可增加苯环的电子云密度，酚解离后形成的负电荷不能得到有效分散，酚盐负离子不稳定，会使取代酚酸性减弱。例如，甲基酚的酸性比苯酚弱，硝基酚的酸性比苯酚强，苦味酸（$pK_a = 0.38$）实际上已是一种较强酸。

> **问题 7-4** 苯酚和乙醇哪个酸性更强？为什么？

2. 与 $FeCl_3$ 的显色反应 大多数酚能与 $FeCl_3$ 溶液发生显色反应，不同结构的酚显示不同的颜色，如苯酚、间苯二酚、苯-1,3,5-三酚均显蓝紫色；甲苯酚显蓝色；邻苯二酚、对苯二酚显绿色。利用这些颜色反应可鉴别酚。

一般认为，显色的原因是生成了有颜色的配合物。

$$6C_6H_5OH + FeCl_3 \longrightarrow H_3[Fe(OC_6H_5)_6] + 3HCl$$

除酚以外，具有烯醇式结构（$-\overset{|}{C}=\overset{|}{C}-OH$）的化合物大多也可与 $FeCl_3$ 溶液发生显色反应，故也可用 $FeCl_3$ 溶液鉴别含有烯醇式结构的化合物。

3. 氧化反应 酚很容易被氧化，不仅能被各种强氧化剂氧化，甚至还可以被空气缓慢氧化，多元酚比一元酚更易被氧化，氧化后均生成有颜色的醌类化合物。例如：

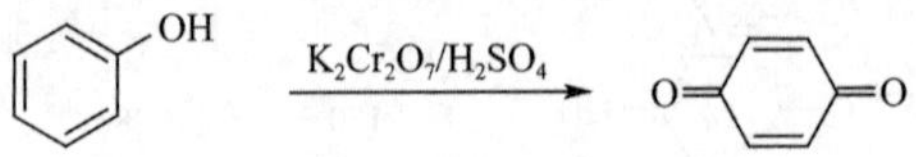

$$\text{OH} \xrightarrow{K_2Cr_2O_7/H_2SO_4} O=\text{⬡}=O$$

对苯醌

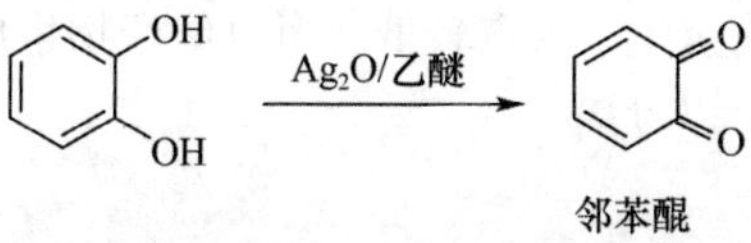

邻苯醌

由于酚易被氧化，所以酚类化合物常用作抗氧化剂。维生素 E（又称生育酚）是最主要的抗氧化剂之一，能抑制细胞内和细胞膜上的脂质过氧化作用，主要作用在于阻止不饱和脂肪酸被氧化成氢过氧化物，从而保护细胞免受自由基的危害。此外，维生素 E 也能防止维生素 A、维生素 C 和三磷酸腺苷（ATP）的氧化，保证它们在体内发挥正常的生理作用。

4. 芳环上的亲电取代反应　酚羟基是致活基团，可以使苯环上的电子云密度增加，因此酚易发生芳环上的亲电取代反应。

（1）卤代反应：苯酚的水溶液与溴水在室温下作用，立即生成 2,4,6-三溴苯酚白色沉淀。该反应十分灵敏，现象明显，可用于苯酚的鉴别或定量分析。

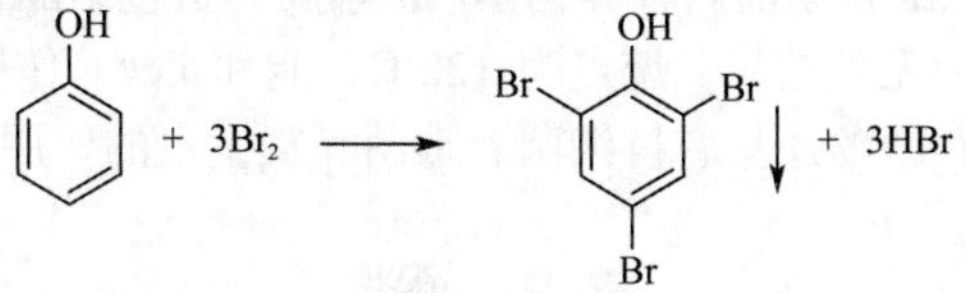

在强酸性条件下，苯酚与溴水反应可以得到二溴代酚。

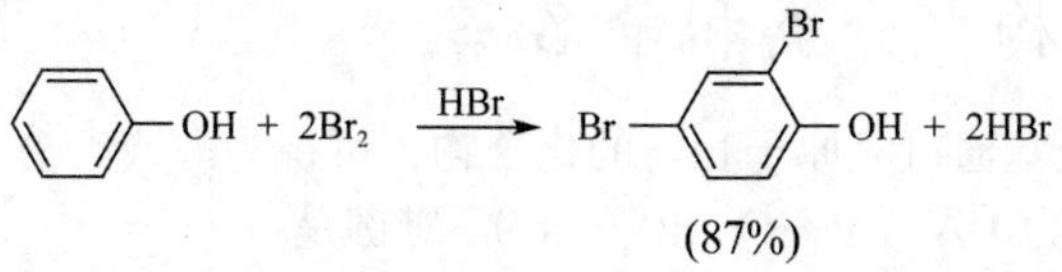

（87%）

如果在低温条件下，并在非极性溶剂中，苯酚与液溴反应可得到一溴代苯酚——对溴苯酚。

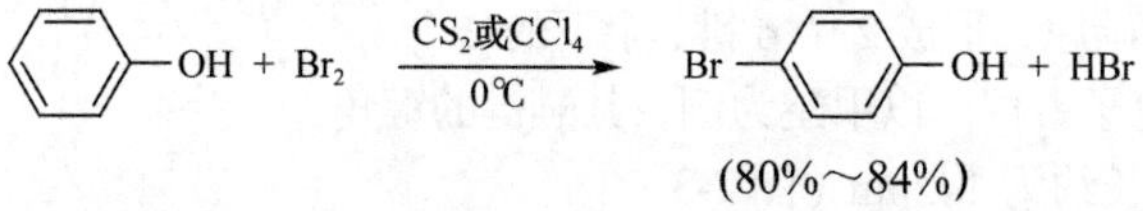

（80%～84%）

（2）磺化反应：酚易发生磺化反应，随着反应温度的不同，得到不同的产物。例如，苯酚与浓硫酸作用，在较低温度下，主要得到邻位产物；在较高温度下，主要得到对位产物。进一步磺化或用浓硫酸在加热下直接与酚作用，可得到二磺化产物。

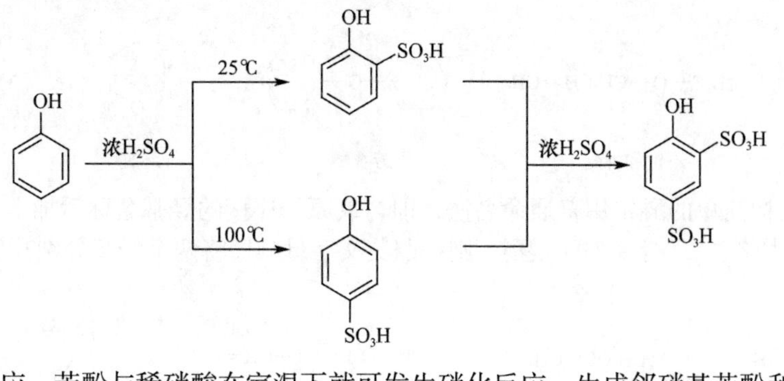

（3）硝化反应：苯酚与稀硝酸在室温下就可发生硝化反应，生成邻硝基苯酚和对硝基苯酚。

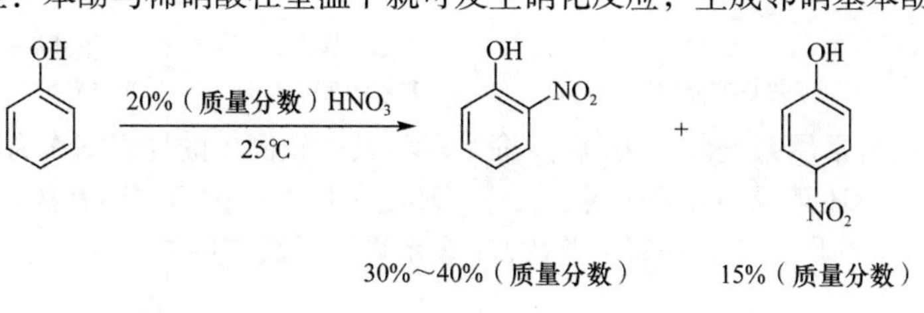

30%～40%（质量分数）　　　15%（质量分数）

反应所得邻位产物含有分子内氢键，沸点较低；而对位产物生成分子间氢键，沸点较高，可利用沸点差异，用水蒸气蒸馏方法予以分离。

7.2.4 重要的酚

1. 苯酚　苯酚俗称石炭酸，是有特殊气味的无色针状晶体，熔点为 43.0℃，沸点为 181.8℃，室温下易溶于乙醚、乙醇、氯仿、苯等有机溶剂，微溶于水。苯酚能使蛋白质凝固，医学上常用作重要的杀菌剂和防腐剂。苯酚对皮肤有强烈的腐蚀性。苯酚还是制造塑料、染料及药物的重要有机化工原料。

2. 甲苯酚　甲苯酚可由煤焦油得到，俗称煤酚。甲苯酚有邻、间、对三种异构体，三者沸点相近，不易分离，常以混合物使用。甲苯酚杀菌能力比苯酚强。含质量分数为 47%～53% 的三种甲苯酚混合物的皂溶液俗称来苏儿（Lysol），临床上加水稀释后用作消毒剂。

3. 萘酚　萘酚有 α-萘酚和 β-萘酚两种异构体。α-萘酚为黄色结晶，熔点为 95℃，能与 $FeCl_3$ 作用生成紫色沉淀。β-萘酚为无色结晶，熔点为 122℃，能和 $FeCl_3$ 作用生成绿色沉淀。这两种化合物都是合成染料的原料，β-萘酚还具有抗细菌、霉菌和寄生虫的作用。

7.3 醚

7.3.1 醚的结构、分类和命名

1. 结构　醚是两个烃基通过氧原子相连的化合物，可视为醇或酚分子中羟基上的氢原子被烃基取代的产物，结构通式为（Ar）R—O—R′（Ar′）。醚键是醚的官能团。醚分子 $\left[-\overset{|}{\underset{|}{C}}-O-\overset{|}{\underset{|}{C}}- \right]$ 中的氧原子采用不等性 sp³ 杂化，分别与两个烃基的碳原子形成 2 个 σ 键，余下的 2 个 sp³ 杂化轨道各被一对孤对电子占据。以甲醚为例，其醚键的键角约为 112°，C—O 键的键长约为 142pm（图 7-3）。

图 7-3　甲醚的结构

2. 分类　醚分子中，与氧原子相连的两个烃基 R 与 R′（或 Ar 与 Ar′）相同，称为单醚，若不同，则称为混醚；根据醚分子中两个烃基结构的不同，可将醚分为饱和醚、不饱和醚和芳香醚；氧原子和烃基连接成环状则称为环醚；含有多个氧的大环醚因形如皇冠而被称为冠醚。

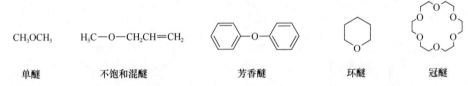

| 单醚 | 不饱和混醚 | 芳香醚 | 环醚 | 冠醚 |

3. 命名　结构简单的醚常用普通命名法，即与氧原子连接的烃基名称后加上"醚"字即可。对于单醚，通常省略"二"字；对于混醚，则按照英文字母顺序将两个烃基分别写出后加"醚"字。例如：

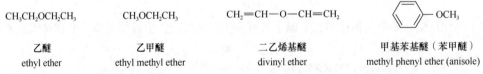

| 乙醚 | 乙甲醚 | 二乙烯基醚 | 甲基苯基醚（苯甲醚） |
| ethyl ether | ethyl methyl ether | divinyl ether | methyl phenyl ether (anisole) |

结构比较复杂的醚常用系统命名法命名。命名时将其中较简单的烃氧基作为取代基来命名。环醚命名时常称为"氧杂环某烃"或采用俗名，三元环醚习惯上也称为"环氧某烷"。冠醚命名为 x-冠-y，其中 x 表示环上的原子（碳和氧）总数，y 表示氧原子数。例如：

$$CH_3CH_2\overset{\displaystyle OCH_3}{\underset{\displaystyle CH_3}{CHCH}}CH_3$$

2-甲氧基-3-甲基戊烷
2-methoxy-3-methyl pentane

$$H_2C\!-\!CH_2 \quad \underset{O}{}$$

环氧乙烷（氧杂环丙烷）
epoxyethane (oxirane)

$$H_2C\!-\!CH_2\!-\!CH_3 \quad \underset{O}{}$$

2-甲基氧杂环丙烷
2-methyloxirane

四氢呋喃（氧杂环戊烷）
tetrahydrofuran (oxolane)

12-冠-4
12-crown-4

7.3.2　醚的物理性质

在常温下，除甲醚和乙甲醚是气体外，其余大多数醚为无色、有特殊气味的液体。低级醚易挥发，所形成的蒸气易燃。由于醚不能形成分子间氢键，故醚的沸点比相对分子质量相近的醇低得多。较低级的醚可以和水分子形成氢键，在水中有一定的溶解度。一般高级的醚难溶于水。醚常用作有机溶剂和萃取剂。相对分子质量较低的醚具有麻醉作用，如乙醚、乙烯基醚。部分常见醚的物理性质见表 7-3。

表 7-3　一些醚的物理常数

名称	结构式	熔点/℃	沸点/℃	相对密度（d_4^{20}）
甲醚（methyl ether）	CH_3OCH_3	−138.5	−24.9	0.661
乙醚（ethyl ether）	$CH_3CH_2OCH_2CH_3$	−116.6	34.6	0.714
苯甲醚（methyl phenyl ether）	⬡—OCH_3	−37	154	0.966
环氧乙烷（ethylene oxide）	△$_O$	−111.0	13.5	0.869
四氢呋喃（tetrahydrofuran）	⬠$_O$	−65.0	65.4	0.888

7.3.3　醚的化学性质

除某些小环醚（如环氧乙烷）外，醚的化学性质相对较稳定，在常温下不与氧化剂、还原剂、碱或活泼金属等反应。但在一定条件下，醚可与强酸发生反应，α-H 较易被氧化。

1. 氧正离子的生成　由于醚键上的氧原子带有孤对电子，可以作为路易斯碱，与浓硫酸、浓盐酸等强酸作用生成氧正离子：

$$R\!-\!O\!-\!R' + H_2SO_4 \rightleftharpoons R\!-\!\overset{H}{\underset{+}{O}}\!-\!R' + HSO_4^-$$

氧正离子不稳定，可溶于浓强酸中，再用冷水稀释则重新析出醚。利用此性质可分离、提纯或鉴别醚。

2. 醚键的断裂　醚与浓氢卤酸共热，先生成氧正离子，然后卤离子作为亲核试剂进攻氧正离子，从而使原来的醚键断裂，生成卤代烃和醇。若氢卤酸过量，则生成的醇还能进一步转变成卤代烃。该亲核取代反应的活性为 HI＞HBr＞HCl。例如：

$$C_2H_5-O-C_2H_5 + HI \xrightarrow{\triangle} C_2H_5I + C_2H_5OH$$

$$\xrightarrow{HI} C_2H_5I + H_2O$$

脂肪混醚发生此反应时，一般是较小烃基生成卤代烷，较大烃基生成醇。

$$CH_3-O-CH(CH_3)_2 + HI \xrightarrow{\triangle} CH_3I + CH_3\overset{OH}{\underset{|}{C}}HCH_3$$

芳基烷基醚发生此反应时，醚键断裂总是烷氧键断裂，生成酚和卤代烷。

$$\bigcirc-O-CH_3 + HI \xrightarrow{\triangle} CH_3I + \bigcirc-OH$$

二苯基醚的醚键较稳定，醚键不易断裂。

问题 7-5 氢卤酸与醚共热反应时，为什么各种酸的活性顺序为 HI＞HBr＞HCl？

3. 过氧化物的生成 含有 α-H 的烷基醚受烃基氧原子的影响，在空气中久置或经光照，会缓慢发生自动氧化反应，生成不易挥发的过氧化物。常用的乙醚、异丙醚、四氢呋喃等都可以发生这种反应。例如：

$$C_2H_5-O-C_2H_5 \xrightarrow{O_2} CH_3\overset{}{\underset{|}{C}}H-O-CH_2CH_3$$
$$\underset{O-O-H}{\overset{}{|}}$$

氢过氧化乙醚

醚的过氧化物不稳定，遇热容易分解，发生强烈爆炸。因此保存醚时应避光，密封存于阴凉处。在蒸馏醚类时，应预先用淀粉碘化钾试纸或 $FeSO_4$-KSCN 溶液来检查是否有过氧化物存在，如果淀粉碘化钾试纸变蓝色或 $FeSO_4$-KSCN 溶液变红色，则应加入适量 $FeSO_4$ 或 Na_2SO_3 等还原剂除去过氧化物。在蒸馏醚的过程中，避免蒸干，以免发生爆炸事故。

7.3.4 重要的醚

1. 乙醚 乙醚为无色易挥发的液体，沸点为 34.6℃，易燃易爆，故使用时要特别小心。乙醚是一种应用广泛的有机溶剂。纯净乙醚在最早的外科手术中是一种吸入全身麻醉剂，麻醉苏醒后常有恶心、呕吐等副作用。目前已有不少新型的吸入全身麻醉药如氟烷（$F_3CCHClBr$）、甲氧氟烷（$Cl_2CHCF_2OCH_3$）应用于临床。

2. 环氧乙烷 环氧乙烷是最重要、也是最简单的环氧化合物。由于三元环的存在，它的化学性质非常活泼，遇酸、碱都容易开环。环氧乙烷常温下为气体，沸点为 13.5℃。临床上主要用作气体杀菌剂，穿透力强，可杀灭各种微生物，属高效灭菌剂，主要用于医疗器械、内镜及一次性使用的医疗用品消毒。

7.4 硫醇、硫酚和硫醚

7.4.1 硫醇

1. 结构和命名 醇分子中的氧原子被硫原子替代而生成的化合物，称为硫醇，也可以看成是烃分子中的氢原子被巯基取代的化合物。其结构通式为 R—SH，—SH 称为巯基（mercapto），是硫醇的官能团。硫醇的命名与醇相似，只需把"醇"字改称为"硫醇"即可；对于结构较复杂的硫醇命名时把—SH 当成取代基。例如：

CH₃SH	CH₃CH₂SH	HSCH₂CH₂CH₂OH
甲硫醇	乙硫醇	3-巯基丙-1-醇
methanethiol	ethanethiol	3-mercaptopropan-1-ol

2. 硫醇的物理性质 在室温下，除甲硫醇外，其他硫醇为液体或固体。相对分子质量较低的硫醇易挥发且具有特殊的臭味，即使浓度极低，也可被人嗅出。利用这一特性，在天然气中常加入痕量的乙硫醇，可起到对泄漏的自动报警作用。随着碳链的增长其臭味逐渐变淡，超过九个碳原子的硫醇基本无味。

与氧原子相比，硫原子的电负性较小，原子半径又较大，因此硫醇分子之间及与水分子之间均难以形成氢键，所以硫醇的沸点比相应的醇要低，且难溶于水。

3. 硫醇的化学性质

（1）弱酸性：硫原子的原子半径比氧原子大，易于极化，使 S—H 键比 O—H 键易解离，因而硫醇的酸性比相应的醇强，硫醇的 pK_a 值一般为 9～12。硫醇尽管难溶于水，但却易溶于氢氧化钠（钾）等碱性溶液，发生中和反应生成可溶于水的盐。例如：

$$CH_3CH_2SH + NaOH \longrightarrow CH_3CH_2SNa + H_2O$$

硫醇不仅可以与碱反应，还可以与重金属（如汞、铅、银、铜等）的盐或氧化物反应生成不溶于水的硫醇盐。例如：

$$2CH_3CH_2SH + HgO \longrightarrow (CH_3CH_2S)_2Hg\downarrow + H_2O$$

$$2RSH + (CH_3COO)_2Pb \longrightarrow (RS)_2Pb\downarrow + 2CH_3COOH$$

临床上利用此性质，将某些硫醇类化合物作为重金属盐中毒的解毒剂。例如：

CH₂—OH	CH₂—SO₃Na	
|	|	
CH—SH	CH—SH	HS—CH—COONa
|	|	|
CH₂—SH	CH₂—SH	HS—CH—COONa

二巯基丙醇 (BAL)　　　二巯基丙磺酸钠　　　二巯基丁二酸钠

这些解毒剂与金属离子的亲和力较强，能阻止重金属与机体中的酶结合，或夺取已和酶结合的重金属离子，生成稳定的螯合物经尿液排出体外，从而使酶复活。例如：

$$\begin{array}{c} CH_2-OH \\ | \\ CH-SH \\ | \\ CH_2-SH \end{array} + Hg^{2+} \longrightarrow \begin{array}{c} CH_2-OH \\ | \\ CH-S \\ | \quad\quad Hg \\ CH_2-S \end{array} \downarrow + 2H^+$$

但若酶或蛋白质的巯基与重金属离子结合过久，它们的活性则难以恢复，故重金属中毒需尽早用药，及时抢救。

（2）氧化反应：硫醇比醇容易被氧化，温和的氧化剂（如稀过氧化氢、碘、空气中的氧等）就可以将其氧化成二硫化物。例如：

$$2CH_3CH_2CH_2SH + I_2 \longrightarrow CH_3CH_2CH_2S-SCH_2CH_2CH_3 + 2HI$$

二丙基二硫化物

二硫化物分子中的 "—S—S—" 化学键称为二硫键（disulfide bond）。二硫化物一定条件下又可被还原剂（如 NaHSO₃、Zn 等）还原为原来的硫醇。

$$2R-SH \underset{[H]}{\overset{[O]}{\rightleftharpoons}} R-S-S-R$$

在生物体内，二硫键对于维持蛋白质的空间结构起着非常重要的作用，并且二硫键与巯基之间的转化是一个重要的生理过程。例如，半胱氨酸氧化生成胱氨酸，胱氨酸还原又生成半胱氨酸，此反应在氨基酸的代谢过程中占重要地位。

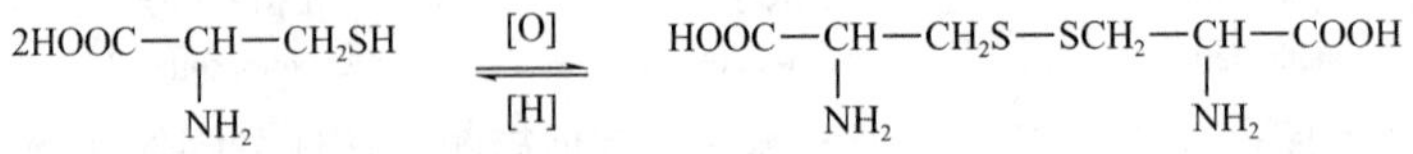

$$2HOOC-\underset{\underset{NH_2}{|}}{CH}-CH_2SH \underset{[H]}{\overset{[O]}{\rightleftharpoons}} HOOC-\underset{\underset{NH_2}{|}}{CH}-CH_2S-SCH_2-\underset{\underset{NH_2}{|}}{CH}-COOH$$

半胱氨酸   胱氨酸

（3）酯化反应：与醇相似，硫醇也可以与羧酸发生酯化反应。例如：

$$RSH + R'COOH \rightleftharpoons R'-\overset{O}{\overset{||}{C}}-SR + H_2O$$

辅酶 A（简写为 CoA）是一种酰基转移酶的辅酶，在生物体内起转移传递酰基的作用。在结构上，辅酶 A 分子末端的巯基可以与由糖、脂肪、蛋白质代谢而产生的乙酰基结合，并以硫酯键的方式形成乙酰辅酶 A（R$-\overset{O}{\overset{||}{C}}-S-$CoA），乙酰辅酶 A 再将乙酰基转移给底物，以此完成代谢过程中的乙酰化反应。食物中的各种糖、脂肪、蛋白质代谢而产生的乙酸都是通过乙酰辅酶 A 而进入代谢过程，并得以氧化分解的。

7.4.2 硫酚

1. 结构和命名 酚分子中的氧原子被硫原子替代而生成的化合物，称为硫酚。与硫醇一样，硫酚的官能团也是巯基，因此硫酚也可以看成是巯基直接与芳环碳原子直接相连的化合物。其结构通式为 Ar—SH。硫酚的命名与酚相似，只需把"酚"字改称为"硫酚"即可。例如：

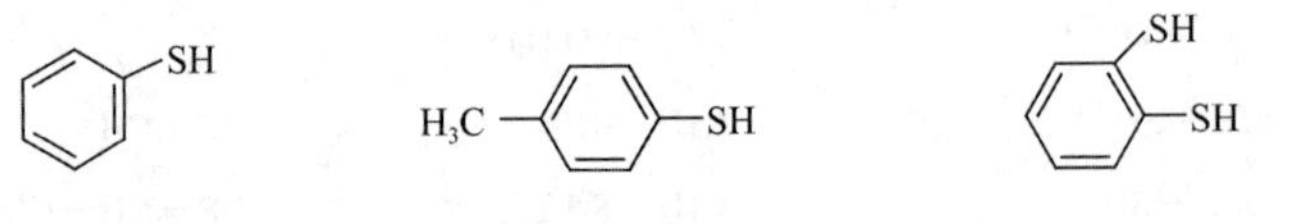

苯硫酚   对甲苯硫酚   邻苯二硫酚
benzenthiol   4-methybenzenethiol   benzene-1, 2-dithiol

2. 硫酚的物理性质 硫酚与硫醇类似，大多为无色液体，气味难闻。由于硫原子的电负性比氧原子小，硫酚分子间不能形成氢键，也难与水分子形成氢键，故与相应的酚相比，其沸点和水溶性低。硫酚易溶于乙醇、乙醚、苯等有机溶剂。

3. 硫酚的化学性质

（1）酸性：硫原子的原子半径比氧原子的半径大，较易极化，使得 S—H 键比 O—H 键容易解离，因而硫酚的酸性比相应的酚强。硫酚能溶于稀的氢氧化钠溶液中，生成较稳定的硫酚盐。

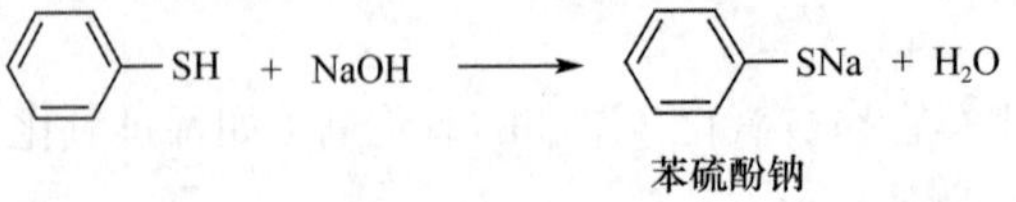

$$\text{◯}-SH + NaOH \longrightarrow \text{◯}-SNa + H_2O$$

苯硫酚钠

（2）氧化反应：硫酚也很容易被氧化成二硫醚。例如，将硫酚溶解于二甲基亚砜（DMSO）中，在 80～90℃反应至无色，可得二芳基二硫醚。

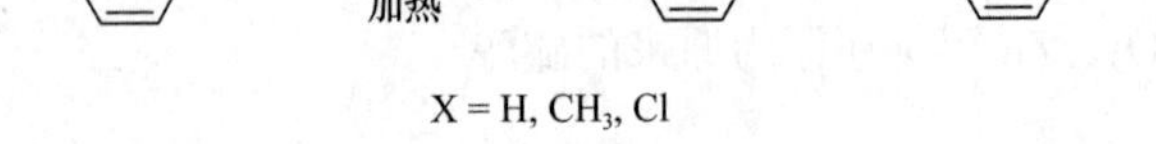

$$X-\text{◯}-SH \xrightarrow[\text{加热}]{DMSO} X-\text{◯}-S-S-\text{◯}-X$$

X = H, CH_3, Cl

在高锰酸钾、硝酸等强氧化剂的作用下，硫酚发生较强烈的氧化反应，生成苯磺酸。例如：

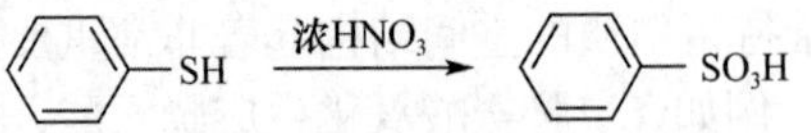

$$\text{◯}-SH \xrightarrow{\text{浓}HNO_3} \text{◯}-SO_3H$$

7.4.3 硫醚

1. 结构和命名 醚分子中的氧原子被硫原子所替代的化合物，称为硫醚，其结构通式为 R—S—R′。硫醚的命名与醚相似，只需将相应的"醚"改称为"硫醚"即可。例如：

$$CH_3—S—CH_3 \qquad CH_3—S—CH_2CH_3$$

甲硫醚   **乙甲硫醚**

dimethyl sulfide   ethyl methyl sulfide

2. 物理性质 低碳数的硫醚都是无色液体，有臭味但不如硫醇强烈。硫醚的沸点比相应的醚高，与相对分子质量相近的硫醇相当。由于硫醚不能与水分子形成氢键，故在水中的溶解度远小于醚，几乎不溶于水。

3. 化学性质 硫醚与醚相似，化学性质稳定。但由于硫原子有良好的给电子性，因此硫醚具有弱碱性、亲核性和易于氧化的特点。

（1）弱碱性：硫醚具有较弱的碱性，它与强酸作用可生成硫盐。

$$R—S—R + H_2SO_4 \rightleftharpoons R_2\overset{+}{S}H\overset{-}{S}O_4H$$

（2）亲核反应：硫醚与卤代烃发生亲核取代反应，生成的硫盐较稳定。

$$CH_3SCH_3 + CH_3I \xrightarrow{THF} (CH_3)_3S^+I^-$$

硫盐自身也可以作为烷基化试剂，与其他亲核试剂反应，肾上腺素的生物合成就是通过硫盐参与的甲基转移反应来实现的。

$$CH_3CH_2CH_2NH_2 + (CH_3)_3S^+I^- \longrightarrow CH_3CH_2CH_2NHCH_3 + CH_3SCH_3 + HI$$

（3）氧化反应：硫醚像硫醇一样也非常容易发生氧化反应，反应产物随氧化条件不同而异。在室温下，过氧化氢、浓硝酸等就可以将其氧化生成亚砜；在高温下，发烟硝酸、高锰酸钾等会将其氧化生成砜。例如：

$$CH_3—S—CH_3 \begin{cases} \xrightarrow{H_2O_2 或浓HNO_3} CH_3—\overset{O}{\underset{}{\overset{\|}{S}}}—CH_3 \quad \text{二甲基亚砜} \\ \xrightarrow{发烟HNO_3 或 KMnO_4} CH_3—\overset{O}{\underset{O}{\overset{\|}{\underset{\|}{S}}}}—CH_3 \quad \text{二甲砜} \end{cases}$$

二甲基亚砜（DMSO）为无色、具有强极性的液体，沸点为 189℃，可与水、乙醇、丙酮、醚、苯等溶剂互溶。它既能溶解有机物，也能溶解无机物，是一种性能优良的非质子性溶剂。DMSO 对皮肤有很强的穿透力，可作为载体促进溶入其中的药物渗入皮肤。

习 题

7-1 写出下列化合物的结构式。

（1）(*E*)-2-甲基丁-2-烯-1-醇   （2）2-甲基戊-1,4-二醇   （3）2-甲基丙-1-硫醇

（4）1-甲基环戊醇   （5）2-甲基苯酚   （6）乙基异丙基醚

（7）环氧乙烷   （8）甘油

7-2 用系统命名法命名下列各化合物。

（1）$(CH_3)_3CCH_2OH$ （2）$C_6H_5CH_2CH_2OH$ （3）

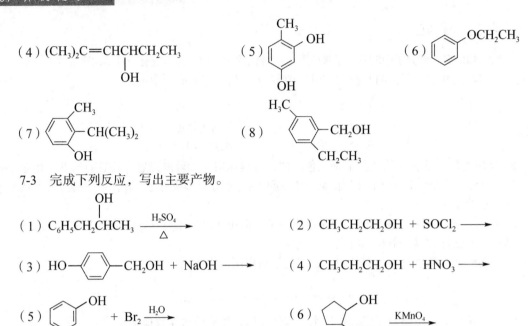

（4）$(CH_3)_2C=CHCHCH_2CH_3$
　　　　　　　　　　$\underset{OH}{|}$

（5） 2-甲基苯-1,4-二酚（带CH₃和两个OH）

（6） 苯氧乙烷（带OCH₂CH₃）

（7） 2-甲基-6-异丙基苯酚（带CH₃、CH(CH₃)₂、OH）

（8） 3,5-二甲基苯甲醇类（带H₃C、CH₂OH、CH₂CH₃）

7-3 完成下列反应，写出主要产物。

（1） $C_6H_5CH_2\overset{OH}{\underset{|}{C}}HCH_3 \xrightarrow[\triangle]{H_2SO_4}$

（2） $CH_3CH_2CH_2OH + SOCl_2 \longrightarrow$

（3） $HO-\!\!\!\bigcirc\!\!\!-CH_2OH + NaOH \longrightarrow$

（4） $CH_3CH_2CH_2OH + HNO_3 \longrightarrow$

（5） 苯酚 $+ Br_2 \xrightarrow{H_2O}$

（6） 2-甲基环戊醇 $\xrightarrow[H^+]{KMnO_4}$

7-4 用简单的化学方法鉴别下列各组化合物。

（1） 苯酚、苄醇、叔丁醇、苯、甘油

（2） 间苯二酚、苯甲醚、丁-2-醇、丁-2-烯-1-醇

7-5 按由大到小顺序排列下列各组化合物的酸性。

（1） 乙醇、叔丁醇、水、苯酚、丁-2-醇、碳酸

（2） 苯酚、间氯苯酚、间甲苯酚、间硝基苯酚

7-6 化合物 A（C_7H_8O）不溶于水及稀硫酸，也不溶于 $NaHCO_3$ 溶液，但可溶于 NaOH 溶液。A 经溴水处理后，迅速生成化合物 B（$C_7H_6OBr_2$）。试推测化合物 A 和 B 的结构式。

7-7 化合物 A（$C_4H_{10}O$），加入 Lucas 试剂在室温下放置 1 小时不见浑浊。A 在浓硫酸催化下加热可得化合物 B（C_4H_8）。B 与 HBr 加成后得化合物 C（C_4H_9Br），C 发生碱性水解生成化合物 D（$C_4H_{10}O$）。D 经氧化可生成丁酮（$CH_3\overset{O}{\overset{||}{C}}CH_2CH_3$）。试写出化合物 A、B、C、D 的结构式。

7-8 分子式组成均为 $C_5H_{12}O$ 的两种醇 A 和 B，经氧化后均得到酸性产物。A 和 B 脱水后再氢化可得同一种烃。A 的脱水产物用酸性高锰酸钾氧化后，得到一种羧酸和 CO_2。B 的脱水产物用酸性高锰酸钾氧化后，得到一种酮和 CO_2。试推测化合物 A 和 B 的结构式。

（杨　婷）

第8章 醛、酮、醌

醛（aldehyde）、酮（ketone）和醌（quinone）都是含有羰基（carbonyl group）的化合物，也称为羰基化合物。羰基碳原子与一个烃基和一个氢原子相连的化合物称为醛（甲醛分子中，羰基是与两个氢原子相连），结构中的—CHO 为醛的官能团，称为醛基；羰基碳原子与两个烃基结合的化合物称为酮，酮分子中的羰基也称为酮基（$\geqslant C{=}O$），为酮的官能团。

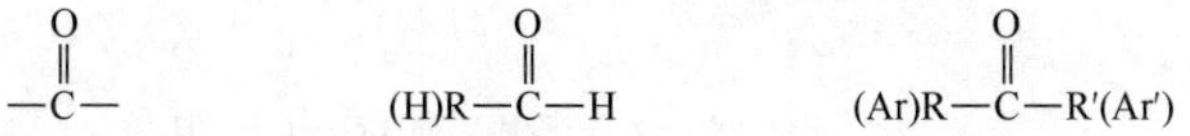

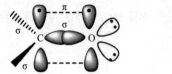

| 羰基 | 醛的通式 | 酮的通式 |

醌是一类分子中含有"环己二烯二酮"结构的不饱和环状共轭二酮。例如：

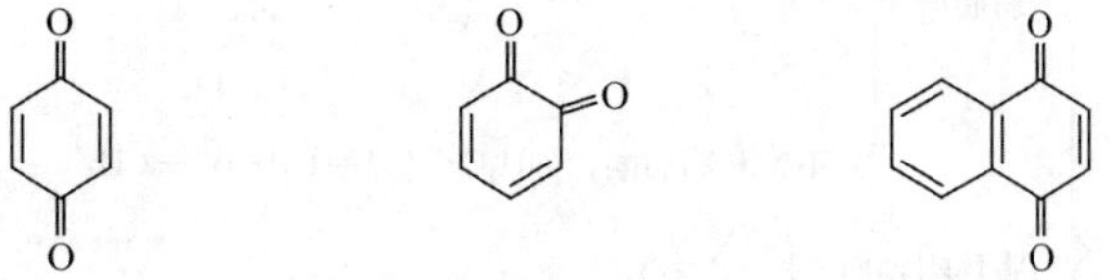

| 对苯醌 | 邻苯醌 | α-萘醌 |

羰基化合物广泛存在于自然界中，如肉桂醛、麝香酮、辅酶 Q 等。有些羰基化合物参与生物体内的基团转换和物质代谢，是重要的代谢中间体，具有显著的生理活性。

本章重点讨论醛、酮分类、命名、结构和化学性质。醛、酮的化学性质活泼，易发生许多化学反应，在有机合成反应中有着广泛的应用。

8.1 醛、酮

8.1.1 醛和酮的结构

醛、酮都含有羰基，羰基是由碳原子和氧原子以双键结合的官能团，碳原子和氧原子均为 sp^2 杂化，碳原子的三个 sp^2 杂化轨道分别与一个氧原子及其他两个原子（碳或氢）形成三个 σ 键，这三个 σ 键处于一个平面，羰基碳原子余下的一个未杂化的 p 轨道与氧原子的 2p 轨道彼此平行重叠，形成 π 键。羰基是一平面结构，如图 8-1 所示。

由于碳氧双键中氧原子的电负性比碳原子大，所以成键的电子云偏向氧原子，使氧原子带有部分负电荷，而羰基碳原子带有部分正电荷。因此羰基是一个极性官能团，其偶极矩一般在 2.3～2.8 D。

(a) 羰基的形成　　(b) 羰基中电子云分布

图 8-1　羰基的结构

8.1.2 醛和酮的分类和命名

1. 醛和酮的分类　根据羰基所连接的烃基不同，醛、酮可分为脂肪醛（酮）、芳香醛（酮）和脂环醛（酮）；根据烃基的饱和程度，脂肪醛（酮）又可以分为饱和醛（酮）和不饱和醛（酮）；还可根据分子中羰基的数目，分为一元、二元和多元醛（酮）等。其分类如下：

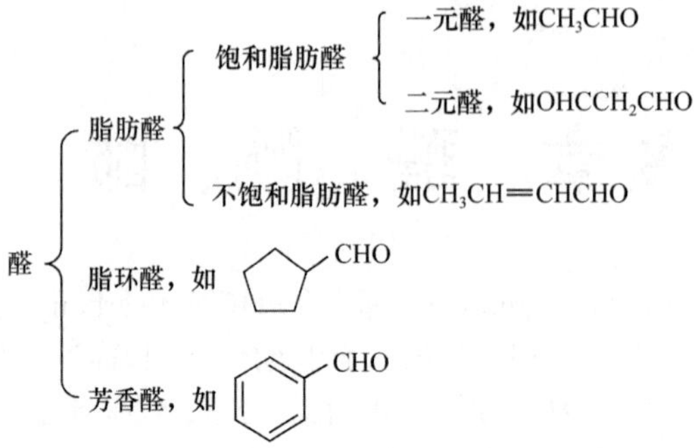
醛
脂肪醛
饱和脂肪醛
一元醛，如CH3CHO
二元醛，如OHCCH2CHO
不饱和脂肪醛，如CH3CH═CHCHO
脂环醛，如
CHO
芳香醛，如
CHO

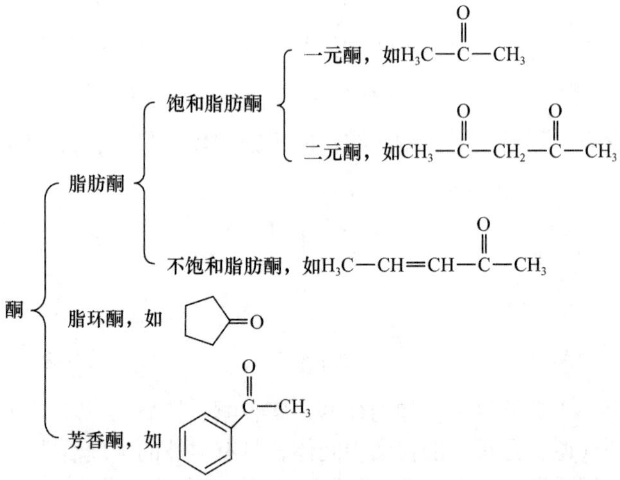
酮
脂肪酮
饱和脂肪酮
一元酮，如H3C—C—CH3
O
二元酮，如CH3—C—CH2—C—CH3
O
O
不饱和脂肪酮，如H3C—CH═CH—C—CH3
O
脂环酮，如
O
芳香酮，如
C—CH3
O

2. 醛和酮的命名　醛和酮的命名方法主要有普通命名法和系统命名法。

（1）普通命名法：结构简单的醛、酮，可采用普通命名法命名。醛按分子中含有的碳原子数称为“某醛”，含脂环和芳香环的醛将脂环基和芳香基作为取代基，脂肪醛为母体命名。例如：

HCHO

甲醛
formaldehyde

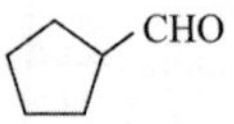
CHO

环戊基甲醛
cyclopentylaldehyde

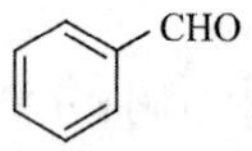
CHO

苯甲醛
benzaldehyde

酮则按羰基所连接的两个烃基的名称来命名，按照基团英文字母顺序称为某（基）某（基）酮。例如：

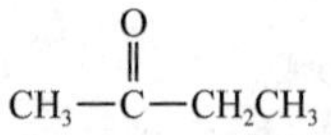
O
CH3—C—CH2CH3

乙（基）甲（基）酮
ethyl methyl ketone

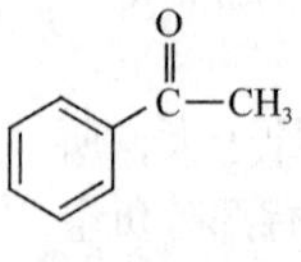
O
C—CH3

甲（基）苯（基）酮
methyl phenyl ketone

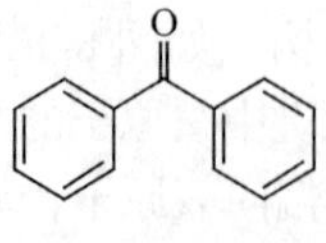
O

二苯（基）（甲）酮
diphenyl ketone

（2）系统命名法：命名脂肪族醛、酮时，选择含有羰基的最长碳链为主链，从距羰基最近的一端开始编号，称为“某醛”或“某酮”。由于醛基总是在碳链的一端，命名醛时不用标明醛基的位次，但酮基的位次需标明，插入“酮”字的前面。主链上有取代基时，将取代基的位次和名称放在母体名称前。主链编号也可用希腊字母 α、β、γ、…、ω 表示。例如：

$$\underset{\substack{CH_3 \\ |}}{CH_3-CH-CHO}$$

2-甲基丙醛（α-甲基丙醛）
2-methylpropanal

$$\underset{\substack{O\ \ CH_3 \\ \|\ \ | }}{CH_3CH_2-C-CH-CH_3}$$

2-甲基戊-3-酮
2-methylpentan-3-one

不饱和醛、酮，应选择连有羰基和不饱和键在内的最长碳链作主链，并使羰基编号最小。例如：

$$\underset{\substack{\delta\ \ \ \ \gamma\ \ \ \ \beta\ \ \ \ \alpha\ \ \ \ \ O \\ \|}}{H_3C-CH=CH-CH_2-C-H}$$

戊-3-烯醛（β-戊烯醛）
3-pentenal

$$\underset{\substack{O \\ \|}}{H_3C-CH=CH-C-CH_2CH_3}$$

己-4-烯-3-酮
hex-4-en-3-one

对于含脂环或芳香环的醛、酮，若羰基参与成环，则根据成环碳原子数称为某环酮；若羰基在环外，则将环当作取代基。例如：

3-甲基环戊酮
3-methylcyclopentanon

1-环己基丁-2-酮
1-cyclohexylbutan-2-one

苯乙醛
phenylacetaldehyde

多元醛、酮命名时，应选择含羰基尽可能多的碳链为主链，注明羰基的位次和数目。例如：

$$\underset{\substack{O\ \ \ \ \ \ \ \ \ \ \ \ \ O \\ \|\ \ \ \ \ \ \ \ \ \ \ \ \ \|}}{H-C-CH_2-C-H}$$

丙二醛
propanedial

$$\underset{\substack{O\ \ O \\ \|\ \ \| \\ \ \ \ \ \ \ \ \ \ \ CH_3}}{CH_3C-C-CHCH_3}$$

4-甲基戊-2, 3-二酮
4-methylpentane-2, 3-dione

许多天然醛、酮常用俗名。例如，从桂皮油中提取分离出的 3-苯基丙烯醛习惯上称为肉桂醛；天然麝香的主要成分是麝香酮（3-甲基环十五酮）。

CH=CHCHO

肉桂醛（cinnamaldehyde）

麝香酮（musk ketone）

问题 8-1 *命名下列化合物。*

（1）$\underset{\substack{CH_3 \\ |}}{CH_3CH_2-CH-CHO}$

（2）$\underset{\substack{CH_3\ \ \ O \\ |\ \ \ \ \ \ \| \\ \ \ \ \ CH_3}}{CH_3CHCH-C-CH_3}$

（3）$\underset{HO}{\qquad}$ —$\underset{\substack{O \\ \|}}{C}$—CH$_3$

（4）$\qquad$—CH$_2$—$\underset{\substack{O \\ \|}}{C}$—CH$_2CH_3$

8.1.3 醛和酮的物理性质

常温常压下，甲醛是气体，含 12 个碳以下的脂肪醛、酮一般为液体，含 12 个碳以上的脂肪醛、酮一般为固体；芳香醛、酮为液体或固体。许多低级醛具有强烈的刺激气味，某些天然醛、酮有芳香气味，常用于配制香精。

由于羰基是极性基团，羰基化合物分子之间的偶极-偶极相互作用力增大，因而使它们的沸点一般比相近相对分子质量的非极性化合物（如烷烃、醚等）高；但羰基化合物分子之间不能形成氢键，所以醛、酮的沸点比相近相对分子质量的醇和羧酸低。

由于醛、酮中的羰基能与水形成分子间氢键，因此低级醛、酮易溶于水，如甲醛、乙醛、丙醛和丙酮可与水互溶。随着醛、酮相对分子质量的增大，其水溶性逐渐降低，6个碳以上的醛、酮几乎不溶于水。醛、酮一般能溶于乙醚、甲苯等有机溶剂，丙酮和丁酮是良好的有机溶剂。一些常见醛和酮的物理性质见表8-1。

表 8-1　一些常见醛和酮的物理性质

醛、酮名称	结构式	熔点/℃	沸点/℃	溶解度/（g/100ml 水）
甲醛（formaldehyde）	HCHO	−92	−21	易溶
乙醛（ethanal）	CH_3CHO	−121	20	16
丙醛（propanal）	CH_3CH_2CHO	−81	49	7
丁醛（butanal）	$CH_3CH_2CH_2CHO$	−99	76	4
丙烯醛（propenal）	$CH_2{=}CHCHO$	−87	52	易溶
苯甲醛（benzaldehyde）	C_6H_5CHO	−26	178	0.33
丙酮（acetone）	$CH_3{-}\overset{O}{\overset{\|}{C}}{-}CH_3$	−94	56	∞
丁酮（butanone）	$CH_3{-}\overset{O}{\overset{\|}{C}}{-}CH_2CH_3$	−86	80	35.3
戊-2-酮（pentan-2-one）	$CH_3{-}\overset{O}{\overset{\|}{C}}{-}CH_2CH_2CH_3$	−78	102	6.3
戊-3-酮（pentan-3-one）	$CH_3CH_2{-}\overset{O}{\overset{\|}{C}}{-}CH_2CH_3$	−40	102	4.7
苯乙酮（acetophenone）		21	202	微溶
二苯酮（diphenyl ketone）		48	306	不溶
环己酮（cyclohexanone）		−45	155	2.4

8.1.4　醛和酮的化学性质

醛、酮中都含有极性不饱和的碳氧双键，易发生加成反应。羰基双键对邻近碳原子的影响使 α-碳原子上的氢原子（α-H）有一定的酸性。此外，醛、酮处于氧化还原反应的中间价态，它们既可被氧化，又可被还原，所以氧化还原反应也是醛、酮的一类重要反应。醛、酮发生化学反应的主要部位及反应类型如下所示：

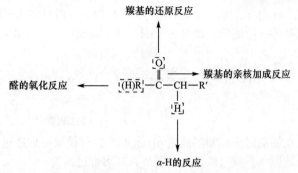

1. 羰基的亲核加成反应　羰基中碳原子带部分正电荷，受到带负电的亲核试剂的进攻，生成氧负离子中间体，然后再与试剂中带正电荷的部分结合，最终生成加成产物，这种由亲核试剂（nucleophilic reagent）进攻所引起的加成反应称为亲核加成反应（nucleophilic addition reaction）。该反应可以在碱性条件下进行，也可在酸性条件下进行。下面以碱性条件下反应为例说明亲核加成反应的机理。

亲核加成反应的第一步是亲核试剂中带负电部分（$:Nu^-$）进攻带正电荷的羰基碳原子，形成氧负离子中间体，此步骤的反应速率较慢，且速率只与$:Nu^-$的浓度有关，是决定该反应速率的步骤。反应的第二步是试剂中带正电部分（A^+）加到氧负离子中间体上，速率较快。反应可用下列通式表示：

$$\underset{R'}{\overset{R}{>}}C\overset{\delta^+}{=}\overset{\delta^-}{O} + \ :NuA \ \underset{慢}{\rightleftharpoons} \left[R-\overset{\overset{Nu}{|}}{\underset{\underset{R'}{|}}{C}}-O^- \right] \ \underset{A^+}{\overset{快}{\rightleftharpoons}} \ R-\overset{\overset{Nu}{|}}{\underset{\underset{R'}{|}}{C}}-OA$$

羰基亲核加成反应的活性大小，除了与亲核试剂的性质有关外，主要取决于羰基碳原子上连接的基团的电子效应和空间效应。

从电子效应方面考虑，羰基亲核加成反应活性的强弱主要与羰基碳原子正电性有关。羰基碳原子所带正电荷越多，带有负电荷的亲核试剂就越容易进攻，反应越容易进行。当羰基碳原子上连有吸电子基团时，容易进行亲核加成反应；反之，当羰基碳原子上连有给电子基团时，难于进行亲核加成反应。羰基碳原子上连接的给电子基团（如烃基）越多，羰基碳原子的正电性越弱，反应就越难进行，所以酮亲核加成反应时的活性低于醛，甲醛比其他脂肪醛易于反应；芳香醛因为连有苯环，苯环与羰基共轭，使羰基碳原子的正电性减弱，亲核加成反应时的活性比脂肪醛低。

从空间效应方面考虑，羰基亲核加成反应活性的强弱主要与羰基所连基团空间位阻有关。羰基上连接的烃基越大，则空间位阻越大，亲核试剂越不容易靠近，反应也就越难进行。因此醛比酮容易发生加成反应。

综合所述，不同结构的醛、酮进行亲核加成反应时，反应活性次序大致为

$$\underset{H}{\overset{O}{\underset{\|}{H-C-H}}} > \underset{H}{\overset{O}{\underset{\|}{R-C-H}}} > \underset{H}{\overset{O}{\underset{\|}{Ar-C-H}}} > \underset{CH_3}{\overset{O}{\underset{\|}{H_3C-C-CH_3}}} > \underset{R}{\overset{O}{\underset{\|}{R-C-R}}} > \underset{Ar}{\overset{O}{\underset{\|}{Ar-C-Ar}}}$$

（1）与含碳亲核试剂的加成

1）与氢氰酸的加成：醛、脂肪族甲基酮和含 8 个碳原子以下的环酮能与氢氰酸发生加成反应，生成 α-羟基腈（又称氰醇），该反应是增长碳链的方法之一。

$$R-\overset{O}{\overset{\|}{C}}-CH_3(H) + HCN \ \overset{OH^-}{\rightleftharpoons} \ R-\underset{\underset{CN}{|}}{\overset{\overset{OH}{|}}{C}}-CH_3(H)$$

α-羟基腈

由于氢氰酸易挥发，有剧毒，所以与羰基化合物反应时，一般是将无机酸滴加至醛（酮）和氰化钠水溶液中，使得氢氰酸一生成就立即与醛（酮）发生加成反应。例如：

$$H_3C-\overset{\overset{O}{\parallel}}{C}-H \xrightarrow{\text{NaCN} + \text{HCl}} H_3C-\overset{\overset{OH}{|}}{\underset{\underset{CN}{|}}{C}}-H$$

α-羟基丙腈

但需要注意的是，在加酸时应控制溶液的 pH=8 左右，可使反应加速进行。而在酸性条件下，该反应速率明显减慢，其原因是氢氰酸是一个弱酸，其离解过程为

$$HCN \rightleftharpoons H^+ + CN^-$$
$$HCN + OH^- \rightleftharpoons H_2O + CN^-$$

在上述平衡体系中，酸性条件下促使平衡向左移动，使 CN⁻ 浓度降低，而在碱性条件下可促使平衡向右移动，增加 CN⁻ 浓度。该反应中 CN⁻ 是进攻试剂，反应的速率取决于 CN⁻ 浓度的大小，因此这一步反应较慢，是决定整个反应速率的关键步骤。

α-羟基腈是有用的中间体，可进一步水解成 α-羟基酸，也能还原为氨基。例如，有机玻璃的单体 α-甲基丙烯酸甲酯就是以丙酮为原料，与氢氰酸反应合成丙酮羟氰，然后在硫酸和甲醇中水解后制得。

$$H_3C-\overset{\overset{O}{\parallel}}{C}-CH_3 \xrightleftharpoons{\text{NaCN} + \text{HCl}} H_3C-\overset{\overset{OH}{|}}{\underset{\underset{CN}{|}}{C}}-CH_3 \xrightarrow{\text{H}^+/\text{H}_2\text{O}} CH_2=\overset{\overset{CH_3}{|}}{C}-COOH \xrightarrow[\text{CH}_3\text{OH}]{\text{H}_2\text{SO}_4} CH_2=\overset{\overset{CH_3}{|}}{C}-COOCH_3$$

又如，α-羟基腈加氢生成 β-羟基胺，利用该方法可以制备有机胺。

$$CH_3CH_2-\overset{\overset{OH}{|}}{\underset{\underset{H}{|}}{C}}-CN \xrightarrow{\text{H}_2} CH_3CH_2-\overset{\overset{OH}{|}}{\underset{\underset{H}{|}}{C}}-CH_2NH_2$$

β-羟基胺

2）与格氏试剂加成：格氏试剂中碳镁键极性很强，碳原子带部分负电荷，是一种很强的亲核试剂，很容易与醛、酮进行亲核加成反应，且此反应是不可逆的，加成的产物不经分离便可直接在酸性条件下水解生成相应的醇，是制备醇的最重要方法之一，也是增长碳链的一种方法。

格氏试剂与不同的醛酮反应可以制备不同结构的醇。甲醛与格氏试剂反应和水解后可制得伯醇：

$$H-\overset{\overset{O}{\parallel}}{C}-H + H_3C-MgBr \xrightarrow{\text{无水乙醚}} H_3C-\overset{\overset{H}{|}}{\underset{\underset{H}{|}}{C}}-OMgBr \xrightarrow[\text{H}^+]{\text{H}_2\text{O}} H_3C-\overset{\overset{H}{|}}{\underset{\underset{H}{|}}{C}}-OH + Mg(OH)Br$$

其他醛与格氏试剂反应和水解后可制得仲醇：

$$H_3C-\overset{\overset{O}{\parallel}}{C}-H + C_2H_5-MgBr \xrightarrow{\text{无水乙醚}} H_3C-\overset{\overset{H}{|}}{\underset{\underset{C_2H_5}{|}}{C}}-OMgBr \xrightarrow[\text{H}^+]{\text{H}_2\text{O}} H_3C-\overset{\overset{H}{|}}{\underset{\underset{C_2H_5}{|}}{C}}-OH + Mg(OH)Br$$

酮与格氏试剂反应和水解后可制得叔醇：

$$H_3C-\overset{\overset{O}{\parallel}}{C}-C_2H_5 + H_3C-MgBr \xrightarrow{\text{无水乙醚}} C_2H_5-\overset{\overset{CH_3}{|}}{\underset{\underset{CH_3}{|}}{C}}-OMgBr \xrightarrow[\text{H}^+]{\text{H}_2\text{O}} C_2H_5-\overset{\overset{CH_3}{|}}{\underset{\underset{CH_3}{|}}{C}}-OH + Mg(OH)Br$$

在有机合成中常利用该加成反应制备相应的伯、仲、叔醇。

（2）与含氧亲核试剂的加成

1）与醇加成：在无水酸（常用干燥 HCl）的催化下，一分子的醛与一分子的醇发生加成反应，生成半缩醛（hemiacetal）。

$$R'{-}\underset{H}{C}{=}O + HOR \xrightarrow{\text{干燥HCl}} R'{-}\underset{H}{\overset{OH}{C}}{-}OR$$

半缩醛

半缩醛一般不稳定，易分解为原来的醛，因此很难分离得到，但五、六元环的环状半缩醛较稳定，能够分离得到。例如：

$$\underset{OH}{CH_2CH_2CH_2CHO} \xrightleftharpoons{\text{干燥HCl}} \text{（四氢呋喃-2-醇）}$$

$$\underset{OH}{CH_3CHCH_2CH_2CH_2CHO} \xrightleftharpoons{\text{干燥HCl}} \text{（四氢吡喃-2-醇）}$$

半缩醛的羟基很活泼，在酸的催化下能继续与另一分子的醇发生反应，生成稳定的缩醛（acetal）。

$$R'{-}\underset{H}{\overset{OR}{C}}{-}OH + H{-}OR \xrightarrow{\text{干燥HCl}} R'{-}\underset{H}{\overset{OR}{C}}{-}OR$$

缩醛

通常用醛与过量的醇发生反应，得到产物缩醛。例如：

$$H_3C{-}\overset{O}{C}{-}H \xrightleftharpoons[\text{干燥HCl}]{CH_3OH} H_3C{-}\underset{H}{\overset{OCH_3}{C}}{-}OH \xrightleftharpoons[\text{干燥HCl}]{CH_3OH} H_3C{-}\underset{H}{\overset{OCH_3}{C}}{-}OCH_3$$

缩醛是同一个碳上连了两个烷氧基，因此又称偕二醚，它对碱性溶液和氧化剂稳定，但在酸性溶液中易水解为原来的醛。例如：

$$H_3C{-}\underset{H}{\overset{OCH_3}{C}}{-}OCH_3 + H_2O \xrightarrow{H^+} H_3C{-}\overset{O}{C}{-}H + 2CH_3OH$$

在无水酸的存在下，酮不易生成缩酮，但是环状的缩酮相对比较容易形成。如在无水酸的催化下，酮能与乙二醇等二元醇反应生成环状缩酮。

$$\underset{R'}{\overset{R}{C}}{=}O + HOCH_2CH_2OH \xrightarrow{\text{干燥HCl}} \underset{R'}{\overset{R}{C}}\underset{O{-}CH_2}{\overset{O{-}CH_2}{\diagup\diagdown}}$$

环己酮在对甲苯磺酸作用下回流可以得到稳定的缩酮，例如：

$$\text{（环己酮）} + \underset{HO}{\overset{HO}{\diagdown\diagup}} \xrightarrow[\triangle]{\text{对甲苯磺酸}} \text{（缩酮）} + H_2O$$

80%～85%

若在同一分子中既含有羰基又含有羟基，只要二者位置适当，则有可能在分子内生成五、六元环状半缩醛（酮），并能稳定存在。例如：

$$OHCH_2CH_2CH_2CHO \xrightarrow{\text{干燥HCl}} \text{（四氢呋喃-2-醇结构）}$$

半缩醛

半缩醛（酮）和缩醛（酮）的结构在糖化学上具有重要的意义，将在第 13 章糖类中详细讨论。

2）与水加成：醛、酮可与水加成形成水合物，也称为偕二醇。由于水是比醇更弱的亲核试剂，所以只有极少数活泼的羰基化合物才能与水加成生成相应的水合物。

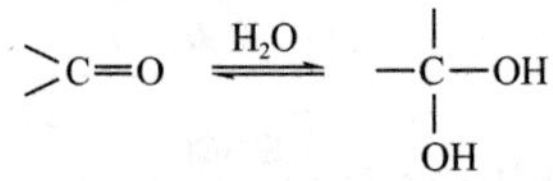

$$>C=O \xrightleftharpoons{H_2O} \quad -\overset{|}{\underset{|}{C}}-OH \quad (\text{下为 } OH)$$

在水中，甲醛完全以水合物的形式存在，乙醛可有 58%的水合物，丙醛水合物含量很低，而丙酮的水合就更加困难。若羰基上连有强吸电子基团时，则可与水加成形成较稳定的水合物。例如，在三氯乙醛分子中三个氯原子的吸电子诱导效应，使羰基的反应活性增加，容易与水加成生成水合三氯乙醛：

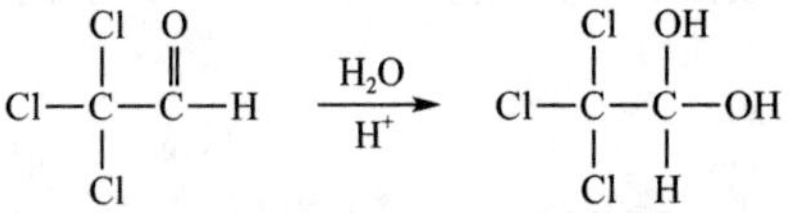

$$Cl_3C-CHO \xrightarrow[H^+]{H_2O} Cl_3C-CH(OH)_2$$

水合三氯乙醛简称水合氯醛，为白色晶体，可作为催眠药和抗惊厥药。

在茚三酮分子中，由于羰基的吸电子诱导效应，它也容易和水分子形成稳定的水合茚三酮。

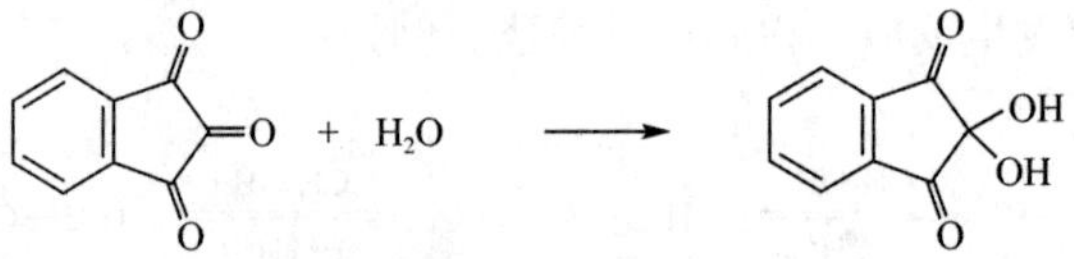

水合茚三酮是 α-氨基酸和蛋白质的显色剂，常用于 α-氨基酸和蛋白质的鉴别。

（3）与含硫亲核试剂的加成：醛、脂肪族甲基酮以及 8 个碳以下的环酮都能与亚硫酸氢钠饱和溶液（40%）发生加成反应，生成 α-羟基磺酸钠。该产物易溶于水而难溶于饱和亚硫酸氢钠水溶液，以白色晶体形式析出，用此法可鉴别醛、脂肪族甲基酮以及 8 个碳以下的环酮。

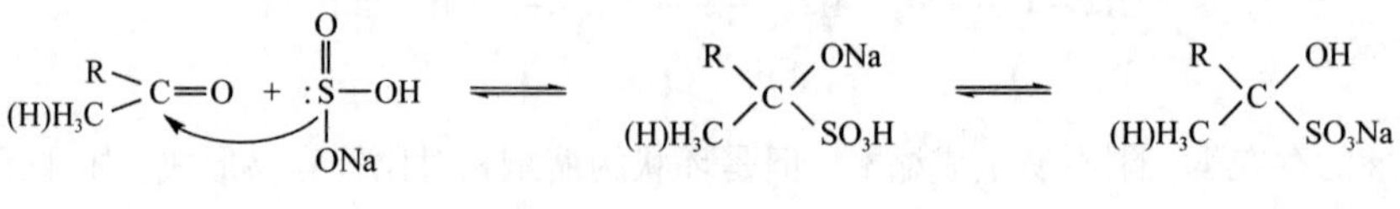

例如：

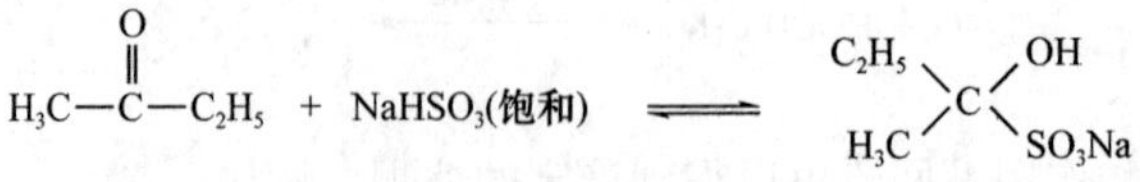

白色结晶

该反应可逆，加酸或碱（与稀盐酸或碳酸钠溶液共热时）可使 α-羟基磺酸钠不断分解为原来的醛或酮。因此，利用该过程可以分离或提纯醛、脂肪族甲基酮以及 8 个碳以下的环酮。

$$\begin{array}{c} R \\ (H)H_3C \end{array}\!\!\!\!\!\begin{array}{c} OH \\ | \\ C \\ | \\ SO_3Na \end{array} \xrightarrow[\;Na_2CO_3\;]{\;HCl\;} \begin{array}{c} R \\ (H)H_3C \end{array}\!\!\!\!C=O + NaCl + SO_2 + H_2O$$

$$\xrightarrow{\;Na_2CO_3\;} \begin{array}{c} R \\ (H)H_3C \end{array}\!\!\!\!C=O + Na_2SO_3 + CO_2 + H_2O$$

问题 8-2 下列化合物中哪些能与 HCN 或饱和亚硫酸氢钠反应?

（1）$CH_3-\overset{\overset{\displaystyle O}{\|}}{C}-CH_2CH_3$

（2）$C_6H_5-\overset{\overset{\displaystyle}{\underset{\underset{\displaystyle OH}{|}}{CH}}}-CH_3$

（3） 环己酮 =O

（4）$CH_2=CHCOCH_2CH_3$

（5）$C_6H_5-\overset{\overset{\displaystyle O}{\|}}{C}-CH_3$

（6）CH_3CH_2CHO

（7）$CH_3\overset{\overset{\displaystyle CH_3}{|}}{CHOH}$

（8）CH_3CH_2OH

含硫的亲核试剂硫醇（RSH）也能与醛、酮发生亲核加成反应。硫醇的亲核反应活性比醇的要高。例如：乙二硫醇和醛、酮在室温下就能反应，生成缩硫醛或缩硫酮。例如：

$$\begin{array}{c} O \\ \| \\ H_3C-C-C_2H_5 \end{array} + HS-CH_2-CH_2-SH \rightleftharpoons \begin{array}{c} H_3C \\ C_2H_5 \end{array}\!\!\!\!\!\begin{array}{c} S \\ \diagup \\ \diagdown \\ S \end{array}$$

缩硫醛或缩硫酮相对比较稳定，不易分解为原来的醛酮，因此不能用来保护羰基。

（4）与含氮亲核试剂的加成：含氮的亲核试剂主要有氨及其衍生物。醛、酮与氨反应一般比较困难，只有甲醛容易与氨反应生成很不稳定的亚胺，亚胺很容易聚合得到六甲叉基四胺，俗称乌洛托品。它是一种常用的塑料固化剂，在医药上也可用作尿道消毒剂。

$$HCHO + NH_3 \longrightarrow CH_2=NH \xrightarrow{聚合} \left(\begin{array}{c} H_2 \\ HN\overset{\diagup\diagdown}{}NH \\ | \qquad | \\ H_2C \qquad CH_2 \\ \diagdown_{\underset{\displaystyle H}{N}}\diagup \end{array}\right) \xrightarrow[NH_3]{3HCHO} \text{乌洛托品结构}$$

乌洛托品

氨的衍生物主要有羟胺、肼、苯肼、2,4-二硝基苯肼和氨基脲（可用通式 H_2N-G 表示），可作为亲核试剂与羰基加成，加成产物不稳定，容易脱水生成稳定的含碳氮双键的 N-取代亚氨基化合物。反应过程表示如下：

$$\begin{array}{c} \diagdown \\ \diagup \end{array}\!\!C=O + H_2N-G \longrightarrow \begin{array}{c} OH \;\; H \\ | \qquad | \\ -C-\;\;N-G \\ | \end{array} \xrightarrow{-H_2O} \begin{array}{c} \diagdown \\ \diagup \end{array}\!\!C=N-G$$

从最终产物看，此反应是由加成和消除两步完成，实际可以看成是醛、酮和氨的衍生物之间脱掉一分子水，所以该反应也可称为缩合反应。

$$\begin{array}{c} \diagdown \\ \diagup \end{array}\!\!C\overset{\dashuline{}}{=}O + H_2^{\,}N-G \longrightarrow \begin{array}{c} \diagdown \\ \diagup \end{array}\!\!C=N-G + H_2O$$

上述氨的衍生物通常称为羰基试剂。生成的加成产物大多是结晶固体，具有一定的熔点，可用于鉴别醛、酮。这些加成产物可经酸性水解为原来的醛、酮。因此可利用这一性质分离和提纯醛、酮。其中 2,4-二硝基苯肼与醛、酮反应生成的 2,4-二硝基苯腙多为黄色或橙色结晶，鉴别醛、酮比较灵敏，是最为重要的羰基试剂。

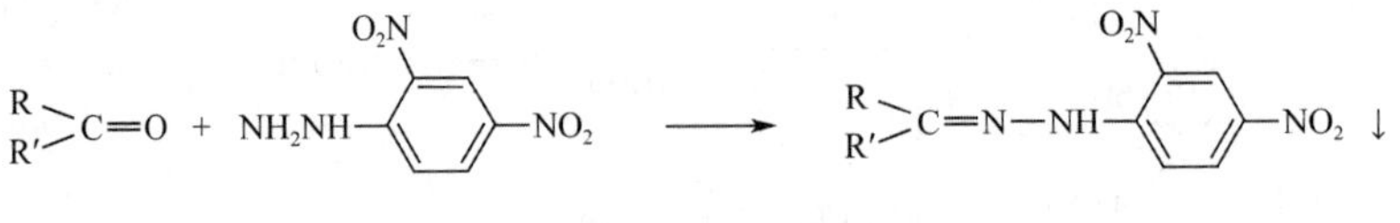

2, 4-二硝基苯腙（黄色）

醛、酮与氨的衍生物加成缩合产物的名称和结构式如表 8-2 所示。

表 8-2　氨的衍生物与醛、酮反应的产物

氨的衍生物	结构	加成缩合产物的结构	名称
伯胺（primary amine）	H_2N-R	$R(R)HC=N-R$	Schiff 碱（Schiff's base）
羟胺（hydroxylamine）	H_2N-OH	$R(R)HC=N-OH$	肟（oxime）
肼（hydrazine）	H_2N-NH_2	$R(R)HC=N-NH_2$	腙（hydrazone）
苯肼（phenylhydrazine）	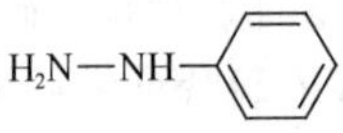	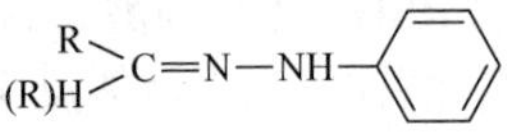	苯腙（phenydrazone）
2,4-二硝基苯肼（2,4- dinitrophenylhydrazine）	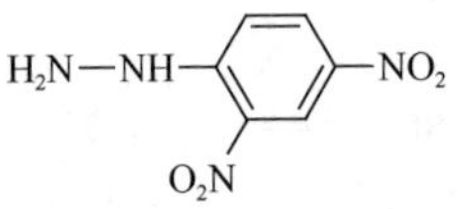	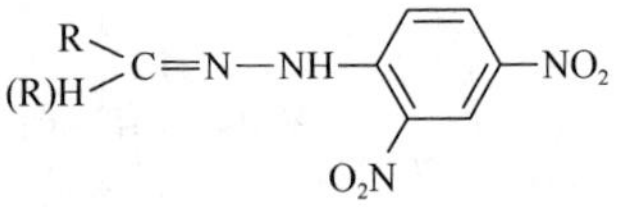	2,4-二硝基苯腙（2,4- dinitrophenydrazone）
氨基脲（semicarbazide）	$H_2N-NH-\overset{O}{\overset{\|}{C}}-NH_2$	$R(R)HC=N-NH-\overset{O}{\overset{\|}{C}}-NH_2$	缩氨脲（semicarbazone）

羰基化合物与伯胺加成缩合产物 *N*-取代亚胺，又称为希夫（Schiff）碱。

$$R(R')HC=O + H_2N-R'' \rightleftharpoons R(R')HC=N-R'' + H_2O$$

希夫碱的形成与分解影响到生物体内很多生化反应。例如，在视觉感光细胞中，与视觉相关的感光色素视紫红素就是一种希夫碱。

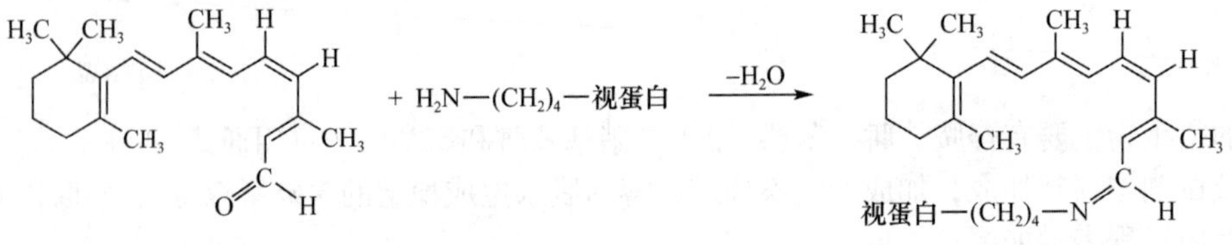

11-顺视黄醛　　视紫红素（Schiff碱）

2. α-活泼氢的反应

（1）卤代和卤仿反应：醛、酮在酸或碱存在下，α-H 可被卤原子取代生成 α-卤代醛或酮。在酸性条件下，卤代反应可控制在一卤代产物阶段。例如：

$$H_3C-\overset{O}{\overset{\|}{C}}-CH_3 + Br_2 \xrightarrow[65℃]{CH_3COOH} H_3C-\overset{O}{\overset{\|}{C}}-CH_2Br + HBr$$

如果在碱性条件下，则生成多卤代产物，反应一般进行到 α-H 完全被取代为止，且反应迅速。

$$(H)R-\overset{O}{\overset{\|}{C}}-CH_3 \xrightarrow{X_2/NaOH} (H)R-\overset{O}{\overset{\|}{C}}-CX_3 \xrightarrow{NaOH} (H)R-\overset{O}{\overset{\|}{C}}-ONa + CHX_3\downarrow$$

上述反应中，乙醛或甲基酮的 α-碳上的三个氢都可被卤素取代，这是由于 α-H 被卤素取代后，卤原子的吸电子诱导效应会增大 α-H 的活性，更容易被卤素取代。生成的三卤代醛或酮由于受到羰基氧和三个卤原子极强的吸电子作用，使羰基碳原子的正电性增强，在碱性溶液中不稳定，易分解成三卤甲烷（又称卤仿）和相应的羧酸盐。该反应称为卤仿反应。如果用碘和强碱作试剂，则生成一种有特殊气味的黄色结晶碘仿（CHI_3），这个反应称为碘仿反应，可用来鉴别甲基酮和乙醛，以及乙醇和 α-碳上连有甲基的仲醇。碘在碱性条件下是一种氧化剂，能将乙醇氧化成乙醛，α-碳上连有甲基的仲醇氧化成甲基酮从而发生碘仿反应。例如：

$$\underset{\underset{OH}{|}}{CH_3CH_2CH_2CHCH_3} \xrightarrow{I_2,\ NaOH} \underset{\underset{O}{\|}}{CH_3CH_2CH_2C-CH_3} \xrightarrow{I_2,\ NaOH} \underset{\underset{O}{\|}}{CH_3CH_2CH_2C-ONa} + CHI_3 \downarrow$$

问题 8-3　下列化合物哪些能发生碘仿反应？
（1）甲醛　　（2）乙醛　　（3）异丙醇　　（4）苯乙酮　　（5）丁-2-酮　　（6）戊-3-酮

（2）羟醛缩合反应：在稀碱催化下，含 α-H 的醛与另一分子醛发生亲核加成生成 β-羟基醛的反应称为羟醛缩合反应（aldol condensation）。α-碳上有氢原子的 β-羟基醛受热容易失去一分子水，生成具有共轭双键的 α,β-不饱和醛。例如：

$$H_3C-\underset{\underset{}{\overset{\overset{O}{\|}}{C}}}{}-H + H_2C-\underset{\underset{}{\overset{\overset{O}{\|}}{C}}}{}-H \xrightarrow{稀碱} H_3C-\underset{\underset{H}{|}}{\overset{\overset{OH}{|}}{C}}-CH_2-\overset{\overset{O}{\|}}{C}-H \xrightarrow[\triangle]{-H_2O} CH_3CH=CHCHO$$

碱催化下，羟醛缩合反应的机理可用乙醛为例表示如下

$$H_3C-\overset{\overset{O}{\|}}{C}-H + OH^- \rightleftharpoons H_2\overset{-}{C}-\overset{\overset{O}{\|}}{C}-H \rightleftharpoons H_2\overset{-}{C}-\overset{\overset{O}{\|}}{C}-H \quad H_3C-\underset{\underset{H}{|}}{\overset{\overset{O^-}{|}}{C}}-CH_2-\overset{\overset{O}{\|}}{C}-H \underset{H_2O}{\rightleftharpoons}$$

$$H_3C-\underset{\underset{H}{|}}{\overset{\overset{OH}{|}}{C}}-CH_2-\overset{\overset{O}{\|}}{C}-H + OH^- \xrightarrow{脱水} CH_3-CH=CH-\overset{\overset{O}{\|}}{C}-H$$

含有 α-H 的酮也能发生类似的羟醛缩合反应，最后生成 α,β-不饱和酮。但比醛难。

当两种含有 α-H 的不同的醛或酮发生羟醛缩合反应时，由于交叉缩合的结果会得到四种产物的混合物，实际分离困难，实用意义不大。

羟醛缩合反应是一类非常重要的反应，是有机合成中增长碳链的重要方法之一，同时也可合成某些具有特殊结构要求的 α,β-不饱和醛酮。

3. 氧化还原反应

（1）氧化反应：由于醛的羰基碳原子上连有一个氢原子，不仅容易被高锰酸钾、铬酸等较强氧化剂氧化，也能被碱性弱氧化剂如托伦（Tollen）试剂、费林（Fehling）试剂等氧化为相应的羧酸。

1）托伦试剂（硝酸银的氨溶液）：醛与托伦试剂共热，$Ag(NH_3)_2^+$ 被还原为金属银析出，附着在洁净的试管壁上形成光亮的银镜，此反应又称为银镜反应。所有的醛都能发生银镜反应。

$$RCHO + 2Ag(NH_3)_2^+ + 2OH^- \xrightarrow{\triangle} RCOO^-NH_4^+ + 2Ag\downarrow + H_2O + 3NH_3$$

2）费林试剂（由硫酸铜和酒石酸钾钠的碱溶液混合而成）：脂肪醛与费林试剂共热，生成砖红色的氧化亚铜沉淀。

$$RCHO + Cu^{2+} \xrightarrow[\triangle]{OH^-} RCOO^- + Cu_2O\downarrow$$

甲醛可使费林试剂中的 Cu^{2+} 还原成单质的铜，其他脂肪醛可使费林试剂中的 Cu^{2+} 还原成氧化亚铜沉淀，但芳香醛很难与费林试剂反应。因此，可用费林试剂鉴别脂肪醛和芳香醛。

托伦试剂和费林试剂都为弱氧化剂，对醛分子中的羟基、碳碳不饱和键没有影响。例如：

$$CH_3CH=CHCHO \xrightarrow{\text{托伦试剂} \atop \text{或费林试剂}} CH_3CH=CHCOO^-$$

酮羰基碳原子上没有氢原子，所以一般氧化剂不能将酮氧化。因此可用托伦试剂、费林试剂来鉴别醛和酮。

酮遇强氧化剂如高锰酸钾、硝酸等则可被氧化而发生碳链断裂，反应结果是与羰基相连的碳碳键发生断裂，生成羧酸的混合物。

问题 8-4 利用简单的化学方法鉴别下列化合物。
（1）苯甲醛 （2）2-苯基丙醛 （3）α-苯基丙酮 （4）环戊酮

（2）还原反应：醛和酮在一定的条件下可以被还原生成醇或烃，所用的还原剂不同，生成的产物也不同。

1）催化氢化：醛、酮可以催化加氢分别被还原为伯醇和仲醇，常用的催化剂是镍、钯、铂。

$$\overset{\overset{\displaystyle O}{\|}}{R-C-R'(H)} + H_2 \xrightarrow{Ni} \overset{\overset{\displaystyle OH}{|}}{\underset{\underset{\displaystyle H}{|}}{R-C-R'(H)}}$$

催化氢化的选择性不强，分子中存在的碳碳不饱和键也会被还原。例如：

$$CH_3CH=CHCHO + H_2 \xrightarrow{Ni} CH_3CH_2CH_2CH_2OH$$

2）用金属氢化物还原：醛、酮可被金属氢化物如硼氢化钠（$NaBH_4$）或氢化铝锂（$LiAlH_4$）还原成相应的醇羟基，而分子中碳碳双键不受影响。硼氢化钠是一种温和的还原剂，一般在醇溶液或碱性水溶液中使用，氢化铝锂的还原性比硼氢化钠强。例如：

$$CH_3CH=CHCHO \xrightarrow{NaBH_4} CH_3CH=CHCH_2OH$$

$$CH_3(CH_2)_5CHO \xrightarrow[(2) H_3O^+]{(1) LiAlH_4, \text{乙醚}} CH_3(CH_2)_5CH_2OH$$

3）Clemmensen 还原：醛、酮与锌汞齐和浓盐酸回流，羰基能被还原成甲叉基，此反应称为Clemmensen 还原。

$$\overset{\overset{\displaystyle O}{\|}}{CH_3CH_2C-CH_3} \xrightarrow[\text{回流}]{Zn-Hg, \text{浓}HCl} CH_3CH_2CH_2CH_3$$

Clemmensen 还原只适用于对酸稳定的化合物。

4）Wolff-Kishner-黄鸣龙还原：对酸敏感而对碱稳定的羰基化合物，可以用二甘醇（$HOCH_2CH_2OCH_2CH_2OH$）为溶剂，将醛或酮与肼、浓碱在常压下一起加热，将羰基还原成甲叉基，这种方法称为 Wolff- Kishner-黄鸣龙还原。例如：

8.1.5 重要醛和酮

1. 甲醛 甲醛是醛类化合物中最简单的化合物,又叫蚁醛,是一种具有强烈刺激气味的无色气体,沸点$-21℃$,易溶于水。医用的福尔马林溶液为 40% 的甲醛水溶液。福尔马林可使蛋白质变性,故通常用作消毒剂和生物标本的防腐剂。

甲醛很容易发生聚合反应,如将甲醛的水溶液慢慢蒸发,就可以得到白色固体的三聚甲醛或多聚甲醛。福尔马林经久存放所生成的白色沉淀就是多聚甲醛。三聚甲醛加强酸或多聚甲醛加热即可解聚为甲醛。甲醛与氨作用可生成环状化合物乌洛托品。甲醛也可作为合成酚醛树脂、氨基塑料的原料。

甲醛是室内环境和食品的污染源之一,对人体健康有很大的影响,已被世界卫生组织确定为致癌和致畸型物质。

2. 苯甲醛 苯甲醛是一种具有杏仁香味的无色液体,沸点为 $178℃$,它可和糖类物质结合存在于杏仁、桃仁等许多果实的种子中,俗称苦杏仁油。它是合成多种香料、染料和药物的原料。

3. 丙酮 丙酮是最简单的酮类化合物,是一种具有特殊香味的无色液体,沸点为 $56℃$,极易溶于水,几乎能与所有有机溶剂混溶,也能溶解油脂、蜡、树脂和某些塑料等,故广泛用作溶剂,也是合成有机玻璃(聚甲基丙烯酸甲酯)和双酚 A 的原料。

糖尿病患者,由于糖代谢紊乱,体内常有过量丙酮产生,从尿中排出,在临床上可用亚硝酰铁氰化钠 $Na_2[Fe(CN)_5NO]$ 碱溶液的呈色反应或碘仿反应来检测。在尿液中滴加亚硝酰铁氰化钠和氨水溶液,如果有丙酮存在,溶液就呈现鲜红色。

4. 麝香酮 麝香酮化学名为 3-甲基环十五烷酮,分子式为 $C_{16}H_{30}O$,油状液体,具有麝香的特殊香味,微溶于水,能与乙醇互溶。麝香酮作为香料的重要组成成分,具有沉柔、令人愉快的强烈麝香香气,是不可多得的高级调香香料。同时,麝香酮还具有天然麝香的某些重要药理作用。在临床上可用来治疗冠心病,缓解心绞痛。

8.2 醌

8.2.1 醌的结构和命名

醌是一类含有环己二烯二酮结构的化合物,是一类特殊的 α, β-不饱和环状共轭二酮。苯醌是最简单的醌类化合物,苯醌有邻位和对位两种异构体,无间位苯醌。

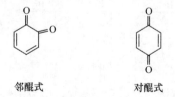

邻醌式　　　　　对醌式

醌的结构中虽然存在碳碳双键和碳氧双键的 π-π 共轭体系,但不同于芳香环的环状闭合共轭体系,没有芳香性。根据其骨架可分为:苯醌、萘醌、蒽醌和菲醌及其衍生物。

醌类化合物在自然界中分布广泛。例如,在辅酶 Q 中含有苯醌环,在维生素 K 中含有萘醌环,在茜素和大黄素中含有蒽醌环。醌类化合物通常都有颜色。如对苯醌为黄色晶体,邻苯醌为红色结晶,1,4-萘醌为挥发性黄色固体,蒽醌为黄色固体。醌类化合物存在于多种植物色素、染料及指示剂中。

醌类化合物是作为相应芳香烃的衍生物来命名的,命名时在"醌"字前加上芳基的名称,并标出羰基的位置。例如:

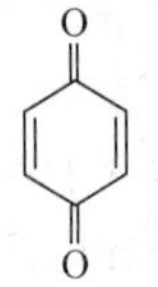

（以下为六个醌类结构及名称）

1, 4-苯醌（对苯醌）
(1, 4-benzoquinone)

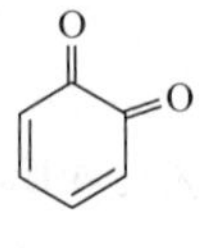

1, 2-苯醌（邻苯醌）
(1, 2-benzoquinone)

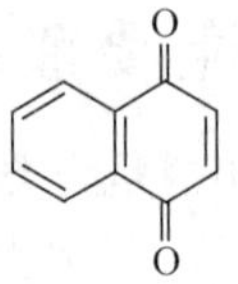

1, 4-萘醌（α-萘醌）
(1, 4-naphthoquinone)

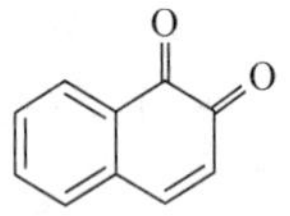

1, 2-萘醌（β-萘醌）
1, 2-naphthoquinone

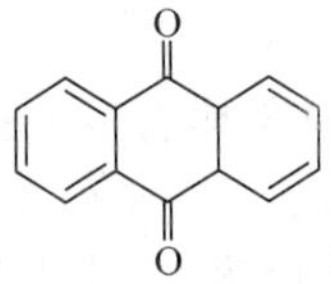

9, 10-蒽醌
9, 10-anthraquinone

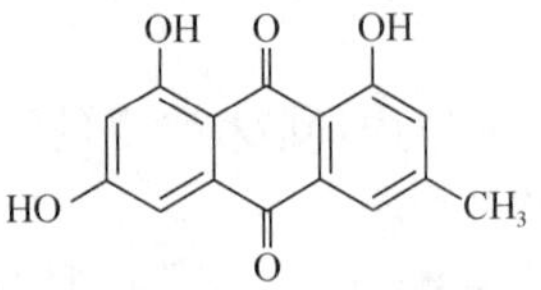

1, 3, 8-三羟基-6-甲基-9, 10-蒽醌
1, 3, 8-trihydroxy-6-methyl-9, 10-anthraquinone

8.2.2　醌的化学性质

醌类化合物具有烯烃和羰基化合物的典型性质，此外还可发生 1,4-加成反应，醌可通过氧化还原反应与二元酚相互转化。

1. 羰基的加成反应　醌中的羰基能与羰基试剂发生亲核加成反应。例如，对苯醌与羟胺反应，可生成单肟和二肟。

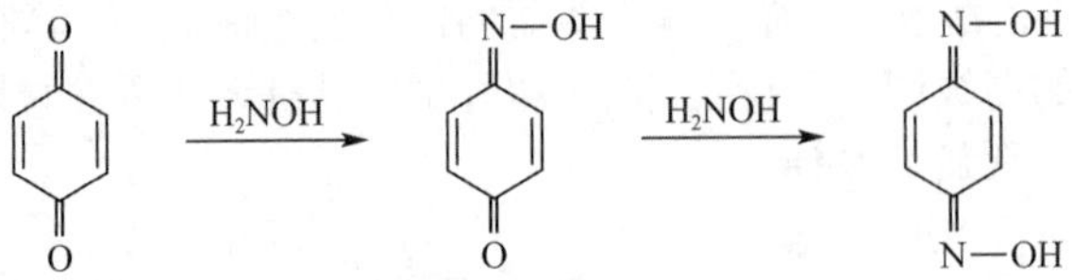

对苯醌单肟　　　　　对苯醌二肟

2. 烯键的加成反应　醌中的碳碳双键可以与卤素、卤化氢等试剂发生亲电加成反应，生成二溴或四溴化物。例如：

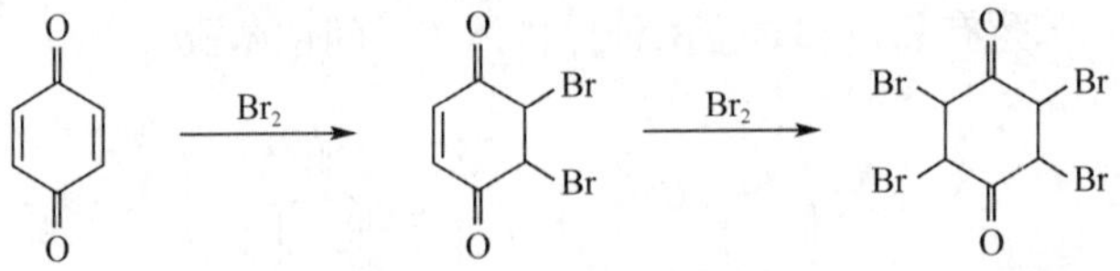

二溴化物　　　　　四溴化物

3. 1,4-加成反应　醌中碳碳双键与碳氧双键共轭，可与亲核试剂发生 1,4-加成反应。例如，对苯醌与 HCl 发生 1,4-加成，生成 2-氯-1,4-苯醌。

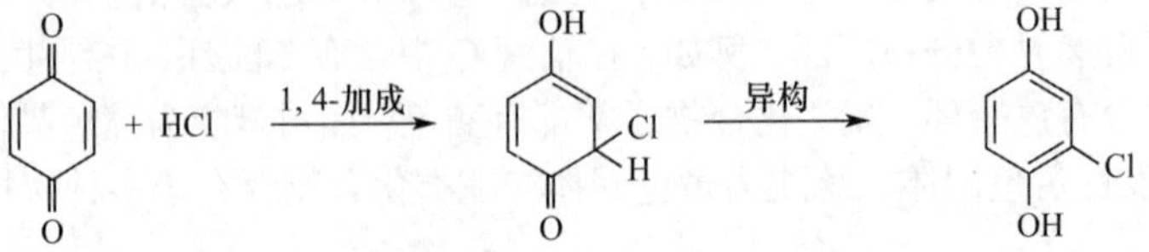

4. 还原反应　对苯醌在亚硫酸水溶液中很容易被还原为对苯二酚（又称氢醌），对苯二酚也容易被氧化为对苯醌。因此，二者可以通过还原与氧化反应相互转变。

对苯醌   对苯二酚（氢醌）

在电化学上，利用醌-氢醌之间的氧化还原性质制成氢醌电极，用来测定溶液的 pH。

在上述两个反应中，都会生成一个难溶于水的深绿色的稳定中间产物：醌氢醌。如将等量对苯醌和对苯二酚两种溶液混合，也能制成醌氢醌。醌氢醌的形成是由于对苯醌环中"缺少 π 电子"，而氢醌环中电子过剩，两者之间形成电荷转移配合物，同时分子中的氢键也能起到稳定作用。

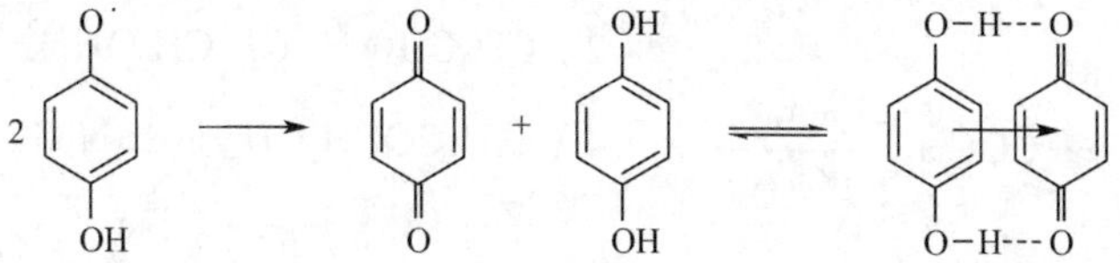

醌氢醌

这一反应在生物化学过程中具有重要意义。生物体内的氧化还原作用常是以脱氢或加氢的方式进行，在这一过程中，某些物质在酶的控制下所进行的氢的传递工作就是通过醌氢醌与氧化还原体系来实现。

8.2.3 重要的醌

1. 对苯醌 对苯醌是黄色晶体，熔点为 115.7℃，能随水蒸气蒸出，具有刺激性臭味，有毒，能腐蚀皮肤，能溶于醇和醚中。

2. α-萘醌和维生素 K α-萘醌又称 1,4-萘醌，是黄色晶体，熔点为 128.5℃，可升华，微溶于水，溶于乙醇和乙醚中，有刺鼻的气味。一些具有凝血作用的维生素的基本结构即含 α-萘醌构造，如维生素 K_1 和维生素 K_2。二者仅侧链有所不同。

维生素K_1 维生素K_2

维生素 K_1 为黄色油状液体，维生素 K_2 为黄色晶体。维生素 K_1 和维生素 K_2 广泛存在于自然界中，绿色植物（如苜蓿、菠菜等）、蛋黄、肝脏等含量丰富，可用作止血药。在研究维生素 K_1、维生素 K_2 及其衍生物的化学结构与凝血作用关系时发现，2-甲基-1,4-萘醌具有更强的凝血能力，称之为维生素 K_3，它是黄色晶体，熔点为 105~107℃，难溶于水，可溶于植物油或有机溶剂中。由于 2-甲基-1,4-萘醌难溶于水，所以在医药上常把它制成易溶于水的亚硫酸氢钠加成物——亚硫酸氢钠甲萘醌后使用。

习 题

8-1 命名下列化合物。

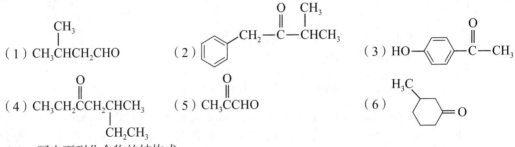

（1）CH_3CHCH_2CHO
　　　$\underset{\displaystyle CH_3}{|}$

（2）

（3）$HO\!-\!\!\!\langle\!\!\!\rangle\!\!\!-\!\overset{\displaystyle O}{\overset{\|}{C}}\!-\!CH_3$

（4）$CH_3CH_2\overset{\displaystyle O}{\overset{\|}{C}}CH_2\underset{\displaystyle CH_2CH_3}{\overset{\displaystyle |}{CH}}CH_3$

（5）$CH_3\overset{\displaystyle O}{\overset{\|}{C}}CHO$

（6）

8-2　写出下列化合物的结构式。

（1）2,2-二甲基丙醛　　　　（2）对苯二甲醛　　　　（3）邻羟基苯甲醛

（4）二苯甲酮　　　　　　　（5）戊-2,4-二酮　　　　（6）乙基环己基甲酮

8-3　写出下列反应的主要产物。

（1）$CH_3CHO \xrightarrow[\text{NaOH}]{\text{I}_2}$

（2）$CH_3CHO + CH_3CH_2OH \xrightarrow{\text{干燥 HCl}}$

（3）$H_3CO\!-\!\!\!\langle\!\!\!\rangle\!\!\!-\!COCH_3 \xrightarrow[\text{HCl},\triangle]{\text{Zn-Hg}}$

（4）$C_6H_5COCH_2CH_3 + H_2NNH\!-\!\!\!\langle\!\!\!\rangle\!\!\!-\!NO_2 \longrightarrow$
　　　　　　　　　　　　　　　　　　　　　　　$\underset{\displaystyle O_2N}{}$

（5）$CH_3\!-\!\overset{\displaystyle O}{\overset{\|}{C}}\!-\!CH_2CH_3 + NaHSO_3 \longrightarrow$

8-4　将下列羰基化合物按发生亲核加成反应由难到易顺序排列。

（1）$HCHO$、$C_6H_5COCH_3$、CH_3CHO、C_6H_5CHO、$C_6H_5COC_6H_5$

（2）$CH_3CHClCHO$、CH_3CCl_2CHO、CH_3CH_2CHO、CH_2ClCH_2CHO、CH_3CHO

8-5　指出下列各化合物中哪些可以与亚硫酸氢钠加成，哪些可以发生碘仿反应。

（1）苯乙酮　　　　　　（2）丁-2-酮　　　　　（3）2-羟基丙醛　　　　（4）戊-3-醇

（5）3-甲基丁-2-醇　　（6）环己酮　　　　　（7）乙醛　　　　　　（8）苯甲醛

8-6　写出下列化合物的结构式并用简便的化学方法鉴别下列各组化合物。

（1）乙醛、苯甲醛、苯乙酮、1-苯丙-2-酮

（2）丁-2-醇、丁-2-酮、乙醛、苯甲醛

8-7　某未知化合物 A，托伦试验呈阳性，产生银镜。A 与乙基溴化镁反应随即加稀酸得化合物 B，分子式为 $C_6H_{14}O$，B 经浓 H_2SO_4 处理得化合物 C，分子式为 C_6H_{12}，C 与臭氧反应并接着在 Zn 存在下与水作用，得到丙醛和丙酮两种产物。试写出 A、B、C 的结构。

8-8　某化合物 A（$C_5H_{12}O$），氧化后得 B（$C_5H_{10}O$）。B 能与 2,4-二硝基苯肼反应，并与碘的碱溶液共热时生成黄色沉淀。A 与浓 H_2SO_4 共热得 C（C_5H_{10}），C 能被酸性 $KMnO_4$ 氧化得乙酸（CH_3COOH）和丙酮，试推断 A、B、C 的结构。

（李艳娟）

第9章 羧酸和取代羧酸

分子中含有羧基（carboxyl group，—COOH）的化合物称为羧酸（carboxylic acid）。取代羧酸（substituted carboxylic acid）是羧酸分子中烃基上的氢原子被其他原子或基团取代后得到的化合物。常见的取代羧酸有羟基酸、酮酸、卤代酸和氨基酸等。取代羧酸除具有羧酸的性质、取代官能团的性质外，还具有取代官能团和羧基相互作用所产生的一些特殊性质。羧酸和取代羧酸常以游离态、盐或酯的形式广泛存在于自然界，许多羧酸及取代羧酸参与动植物体的生命活动，是植物代谢的中间产物；有些具有强烈的生物活性；大多也是工农业生产的重要原料。

本章主要讨论羧酸、羟基酸和酮酸的结构、命名、主要化学性质及其在医药领域中的应用。氨基酸将在第 15 章中加以介绍。

9.1 羧 酸

9.1.1 羧酸的结构、分类和命名

1. 羧酸的结构 羧基是羧酸的官能团，羧基中的碳原子及氧原子均采取 sp^2 杂化，形成的 3 个杂化轨道分别与羰基氧原子、羟基氧原子和一个烃基的碳（或氢）原子以 σ 键相结合，这 3 个键在同一个平面上的，键角约为 120°。羰基碳原子上还有一个未杂化 p 轨道，与羰基氧原子上的 p 轨道重叠形成 π 键，羟基氧原子上的孤对电子与 π 键形成 p-π 共轭体系。其结构如图 9-1 所示。

由于 p-π 共轭，羧基的键长趋于平均化。例如，甲酸分子中 C＝O 的键长为 123pm，略长于正常羰基的键长 122pm，C—O 的键长 136pm，比醇中 C—O 的键长 143pm 变短；在甲酸钠晶体中，两个碳氧键的键长均为 127pm，键长完全平均化，说明羧基负离子中 p-π 共轭作用更强，负电荷平均分散到两个氧原子上，羧酸负离子较稳定。如图 9-2 所示。

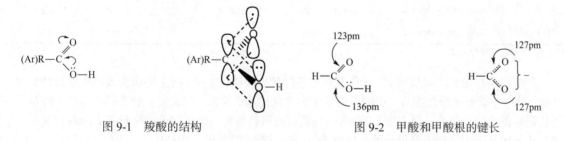

图 9-1 羧酸的结构　　　　　　　　图 9-2 甲酸和甲酸根的键长

2. 分类 根据分子中与羧基相连的烃基种类的不同，羧酸可分为脂肪酸、脂环酸和芳香酸；依据分子中羧基数目不同，分为一元酸、二元酸和多元酸；按照烃基的饱和程度不同，分为饱和羧酸和不饱和羧酸；不饱和羧酸又可分为烯酸和炔酸。例如：

CH₃COOH	HOOCCOOH	〇—COOH	H—C=C—COOH（HOOC，H）
脂肪酸	脂肪酸	芳香酸	不饱和脂肪酸
一元酸	二元酸	一元酸	二元酸

3. 命名 一些常见的羧酸大多根据其来源而用俗名。例如，甲酸最初是从蚂蚁蒸馏液中分离得到，故称蚁酸，从酿制醋中得到的乙酸称为醋酸。一些常见羧酸的俗名参见表 9-1。

表 9-1　一些常见羧酸的物理常数

名称	结构式	沸点/℃	熔点/℃	溶解度 /（g/100ml 水）	pK$_a$（25℃）
甲酸（蚁酸，formic acid）	HCOOH	100.5	8.4	∞	3.77
乙酸（醋酸，acetic acid）	CH$_3$COOH	117.9	16.6	∞	4.76
丙酸（初油酸，propionic acid）	CH$_3$CH$_2$COOH	141	−20.8	∞	4.78
丁酸（酪酸，butyric acid）	CH$_3$(CH$_2$)$_2$COOH	163.5	−4.3	∞	4.81
戊酸（缬草酸，pentanoic acid）	CH$_3$(CH$_2$)$_3$COOH	186	−33.8	～5	4.82
己酸（羊油酸，hexanoic acid）	CH$_3$(CH$_2$)$_4$COOH	205	−2	0.96	4.83
庚酸（毒水芹酸，heptanoic acid）	CH$_3$(CH$_2$)$_5$COOH	223.5	−11		4.89
辛酸（羊脂酸，octanoic acid）	CH$_3$(CH$_2$)$_6$COOH	237	16	0.07	4.85
十六酸（软脂酸，palmitic acid）	CH$_3$(CH$_2$)$_{14}$COOH	269/（0.01MPa）	62.9	不溶	
十八酸（硬脂酸，stearic acid）	CH$_3$(CH$_2$)$_{16}$COOH	287/（0.01MPa）	69.9	不溶	
丙烯酸（败脂酸，acrylic acid）	CH$_2$=CHCOOH	141	13	∞	4.26
3-苯基丙烯酸（肉桂酸，3-phenyl propenoic acid）	C$_6$H$_5$CH=CHCOOH		133	不溶	4.44
乙二酸（草酸，oxalic acid）	HOOC—COOH	>157（升华）	189.5	8.6	1.27* 4.27**
丙二酸（缩苹果酸，malonic acid）	HOOCCH$_2$COOH		135	73.5	2.85* 5.70**
丁二酸（琥珀酸，succinic acid）	HOOC(CH$_2$)$_2$COOH	235（失水）	185	5.8	4.21* 5.64**
苯甲酸（安息香酸，benzoic acid）	C$_6$H$_5$COOH	249	122.4	0.34	4.20
苯乙酸（benzenoic acid）	C$_6$H$_5$CH$_2$COOH	265.5	77	1.66	4.28
邻-甲基苯甲酸（o-methylbenzoic acid）	o-CH$_3$C$_6$H$_4$COOH	259	106	1.2	3.89
间-甲基苯甲酸（m-methylbenzoic acid）	m-CH$_3$C$_6$H$_4$COOH	263	112	1.0	4.28
对-甲基苯甲酸（p-methylbenzoic acid）	p-CH$_3$C$_6$H$_4$COOH	275	180	0.3	4.35

*表示 pK$_{a1}$；**表示 pK$_{a2}$

　　羧酸的系统命名法与醛相似。选择含有羧基的最长碳链作主链，按主链所含碳原子数目命名为某酸，从羧基碳原子开始编号，用阿拉伯数字标明取代基的位次。二元酸一般选择含有两个羧基的最长碳链做主链，称为"某二酸"。命名一些简单的脂肪酸时，也可用希腊字母来表示取代基的位次，从与羧基碳相邻的碳原子开始，依次为 α、β、γ 等希腊字母。例如：

脂肪族

CH$_3$CHCOOH
      |
     CH$_3$
2-甲基丙酸（α-甲基丙酸）
2-methylpropanoic acid

CH$_3$CHCH$_2$COOH
      |
     Br
3-溴丁酸（β-溴丁酸）
3-bromobutyric acid

H$_2$C=CHCOOH
丙烯酸
crylic acid

COOH
|
COOH
乙二酸（草酸）
ethanedioic acid (oxalic acid)

CH$_2$COOH
|
CH$_2$COOH
丁二酸（琥珀酸）
butanedioic acid (succinic acid)

顺丁烯二酸（马来酸）
cis-butenedioic (maleic acid)

脂环族

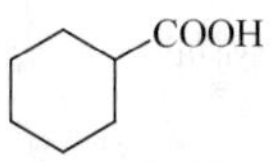

环己（烷）甲酸
cyclohexanecarboxylic acid

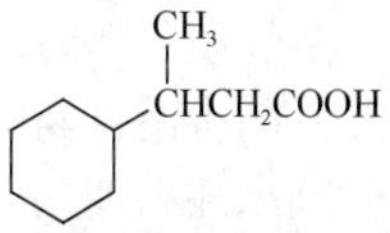

3-环己基丁酸
3-cyclohexylbutanoic acid

芳香族

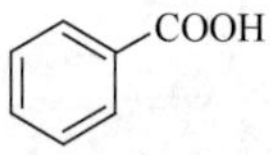

苯甲酸（安息香酸）
benzoic acid

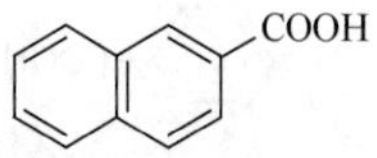

2-萘甲酸（β-萘甲酸）
2-naphthoic acid

问题 9-1 命名下列化合物。

（1）CH₃CH₂CHCH₂COOH
　　　　　　 |
　　　　　　CH₃

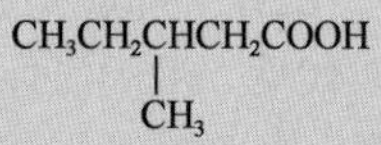

（2）

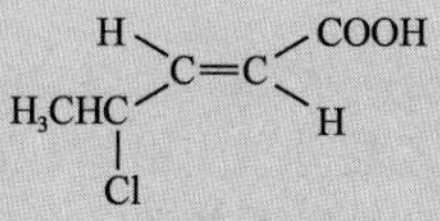

（3）

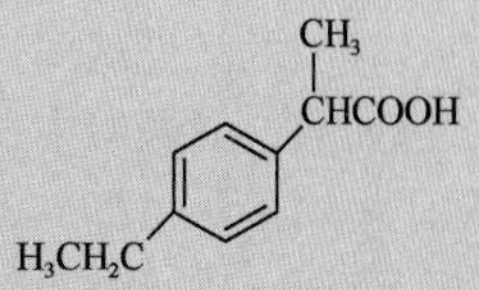

问题 9-2 写出下列化合物的结构式。
（1）2-正丁基丁-3-烯酸　　（2）琥珀酸（丁二酸）　　（3）软脂酸（十六酸）

9.1.2　羧酸的物理性质

在常温下，甲酸、乙酸、丙酸是具有刺激性气味的液体，$C_1\sim C_9$ 的直链饱和一元羧酸是有腐败气味的油状液体，C_{10} 及以上的羧酸为无味石蜡状固体。脂肪族二元酸和芳香酸都是结晶形固体。羧基可与水分子形成氢键，所以低碳数羧酸如甲酸、乙酸、丙酸能与水混溶，随着碳链的增长，水溶性逐渐减小，C_6 以上的羧酸则难溶于水而易溶于有机溶剂。

饱和一元羧酸的沸点随着相对分子质量的增加而升高。两个羧酸分子之间能形成两个氢键，即使在气态时，羧酸也是双分子缔合，形成二聚体。因此，羧酸的沸点比相对分子质量相近的其他有机物如醇、醛或酮等都高。一些常见羧酸的物理常数见表 9-1。

9.1.3　羧酸的化学性质

羧酸的化学性质主要表现在官能团羧基及受其影响的 α-H 原子上。受羧基中 p-π 共轭的影响，羧基碳原子的正电性降低，从而使羧基中碳氧双键活性降低，发生亲核加成反应的活性不及醛、酮；羧基中的羟基氢原子活性较醇羟基氢原子活性大而显酸性。另因羧基的吸电子作用，羧酸中的 α-H 具有一定活性而易发生取代反应。羧酸发生化学反应的主要部位及反应类型如下所示：

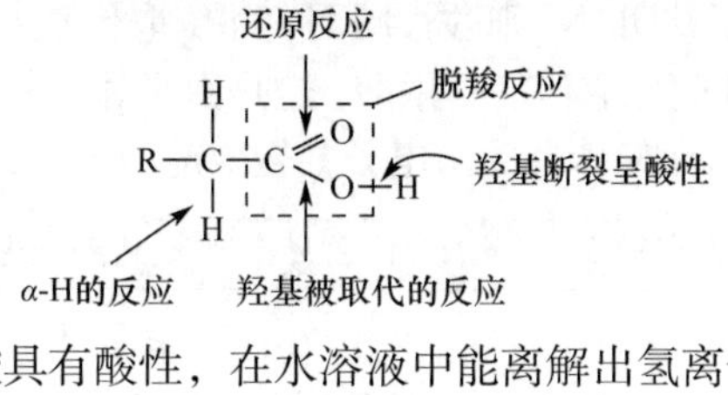

1. 酸性及成盐反应　羧酸具有酸性，在水溶液中能离解出氢离子和羧酸根负离子：

$$RCOOH \rightleftharpoons RCOO^- + H^+$$

羧基上的氢原子解离后，氧原子上的负电荷可通过 p-π 共轭效应平均分布在羧酸根的 3 个原子上，这种电荷分散使羧酸根能量降低而稳定，所以羧基上的氢原子易解离，导致其水溶液显酸性，常见一元羧酸的 pK_a 值为 3～5，比碳酸的酸性强，但仍为弱酸。羧酸通常与碱作用生成羧酸盐。

羧酸盐具有盐的一般性质，其钠、钾和铵盐能溶于水，一般不易溶于有机溶剂。在制药工业上利用此性质，将含有羧基的难溶性药物制成易溶的盐。例如，水溶性极差的青霉素 G 常制成易溶于水的钾盐或钠盐，供临床注射使用。

羧酸既溶于 NaOH 也溶于 NaHCO₃，酚能溶于 NaOH，但不溶于 NaHCO₃。利用这一性质，可以鉴别羧酸和苯酚。在羧酸盐水溶液中加入无机强酸时，可使难溶于水的羧酸又游离出来，以此用来分离和提纯羧酸，也可用于从动植物体中提取含羧基的有效成分等。

$$\text{C}_6\text{H}_5{-}\text{COOH} + \text{NaHCO}_3 \longrightarrow \text{C}_6\text{H}_5{-}\text{COONa} + \text{CO}_2\uparrow + \text{H}_2\text{O}$$

问题 9-3 请设计一合理方案来分离和鉴别苯甲酸、苯甲醇、对甲苯酚。

羧酸的酸性强弱与羧基相连的基团的性质有关，连有卤素、羟基、羧基、硝基等吸电子基团时，羧基电子云密度降低，羧酸的酸性增强；反之，当羧基连有给电子基团如烷基时，羧基电子云密度升高，羧酸的酸性减弱。

脂肪族一元羧酸中，甲酸的酸性最强。从乙酸开始，由于烷基的给电子效应，随着碳链的增长，给电子基团个数增加，其酸性减弱。当乙酸分子中甲基上的氢被氯原子取代后，由于氯原子的吸电子诱导效应，其酸性增强。氯代乙酸的酸性随着氯原子数目的增加而增强。当氯原子与羧基之间的碳链增长时，诱导效应迅速减弱，相应的氯代酸的酸性也随之减弱。表示羧酸酸性强弱的 pK_a 如下：

$$\text{HCOOH} > \text{CH}_3\text{COOH} > \text{CH}_3\text{CH}_2\text{COOH} > (\text{CH}_3)_2\text{CHCOOH} > (\text{CH}_3)_3\text{CCOOH}$$

pK_a　3.77　4.76　4.78　4.87　5.05

$$\text{CH}_3\text{COOH} < \text{ClCH}_2\text{COOH} < \text{Cl}_2\text{CHCOOH} < \text{Cl}_3\text{CCOOH}$$

pK_a　4.76　2.87　1.36　0.63

$$\text{CH}_3\text{CH}_2\underset{|}{\overset{}{\text{C}}}\text{HCOOH} > \text{CH}_3\underset{|}{\overset{}{\text{C}}}\text{HCH}_2\text{COOH} > \underset{|}{\overset{}{\text{C}}}\text{H}_2\text{CH}_2\text{CH}_2\text{COOH}$$
　　　　Cl　　　　Cl　　　　Cl

pK_a　2.86　4.06　4.52

二元羧酸的酸性与两个羧基的相对距离及空间位置有关。二元羧酸离解是分两步进行的，第一步电离受另一个羧基–I 效应的影响，两个羧基相距越近影响越大，因此二元羧酸的酸性一般大于相应一元羧酸。例如，草酸的 pK_{a1}=1.27，其酸性比磷酸的 pK_{a1}=1.59 还强。电离后的酸根负离子对第二个羧基有+I 效应，因此第二个羧基上氢原子比较难离解，所以低碳数二元酸的 $pK_{a2}>pK_{a1}$。例如，草酸的 pK_{a1}=1.46，pK_{a2}=4.46。

苯环大 π 键能与羧基形成共轭体系，使电子云向羧基偏移，不利于氢离子的解离，使得苯甲酸的酸性比饱和脂肪族一元羧酸强，但比甲酸弱。当苯甲酸苯环上引入取代基后，其酸性与取代基的种类、位置以及立体效应相关。当羧基的对位连有硝基、卤素原子等吸电子基团时，酸性增强，而对位连有甲基、甲氧基等给电子基团时，则酸性减弱；邻位取代基（氨基除外）都使苯甲酸的酸性增强，且酸性都强于对位取代和间位取代的苯甲酸。这是由于邻位基团的存在造成空间拥挤而使羧基与苯环的共平面性被削弱，从而使苯环的给电子共轭效应减弱，因此酸性较强。

问题 9-4 试解释邻羟基苯甲酸的酸性比对羟基苯甲酸的酸性强。

2. 羧酸衍生物的生成 羧酸分子中羧基上的羟基在一定条件下可以被卤素原子、酰氧基、烷氧基和氨基等取代，分别生成酰卤、酸酐、酯和酰胺等羧酸衍生物。

（1）酰卤的生成：羧酸与 PX₃、PX₅、SOCl₂（氯化亚砜）作用则生成酰卤。例如：

$$\text{H}_3\text{C}{-}\overset{\text{O}}{\underset{}{\overset{\|}{\text{C}}}}{-}\text{OH} + \text{PCl}_3 \xrightarrow{\text{回流}} \text{H}_3\text{C}{-}\overset{\text{O}}{\underset{}{\overset{\|}{\text{C}}}}{-}\text{Cl} + \text{H}_3\text{PO}_3$$

乙酰氯

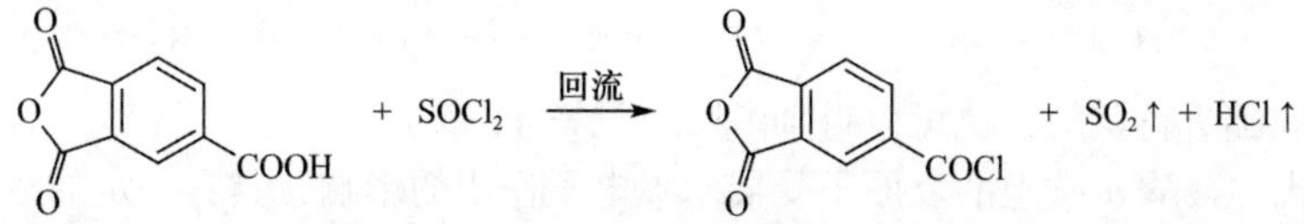

偏苯三酸酐酰氯（90%～98%）

$SOCl_2$ 是制备酰氯常用的试剂，该反应的副产物 SO_2 和 HCl 都是气体，$SOCl_2$ 的沸点为 75℃，反应后过量的 $SOCl_2$ 以及副产物很容易通过蒸馏的方法除去，得到的酰氯纯度较高。

（2）酸酐的生成：除甲酸在脱水时生成 CO 外，其他羧酸在脱水剂（如 P_2O_5 等）的作用下加热脱水，均生成酸酐。乙酐能较迅速地与水反应，生成乙酸，而乙酸的沸点低，易于蒸馏除去，因此，常用乙酐为脱水剂来制备高级酸酐。例如：

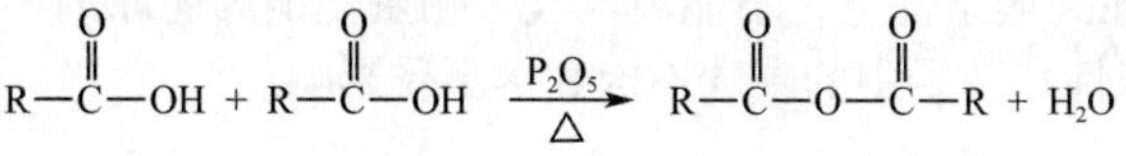

乙酐（脱水剂）

（3）酯的生成：羧酸与醇在酸催化作用下生成酯。

$$RCOOH + R'OH \overset{H^+}{\rightleftharpoons} RCOOR' + H_2O$$

酯化反应是可逆反应，为了提高产率，可增加某种反应物的浓度或及时蒸出反应生成的酯或水，使平衡向生成物方向移动。

酯化反应可按如下两种方式进行：

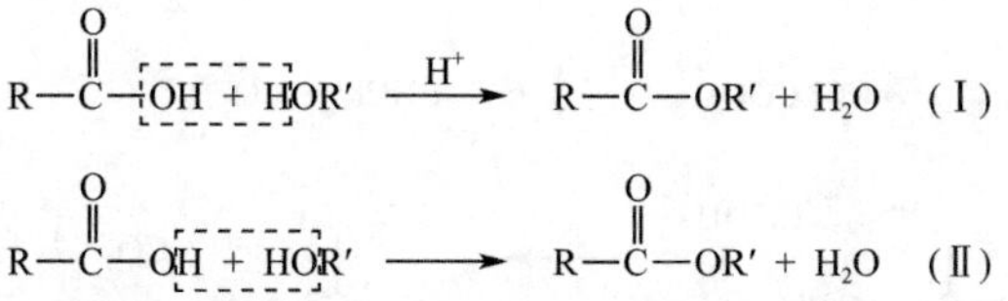

用 ^{18}O 标记伯醇或大多数仲醇（$R^{18}OH$）与羧酸发生酯化反应时，生成的水分子中不含 ^{18}O，标记氧原子保留在酯中，这说明反应是按（Ⅰ）的方式进行；

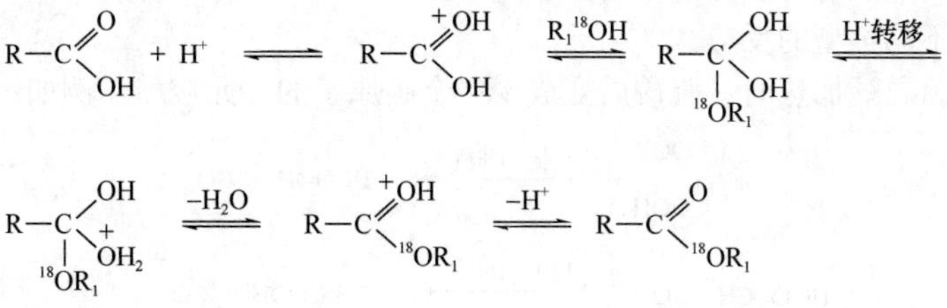

而羧酸与叔醇发生酯化反应时，按（Ⅱ）的方式进行，是羧酸发生氧氢键断裂，醇发生烷氧键断裂。

其反应机理如下：

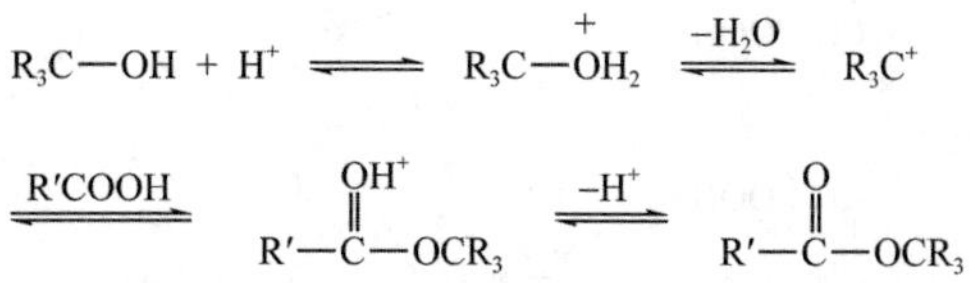

（4）酰胺的生成：羧酸与氨气、碳酸铵或有机胺等反应生成羧酸铵盐，铵盐热解失水而生成酰胺。

$$CH_3COOH + NH_3 \longrightarrow CH_3COONH_4 \stackrel{\triangle}{\rightleftharpoons} CH_3CONH_2 + H_2O$$

酰卤、酸酐和酯进行氨解，也可以得到酰胺（见第 11 章）。

3. α-氢被取代 羧酸 α-碳上的氢原子受羧基吸电子作用的影响，具有一定的活性，但羧基 p-π 共轭使羰基的极性下降，α-H 的活性较醛酮大大降低，难以直接卤代。

羧酸的 α-H 可在少量红磷或 PX$_3$ 等催化剂存在下，被溴或氯取代生成卤代酸。如果卤素过量可生成 α，α-二卤代酸或 α，α，α-三卤代酸。α-卤代酸很活泼，常用来制备 α-羟基酸和 α-氨基酸。

$$RCH_2COOH + Br_2 \xrightarrow[\triangle]{P} \underset{Br}{RCHCOOH} \xrightarrow[P, \triangle]{Br_2} \underset{Br}{\overset{Br}{RCCOOH}}$$

4. 还原反应 羧酸在一般条件下，不能被氢气、硼氢化钠等还原剂还原，但能被氢化铝锂还原成醇，具有较好的选择性，分子中的碳碳不饱和键不受影响。

$$RCH_2CH{=}CHCOOH \xrightarrow{LiAlH_4} RCH_2CH{=}CHCH_2OH$$

5. 脱羧反应 羧酸分子失去羧基放出二氧化碳的反应称为脱羧反应（decarboxylation）。饱和一元酸对热稳定，通常不发生脱羧反应，但在特殊条件下，如羧酸钠与碱石灰共热，也可发生脱羧反应。例如，无水醋酸钠和碱石灰（NaOH-CaO）混合后加强热生产甲烷，是实验室制备甲烷的方法之一。

$$CH_3COOH + NaOH \xrightarrow[\triangle]{NaOH-CaO} CH_4 + Na_2CO_3$$

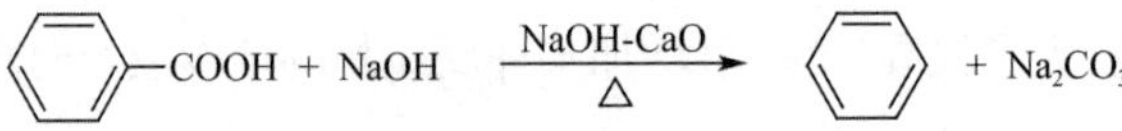

当一元羧酸的 α-碳上连有吸电子基团（如硝基、卤素、酰基、氰基和不饱和键等）时，脱羧较容易进行，例如：

$$CCl_3COOH \xrightarrow{\triangle} CHCl_3 + CO_2 \uparrow$$

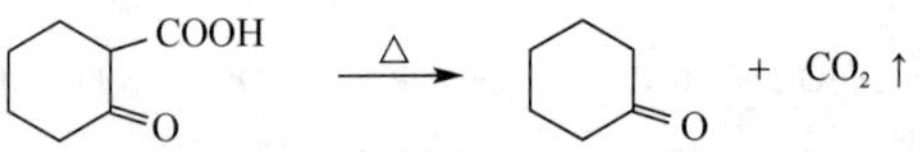

6. 二元羧酸的热解反应 脂肪族二元羧酸除能发生一元羧酸的化学反应外，对热比较敏感，单独加热或与脱水剂共热时容易分解，随着两个羧基的相对距离的不同，相互影响也不一样，因此加热时将发生以下不同类型的反应。

（1）乙二酸和丙二酸加热时，脱羧后变成少一个碳原子的一元羧酸。例如：

$$\underset{COOH}{\overset{COOH}{|}} \xrightarrow{160\sim180℃} HCOOH + CO_2 \uparrow$$

$$HOOCCH_2COOH \xrightarrow{140\sim160℃} CH_3COOH + CO_2 \uparrow$$

（2）丁二酸和戊二酸加热时，分子内失水变成相同碳原子的环酐。例如：

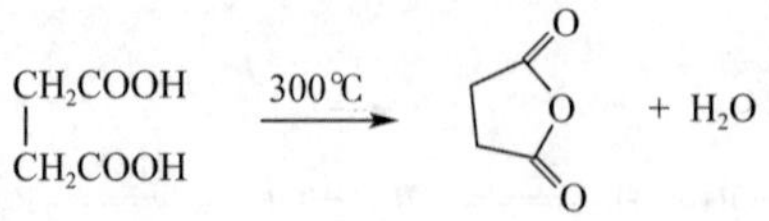

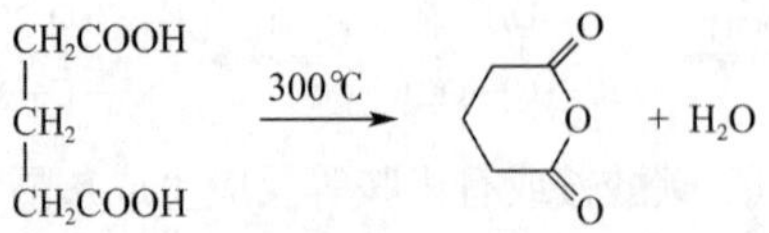

（3）己二酸和庚二酸加热时，分子内既失去水又脱羧，变成少 1 个碳原子的环酮。例如：

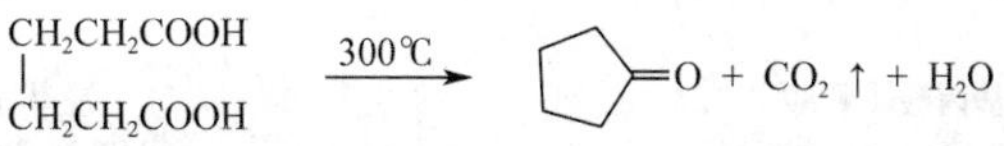

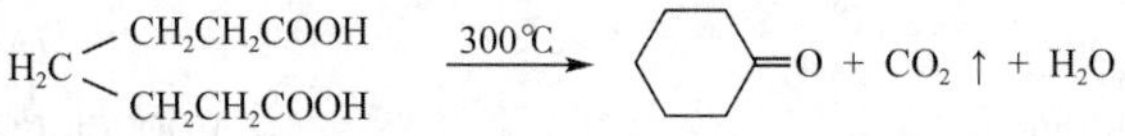

$$\begin{array}{c}CH_2CH_2COOH\\|\\CH_2CH_2COOH\end{array} \xrightarrow{300℃} \text{环戊酮} = O + CO_2\uparrow + H_2O$$

$$H_2C\begin{array}{c}CH_2CH_2COOH\\CH_2CH_2COOH\end{array} \xrightarrow{300℃} \text{环己酮} = O + CO_2\uparrow + H_2O$$

（4）大于 7 个碳原子的直链二元羧酸加热时产生高分子的聚酯。

问题 9-5　完成下列反应。

（1）环状COOH COOH $\xrightarrow{\triangle}$　（2）苯环COOH COOH $\xrightarrow{\triangle}$

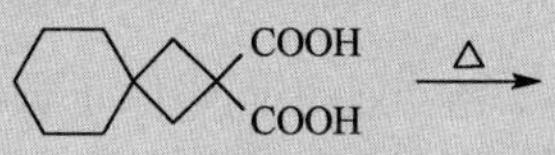

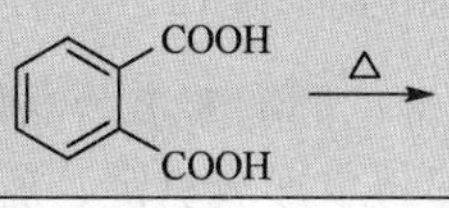

9.1.4　重要的羧酸

1. 甲酸　甲酸俗名蚁酸，是 17 世纪在红蚂蚁体内发现的。它是有刺激性气味的无色液体，有腐蚀性，可溶于水、乙醇和甘油。甲酸的结构比较特殊，分子中羧基和氢原子直接相连，它既有羧基结构，又具有醛基结构，因此，它既具有酸性又有还原性，能与托伦试剂发生银镜反应，也能使高锰酸钾溶液褪色，这些性质常用于甲酸的鉴别。

2. 乙酸　乙酸俗名醋酸，是食醋的主要成分，一般食醋中含乙酸 6%～8%（质量分数）。乙酸也是有刺激性气味的无色液体。无水乙酸在 16.6℃以下很容易凝结成冰状固体，故常把无水乙酸称为冰醋酸。乙酸能与水以任何比例混溶，也可溶于乙醇、乙醚和其他有机溶剂。乙酸是重要的化工及制药原料，可用于合成乙酐、乙酸酯、醋酸纤维等。乙酸和乙酸酯还广泛用作溶剂和香料。

3. 苯甲酸　苯甲酸俗称安息香酸，是白色晶体，易升华，微溶于水，可溶于热水。苯甲酸是重要的有机合成的原料，可以合成染料、香料、药物等。苯甲酸具有抑菌防腐的能力，可作防腐剂，也可外用。

9.2　取代羧酸

取代羧酸属于多官能团化合物，分子中既有羧基，又有其他官能团，在化学性质上不仅有每一种官能团的典型反应，还有因分子中不同官能团之间相互影响而产生的一些特殊性质。本节主要讨论羟基酸和酮酸。

9.2.1　羟基酸

羧酸分子中烃基上的氢原子被羟基取代后的化合物称为羟基酸（hydroxy acid）。羟基连接在脂肪烃基上的羟基酸称为醇酸（alcoholic acid），羟基连接在苯环上的羟基酸称为酚酸（phenolic acid）。

1. 醇酸

（1）醇酸的分类和命名：根据羟基和羧基的相对位置不同，醇酸分为 α-羟基酸、β-羟基酸、γ-羟基酸等。醇酸的系统命名是以羧酸作为母体，羟基作为取代基，并用阿拉伯数字或希腊字母 α、β、γ……等表明羟基的位置。一些来自自然界的醇酸多用俗名。例如：

$$CH_3CHCOOH$$
$$|$$
$$OH$$

$$HOOCCHCH_2COOH$$
$$|$$
$$OH$$

α-羟基丙酸或2-羟基丙酸（乳酸）
α-hydroxypropionicacid (lactic acid)

羟基丁二酸（苹果酸）
hydroxysuccinic acid (malic acid)

$$OH$$
$$|$$
$$HOOCCHCHCOOH$$
$$|$$
$$OH$$

$$OH$$
$$|$$
$$HOOCCH_2CCH_2COOH$$
$$|$$
$$COOH$$

2, 3-二羟基丁二酸（酒石酸）
2, 3-dihydroxybutanedioic acid (tartaric acid)

2-羟基丙烷-1, 2, 3-三甲酸（柠檬酸或枸橼酸）
2-hydroxy-propane-1, 2, 3-tricarboxylic acid (citric acid)

（2）醇酸的物理性质：常见的醇酸多为晶体或黏稠的液体，熔点比相同碳原子数的羧酸高，由于分子中的羟基和羧基都与水形成氢键，所以醇酸在水中的溶解度比相应的醇或羧酸都大，低碳数的醇酸可与水混溶，在乙醚中溶解度则较小。大多数醇酸因含手性碳原子而具有旋光性（表 9-2）。

表 9-2 重要醇酸的物理性质

名称	熔点/℃	比旋光度$[\alpha]_D^t$	溶解度/（g/100ml 水）	pK_a（25℃）
（±）-乳酸（lactic acid）	18	0	∞	3.87
（+）-苹果酸（malic acid）	100	+2.3°	∞	3.40☆
（−）-苹果酸（malic acid）	100	−2.3°	∞	3.40☆
（±）-苹果酸（malic acid）	128.5	0	144	3.40☆
（+）-酒石酸（tartaric acid）	170	+15°	168～170	2.95☆
（−）-酒石酸（tartaric acid）	170	−15°	168～170	2.95☆
meso-酒石酸（meso-tartaric acid）	146～148	0	140	3.11☆
（±）-酒石酸（tartaric acid）	206	0	206	2.96☆
柠檬酸（citric acid）	153	0	133	3.15☆

注：标"☆"的数据为 pK_{a1} 值

（3）醇酸的化学性质

1）酸性：在醇酸分子中，由于醇羟基的吸电子诱导效应，增强了羧基的酸性。由于诱导效应随传递距离的增长而减弱，因此醇酸的酸性随着羟基与羧基距离的增加而减弱。例如：

	$CH_3CHOHCOOH$	$HOCH_2CH_2COOH$	CH_3CH_2COOH
pK_a	3.87	4.51	4.88

2）脱水反应：醇酸由于分子中羟基和羧基的相互影响，加热时易发生脱水反应，其脱水方式因羟基和羧基的相对位置不同而异，生成不同的产物。

α-醇酸受热时，两个分子间的羧基和羟基交叉脱水，形成六元环的交酯。例如：

β-醇酸中的 α-氢原子同时受到羟基和羧基的影响，比较活泼，受热时容易与 β-碳原子上的羟基结合，发生分子内脱水生成 α, β-不饱和羧酸。例如：

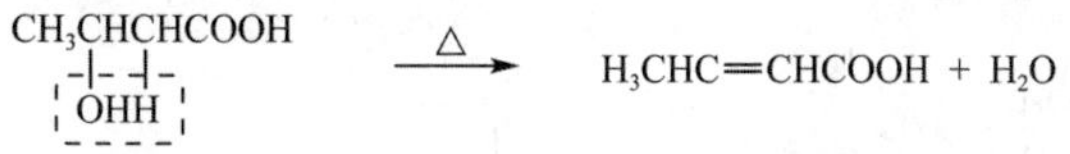

$$CH_3CHCHCOOH \xrightarrow{\triangle} H_3CHC=CHCOOH + H_2O$$

β-羟基丁酸　　　　　　　　　　　　　　　2-丁烯酸

γ-醇酸和 δ-醇酸易发生分子内脱水，分别生成五元和六元环状结构的内酯。例如：

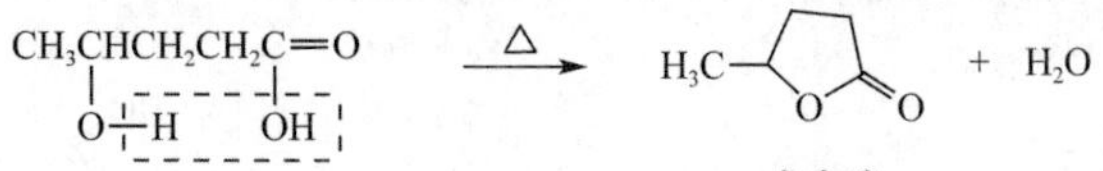

$$CH_3CHCH_2C=O \xrightarrow{\triangle} \quad + H_2O$$

γ-戊内酯

$$CH_2CH_2CH_2C=O \xrightarrow{\triangle} \quad + H_2O$$

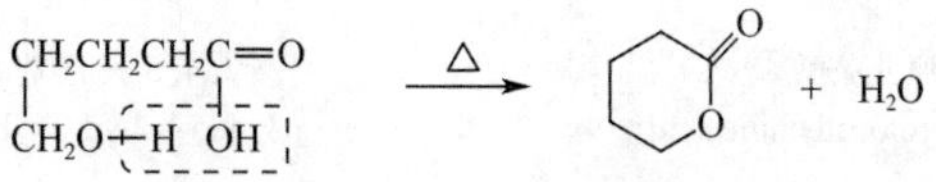

δ-戊内酯

γ-醇酸极易发生分子内脱水，在室温下，分子内脱去一分子水而生成内酯（lactone）。因此很难得到游离的 γ-醇酸，只有加碱开环成盐后，γ-醇酸才能成为稳定的化合物。

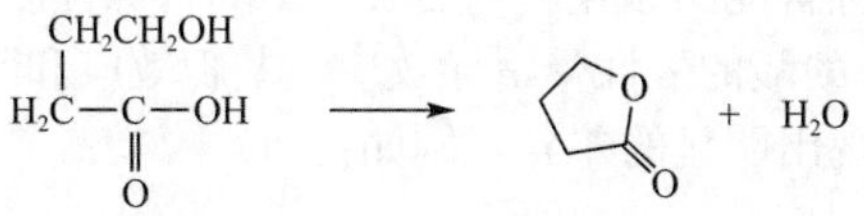

$$\begin{array}{c} CH_2CH_2OH \\ H_2C-C-OH \\ \parallel \\ O \end{array} \longrightarrow \quad + H_2O$$

γ-羟基丁酸　　　　　　　　γ-丁内酯（1,4-丁内酯）

δ-醇酸也能生成六元环的 δ-内酯，但在室温下水解易开环形成 δ-醇酸。羟基和羧基相隔五个或五个以上碳原子的醇酸，加热时可在分子间进行酯化而生成具有链状结构的聚酯。

3）氧化反应：α-醇酸中的羟基比醇的羟基容易氧化。托伦试剂、稀硝酸一般不能氧化醇，但能氧化 α-醇酸生成羰基酸。例如：

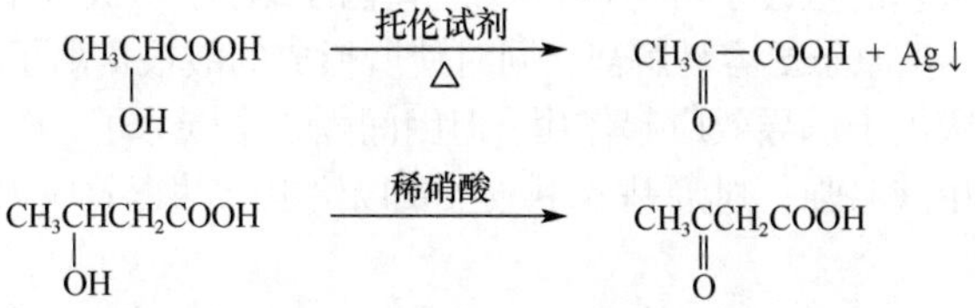

$$\begin{array}{c} CH_3CHCOOH \\ | \\ OH \end{array} \xrightarrow[\triangle]{托伦试剂} CH_3C-COOH + Ag\downarrow \\ \parallel \\ O$$

$$\begin{array}{c} CH_3CHCH_2COOH \\ | \\ OH \end{array} \xrightarrow{稀硝酸} CH_3CCH_2COOH \\ \parallel \\ O$$

4）α-醇酸的分解反应：α-醇酸与稀硫酸共热，羧基和 α-碳原子之间的键断裂，分解为少一个碳原子的醛（或酮）。

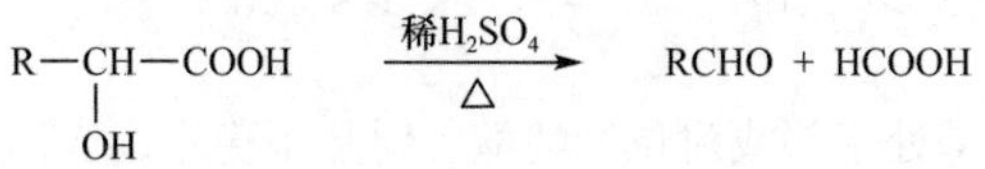

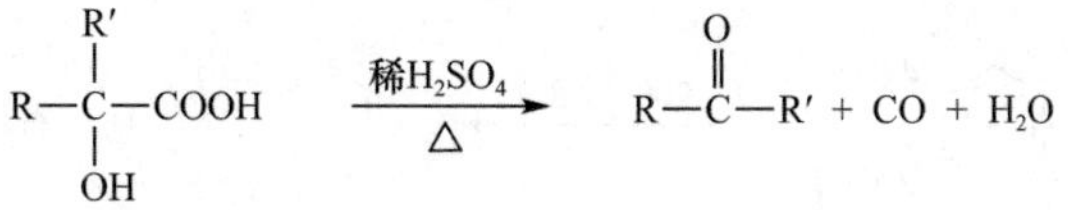

$$\begin{array}{c} R-CH-COOH \\ | \\ OH \end{array} \xrightarrow[\triangle]{稀H_2SO_4} RCHO + HCOOH$$

$$\begin{array}{c} R' \\ | \\ R-C-COOH \\ | \\ OH \end{array} \xrightarrow[\triangle]{稀H_2SO_4} \begin{array}{c} O \\ \parallel \\ R-C-R' \end{array} + CO + H_2O$$

人体内的糖、脂肪和蛋白质等物质在代谢过程中产生羟基酸，这些羟基酸在酶的催化作用下，也能发生上述的氧化、脱水和分解等化学反应。

2. 酚酸

（1）酚酸的命名：酚酸的命名是以芳香酸为母体，根据羟基在芳环上的位置给出相应的名称。例如：

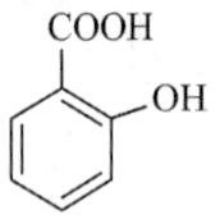

邻羟基苯甲酸（水杨酸）
o-hydroxybenzoic acid (salicylic acid)

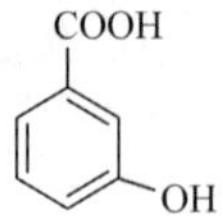

间羟基苯甲酸
m-hydroxybenzoic acid

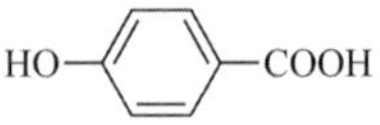

对羟基苯甲酸
p-hydroxybenzoic acid

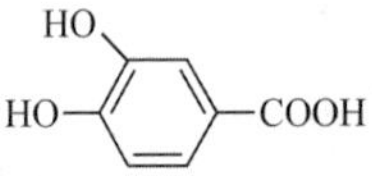

3, 4-二羟基苯甲酸（原儿茶酸）
3, 4-dihydroxybenzoic acid (protocatechuic acid)

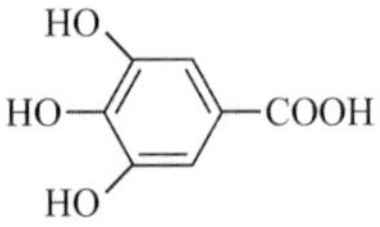

3, 4, 5-三羟基苯甲酸（没食子酸）
3, 4, 5-trihydroxybenzoic acid (gallic acid)

（2）酚酸的物理性质：酚酸都是固体，多以盐、酯或糖苷的形式存在于植物中。有的微溶于水（如水杨酸），有的易溶于水（如没食子酸）。

（3）酚酸的化学性质：酚酸除具有酚和芳香酸的一般性质，如与氯化铁溶液显颜色反应、酰化或酯化等反应外，还具有因两种官能团相互影响而表现出的特殊性质。

1）酸性：在酚酸分子中，酚酸的酸性受诱导效应、共轭效应和邻位效应的影响，其酸性随羟基与羧基的相对位置不同而表现出明显的差异。例如：

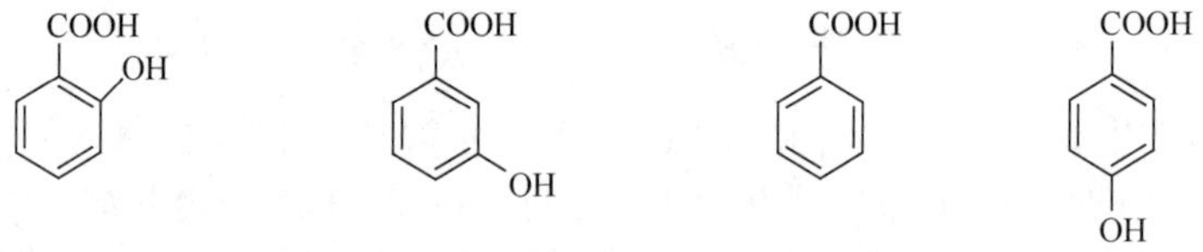

pK_a　　　　3.00　　　　　　4.12　　　　　　4.20　　　　　　4.54

邻羟基苯甲酸中酚羟基的氢原子可与羧基中羰基上的氧原子形成分子内氢键，从而增强了羧基中 O—H 键的极性，使其氢原子更容易解离，同时使所形成的酸根负离子稳定，酸性增强；间羟基苯甲酸中主要是羟基的吸电子诱导效应起作用，但因间隔 3 个碳原子，诱导效应作用较弱，结果间羟基苯甲酸的酸性比苯甲酸略强；对羟基苯甲酸主要以给电子共轭效应为主，使羧基解离度减小，导致其酸性反而减弱。

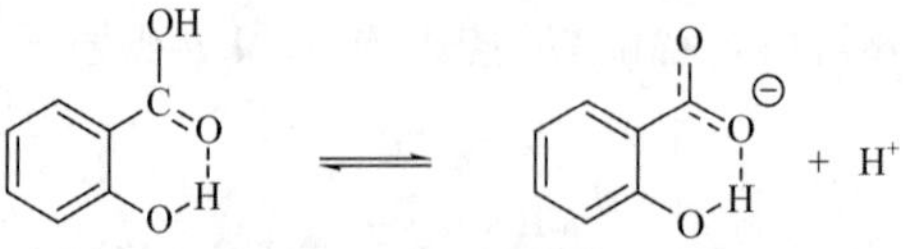

2）脱羧反应：酚酸中羟基处于邻或对位的酚酸，对热不稳定，当加热至熔点以上时，则脱去羧基生成相应的酚。例如：

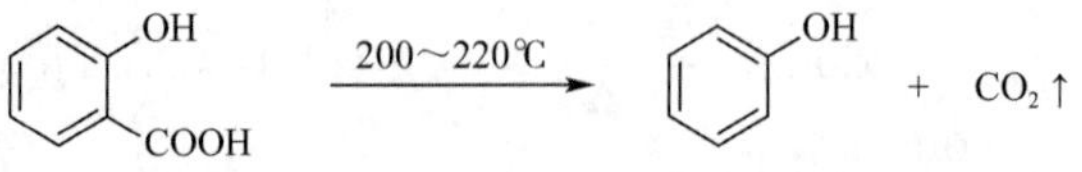

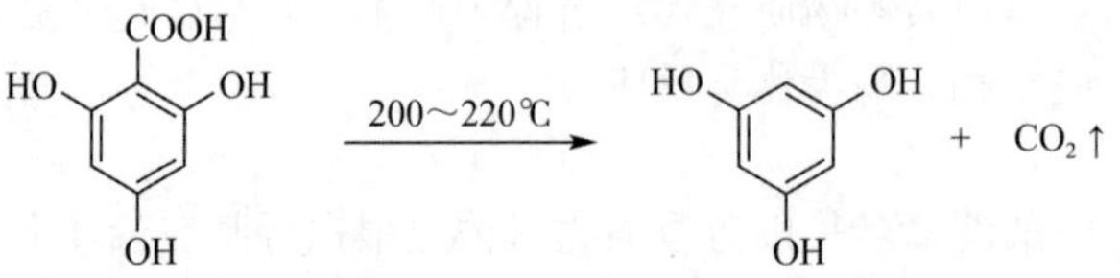

3）苯环上的亲电取代反应：酚酸的苯环上同时含有羟基和羧基，而羟基是强的邻对位定位取

代基，在发生亲电取代反应时，新的取代基进入的位置主要取决于羟基。例如：

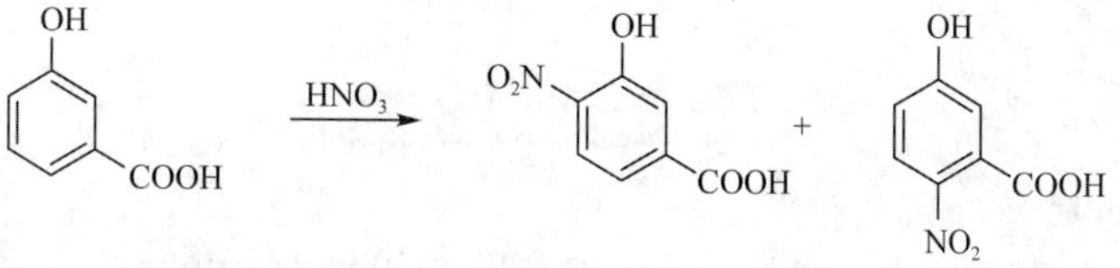

3. 重要的羟基酸

（1）乳酸：因最初从酸牛奶中获得而得名。为黏稠无色液体，有很强的吸湿性和酸味，溶于水、乙醇、甘油和乙醚，不溶于氯仿和油脂。工业上是由葡萄糖发酵制得。乳酸具有消毒防腐作用，可用于治疗阴道滴虫，乳酸钙是补充体内钙质的药物，其钠盐可用作人体酸中毒的解毒剂。乳酸聚合物具有良好的生物相容性和生物降解性，因此可用于医用高分子材料，如手术缝线、药物微囊化的囊材等。

乳酸是人体糖代谢的产物，人在剧烈活动时，糖原经酵解生成乳酸，同时放出热能供给肌肉所需的能量，当肌肉中乳酸含量增多时，就会感到肌肉酸胀。休息后，一部分乳酸经血液循环输送至肝脏转变成糖原，另一部分经肾脏由尿中排出，酸胀感消失。

（2）苹果酸：化学名为羟基丁二酸，为针状结晶，易溶于水和乙醇，微溶于乙醚。最初是从苹果中分离得到，因而称为苹果酸。苹果酸钠可作为食盐代用品，供低盐饮食患者使用。苹果酸是人体糖代谢的中间产物，在酶的催化下脱氢生成草酰乙酸。

（3）酒石酸：化学名为 2,3-二羟基丁二酸，广泛存在于各种水果中，以葡萄中含量最高。为透明菱形晶体，有很强的酸味，易溶于水。它主要以酒石酸氢钾的形式存在于葡萄中。在用葡萄酿酒的过程中，该酸式盐随乙醇含量增加而逐渐析出结晶，称为酒石，酒石酸也由此而得名。酒石难溶于水，与氢氧化钠作用生成的酒石酸钾钠易溶于水，用于配制斐林试剂。用酒石制得的酒石酸锑钾，即吐酒石，曾用作催吐剂和治疗血吸虫病。

（4）水杨酸：又名柳酸，化学名为邻羟基苯甲酸，为白色结晶，熔点为 159℃，在 79℃时升华，微溶于水，易溶于乙醇和沸水中。存在于柳树、水杨树皮及其他许多植物中，有杀菌、防腐、解热和镇痛等作用，由于对胃刺激性强，不宜内服，故多用其衍生物。其主要衍生物有乙酰水杨酸、水杨酸甲酯和对氨基水杨酸等。乙酰水杨酸的商品名称为阿司匹林，是解热、镇痛和消炎的常用药，也可抗血小板凝结；水杨酸甲酯俗称冬青油，可用作扭伤的外用药，也可用于配制牙膏、糖果等的香精。对氨基水杨酸的钠盐（PAS-Na）用于治疗肺结核，常与链霉素或异烟肼合用，以增强疗效。因 PAS-Na 的水溶液稳定性较差，易变色而影响其疗效，注射用的 PAS-Na 在使用时须临时配制。

9.2.2 酮酸

羧酸分子中烃基上的氢原子被氧原子替代后产生的含有羰基的化合物称为羰基酸，也称氧代酸。可分为醛酸和酮酸（keto acid），自然界中常见的是酮酸，这里只讨论酮酸。

1. 酮酸的分类和命名 根据酮基和羧基的相对位置，酮酸可分为 α-酮酸、β-酮酸、γ-酮酸等。其中 α-酮酸和 β-酮酸是人体内糖、脂肪和蛋白质等代谢的中间产物。

酮酸的系统命名法也是以羧酸为母体，酮基作为取代基，并用阿拉伯数字或希腊字母标明酮基的位置；也可以羧酸为母体，用"氧亚"表示羰基。例如：

丙酮酸（2-氧亚基丙酸）
pyruvic acid (2-oxysubpropionic acid)

β-丁酮酸（3-氧亚基丁酸）
β-butanone acid (3-oxybutyric acid)

$$HOOC-\overset{\overset{\displaystyle O}{\|}}{C}-CH_2COOH$$

丁酮二酸（2-氧亚基丁二酸）

butanone diacid (2-oxysuccinic acid)

2. 酮酸的化学性质

（1）酸性：由于酮基的吸电子诱导效应比羟基强，因此酮酸的酸性较相应的醇酸强，且 α-酮酸比 β-酮酸的酸性强。例如：

$$CH_3-\overset{\overset{\displaystyle }{|}}{\underset{\underset{\displaystyle O}{\|}}{C}}-COOH \;>\; CH_3-\overset{\overset{\displaystyle }{}}{\underset{\underset{\displaystyle O}{\|}}{C}}-CH_2COOH \;>\; CH-\overset{}{\underset{\underset{\displaystyle OH}{|}}{C}}H-COOH \;>\; HOCH_2CH_2COOH \;>\; CH_3CH_2COOH$$

pK_a 2.49   3.51   3.86   4.51   4.88

（2）α-酮酸的氧化反应：α-酮酸分子中的酮基和羧基直接相连，因氧原子有较强的电负性而使酮基与羧基碳原子间的电子云密度降低，致使碳碳键容易断裂。α-酮酸可与弱氧化剂，如托伦试剂发生银镜反应。

$$R-\overset{\overset{\displaystyle O}{\|}}{C}-COOH \xrightarrow{\text{托伦试剂}} R-\overset{\overset{\displaystyle O}{\|}}{C}-O^- + Ag\downarrow + CO_2\uparrow + NH_4^+$$

（3）分解反应：在稀硫酸的作用下，α-酮酸受热发生脱羧反应，生成少一个碳原子的醛。在浓硫酸的作用下，α-酮酸分解出一氧化碳，生成少一个碳原子的羧酸。例如：

$$H_3C-\overset{\overset{\displaystyle O}{\|}}{C}-COOH \xrightarrow{\text{稀}H_2SO_4} CH_3CHO + CO_2\uparrow$$

$$H_3C-\overset{\overset{\displaystyle O}{\|}}{C}-COOH \xrightarrow{\text{浓}H_2SO_4} CH_3COOH + CO\uparrow$$

β-酮酸比 α-酮酸更易脱羧，这是因为 β-酮酸分子中酮基氧原子的吸电子诱导效应，以及酮基氧原子与羧基中的氢原子形成分子内氢键，当分子受热时即发生脱羧，形成烯醇型中间体，然后重排得酮。这类反应称为 β-酮酸的酮式分解。

$$R\overset{\overset{\displaystyle O}{\|}}{C}CH_2COOH \xrightarrow{\triangle} R\overset{\overset{\displaystyle O}{\|}}{C}CH_3 + CO_2\uparrow$$

β-酮酸与浓的氢氧化钠共热时，α-碳原子和 β-碳原子之间发生键的断裂，生成两分子羧酸盐，这类反应称为 β-酮酸的酸式分解反应。

$$R\overset{\overset{\displaystyle O}{\|}}{C}CH_2COOH + 2NaOH(\text{浓}) \longrightarrow RCOONa + CH_3COONa$$

醇酸和酮酸可通过氧化还原反应互相转化，醇酸氧化得到酮酸，酮酸还原得到醇酸。在生物体内这种转变通过酶的作用完成。例如，生物体内 α-酮戊二酸的合成：

$$HOOCCH_2CH(OH)COOH \xrightarrow{\text{苹果酸脱氢酶}} HOOCCH_2COCOOH \xrightarrow[\text{柠檬酸合酶，缩合}]{CH_3-\overset{\overset{\displaystyle O}{\|}}{C}-SCoA}$$

苹果酸   草酰乙酸

$$HOOCCH_2-\overset{\overset{\displaystyle OH}{|}}{\underset{\underset{\displaystyle COOH}{|}}{C}}-CH_2COOH \xrightarrow{\text{脱羧酶}} HOOCCH_2CH_2\overset{\overset{\displaystyle O}{\|}}{C}-COOH$$

柠檬酸 α-酮戊二酸

3. 重要的酮酸

（1）丙酮酸：是最简单的 α-酮酸，为有刺激性臭味的无色液体，易溶于水。丙酮酸是生物体内糖、脂肪和蛋白质代谢的一个重要中间产物。在体内酶的作用下，丙酮酸可以转化为乳酸、氨基酸等，在机体代谢过程中起着重要的作用。

（2）β-丁酮酸：又名乙酰乙酸，为黏稠无色液体。在生物体内不稳定，可在脱羧酶催化下脱羧生成丙酮，也能被还原为 β-羟基丁酸。β-羟基丁酸、β-丁酮酸和丙酮是生物体内糖、蛋白质、脂肪代谢的中间产物，在医学上将这三者统称为酮体（acetone body）。正常人的血液中酮体的含量低于 $10mg \cdot L^{-1}$，而糖尿病患者因糖代谢不正常，靠消耗脂肪供给能量，其血液中酮体的含量在 $4g \cdot L^{-1}$ 以上。由于 β-羟基丁酸和 β-丁酮酸均具有较强的酸性，所以酮体含量过高的晚期糖尿病患者易发生酮症酸中毒。

（3）丁酮二酸：又称草酰乙酸，为无色晶体，能溶于水。在体内酶的作用下，由琥珀酸转变而成。草酰乙酸既是 α-酮酸，又是 β-酮酸，所以它只能在低温下稳定，高于室温易脱去羧基生成丙酮酸。在水溶液中产生酮式-烯醇式互变异构，生成 α-羟基丁烯二酸，其水溶液与三氯化铁反应显红色。草酰乙酸是体内糖代谢的中间产物，在酶的催化下也能进行脱羧反应，生成丙酮酸和二氧化碳。

习　题

9-1　单项选择题

（1）下列化合物中酸性最强的是（　　　）

A. $H_3C-\overset{\overset{\displaystyle O}{\|}}{C}-COOH$　　　B. $H_3C-\overset{\overset{\displaystyle OH}{|}}{CH}-COOH$　　　C. CH_3CH_2COOH

D. $H_3C-\overset{\overset{\displaystyle O}{\|}}{C}-CH_2COOH$　　　E. $\overset{\overset{\displaystyle OH}{|}}{CH_2}CH_2COOH$

（2）乙醇与下列羧酸在酸催化下成酯，反应速率哪个最快（　　　）

A. $(CH_3)_3CCOOH$　　　B. CH_3CH_2COOH　　　C. $(CH_3)_2CHCOOH$
D. CH_3COOH　　　E. $CH_3CH_2CH_2COOH$

（3）下列化合物最容易发生脱羧反应的是（　　　）

A. ⬡$-COOH$　　　B. $(CH_3)_3CCOOH$　　　C. CH_3COCH_2COOH

D. $CH_3CHOHCH_2COOH$　　　E. CH_3COOH

（4）下列化合物中能溶于氢氧化钠溶液，其溶液通入二氧化碳后又生成沉淀的化合物是（　　　）

A. 苯甲酸　　　B.甲酸　　　C. 苯酚　　　D. 水杨酸　　　E. 乙酸

（5）下列加热能生成交酯的是（　　　）

A. $CH_3\overset{\overset{\displaystyle OH}{|}}{CH}CH_2COOH$　　　B. $CH_3CH_2\overset{\overset{\displaystyle OH}{|}}{CH}COOH$　　　C. $CH_3CH_2COCOOH$

D. ⬡$-COOH,-OH$　　　E. $CH_3\overset{\overset{\displaystyle O}{\|}}{C}-CH_2COOH$

（6）下列哪个试剂能将 $CH_3CH(OH)CH_2CHO$ 氧化成 $CH_3CH(OH)CH_2COOH$（　　　）

A. 托伦试剂　　　B. 酸性 K_2CrO_4 溶液　　　C. 酸性高锰酸钾溶液
D. $I_2/NaOH$　　　E. 溴水

9-2　命名下列化合物或写出下列化合物的结构。

（1）乳酸　　　（2）3,4-二甲基己二酸　　　（3）草酰琥珀酸　　　（4）没食子酸
（5）酒石酸　　　（6）乙酰水杨酸　　　（7）柠檬酸　　　（8）乙酰乙酸乙酯

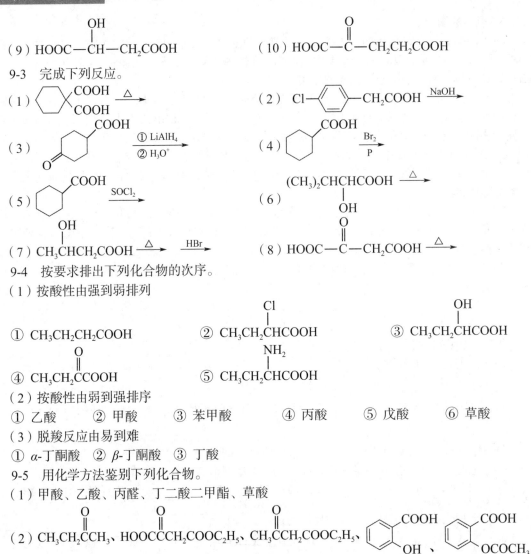

（9）HOOC—CH—CH₂COOH （式中 CH 上连 OH）

（10）HOOC—C—CH₂CH₂COOH （式中 C 上连 O）

9-3　完成下列反应。

（1）
$$\begin{array}{c}\text{环己烷-1,1-二甲酸}\end{array} \xrightarrow{\triangle}$$

（2）Cl—⬡—CH₂COOH $\xrightarrow{\text{NaOH}}$

（3）（4-氧代环己基甲酸）$\xrightarrow[\text{② H}_3\text{O}^+]{\text{① LiAlH}_4}$

（4）（环己基甲酸）$\xrightarrow[\text{P}]{\text{Br}_2}$

（5）（环己基甲酸）$\xrightarrow{\text{SOCl}_2}$

（6）(CH₃)₂CHCHCOOH （CH 上连 OH）$\xrightarrow{\triangle}$

（7）CH₃CHCH₂COOH （CH 上连 OH）$\xrightarrow{\triangle}$ $\xrightarrow{\text{HBr}}$

（8）HOOC—C—CH₂COOH （C 上连 O）$\xrightarrow{\triangle}$

9-4　按要求排出下列化合物的次序。

（1）按酸性由强到弱排列

① CH₃CH₂CH₂COOH

② CH₃CH₂CHCOOH （CH 上连 Cl）

③ CH₃CH₂CHCOOH （CH 上连 OH）

④ CH₃CH₂CCOOH （C 上连 O）

⑤ CH₃CH₂CHCOOH （CH 上连 NH₂）

（2）按酸性由弱到强排序

① 乙酸　　② 甲酸　　③ 苯甲酸　　④ 丙酸　　⑤ 戊酸　　⑥ 草酸

（3）脱羧反应由易到难

① α-丁酮酸　② β-丁酮酸　③ 丁酸

9-5　用化学方法鉴别下列化合物。

（1）甲酸、乙酸、丙醛、丁二酸二甲酯、草酸

（2）CH₃CH₂CCH₃、HOOCCCH₂COOC₂H₅、CH₃CCH₂COOC₂H₅、（邻羟基苯甲酸）、（邻乙酰氧基苯甲酸）

9-6　化合物 A、B、C 的分子式均为 C₃H₆O₂，A 与 NaHCO₃ 反应放出 CO₂，B 和 C 不能与 NaHCO₃ 反应，但在 NaOH 溶液中可加热水解，B 的水解液蒸馏出的液体可与碘的氢氧化钠溶液发生碘仿反应，试推测 A、B、C 的结构式及发生的所有反应的方程式。

（徐应淑）

第 10 章 羧酸衍生物

羧酸分子中羧基上的羟基被其他原子或基团（L）取代所形成的化合物称为羧酸衍生物（carboxylic acid derivatives），常见的有酰卤、酸酐、酯和酰胺，它们是羧基上的羟基分别被–X、–OCOR′、–OR′和–NH$_2$（–NHR′，–NR$_2'$）取代后的产物。羧酸去掉羧基中的羟基剩下的基团称为酰基（acyl group）。羧酸衍生物中都含有酰基，也称为酰基化合物。用下列通式表示：

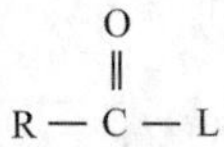

$$\begin{array}{c} O \\ \| \\ R—C—L \end{array}$$

羧酸衍生物广泛存在于自然界中，可以转变成许多其他化合物，有些参与动植物的生命过程，有些具有重要的生理活性。酰卤及酸酐性质较活泼，是有机合成的重要原料或中间体。许多植物的香气成分、某些植物药中的有效成分都具有酯类结构，蛋白质、多肽、青霉素类、头孢菌素等药物属于酰胺类化合物。

本章主要讨论羧酸衍生物的命名；羧酸衍生物的亲核取代反应及机理、还原反应和酯缩合反应等主要化学性质；酮式-烯醇式互变异构；对乙酰乙酸乙酯合成法、丙二酸二乙酯合成法和一些常见碳酸衍生物也做一简单介绍。

10.1 羧酸衍生物的结构和命名

10.1.1 羧酸衍生物的结构

羧酸衍生物分子中的羰基碳、氧原子均采用 sp^2 杂化形成碳氧双键，与其直接相连的原子（如卤素、氧、氮）都有孤对电子，可与羰基产生给电子的 p-π 共轭效应，同时卤素、氧、氮原子也形成吸电子诱导效应。可以表示如下

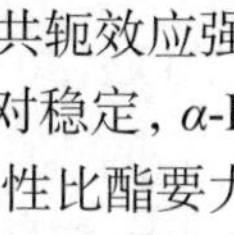

$$\begin{array}{c} O \\ \| \\ R—C—\ddot{L} \end{array}$$

L 基团的给电子共轭效应使酰基碳原子的 π 电子云密度增大，同时 L 基团的吸电子诱导效应使酰基碳原子的 σ 电子云密度降低，两者综合影响酰基碳原子的电子云密度大小。对酰卤来讲，由于卤原子的电负性较大，吸电子诱导效应大于给电子共轭效应，因此酰卤中的 C—X 键易断裂，化学性质活泼；而酰胺分子中氮原子的给电子共轭效应强于吸电子诱导效应，所以 C—N 键具有部分双键的性质，导致酰胺无碱性且化学性质相对稳定，α-H 活泼性下降。酸酐和酯同样存在如此影响，化学活性介于酰卤和酰胺之间，但酸酐的活性比酯要大。

10.1.2 羧酸衍生物的命名

1. 酰基的命名 酰基可根据相应羧酸的名称来命名，例如：

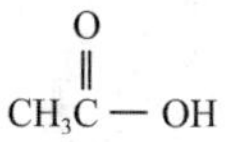

$\begin{array}{c} O \\ \| \\ CH_3C—OH \end{array}$	$\begin{array}{c} O \\ \| \\ CH_3C— \end{array}$	$\begin{array}{c} COOH \\ \| \\ COOH \end{array}$	$\begin{array}{c} COOH \\ \| \\ —C=O \end{array}$
乙酸	乙酰基	草酸	草酰基
acetic acid	acetyl	oxalic acid	oxalyl

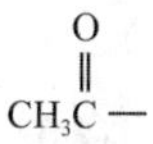

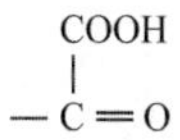

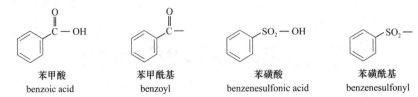

苯甲酸	苯甲酰基	苯磺酸	苯磺酰基
benzoic acid	benzoyl	benzenesulfonic acid	benzenesulfonyl

2. 酰卤的命名　酰卤（acid halide）的命名是在酰基名称后面加上卤素的名称，称为"某酰卤"。例如：

乙酰氯	苯甲酰溴	α-氯丁酰氯
acetyl chloride	benzoyl bromide	α-chlorobutanoyl chloride

3. 酸酐的命名　酸酐（acid anhydride）是根据形成它的羧酸来命名。两个羧酸若是相同的为单酐，在羧酸名称后加"酐"字，称"某酸酐"，或称"某酐"。若是不同羧酸形成的为混酐，将两个酸的名称按英文字母顺序排列，再以酸酐结尾。二元酸分子内失水形成环状酸酐，命名时在二元酸的名称后面加上酐字。例如：

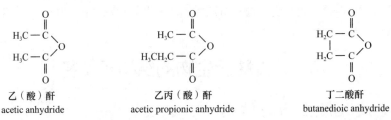

乙（酸）酐	乙丙（酸）酐	丁二酸酐
acetic anhydride	acetic propionic anhydride	butanedioic anhydride

4. 酯的命名　酯（ester）是根据形成它的羧酸和醇的名称加以命名。一元羧酸与一元醇所形成的酯是先酸后醇，叫做"某酸某醇酯"，通常将"醇"字省略，即"某酸某酯"。羟基酸分子内脱水生成的环状酯称为内酯，命名时将其相应的"酸"字变为"内酯"，用希腊字母表明原羟基的位置。例如：

丙酸苄酯	苯甲酸异丙酯	γ-戊内酯
benzyl propionate	isopropyl benzoate	γ-pentano lactone

二元羧酸与一元醇可形成酸性酯和中性酯；多元醇和酸形成的酯习惯是先醇后酸，称为"某醇某酸酯"。

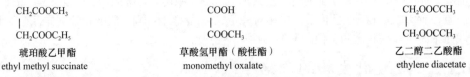

琥珀酸乙甲酯	草酸氢甲酯（酸性酯）	乙二醇二乙酸酯
ethyl methyl succinate	monomethyl oxalate	ethylene diacetate

5. 酰胺的命名　酰胺（amide）的命名是把相应羧酸改称为"某酰胺"即可。若酰胺的氮原子上有烃基时，将烃基按取代基命名，在其名称前加"N"标明取代基连接的位置。例如：

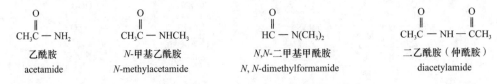

乙酰胺	N-甲基乙酰胺	N,N-二甲基甲酰胺	二乙酰胺（仲酰胺）
acetamide	N-methylacetamide	N, N-dimethylformamide	diacetylamide

环状酰胺为内酰胺，命名和内酯相似。二元羧酸的两个酰基直接与 N 相连接的环状化合物叫做酰亚胺，命名时称为"某酰亚胺"。例如：

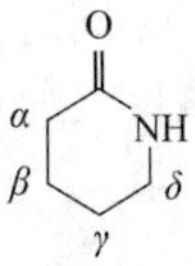

| δ-戊内酰胺 | 邻苯二甲酰亚胺 | 丁二酰亚胺 |
| δ-pentanolactam | phthalicimide | succinimide |

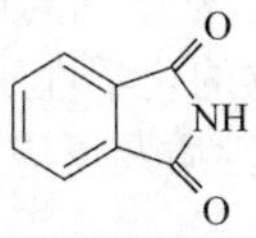

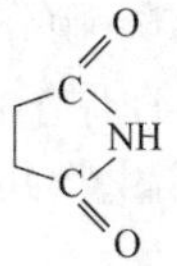

问题 10-1 命名或写出下列化合物的结构。

（1） 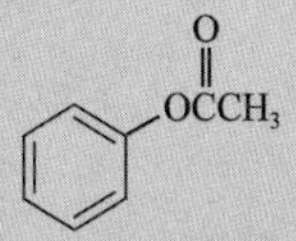 （2） 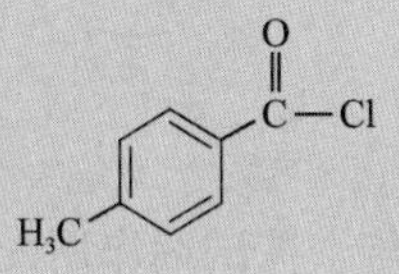 （3）

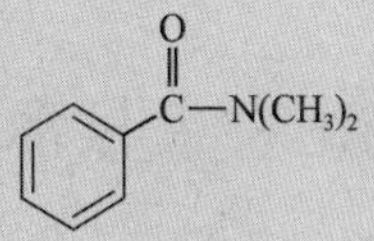

（4） 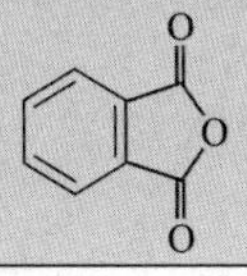 （5）丁二酸氢乙酯 （6）乙酰苯胺

10.2 羧酸衍生物的物理性质

低级酰卤和酸酐是有刺激气味的无色液体，高级的为固体。低级酯多是具有芳香气味的易挥发液体，如乙酸异戊酯有香蕉味，苯甲酸甲酯有茉莉花香味，高级酯为蜡状固体。除甲酰胺和某些 N-取代酰胺为液体外，其他酰胺均为固体。

酰卤、酸酐和酯分子间不能通过氢键缔合，酰卤、酸酐和酯的沸点比相应的羧酸低。酰胺分子间可通过氨基氮原子上的氢原子形成氢键，其熔点和沸点均比相应的羧酸高。

所有羧酸衍生物均溶于有机溶剂。低级酰胺能与水混溶，如 N,N-二甲基甲酰胺（DMF）是很好的非质子性极性溶剂。酯在水中溶解度很小，其本身也可作有机溶剂。酰卤和酸酐不溶于水，低级的遇水分解。一些常见羧酸衍生物的物理常数见表 10-1。

表 10-1 一些常见羧酸衍生物的物理常数

名称	熔点/℃	沸点/℃	相对密度（d_4^{20}）
乙酰氯（acetyl chloride）	−112	51	1.104
丙酰氯（propionyl chloride）	−94	80	1.065
苯甲酰氯（benzoyl chloride）	−1	197	1.212
乙（酸）酐（acetic anhydride）	−73	140	1.082
丙酸酐（propionic anhydride）	−45	169	1.012
邻苯二甲酸酐（phthalic anhydride）	132	284	1.527
乙酸乙酯（ethyl acetate）	−83	77	0.901
苯甲酸乙酯（ethyl benzoate）	−34	213	1.043
甲基丙烯酸甲酯（methyl methacrylate）	−48	100	0.944
乙酰胺（acetamide）	82	222	1.159
丙酰胺（propionamide）	79	213	1.0335
N,N-二甲基甲酰胺（N,N-dimethylformamide）	−61	152.8	0.9445
乙酰水杨酸（acetylsalicylic acid）	136	321.4	1.443

问题 10-2 为什么乙酰胺的相对分子质量（59）比 N,N-二甲基甲酰胺的相对分子质量（73）小，但熔点和沸点都比后者高？

10.3 羧酸衍生物的化学性质

羧酸衍生物分子中含有羰基，容易受到亲核试剂的进攻而发生亲核取代反应；同时受羰基极性的影响，α-H 原子极性增大。因此羧酸衍生物的化学性质主要表现在羰基的亲核反应和 α-H 的活泼性上，但衍生物共轭效应的存在，使其化学性质及反应活性与醛或酮有很大不同。

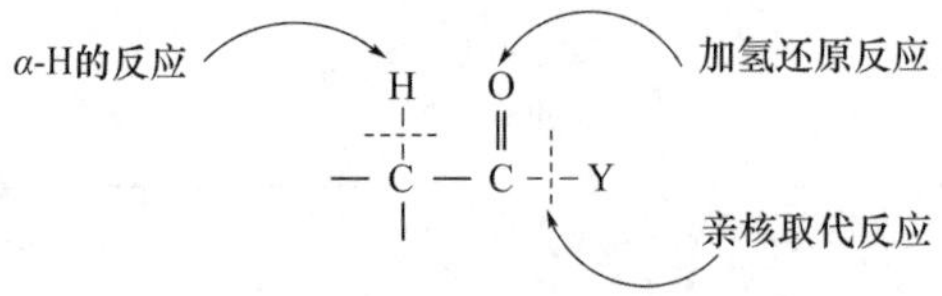

10.3.1 酰基亲核取代反应

羧酸衍生物的羰基碳带部分正电荷，易与亲核试剂作用发生酰基亲核取代反应（nucleophilic acyl substitution），如与水、醇、氨（胺）等发生水解、醇解、氨解反应。

羧酸衍生物的酰基亲核取代反应实际上经过两步反应进行。第一步：亲核试剂进攻羰基碳原子，发生亲核加成反应，使碳原子的 sp^2 杂化转变为 sp^3 杂化，形成了具有四面体结构的中间体。第二步：中间体发生消除反应，恢复碳氧双键，形成另一种羧酸衍生物或羧酸。羧酸衍生物的亲核取代反应过程可用下列通式表示，L^- 作为离去基团离去。

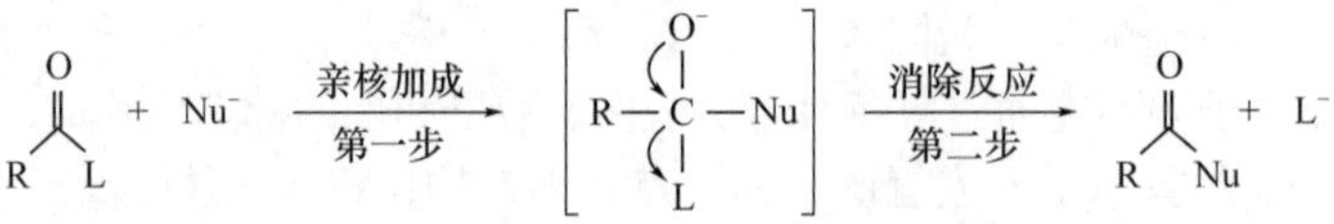

羧酸衍生物的亲核取代反应就是按上述亲核加成-消除机理进行的，整个反应速率受空间效应和电子效应两方面影响，并且与两步反应都有关系。对于酰基相同的几种羧酸衍生物来说，反应的难易与第一步中酰基连有的离去基团吸电子能力和第二步消除反应中离去基团是否容易离去有关。酰基连接的基团吸电子能力越大，羰基碳原子的正电性越高，越有利于亲核试剂的进攻。离去基团的碱性越弱，越容易离去，反应速率就越快。离去基团的离去顺序为—X＞—OCOR′＞—OR′＞—NH₂，所以羧酸衍生物发生亲核取代反应的活性次序为：酰卤＞酸酐＞酯＞酰胺。

羧酸衍生物可通过酰基转移反应而互相转化，活性较低的酯、酰胺往往由较活泼的酰卤、酸酐直接合成。但不活泼的羧酸衍生物不能直接转换成活泼的衍生物。

1. 水解反应 酰卤、酸酐、酯和酰胺都可以发生水解生成羧酸。

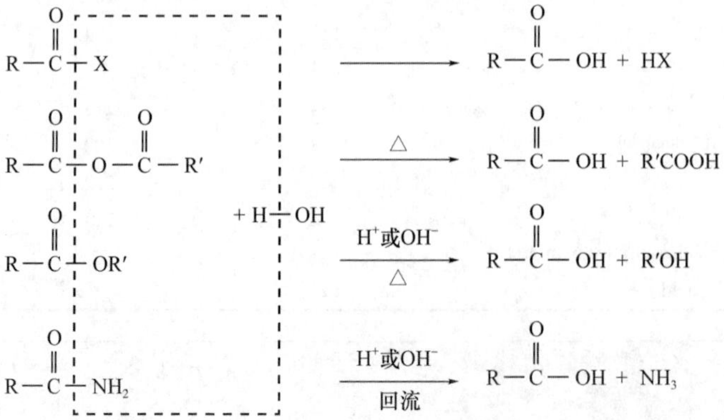

酰卤极易水解，小分子酰卤水解强烈，如乙酰氯在潮湿空气中会发烟，放出氯化氢。酸酐在室温水解缓慢，需加热才能水解。酯需要在酸或碱催化下并加热才能水解；酰胺加热回流条件下才能水解，但四元环的内酰胺（β-内酰胺）由于具有较大的环张力，较易发生水解反应，导致开环。

许多天然抗生素都含有 β-内酰胺环。例如，青霉素 G 钾或钠盐的分子结构中就含有 β-内酰胺环，其水溶液在室温条件下不稳定，容易发生水解，因此，通常使用粉针剂型，注射前临时配制注射液。青霉素 G 钾或钠盐的分子结构如下

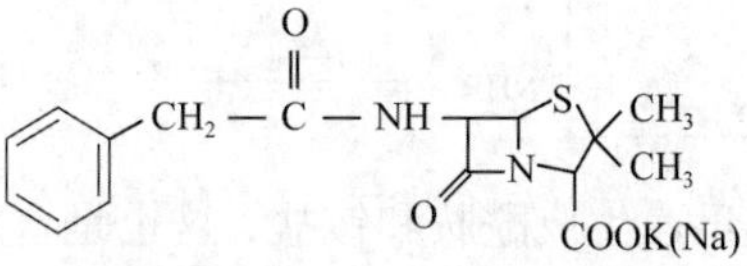

2. 醇解反应　酰卤、酸酐、酯和酰胺都能发生醇解生成酯。

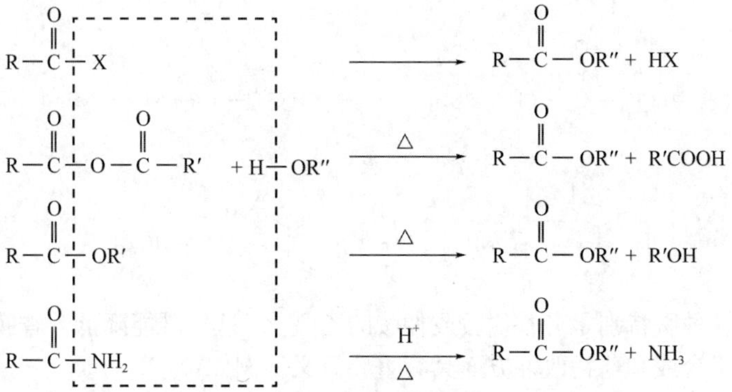

酰卤、酸酐与醇反应很容易生成酯，是制备酯的常用方法。还经常用来制备一些难以用酸和醇直接酯化合成的酯。例如：

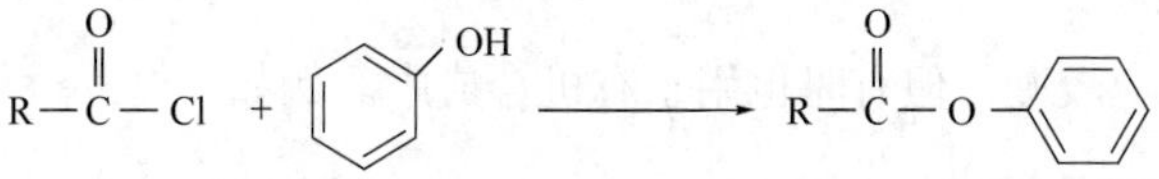

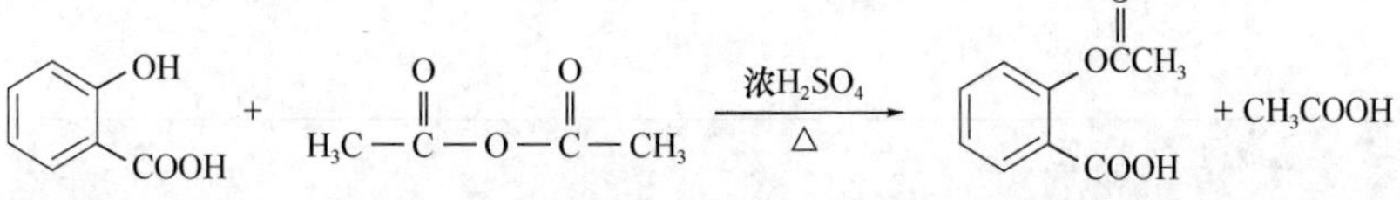

酯的醇解反应生成了另一种酯和另一种醇，该反应又称为酯交换反应。酯交换反应需要在酸或碱催化下使用过量的醇才能使可逆反应正向进行。这个反应常用于将低级醇酯转化为高级醇酯。例如：

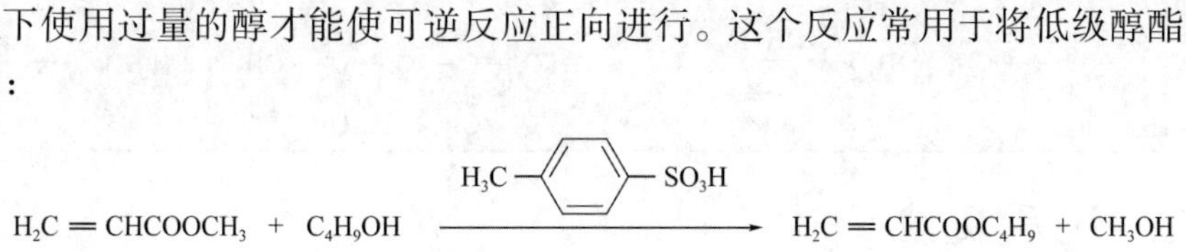

酰胺不易与醇反应，在酸性条件下醇解为酯，也可在强碱催化和过量醇存在下反应。

$$CH_2=CH\overset{O}{\overset{\|}{C}}NH_2 \xrightarrow[H^+]{C_2H_5OH} CH_2=CH\overset{O}{\overset{\|}{C}}OC_2H_5 + NH_4^+$$

3. 氨解反应　酰卤、酸酐、酯和酰胺与氨（胺）反应，均可生成酰胺。因为氨（胺）与水、醇相比是更强的亲核试剂，所以羧酸衍生物的氨解反应比水解、醇解容易进行。

$$
\begin{array}{ccc}
\underset{\substack{\parallel\\ R-C-X}}{O} \ + \ H\!-\!NH_2 & \longrightarrow & \underset{\substack{\parallel\\ R-C-NH_2}}{O} + NH_4X \\[2em]
\underset{\substack{\parallel\quad\parallel\\ R-C-O-C-R'}}{O\qquad O} \ + \ H\!-\!NH_2 & \longrightarrow & \underset{\substack{\parallel\\ R-C-NH_2}}{O} + R'COONH_4 \\[2em]
\underset{\substack{\parallel\\ R-C-OR'}}{O} \ + \ H\!-\!NH_2 & \xrightarrow{\ \triangle\ } & \underset{\substack{\parallel\\ R-C-NH_2}}{O} + R'OH \\[2em]
\underset{\substack{\parallel\\ R-C-NH_2}}{O} \ + \ H\!-\!NHR' & \xrightarrow{\ \triangle\ } & \underset{\substack{\parallel\\ R-C-NHR'}}{O} + NH_3
\end{array}
$$

酰卤与氨、伯胺或仲胺反应迅速生成酰胺和铵盐，这也是合成酰胺的常用方法。反应中产生的卤化氢因可与氨作用而影响酰卤的氨解，所以反应常常在碱性条件下或者加入过量的氨进行，例如：

$$
CH_3CH_2-\underset{\substack{\parallel\\O}}{C}-Cl \ + \ 2NH_3 \ \longrightarrow \ CH_3CH_2-\underset{\substack{\parallel\\O}}{C}-NH_2 + NH_4Cl
$$

酸酐主要用于各种胺特别是芳香伯胺或仲胺的乙酰化，这样既能降低芳香胺的毒性，又可以保护芳香氨基，在有机合成和药物改性方面具有重要意义。例如：

酯与氨（胺）的反应较慢，但有时也用于有机合成中。例如：

> **问题 10-3** 完成下列反应。
>
> （1）CH_3COCl + 〔苯环〕—OH ——→
>
> （2）〔苯环〕—$COOC_2H_5$ $\xrightarrow{CH_3OH/H^+}$
>
> （3）〔苯环〕—$\underset{\substack{\parallel\\O}}{C}$—$OCH_3$ + H_2O $\xrightarrow{KOH}$
>
> （4）$H_3C-\underset{\substack{\parallel\\O}}{C}-O-\underset{\substack{\parallel\\O}}{C}-CH_3$ + CH_3NH_2 ——→

10.3.2 还原反应

羧酸衍生物中的酰基比羧酸容易被还原，用不同还原剂可得到不同的产物。

1. 用金属氢化物还原 用氢化铝锂可以将酰卤、酸酐和酯还原为醇，酰胺还原为胺，且其烃基上的碳碳双键不受影响。例如：

$$
CH_3\underset{\substack{\parallel\\O}}{C}Cl \ \xrightarrow{LiAlH_4} \ CH_3CH_2OH
$$

$$CH_3CH=CHCOOC_2H_5 \xrightarrow{LiAlH_4} CH_3CH=CHCH_2OH + C_2H_5OH$$

$$CH_3CH_2\overset{O}{\overset{\|}{C}}NH_2 \xrightarrow{LiAlH_4} CH_3CH_2CH_2NH_2$$

2. 催化氢化　酰卤用降低了活性的钯催化剂（Pd/BaSO₄）进行催化加氢可选择性地还原为醛的反应称为 Rosenmund 还原。反应中硝基、酯基、酰胺基等不受影响。例如：

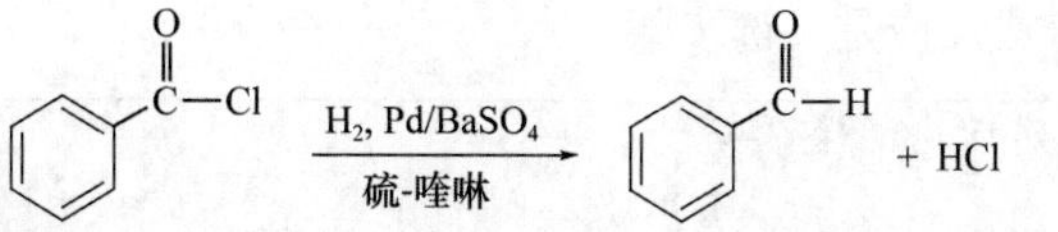

酯也可以被催化氢解为两分子醇。在工业上应用最广泛的催化剂是铜铬氧化物（CuO·CuCrO₄）。例如：

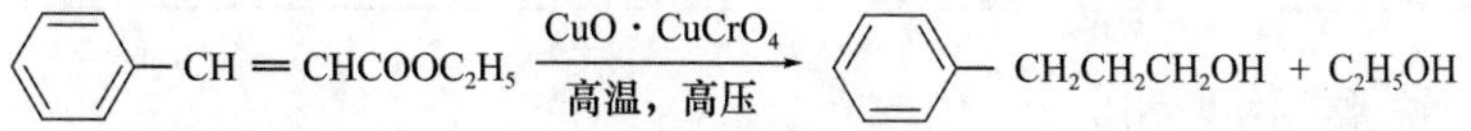

10.3.3　α-H 的反应——酯缩合反应

在醇钠的作用下，含有 α-H 的酯与另一分子酯脱去醇生成 β-酮酸酯的反应，称为酯缩合反应，也叫 Claisen 酯缩合反应。例如：

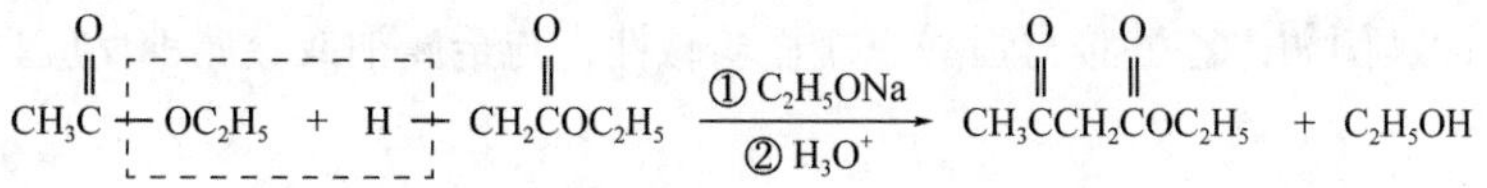

反应机理如下：

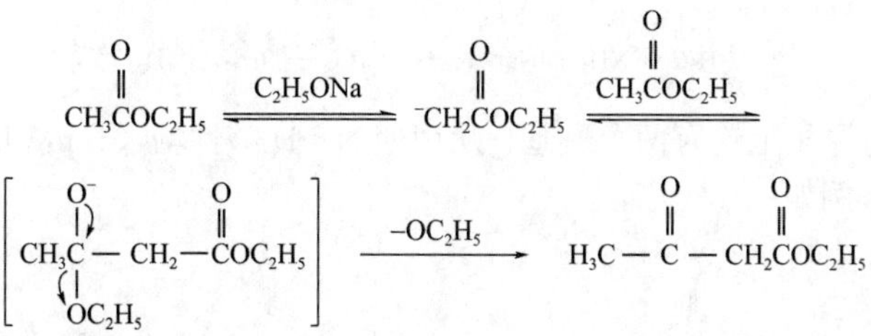

酯缩合反应相当于一个酯的 α-H 被另一个酯的酰基所取代。凡具有 α-H 的酯都可以发生 Claisen 酯缩合反应。不具有 α-H 的酯（如苯甲酸酯、甲酸酯、草酸酯、碳酸酯等）可以提供羰基，与具有 α-H 的酯进行酯缩合反应，称为交叉酯缩合反应。例如：

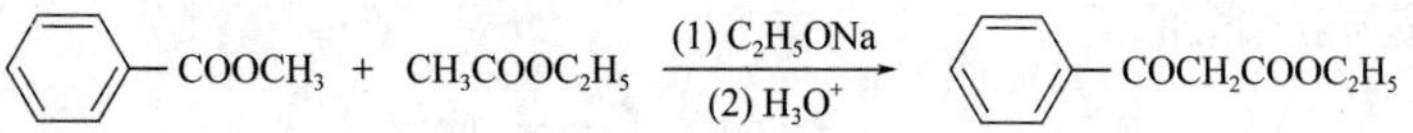

酯缩合反应可以增长碳链，在有机合成和药物合成方面具有很重要的价值。酯缩合反应也是生物体内重要的生化反应，在新陈代谢中有着重要意义。例如，在某些酶催化下，丙酮酸与草酰乙酸经酯缩合反应生成柠檬酸。其反应过程如下

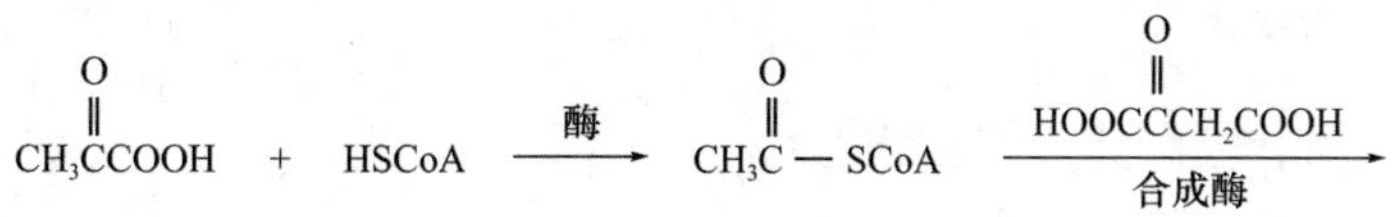

$$CH_3C \overset{CH_2COOH}{\underset{\underset{\overset{||}{O}}{CH_2C-SCoA}}{\overset{|}{\underset{|}{HO-C-COOH}}}} \xrightarrow{\text{水解酶}} HO-C-COOH \overset{CH_2COOH}{\underset{CH_2COOH}{\overset{|}{\underset{|}{}}}} + HSCoA$$

柠檬酰辅酶A   柠檬酸

产生的柠檬酸经过脱氢、氧化、脱羧等一系列酶促反应，又生成草酰乙酸构成三羧酸循环。在三羧酸循环中，柠檬酸合成反应是关键步骤。

问题 10-4 写出下列反应的主要产物。

（1）$CH_3CH_2COOC_2H_5$ + $HCOOC_2H_5$ $\xrightarrow{C_2H_5ONa}$

（2）$CH_3CH_2COOC_2H_5$ + $CH_3COOC_2H_5$ $\xrightarrow{C_2H_5ONa}$

问题 10-5 上题（2）可能只得到一个主产物吗？

10.3.4 酰胺的特性

酰胺除具有羧酸衍生物的一般通性外，还有一些特殊性质。

1. 酸碱性 一般认为酰胺是中性化合物，但有时也表现出弱酸性或弱碱性。这是因为酰胺分子中氨基氮原子上的未共用电子对与羰基发生 p-π 共轭，导致氮原子的电子云密度降低，减弱了接受质子的能力，使酰胺的碱性极弱；同时随着氮原子上的电子云密度大大降低，使 N—H 键极性增大，表现出弱酸性。例如，乙酰胺与强酸成盐显弱碱性，与金属钠或金属钾反应显弱酸性。

$$CH_3C\overset{O}{\overset{||}{-}}NH_2 + HCl \longrightarrow CH_3C\overset{O}{\overset{||}{-}}NH_2 \cdot HCl$$

$$CH_3C\overset{O}{\overset{||}{-}}NH_2 + Na \longrightarrow CH_3C\overset{O}{\overset{||}{-}}NHNa + H_2$$

酰亚胺分子中的氮原子上连有两个酰基，从而使 N—H 酸性增大，pK_a 值明显下降，能与强碱作用生成酰亚胺的盐。例如：

$$\text{（邻苯二甲酰亚胺）} NH + NaOH \longrightarrow \text{（邻苯二甲酰亚胺钠）} N^-Na^+ + H_2O$$

2. 与亚硝酸反应 氮原子上未取代的酰胺与亚硝酸反应，氨基被羟基取代生成羧酸，并放出氮气。类似于伯胺与亚硝酸的反应。

$$CH_3CH_2 \overset{O}{\overset{||}{-}}C-NH_2 + HNO_2 \longrightarrow CH_3CH_2 \overset{O}{\overset{||}{-}}C-OH + N_2\uparrow + H_2O$$

3. 霍夫曼（Hoffmann）降解反应 氮原子上没有被取代的酰胺在碱性溶液中与卤素（Cl_2 或 Br_2）反应，酰胺失去羰基生成少一个碳原子的伯胺，此反应称为霍夫曼降解反应。

$$CH_3 \overset{O}{\overset{||}{-}}C-NH_2 \xrightarrow{Br_2/NaOH} CH_3-NH_2 + NaBr + Na_2CO_3 + H_2O$$

由于霍夫曼降解反应操作简便，常用来制备伯胺或氨基酸。

10.4　β-二羰基化合物

分子中两个羰基被一个饱和碳原子隔开的化合物（—CO—CH$_2$—CO—）都称为 β-二羰基化合物，如 β-二酮、β-酮酸酯和丙二酸二酯等都属于典型的 β-二羰基化合物。这类化合物既有酮型结构，能发生加成、取代等反应，两个羰基之间的甲叉基上的氢原子又有一定的酸性，往往还表现出一些特殊的性质。

$$
\begin{array}{ccc}
R-\underset{\underset{O}{\|}}{C}-CH_2-\underset{\underset{O}{\|}}{C}-R' &
R-\underset{\underset{O}{\|}}{C}-CH_2-\underset{\underset{O}{\|}}{C}-OR' &
RO-\underset{\underset{O}{\|}}{C}-CH_2-\underset{\underset{O}{\|}}{C}-OR'
\end{array}
$$

β-二酮（$pK_a \approx 9$）　　　　　β-酮酸酯（$pK_a \approx 11$）　　　　丙二酸二酯（$pK_a \approx 14$）

10.4.1　酮型与烯醇型互变异构

乙酰乙酸乙酯（$CH_3-\overset{\overset{O}{\|}}{C}-CH_2-\overset{\overset{O}{\|}}{C}-OC_2H_5$）作为典型的 β-酮酸酯，是无色具有香味的液体，能溶于有机溶剂，微溶于水。乙酰乙酸乙酯可与饱和亚硫酸氢钠溶液、氢氰酸和羰基试剂发生加成反应，说明分子中存在羰基；但它同时能使溴的四氯化碳溶液褪色、与金属钠作用放出氢气、能使 $FeCl_3$ 溶液显紫色，这些性质说明分子中存在烯醇式结构。实验证明乙酰乙酸乙酯实际上是酮式结构和烯醇式结构两种异构体的混合物，室温下两者难以分离，两种异构体互相转换构成动态平衡。

$$
CH_3-\overset{\overset{O}{\|}}{C}-CH_2-\overset{\overset{O}{\|}}{C}-OC_2H_5 \rightleftharpoons CH_3-\overset{\overset{OH}{\|}}{C}=CH-\overset{\overset{O}{\|}}{C}-OC_2H_5
$$

酮式（92.5%）　　　　　　　　烯醇式（7.5%）

像乙酰乙酸乙酯这样具有两种或两种以上异构体能相互转变，并处于动态平衡体系的现象称为互变异构现象（tautomerism），具有互变异构关系的异构体称为互变异构体（tautomer）。乙酰乙酸乙酯的酮式与烯醇式两种异构体之间相互转变的现象称为酮式-烯醇式互变异构现象（keto-enol tautomerism）。

酮式-烯醇式互变异构现象在含羰基的化合物中普遍存在，酮式与烯醇式异构体共同存在于一个平衡体系中，多数情况下主要以酮式存在。但随着 α-H 的活泼性增强，烯醇式在平衡体系中的含量也随之增加，烯醇式结构越稳定所占比例就越大。烯醇式结构的稳定性主要取决于羰基与烯键之间 π-π 共轭效应和烯醇式通过分子内氢键形成的六元环。烯醇式异构体的共轭体系延伸，其体系内能降低，稳定性增大；而主要以 Z 构型存在的烯醇异构体也有利于通过氢键形成稳定的六元环，使烯醇异构体的比例增加。

$$
CH_3-\overset{\overset{O}{\|}}{C}-CH_2-\overset{\overset{O}{\|}}{C}-OC_2H_5 \rightleftharpoons CH_3-\underset{\underset{H}{|}}{\overset{\overset{H}{O}\diagdown O}{C}}C-OC_2H_5 \longleftrightarrow CH_3-\overset{\overset{O-H---O}{|\quad\quad\|}}{C}=CH-C-OC_2H_5
$$

乙酰乙酸乙酯　　　　　　　　　　　　　　　　　　　　　3-羟基-丁-2-烯酸乙酯

表 10-2 列举了几种羰基化合物的烯醇式结构含量。从表中可以看到化合物的结构不同，烯醇式和酮式异构体的比例相差甚大。

表 10-2　一些羰基化合物的烯醇式含量（常温）

化合物名称	互变异构平衡	烯醇式含量/%
乙醛	$CH_3CHO \rightleftharpoons CH_2=CHOH$	0
丙酮	$CH_3\overset{\overset{O}{\|}}{C}CH_3 \rightleftharpoons CH_2=\overset{\overset{OH}{\|}}{C}CH_3$	0.00025

续表

化合物名称	互变异构平衡	烯醇式含量/%
丙二酸二乙酯	$\underset{\text{O}}{\overset{\text{O}}{\parallel}}$ C₂H₅OCCH₂COOC₂H₅ ⇌ $\underset{}{\overset{\text{OH}}{\mid}}$ C₂H₅OC = CHCOOC₂H₅	0.1
乙酰乙酸乙酯	$\overset{\text{O}}{\parallel}$ CH₃CCH₂COOC₂H₅ ⇌ $\overset{\text{OH}}{\mid}$ CH₃C = CHCOOC₂H₅	7.5
乙酰丙酮	$\overset{\text{O}}{\parallel}\,\overset{\text{O}}{\parallel}$ CH₃CCH₂CCH₃ ⇌ $\overset{\text{OH}}{\mid}\,\overset{\text{O}}{\parallel}$ CH₃C = CHCCH₃	76.0
苯甲酰丙酮	$\overset{\text{O}}{\parallel}\,\overset{\text{O}}{\parallel}$ CH₃CCH₂CC₆H₅ ⇌ $\overset{\text{OH}}{\mid}\,\overset{\text{O}}{\parallel}$ CH₃C = CHCC₆H₅	90.0

烯醇式的含量除与化合物结构有关外，还随溶剂、浓度及温度等条件而改变。一般非极性溶剂和高温有利于烯醇式的存在。除 β-二羰基化合物外，某些糖和含氮化合物，特别是酰亚胺类化合物中也存在互变异构现象。

> **问题 10-6** 写出下列化合物稳定的烯醇式结构。
>
> （1） [环己酮-COOCH₃ 结构]   （2） [丙二酰脲结构]

10.4.2　乙酰乙酸乙酯合成法

乙酰乙酸乙酯的 α-H 有酸性，在强碱（如乙醇钠）作用下与活泼的卤代烃或酰氯反应，发生相应的烃基化或酰基化反应。

$$\underset{\text{O}}{\overset{\text{O}}{\parallel}}\text{CH}_3\text{C}-\text{CH}_2-\text{COC}_2\text{H}_5 \xrightarrow{\text{C}_2\text{H}_5\text{ONa}} \underset{\text{O}}{\overset{\text{O}}{\parallel}}\text{CH}_3\text{C}-\overset{-}{\text{CH}}-\text{COC}_2\text{H}_5$$

$$\xrightarrow{\text{RX}} \text{CH}_3\text{C}-\underset{\underset{\text{R}}{\mid}}{\text{CH}}-\text{COC}_2\text{H}_5$$

$$\xrightarrow[\text{R}-\text{C}-\text{Cl}]{} \text{CH}_3\text{C}-\underset{\underset{\overset{\text{C}}{\parallel}}{\mid}}{\text{CH}}-\text{COC}_2\text{H}_5$$

烷基化时宜采用伯卤代烷。叔卤代烷和仲卤代烷主要发生消除反应而使产率较低。芳卤烃难以反应。酰化时常在二甲基亚砜中进行。

乙酰乙酸乙酯在稀碱中共热，水解生成乙酰乙酸，然后加热脱羧生成丙酮，该反应称为酮式分解。

$$\overset{\text{O}}{\parallel}\,\overset{\text{O}}{\parallel}\text{CH}_3\text{C}-\text{CH}_2-\text{COC}_2\text{H}_5 \xrightarrow[\triangle]{5\%\text{NaOH}} \xrightarrow{\text{H}_3\text{O}^+} \overset{\text{O}}{\parallel}\text{H}_3\text{C}-\text{C}-\text{CH}_3 + \text{C}_2\text{H}_5\text{OH} + \text{CO}_2$$

乙酰乙酸乙酯在浓碱中加热，则分解成两分子羧酸盐，酸化后生成两分子的羧酸，此反应称为酸式分解。

$$\overset{\text{O}}{\parallel}\,\overset{\text{O}}{\parallel}\text{CH}_3\text{C}-\text{CH}_2-\text{COC}_2\text{H}_5 \xrightarrow[\triangle]{40\%\text{NaOH}} \xrightarrow{\text{H}_3\text{O}^+} 2\text{CH}_3\text{COOH} + \text{C}_2\text{H}_5\text{OH}$$

乙酰乙酸乙酯通过烷基化或酰基化得到的产物，再经过酮式或酸式分解，可制得甲基酮、二酮或取代乙酸，这种方法称为乙酰乙酸乙酯合成法。烷基化或酰基化被分解的反应通式如下：

$$
\underset{\substack{|\\R}}{\overset{\overset{O}{\parallel}}{CH_3C}-\overset{\overset{O}{\parallel}}{CH}-COC_2H_5}
\begin{cases}
\xrightarrow{\text{酮式分解}} \overset{\overset{O}{\parallel}}{CH_3C}-\underset{\substack{|\\H(R')}}{CH}-R + CO_2 + C_2H_5OH \\
\xrightarrow{\text{酸式分解}} R-\underset{\substack{|\\H(R')}}{CH}-COOH + CH_3COOH + C_2H_5OH
\end{cases}
$$

$$
\underset{\substack{|\\ \overset{C}{\underset{\substack{\parallel\\O}}{}}\\ \;R}}{\overset{\overset{O}{\parallel}}{CH_3C}-\overset{\overset{O}{\parallel}}{CH}-COC_2H_5}
\begin{cases}
\xrightarrow{\text{酮式分解}} \overset{\overset{O}{\parallel}}{CH_3C}-CH_2-\overset{\overset{O}{\parallel}}{CR} \\
\xrightarrow{\text{酸式分解}} \overset{\overset{O}{\parallel}}{CH_3C}-CH_2-\overset{\overset{O}{\parallel}}{COH}
\end{cases}
$$

例如，利用乙酰乙酸乙酯合成法合成戊-2-酮：

$$
\overset{\overset{O}{\parallel}}{CH_3C}-CH_2COOC_2H_5 \xrightarrow[\text{(2) } CH_3CH_2Br]{\text{(1) } C_2H_5ONa} \overset{\overset{O}{\parallel}}{CH_3C}-\underset{\substack{|\\CH_2CH_3}}{CHCOOC_2H_5}
$$

$$
\xrightarrow[\text{(2) } H_3O^+]{\text{(1) } OH^-,H_2O} \overset{\overset{O}{\parallel}}{CH_3C}-\underset{\substack{|\\CH_2CH_3}}{CHCOOH} \xrightarrow[\triangle]{-CO_2} \overset{\overset{O}{\parallel}}{CH_3C}CH_2CH_2CH_3
$$

10.4.3　丙二酸二乙酯合成法

丙二酸二乙酯为无色液体，不溶于水，能与醇、醚混溶。沸点为 198.8℃。它在合成羧酸中起重要作用，又是合成染料、香料、药物的中间体。

工业上，丙二酸二乙酯通常由氯乙酸经过下列反应制备而成。

$$
ClCH_2COOH \xrightarrow{OH^-} ClCH_2COONa \xrightarrow{CN^-} NCCH_2COONa \xrightarrow[H_2SO_4]{C_2H_5OH} CH_2(COOC_2H_5)_2
$$

以丙二酸二乙酯为原料制备各类取代乙酸的方法称为丙二酸二乙酯合成法。丙二酸二乙酯分子同乙酰乙酸乙酯一样为 β-二羰基化合物，其甲叉基上的 α-H 具有酸性，在强碱作用下形成碳负离子，与卤代烃反应，结果 α-C 发生烷基化，生成一取代的丙二酸二乙酯。其产物碱性水解并酸化后再脱羧可制得取代乙酸。例如：

$$
H_2C\overset{\diagup COOC_2H_5}{\diagdown COOC_2H_5} \xrightarrow{C_2H_5ONa} HC^-\overset{\diagup COOC_2H_5}{\diagdown COOC_2H_5} \xrightarrow{CH_3CH_2Cl} CH_3CH_2-CH\overset{\diagup COOC_2H_5}{\diagdown COOC_2H_5}
$$

$$
\xrightarrow[\text{(2) } H_3O^+]{\text{(1) } NaOH} CH_3CH_2-CH\overset{\diagup COOH}{\diagdown COOH} \xrightarrow[\triangle]{-CO_2} CH_3CH_2-CH_2COOH
$$

一取代丙二酸二乙酯还有一个 α-H，在同样情况下可以继续烷基化，最后生成二取代丙二酸二乙酯，经水解、脱羧即可得取代的乙酸。当引入两个不同的烃基时，先引进体积大的烷基；即使两个烃基相同，也要分次取代。烷基化试剂通常采用的是伯卤代烃。因为烷基化过程是 S_N2 反应，大多数仲卤代烃产率低，叔卤代烃则主要发生消除反应。所以丙二酸二乙酯合成法一般将卤代甲烷、伯卤代烃、烯丙型和苄基型卤代烃作为合成原料，均可获得较高产率。

$$R-CH(COOC_2H_5)_2 \xrightarrow[C_2H_5OH]{C_2H_5ONa} R-\bar{C}(COOC_2H_5)_2 \xrightarrow{R'Cl} R-\underset{\underset{R'}{|}}{C}(COOC_2H_5)_2$$

$$\xrightarrow[(2)\ H_3O^+]{(1)\ NaOH} R-\underset{\underset{R'}{|}}{C}(COOH)_2 \xrightarrow[\triangle]{-CO_2} R-\underset{\underset{R'}{|}}{CH}-COOH$$

$$CH_2(COOC_2H_5)_2 \xrightarrow[(2)\ PhCH_2Cl]{(1)\ C_2H_5ONa,C_2H_5OH} PhCH_2-CH(COOC_2H_5)_2 \xrightarrow[(2)\ CH_3CH_2Cl]{(1)\ C_2H_5ONa,C_2H_5OH}$$

$$CH_3CH_2-\underset{\underset{CH_2Ph}{|}}{C}(COOC_2H_5)_2 \xrightarrow[(2)\ H_3O^+]{(1)\ OH^-,H_2O} CH_3CH_2-\underset{\underset{CH_2Ph}{|}}{C}(COOH)_2 \xrightarrow[\triangle]{-CO_2} CH_3CH_2-\underset{\underset{CH_2Ph}{|}}{CH}COOH$$

例如，利用丙二酸二乙酯合成法合成己二酸：

可使用二卤代烷和丙二酸二乙酯反应，通过控制原料比得到二元酸。

$$2H_2C\underset{COOC_2H_5}{\overset{COOC_2H_5}{<}} \xrightarrow[(2)\ BrCH_2CH_2Br]{(1)\ 2C_2H_5ONa,C_2H_5OH} \begin{array}{c} CH_2CH(COOC_2H_5)_2 \\ | \\ CH_2CH(COOC_2H_5)_2 \end{array}$$

$$\xrightarrow[(2)\ H_3O^+]{(1)\ OH^-,H_2O} \begin{array}{c} CH_2CH(COOH)_2 \\ | \\ CH_2CH(COOH)_2 \end{array} \xrightarrow[\triangle]{-CO_2} \begin{array}{c} CH_2CH_2COOH \\ | \\ CH_2CH_2COOH \end{array}$$

问题 10-7

（1）写出乙酰乙酸乙酯与烯丙基溴发生取代、水解、酸化和加热脱羧等反应过程。

（2）利用丙二酸二乙酯合成法合成庚二酸。

10.5　重要的羧酸衍生物

1. N，N-二甲基甲酰胺　N，N-二甲基甲酰胺（DMF）为无色透明液体，略带氨味，沸点为 152.8℃。工业上以甲醇、一氧化碳和氨为原料，在高压下反应制备 N，N-二甲基甲酰胺。

$$2CH_3OH + CO + NH_3 \xrightarrow[\sim 15MPa]{\sim 100℃} \overset{\overset{O}{\|}}{HC}-N(CH_3)_2$$

N，N-二甲基甲酰胺化学性质稳定，是一种毒性小的优质非质子极性溶剂，还可用作甲酰化剂。

2. 乙酐　乙酐是有刺激性气味的无色液体，沸点为 140℃，微溶于水。乙酐是优良的溶剂和重要的化工原料。常用作乙酰化试剂。工业上用于合成醋酸纤维、塑料、胶片、油漆、药物、香料和染料等。

3. 顺丁烯二酸酐　顺丁烯二酸酐又名马来酸酐或失水苹果酸酐，是有强烈刺激气味的无色结晶，沸点为 202.2℃，在较低温度下（60～80℃）也能升华，能溶于醇、乙醚和丙酮，与水作用生成顺丁烯二酸，是合成丁二酸、酒石酸的主要原料。

4. 乙酸乙酯　乙酸乙酯又称醋酸乙酯，是有果香气味的无色透明液体，沸点为 77℃，微溶于水，易溶于醇、酮、醚、氯仿等多数有机溶剂。乙酸乙酯是极好的工业溶剂，也是制药工业和有机合成的重要原料。对眼、鼻、咽喉有刺激作用，高浓度吸入可引起进行性麻醉作用。

5. 甲基丙烯酸甲酯　甲基丙烯酸甲酯为无色易挥发液体，沸点为 100℃，溶于乙醇、乙醚、丙酮等多种有机溶剂，微溶于水。在引发剂存在下易聚合。聚甲基丙烯酸甲酯俗称有机玻璃，在医用高分子生物材料、工业等领域有广泛的应用。

10.6 碳酸衍生物

碳酸很不稳定，容易分解。碳酸从结构上可看作是两个羟基共用一个羰基的二元羧酸，碳酸分子中的羟基被其他基团取代生成的化合物称为碳酸衍生物（derivatives of carbonic acid）。

碳酸的一个羟基被取代的酸性衍生物极不稳定，如氨基甲酸、氯甲酸等在一般条件下不能游离存在，易分解成二氧化碳；而两个羟基均被取代的中性衍生物一般都较稳定。常见的碳酸衍生物有以下几种：

$$
\underset{\substack{\text{光气（碳酰氯）}\\ \text{carbonyl dichloride}}}{Cl-\overset{\overset{\displaystyle O}{\|}}{C}-Cl}
\qquad
\underset{\substack{\text{脲（碳酰胺）}\\ \text{urea}}}{H_2N-\overset{\overset{\displaystyle O}{\|}}{C}-NH_2}
\qquad
\underset{\substack{\text{胍（亚氨基脲）}\\ \text{guanidine}}}{H_2N-\overset{\overset{\displaystyle NH}{\|}}{C}-NH_2}
$$

10.6.1 碳酰氯

碳酰氯俗称光气，是无色气体，味甜，有剧毒。

光气具有酰氯的典型性质，容易发生水解、醇解和氨解。例如：

$$Cl-\overset{\overset{\displaystyle O}{\|}}{C}-Cl$$

$$\xrightarrow{H_2O} Cl-\overset{\overset{\displaystyle O}{\|}}{C}-OH \longrightarrow CO_2 + HCl$$

$$\xrightarrow{NH_3} H_2N-\overset{\overset{\displaystyle O}{\|}}{C}-NH_2$$

$$\xrightarrow{C_2H_5OH} Cl-\overset{\overset{\displaystyle O}{\|}}{C}-OC_2H_5 \xrightarrow{C_2H_5OH} C_2H_5O-\overset{\overset{\displaystyle O}{\|}}{C}-OC_2H_5$$

光气主要用作医药、农药和染料的合成原料。

10.6.2 碳酰胺

碳酰胺俗称尿素（urea），又称脲，是碳酸的二元酰胺。尿素是人和哺乳动物体内蛋白质代谢的最终产物，成人每天经尿液排出 25～30 g 尿素。

尿素为无色长菱形结晶，熔点为 133℃，易溶于水及乙醇，难溶于乙醚。临床上尿素注射液对降低脑颅内压和眼压有显著疗效，可用于治疗急性青光眼和脑外伤引起的脑水肿。

尿素具有酰胺结构，因此具有一般酰胺的化学性质；但一个羰基同时连有两个氨基，因此会有特殊的性质。

1. 弱碱性 尿素具有弱碱性，只能与强酸生成盐。如在尿素水溶液中加入浓硝酸，可析出硝酸脲白色沉淀。

$$H_2N-\overset{\overset{\displaystyle O}{\|}}{C}-NH_2 + HNO_3 \longrightarrow H_2N-\overset{\overset{\displaystyle O}{\|}}{C}-NH_2 \cdot HNO_3\downarrow$$

2. 水解 与一般酰胺一样，尿素在酸、碱或尿素酶的催化作用下可发生水解反应：

$$H_2N-\overset{\overset{\displaystyle O}{\|}}{C}-NH_2 + H_2O$$

$$\xrightarrow{HCl} CO_2\uparrow + NH_4Cl$$

$$\xrightarrow{NaOH} Na_2CO_3 + NH_3\uparrow$$

$$\xrightarrow{\text{尿素酶}} NH_3\uparrow + CO_2\uparrow$$

3. 与亚硝酸反应 尿素与亚硝酸反应，放出氮气。通过产出氮气体积的定量测定可计算尿素的含量；另外利用该反应可以除去化学反应中过量的亚硝酸。

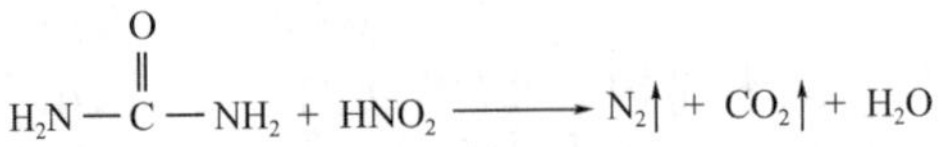

$$H_2N-\overset{O}{\underset{\|}{C}}-NH_2 + HNO_2 \longrightarrow N_2\uparrow + CO_2\uparrow + H_2O$$

4. 缩二脲的生成和缩二脲反应　尿素晶体缓慢加热至150～160℃，两分子脲缩合形成缩二脲，放出氨气。

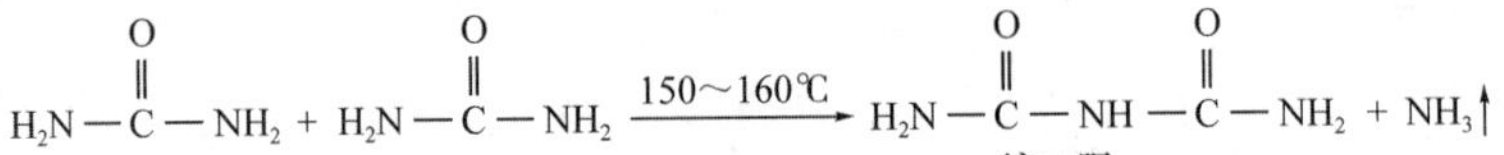

$$H_2N-\overset{O}{\underset{\|}{C}}-NH_2 + H_2N-\overset{O}{\underset{\|}{C}}-NH_2 \xrightarrow{150\sim160℃} H_2N-\overset{O}{\underset{\|}{C}}-NH-\overset{O}{\underset{\|}{C}}-NH_2 + NH_3\uparrow$$
缩二脲

缩二脲难溶于水，易溶于碱溶液中。在缩二脲的碱溶液中加入微量硫酸铜，溶液呈紫色或紫红色，这个反应称为缩二脲反应（biuret reaction）。凡分子中含有两个或两个以上酰胺键 $\begin{bmatrix} O & H \\ \| & | \\ -C-N- \end{bmatrix}$ 结构的化合物（如多肽和蛋白质），都可发生缩二脲反应。

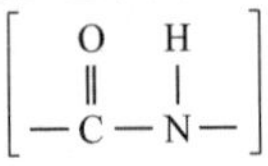

10.6.3　胍

尿素分子中的氧原子被氨亚基（＝NH）取代后的化合物，称为胍（guanidine）。结构式为

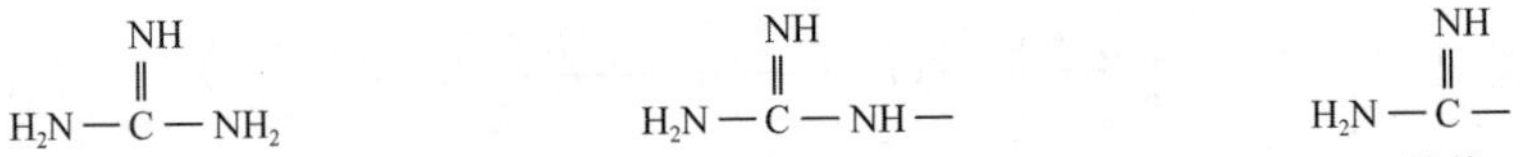

$$\underset{胍}{H_2N-\overset{NH}{\underset{\|}{C}}-NH_2} \qquad \underset{胍基}{H_2N-\overset{NH}{\underset{\|}{C}}-NH-} \qquad \underset{脒基}{H_2N-\overset{NH}{\underset{\|}{C}}-}$$

胍为无色晶体，熔点50℃，吸湿性极强，易溶于水。胍是一种很强的有机碱（pK_a=14.5），与氢氧化钾相当。胍分子中去掉一个氨基氢原子后称为胍基，去掉一个氨基后称为脒基。

某些含有胍结构的化合物具有生理活性，如精氨酸、胍乙啶等；还有些胍的衍生物作为常见的药物，如二甲双胍、吗啉胍（病毒灵）等。二甲双胍、病毒灵的结构如下：

二甲双胍　　　　病毒灵

10.6.4　丙二酰脲

丙二酸二乙酯在醇钠催化下与尿素发生氨解反应，产物经过酸化得丙二酰脲（malonyl urea）。

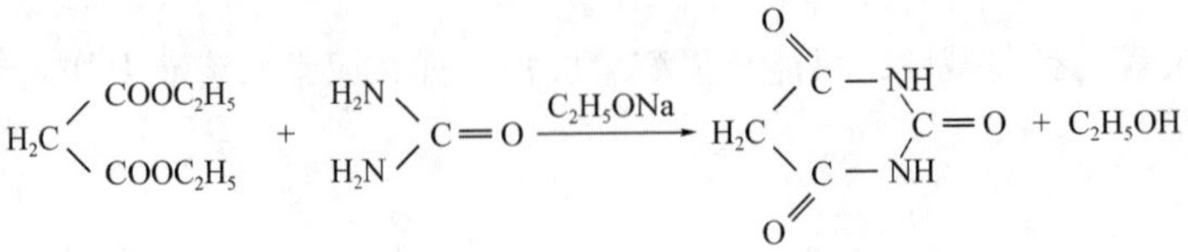

丙二酰脲

丙二酰脲为无色晶体，熔点为245℃，微溶于水。分子结构中有一个活泼的甲叉基和两个二酰叉氨基，能发生酮式-烯醇式互变异构。

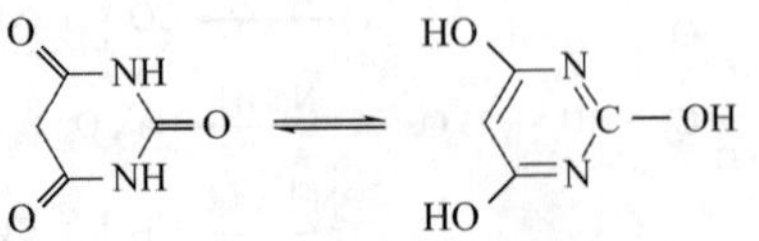

酮式　　　　烯醇式

烯醇式结构表现出较强的酸性（pK_a=3.85），称为巴比妥酸。巴比妥酸本身没有药理作用，但其分子中的甲叉基上的两个氢原子被烃基取代后的衍生物，具有镇静、催眠和麻醉作用，总称为巴比妥类药物。 巴比妥类药物有成瘾性，用量过大会危及生命。

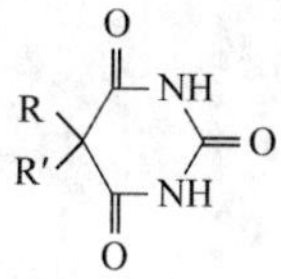

巴比妥（佛罗那）：　　　R=R′=C$_2$H$_5$

苯巴比妥（鲁米那）：　　R=C$_2$H$_5$，R′=C$_6$H$_5$

异戊巴比妥（阿米妥）：R=C$_2$H$_5$，R′=CH$_2$CH$_2$CH(CH$_3$)$_2$

习　题

10-1　命名下列化合物。

（1） 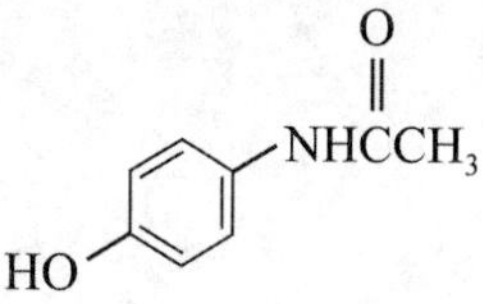　（2） 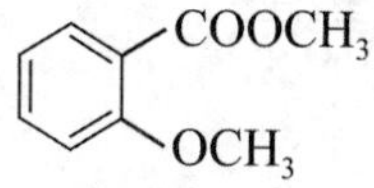　（3）

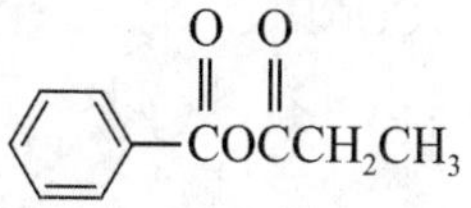

（4） 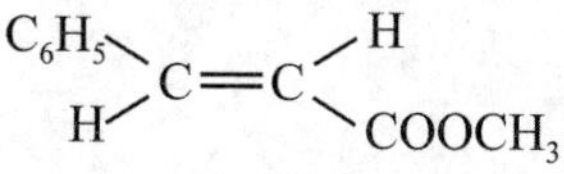　（5） 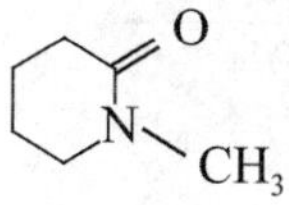　（6）

（7） 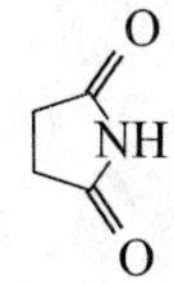　（8）

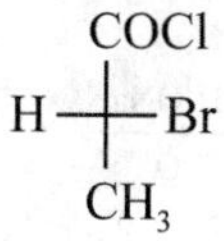

10-2　写出下列化合物的结构式。

（1）丙二酸乙甲酯　　　　（2）N-乙基-N-甲基丙酰胺　　　（3）2-甲基戊二酸酐

（4）3-氯苯乙酰氯　　　　（5）乙酸异戊酯　　　　　　　　（6）邻乙酰氧基苯甲酸

（7）甘油三乙酸酯

10-3　用化学方法鉴别下列化合物。

（1）乙酸乙酯、β-丁酮酸、乙酰胺、丁酮

（2）乙酰乙酸乙酯、乙酰水杨酸、水杨酸甲酯、水杨酸

10-4　按照要求排列顺序。

（1）比较乙酰氯、乙酸酐、乙酸乙酯、乙酰胺进行亲核取代反应的活泼性顺序。

（2）比较苯甲酰胺、尿素、N-甲基苯甲酰胺、邻苯二甲酰亚胺的碱性大小顺序。

（3）按烯醇化程度大小顺序排列

① CH$_3$COCH$_2$COCH$_3$

② CH$_3$COCHCOCH$_3$
　　　　　|
　　　　CH$_3$

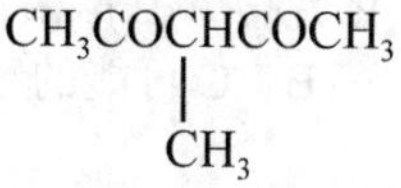

③ CH$_3$COCHCOCH$_3$
　　　　　|
　　　　Cl

④ CH$_3$COCHCOOCH$_3$
　　　　　|
　　　　CH$_3$

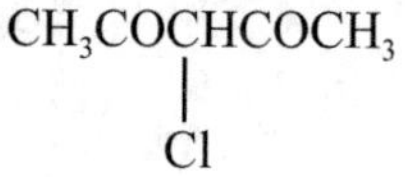

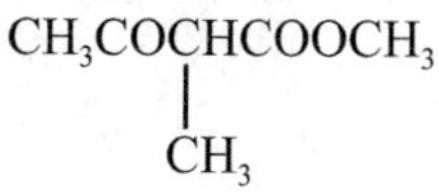

10-5　完成下列反应。

（1）

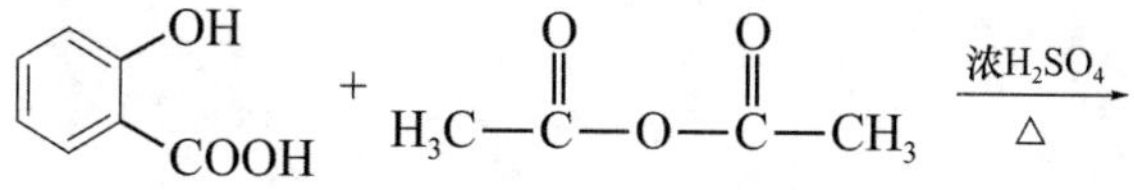

（2）

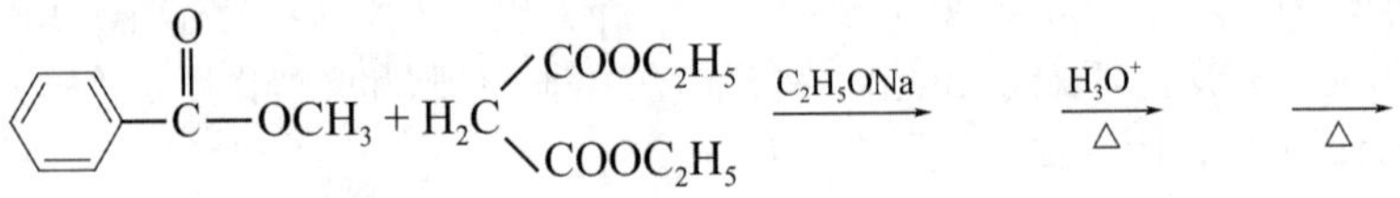

$$\underset{\text{(苯基)}}{C_6H_5}-\overset{\overset{O}{\|}}{C}-OCH_3 + H_2C\overset{COOC_2H_5}{\underset{COOC_2H_5}{\diagup}} \xrightarrow{C_2H_5ONa} \quad \xrightarrow[\triangle]{H_3O^+} \quad \xrightarrow{\triangle}$$

（3）

$$CH_3CH_2CH_2\overset{\overset{O}{\|}}{C}Cl + HOCH(CH_3)_2 \longrightarrow$$

（4）

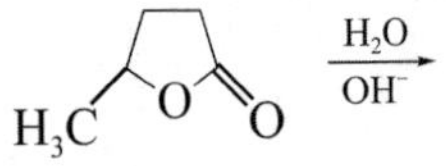

$$\xrightarrow[OH^-]{H_2O}$$

（5）

$$\xrightarrow[(2)\ H_2O]{(1)\ LiAlH_4,\ 乙醚}$$

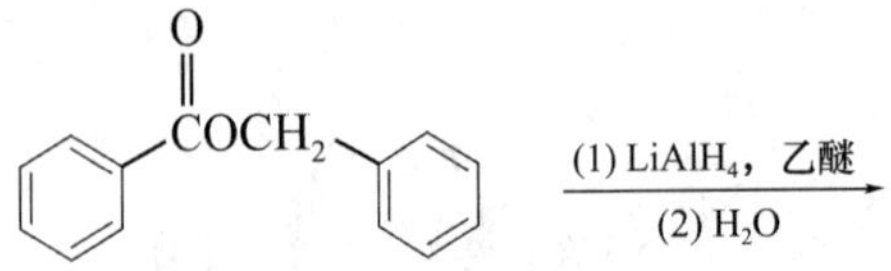

（6）

$$H_2C\!=\!CHCH_2CH_2\overset{\overset{O}{\|}}{C}OC_2H_5 \xrightarrow[高温,\ 高压]{CuO,\ CuCrO_4,\ H_2}$$

（7）

$$H_3C-\overset{\overset{O}{\|}}{C}-O-\overset{\overset{O}{\|}}{C}-CH_3 + NH_3 \longrightarrow$$

（8）

$$(H_3C)_3C-\overset{\overset{O}{\|}}{C}OCH_3 + CH_3COOCH_3 \xrightarrow[(2)\ H_3O^+]{(1)\ C_2H_5ONa}$$

（9）

$$H_2N-\overset{\overset{O}{\|}}{C}-NH_2 + H_2N-\overset{\overset{O}{\|}}{C}-NH_2 \xrightarrow{150\sim160\,℃}$$

10-6　按要求合成有机化合物。

（1）利用乙酰乙酸乙酯合成法合成 3-甲基戊-2-酮。

（2）利用丙二酸二乙酯合成法合成戊酸。

10-7　某化合物 A 的分子式为 $C_5H_6O_3$，与乙醇反应生成两种互为异构体的化合物 B 和 C，B、C 分别与 $SOCl_2$ 反应后再与乙醇作用，则得到相同的产物 D。试推测 A、B、C、D 的结构式并写出有关反应的反应式。

10-8　某化合物 A 和 B 分子式均为 $C_4H_6O_2$，它们都不溶于碳酸氢钠溶液，也不溶于氢氧化钠溶液，但均能使溴水褪色。当它们分别与氢氧化钠溶液共热时，A 生成乙酸钠和乙醛，B 生成甲醇和一种羧酸钠，若加足量硫酸酸化此羧酸钠并进行蒸馏，可得一能使溴水褪色的有机酸 D。

10-9　分子式为 $C_6H_{12}O_2$ 化合物 A 在酸溶液水解为 B（$C_5H_{10}O_2$）和 C（CH_4O）。B 为有一个手性碳原子的有机酸。试推断 A、B、C 可能的结构式。

（朱梅英）

第11章 含氮有机化合物

含氮有机化合物（nitrogenous organic compound）是指含有氮原子的有机化合物，它们的结构特征主要是含有碳氮键，有的还含有氮氮键、氮氧键及氮氢键等。含氮有机化合物种类众多，常见的有机含氮化合物包括硝基化合物、酰胺、胺、重氮及偶氮化合物、杂环化合物、氨基酸和生物碱等。不同种类的含氮化合物具有不同的理化性质，有些是重要的化工、医药原料，有些具有显著的生物活性，与人类生命活动密切相关。

本章重点讨论胺、重氮和偶氮化合物的结构和主要化学性质。

11.1 胺

11.1.1 胺的结构、分类和命名

1. 胺的结构 胺（amine）可以看作是氨分子中氢原子被烃基取代的产物。胺分子的结构与氨相似，分子中的氮原子为不等性 sp^3 杂化，3 个 sp^3 轨道分别与氢或碳原子成键形成 σ 键，未成键电子对占据另一个 sp^3 轨道，位于棱锥体的顶端，整个分子呈棱锥形结构。例如，氨、二甲胺、三甲胺的结构如图 11-1 所示。

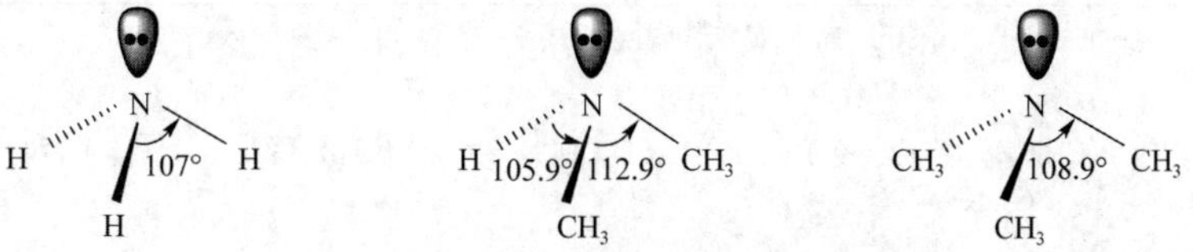

图 11-1 氨、二甲胺、三甲胺的结构

苯胺的氮原子仍采用不等性 sp^3 杂化（也有认为 sp^2 杂化），氮原子上孤对电子占据的 sp^3 杂化轨道比脂肪胺上孤对电子占据的 sp^3 杂化轨道含有更多的 p 轨道成分，可与苯环大 π 键重叠，形成共轭体系。苯胺分子虽呈棱锥体，但比脂肪胺更扁平一些。物理方法测定：H—N—H 键角为 113.9°，说明苯胺中氮原子参与了苯环的共轭。如图 11-2 所示。

图 11-2 苯胺的分子结构

2. 胺的分类 根据胺分子中氮原子上连接的烃基种类，胺可分为脂肪胺（aliphatic amine）和芳香胺（aromatic amine）。脂肪胺是指分子中氮原子与脂肪烃基相连，而芳香胺则是氮原子与芳香烃的苯环直接相连。例如：

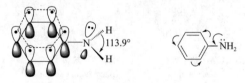

脂肪胺 $CH_3CH_2NH_2$ $CH_3CH_2NHCH_3$ $(CH_3)_3N$

芳香胺

根据胺分子中氮原子上连接的烃基个数，又分为伯胺（primary amine）、仲胺（secondary amine）、叔胺（tertiary amine）和季铵（quaternary ammonium）。

$$R-NH_2 \qquad R-\underset{\underset{R}{|}}{N}H \qquad R-\underset{\underset{R}{|}}{N}-R \qquad R_4N^+X^- \qquad R_4N^+OH^-$$

伯胺   仲胺   叔胺   季铵盐   季铵碱

伯、仲和叔胺中分别含有氨基（—NH$_2$）、又氨基（—NH—）、氨爪基（ —N— ）。季铵是指氮原子上连有四个烃基、带有正电荷的一类化合物。季铵类化合物又分为季铵碱（quaternary ammonium base，R$_4$N$^+$OH$^-$）和季铵盐（quaternary ammonium salt，R$_4$N$^+$X$^-$）。注意伯、仲、叔胺的分类方法，与伯、仲、叔醇和伯、仲、叔卤代烃分类的区别。例如：

$$CH_3-\underset{\underset{CH_3}{|}}{\overset{\overset{CH_3}{|}}{C}}-NH_2 \qquad CH_3-\underset{\underset{CH_3}{|}}{\overset{\overset{CH_3}{|}}{C}}-OH \qquad CH_3-\underset{\underset{CH_3}{|}}{\overset{\overset{CH_3}{|}}{C}}-Br$$

伯胺（叔丁胺）   叔醇（叔丁醇）   叔卤代烃（叔丁基溴）

根据胺分子中所含氨基的数目可分为一元胺、二元胺和多元胺。例如：

$$CH_3CH_2NH_2 \qquad\qquad H_2NCH_2CH_2NH_2$$

乙胺（一元胺）   乙-1, 2-二胺（二元胺）

问题 11-1 按伯、仲、叔的分类方法将下列胺、醇和卤代烃分类。

（1）$CH_3\underset{\underset{CH_3}{|}}{C}HNHCH_2CH_2CH_3$ （2）⬡—CH$_2$OH   （3）(CH$_3$)$_4$N$^+$Cl$^-$ （4）$CH_3-\underset{\underset{Cl}{|}}{\overset{\overset{H}{|}}{C}}-CH_3$

（5）H$_3$C—⬡—N(C$_2$H$_5$)$_2$ （6）⬡⬡—NH$_2$ （7）⬡—N$^+$(C$_2$H$_5$)$_3$OH$^-$

3. 胺的命名

（1）伯胺的命名：常用烃基名称加后缀"胺"表示，即为某胺。较复杂的胺，可以将烃作为母体，氨基或烃氨基（—NHR、—NR$_2$）作为取代基来命名。例如：

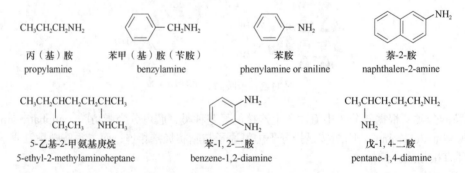

CH$_3$CH$_2$CH$_2$NH$_2$ ⬡—CH$_2$NH$_2$ ⬡—NH$_2$ ⬡⬡—NH$_2$

丙（基）胺   苯甲（基）胺（苄胺）   苯胺   萘-2-胺

propylamine   benzylamine   phenylamine or aniline   naphthalen-2-amine

$CH_3CH_2\underset{\underset{CH_2CH_3}{|}}{C}HCH_2\underset{\underset{NHCH_3}{|}}{C}HCH_3$ ⬡$\overset{NH_2}{\underset{NH_2}{}}$ $CH_3\underset{\underset{NH_2}{|}}{C}HCH_2CH_2CH_2NH_2$

5-乙基-2-甲氨基庚烷   苯-1, 2-二胺   戊-1, 4-二胺

5-ethyl-2-methylaminoheptane   benzene-1,2-diamine   pentane-1,4-diamine

（2）脂肪仲胺和叔胺的命名：若氮原子上连有相同的烃基，则将烃基合并起来，用"二"或"三"表示烃基数目，然后将其数目和名称依次写在后缀胺的前面；当氮原子上连有不相同的烃基时，可将其作为伯胺或仲胺的 N-取代衍生物命名，并按照基团名称的英文字母排序依次写于胺名称之前。例如：

$$(CH_3CH_2)_2NH$$

二乙胺
diethylamine

$$CH_3NHCH_2CH_3$$

N-甲基乙胺
N-methylethanamine

$$\underset{\underset{CH_2CH_3}{|}}{CH_3NCH_2CH_2CH_2CH_3}$$

N-乙基-N-甲基丁胺
N-ethyl-N-methylbutylamine

（3）芳香仲胺和叔胺的命名：可以苯胺为母体，脂肪烃基为取代基。取代基直接与氮原子相连时，可作为 N-取代衍生物命名，在取代基名称前冠以 "N-" 或 "N, N-"。例如：

3-甲基苯胺
3-methylaniline

N-甲基苯胺
N-methylaniline

N-乙基-N-甲基苯胺
N-ethyl-N-methylaniline

（4）季铵碱和季铵盐的命名：分别与氢氧化铵、铵盐相似。例如：

$$HOCH_2CH_2N^+(CH_3)_3OH^-$$

氢氧化（2-羟乙基）（三甲基）铵（胆碱）
2-hydroxylethyl (trimethyl) ammonium hydroxide(choline)

$$CH_2N^+(CH_2CH_3)_3Cl^-$$

氯化苄基（三乙基）铵
benzyl(triethyl)ammonium chloride

　　季铵盐为离子型化合物，易溶于水，具有较高的熔点。含有长链烷基的季铵盐分子中的烃基有亲脂性，铵离子有亲水性，是一类常用的阳离子型表面活性剂。

　　注意 "氨"、"胺"、"铵" 的用法。"氨" 主要用于氨（NH_3）、氨基（NH_2—）或烃氨基（RNH—，R_2N—）等基团的命名，"胺" 用于氨的烃基衍生物的命名，"铵" 用于氨或胺形成的盐、季铵碱和季铵盐类化合物的命名。例如，甲氨基（CH_3NH—，methylamino）、甲（基）胺（CH_3NH_2，methylamine）、氯化甲铵（$CH_3NH_3^+Cl^-$，methylammonium chloride）等。

问题 11-2 命名下列化合物或写出化合物的结构式。

（1）$CH_3CH_2NHCH_2CH_2CH_3$　　（2）环己胺-NH_2　　（3）$N(CH_3)_2$ ...Br苯环

（4）异丁基胺　　（5）丁-1,3-二胺　　（6）二苯基胺

11.1.2　胺的物理性质

　　在室温下，甲胺、二甲胺、三甲胺和乙胺均为气体，其余脂肪胺通常为液体或固体，芳香胺多为高沸点的液体或低熔点的固体。有些胺有类似氨的气味或鱼腥味，如动物腐烂后产生的戊-1,5-二胺（尸胺）有恶臭。伯胺和仲胺因形成分子间氢键，且氮原子的电负性比氧原子小，N—H 的极性比醇中 O—H 弱，故沸点高于相对分子质量相近的烷烃而低于相应的醇。叔胺中氮原子上无氢原子，不能形成分子间氢键，故沸点比相近分子质量的仲胺和伯胺低。

　　胺能与水分子形成氢键而溶于水，但随着相对分子质量的增加，胺的溶解度迅速降低，6 个碳以上的胺大多难溶于水，但可溶于醇、苯等有机溶剂。一些常见胺的物理常数见表 11-1。

表 11-1　一些常见胺的理化常数

胺的名称	结构式	熔点/℃	沸点/℃	pK_b
甲胺（methylamine）	CH_3NH_2	−92	−7.5	3.38
二甲胺（dimethylamine）	$(CH_3)_2NH$	−96	7.5	3.27
三甲胺（trimethylamine）	$(CH_3)_3N$	−117	3	4.21
乙胺（ethylamine）	$CH_3CH_2NH_2$	−80	17	3.36

续表

胺的名称	结构式	熔点/℃	沸点/℃	pK_b
二乙胺（diethylamine）	$(CH_3CH_2)_2NH$	−39	55	3.06
三乙胺（triethylamine）	$(CH_3CH_2)_3N$	−115	89	3.25
苯胺（aniline）	$C_6H_5NH_2$	−6.3	184	9.40
二苯胺（diphenylamine）	$(C_6H_5)_2NH$	53	302	13.8
对甲苯胺（p-methylaniline）	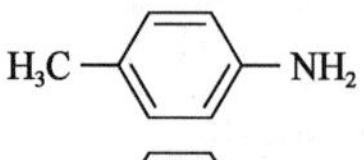 H_3C—⟨ ⟩—NH_2	44	200	8.90
对硝基苯胺（p-nitroaniline）	 O_2N—⟨ ⟩—NH_2	148	332	13.00

芳香胺大多有毒性，如苯胺吸入过量或通过皮肤渗入易引起中毒，苯胺、α-萘胺和 β-萘胺有致癌作用。

11.1.3　胺的化学性质

胺与氨有相似的化学性质。胺分子中氮原子上有一对未成键电子对，可以接受质子而呈现出碱性，同时又具有亲核性；另外，芳香胺中氮原子上的孤对电子参与苯环的共轭而活化苯环，使苯环容易发生亲电取代反应。

1. 碱性和成盐　胺具有碱性，在水溶液中的电离平衡表示如下：

$$RNH_2 + H_2O \rightleftharpoons RNH_3^+ + OH^-$$

$$K_b = \frac{[RNH_3^+][OH^-]}{[RNH_2]}$$

胺分子中氮原子接受质子的能力越强，胺的碱性越强，即 K_b 越大（pK_b 越小）。如表 11-1 所示，一般脂肪胺的 pK_b=3～5，芳香胺 pK_b=7～10，而氨的 pK_b 为 4.76，可见脂肪胺的碱性强于氨，而芳香胺的碱性弱于氨。

胺的碱性强弱与其分子的结构有关。在脂肪胺中，因烷基给电子的诱导效应（+I）使氮原子周围的电子云密度增大，氮原子接受质子的能力增强，胺的碱性增强，故脂肪胺的碱性强于氨。氮原子上所连烷基越多，碱性就越强。另外，胺分子中氮原子上所连的烷基数目越多或体积增大，其周围的空间位阻变大，质子较难接近氮原子，使其接受质子的能力减弱，胺的碱性也就减弱。除了电子效应和空间效应影响之外，胺的碱性强弱还和胺与质子结合后生成的铵正离子的稳定性有关，铵正离子中氮原子上所连的氢原子越多，则与水分子形成的氢键越多，溶剂化程度越高，铵离子越稳定，胺的碱性也就越强。伯、仲、叔三种铵正离子与水分子形成的氢键表示如下：

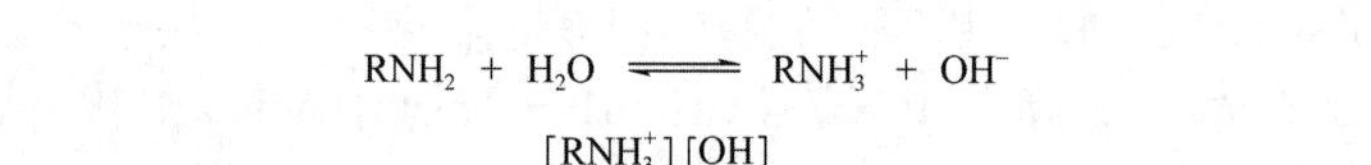

芳香胺的碱性比氨弱得多。主要是芳香胺中由于氮原子上的孤对电子参与苯环共轭而离域到苯环上，降低了氮原子上的电子云密度，使其接受质子的能力降低；同时，芳香烃基的体积增大，空间位阻增大，使得芳香胺碱性显著降低。

季铵碱是典型的离子型化合物，为强碱，碱性与氢氧化钠或氢氧化钾相当。

综上所述，胺的碱性受分子中电子效应、空间效应、溶剂化效应等多种因素综合影响，常见胺的碱性强弱为：季铵碱＞脂肪胺＞氨＞芳香胺。

脂肪胺易与盐酸、硫酸或乙酸发生成盐反应。苯胺的碱性较弱，只能与强酸成盐。例如：

$$CH_3CH_2NH_2 + HCl \longrightarrow CH_3CH_2NH_3^+Cl^- \quad 或 \quad CH_3CH_2NH_2 \cdot HCl$$

$+ HCl \longrightarrow$ $NH_3^+Cl^-$ 或 $NH_2 \cdot HCl$

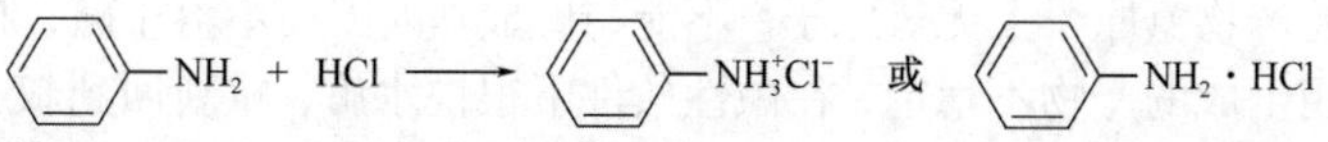

　　铵盐通常为无色固体,易溶于水,而不溶于非极性的有机溶剂。当其与强碱(如 NaOH 或 KOH)作用时,则胺可重新游离出来。此性质可用于胺类化合物的分离、纯化或精制。例如:

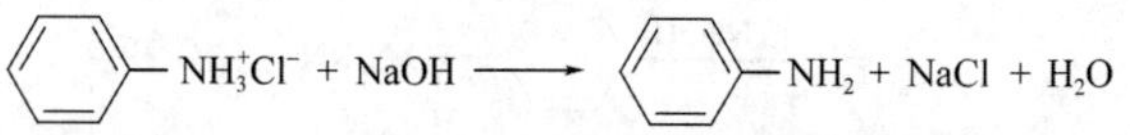

$NH_3^+Cl^- + NaOH \longrightarrow$ $NH_2 + NaCl + H_2O$

　　因铵盐溶解性较好,性质稳定,在制药工业上常将难溶于水的胺类药物制成相应的盐。例如,局部麻醉药盐酸普鲁卡因(procaine hydrochloride)水溶液可用于肌内注射。

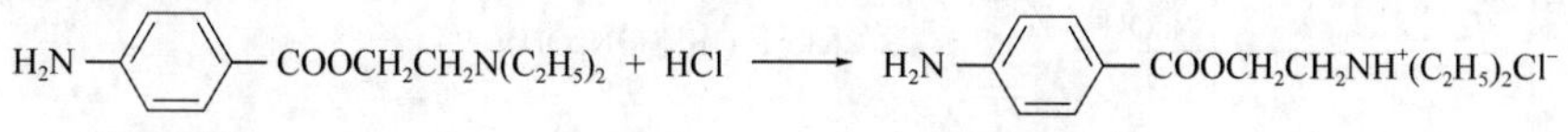

$$H_2N\text{—}\text{}\text{—}COOCH_2CH_2N(C_2H_5)_2 + HCl \longrightarrow H_2N\text{—}\text{}\text{—}COOCH_2CH_2NH^+(C_2H_5)_2Cl^-$$

普鲁卡因　　　　　　　　　　　　　　　　　　盐酸普鲁卡因

问题 11-3 比较下列化合物的碱性强弱。
胆碱、乙胺、苯胺、氨

2. 酰化反应　伯胺、仲胺分子中氮原子上有氢原子,能与酰氯、酸酐或羧酸等酰化剂发生反应,生成 *N*-取代或 *N*, *N*-二取代酰胺,该反应称为酰化反应(acylation reaction)。叔胺氮原子上无氢原子,故不能发生酰化反应。例如:

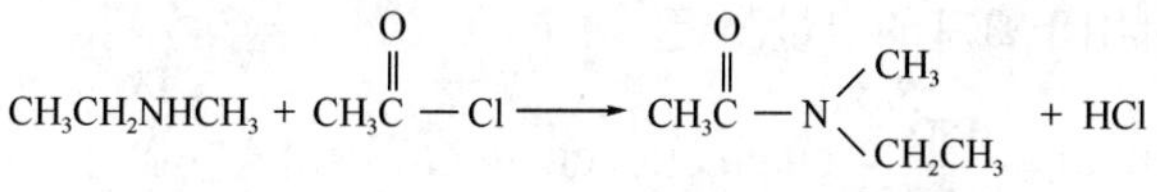

N-乙基-*N*-甲基乙酰胺

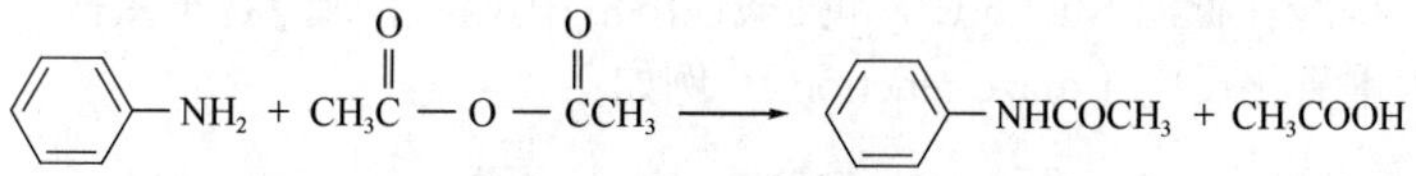

乙酰苯胺

　　生成的酰胺在酸或碱催化下容易水解游离出原来的胺,由于叔胺氮原子无此反应,因此可与伯胺、仲胺分离。

　　在芳香胺的氮原子上引入酰基,在有机合成上具有重要意义。其一,芳胺上氨基易被氧化,引入暂时性的酰基以保护氨基或降低氨基对芳环的活化作用;其二,引入永久性酰基,是合成许多药物时常用的反应。例如,对氨基苯酚具有解热镇痛作用,经乙酰化后生成 4′-羟基乙酰苯胺(对乙酰氨基酚,paracetamol),疗效增强,毒副作用降低。

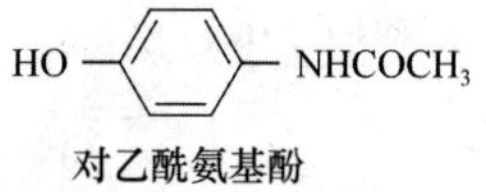

对乙酰氨基酚

抗结核药物 4-氨基水杨酸易氧化,将其氨基苯甲酰化后形成的 4-苯甲酰氨基水杨酸稳定性提高,酰胺在体内水解后再释放出对氨基水杨酸。

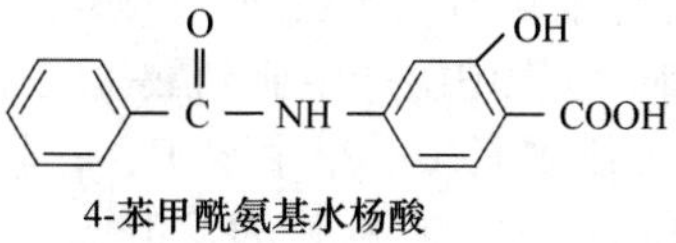

4-苯甲酰氨基水杨酸

3. 磺酰化反应　伯胺、仲胺与苯磺酰氯、对甲基苯磺酰氯等磺酰化剂反应,生成苯磺酰胺化合物。该类反应称为磺酰化反应。

　　伯胺磺酰化的产物中氮原子上有氢原子，受磺酰基吸电子的影响而具有弱酸性，可与碱成盐而溶解；仲胺磺酰化的产物氮原子上无氢原子，不能与碱成盐，因而不溶于碱；叔胺中氮原子上无氢原子，与磺酰氯作用生成的产物不稳定，在碱性条件下很快水解，重新回到叔胺。磺酰胺类化合物大多为固体，易于精制，有一定的熔点，在酸或碱催化下可以水解释放出原来的胺，利用此性质可以分离、提纯或鉴别伯、仲、叔胺，此类反应也称为 Hinsberg 试验。其过程如下：

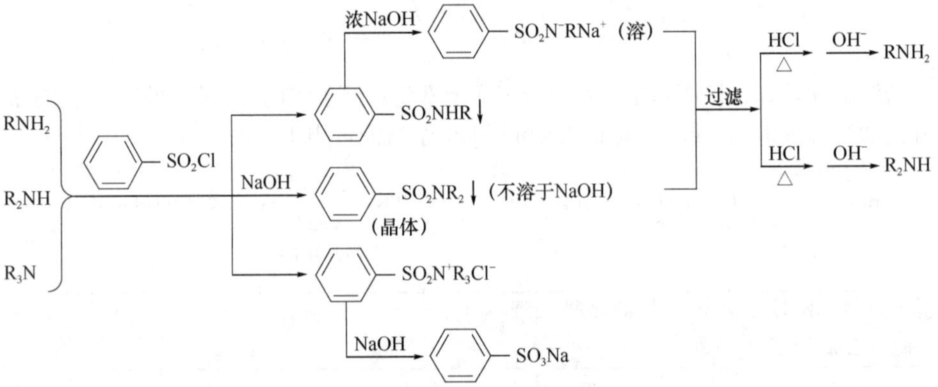

　　4. 与亚硝酸反应　伯、仲、叔胺因结构不同，与亚硝酸反应的产物不同。由于亚硝酸不稳定易分解，一般在反应中常用亚硝酸盐与盐酸或硫酸反应制得。

　　（1）伯胺：脂肪伯胺与亚硝酸反应放出氮气，得到卤代烃、烯烃、醇等多种产物的混合物。根据反应中放出定量的氮气，可用于氨基的定量测定。

$$CH_3CH_2NH_2 \xrightarrow[0\sim5℃]{HNO_2} CH_3CH_2OH + CH_2\!=\!CH_2 + N_2\uparrow + \cdots$$

　　芳香伯胺与亚硝酸在低温（0～5℃）和强酸性溶液中反应生成芳香重氮盐（aromatic diazonium salt），此反应称为重氮化反应（diazo reaction）。例如：

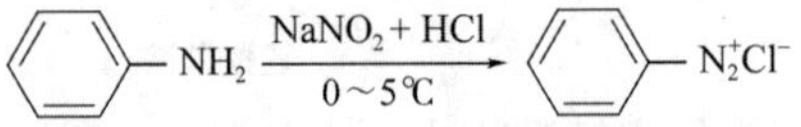

氯化苯重氮盐

　　（2）仲胺：脂肪仲胺和芳香仲胺与亚硝酸反应都生成 N-亚硝基胺（N-nitrosoamine）类化合物。例如：

$$(CH_3CH_2)_2NH \xrightarrow[0\sim5℃]{NaNO_2 + HCl} (CH_3CH_2)_2N\!-\!NO$$

N-亚硝基二乙胺（浅黄色油状液体）

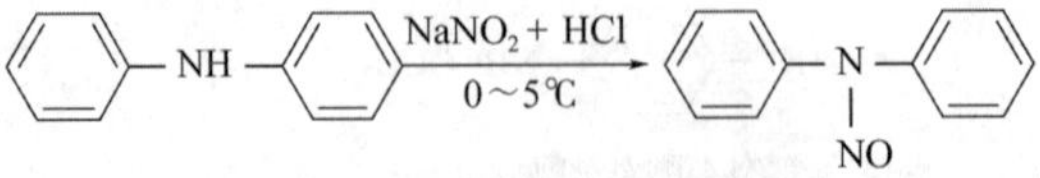

N-苯基-*N*-亚硝基苯胺（浅黄色油状固体）

　　大多数 N-亚硝基胺为难溶于水的黄色油状液体或固体，具有致癌、致突变、致畸形作用，易诱发食管癌、胃癌、肝癌及鼻咽癌等消化道系统疾病。自然界中存在的 N-亚硝基胺类化合物不多，但蔬菜、鱼和肉类食物在存放、加工过程中会产生亚硝酸盐或仲胺类化合物，这些物质摄入体内通过代谢后可以转化为 N-亚硝基胺。维生素 C、维生素 E、一些酚类等化合物具有抑制体内亚硝化作用，富含上述化合物的食物有利于预防这些疾病的发生。

　　（3）叔胺：脂肪叔胺因氮原子上没有氢原子，与亚硝酸反应生成不稳定的亚硝酸盐，加碱又得到游离叔胺。例如：

$$(CH_3CH_2)_3N \xrightarrow[0\sim5℃]{NaNO_2 + HCl} (CH_3CH_2)_3\overset{+}{N}HNO_2^- \xrightarrow{NaOH} (CH_3CH_2)_3N + NaNO_2$$

芳香叔胺与亚硝酸反应，由于氨基致活芳环，使芳环上的亲电取代反应活性增加，取代生成对亚硝基胺类化合物。若对位被占据，亚硝基进入邻位。例如：

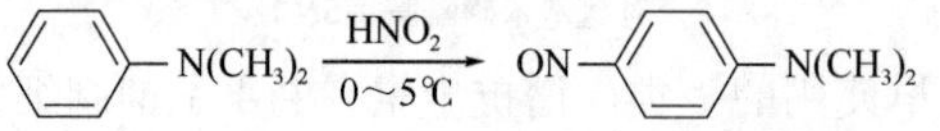

N, N-二甲基-4-亚硝基苯胺

在酸性条件下的 N, N-二甲基-4-亚硝基苯胺呈橘黄色，用碱中和至碱性后变为翠绿色。

根据伯、仲、叔胺与 HNO_2 反应生成的产物不同，可以用于鉴别几种胺类化合物。

5. 芳香胺的取代反应

（1）卤代反应：室温下苯胺与溴水反应，立即生成 2,4,6-三溴苯胺白色沉淀。此反应非常灵敏、迅速，可用于苯胺的定性和定量分析。

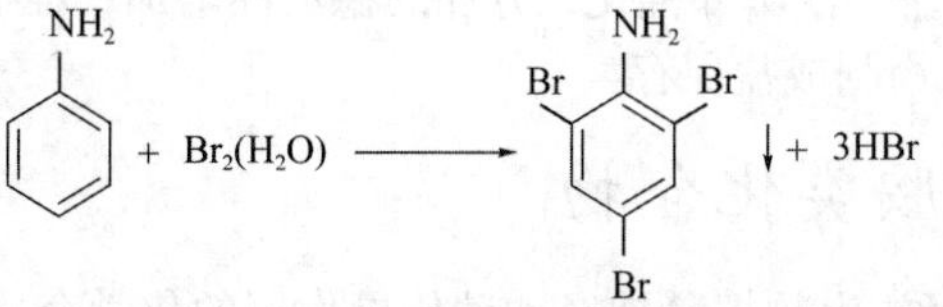

（2）硝化反应：苯胺极易被氧化，故不能直接用硝酸与苯胺进行硝化反应。若要制备硝基苯胺类化合物，可以先将氨基保护后再硝化，最后水解除去酰基，即可得目标产物。例如：

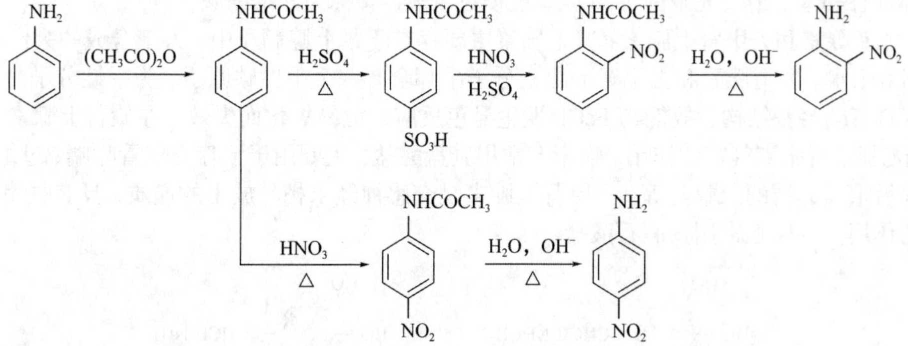

也可以将芳香胺先制成铵盐后再硝化，主要得到间硝基产物。例如：

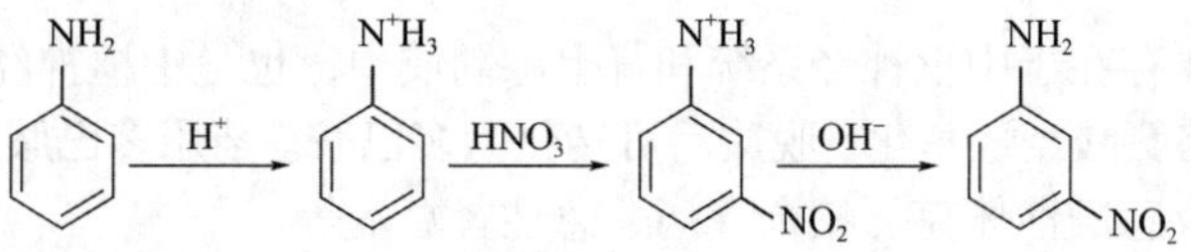

（3）磺化反应：将苯胺溶于浓硫酸生成苯胺硫酸盐，加热脱水生成不稳定的 N-苯基磺酰胺，然后重排就可得到对氨基苯磺酸。对氨基苯磺酸分子中既有酸性基团磺酸基（—SO_3H），又有碱性基团氨基，因此常以内盐的形式存在。

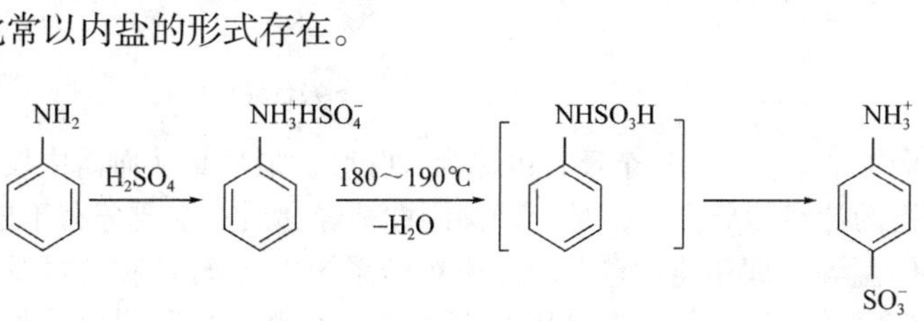

对氨基苯磺酸（内盐）

对氨基苯磺酸经过磺酰化反应，得到对氨基苯磺酰胺，简称磺胺（sulfanilamide，SN），磺胺是磺胺类药物的基本结构。

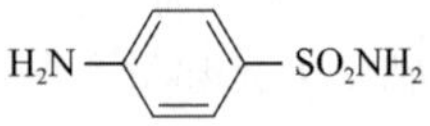

$$H_2N-\text{⬡}-SO_2NH_2$$

对氨基苯磺酰胺（SN）

磺胺类药物是临床上较早使用的一类广谱抗生素，主要是抑制细菌的生长繁殖。例如，用于治疗流行性脑脊髓膜炎、上呼吸道或泌尿系统感染等疾病的磺胺嘧啶、磺胺甲噁唑，其结构如下：

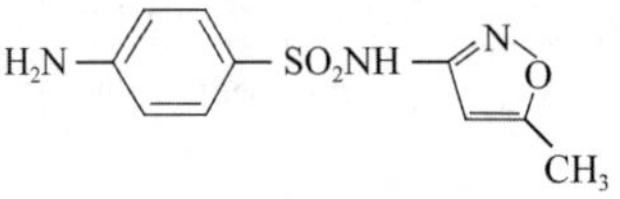

磺胺甲噁唑（SMZ） 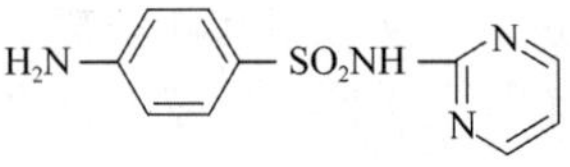　　　　　　磺胺嘧啶（SD）

6. 氧化反应　胺类化合物易被氧化，芳香胺比脂肪胺更易氧化。氧化剂不同，氧化的产物也不同。若苯环上连有吸电子基，使苯环钝化，芳环的稳定性增加，难于被氧化。芳香胺的盐也难被氧化，故可以将芳胺类化合物制成盐保存。

11.1.4　重要的胺类化合物

1. 生源胺　生物体内释放出的担负神经冲动传导作用的化学介质通常都是胺类物质，故称为生源胺（biogenic amine），主要有肾上腺素（adrenaline，AD）、去甲肾上腺素（noradrenaline，NE）、多巴胺（dopamine）、5-羟色胺（serotonin，5-HT）、胆碱（choline）等。肾上腺素、去甲肾上腺素、多巴胺都具有邻苯二酚（儿茶酚）和 β-苯乙胺的结构，又称为儿茶酚胺。

（1）肾上腺素和去甲肾上腺素：肾上腺素主要存在于肾上腺髓质中，人工合成的为白色结晶性粉末，不溶于水。肾上腺素和去甲肾上腺素分子中都含有一个手性碳原子，为手性分子，有一对对映体。因具有酚羟基结构，故能与 $FeCl_3$ 发生显色反应，也易氧化而失效。左旋肾上腺素有收缩血管、兴奋心脏、舒张支气管的作用。临床上常用其盐酸盐，主要用于治疗支气管哮喘、过敏性休克、心搏骤停后重新起搏的急救药等。去甲肾上腺素是交感神经末梢释放出的递质，具有收缩血管、升高血压的作用。临床上常用其酒石酸盐。

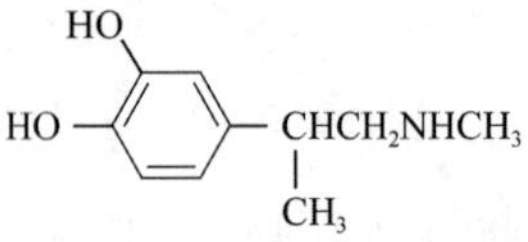

肾上腺素 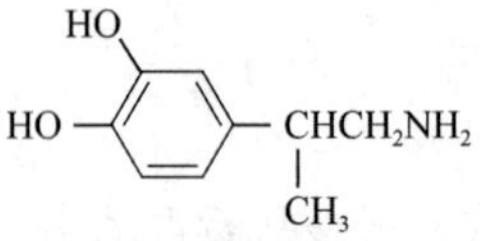　　　　　　去甲肾上腺素

（2）多巴胺：主要存在于中枢神经系统和肾上腺髓质中，也是中枢神经系统传导的重要递质。在体内酶的催化下，酪氨酸经羟基化、脱羧后可转化为多巴胺。药用多巴胺是人工合成品，常用于治疗失血性、心源性及感染性休克、帕金森病、急性肾衰竭等。

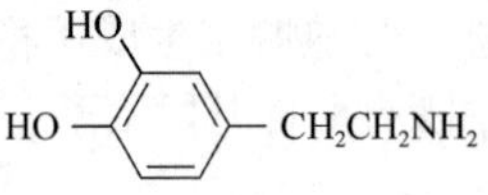

多巴胺 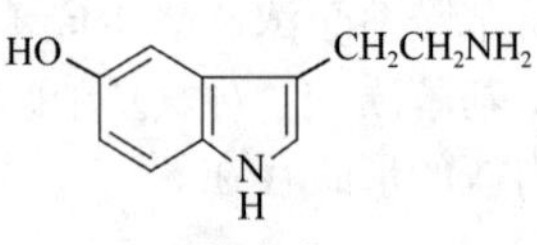　　　　　　5-羟色胺

（3）5-羟色胺：分子中含有一个吲哚杂环，也称为吲哚胺。最早是从血清中发现的，又名血清素。它在体内担负脑中枢的神经传导介质，是一种抑制性神经递质。主要分布于松果体和下丘脑，可能参与痛觉、睡眠和体温等生理功能的调节。中枢神经系统中 5-羟色胺含量及功能异常可能与精神病和偏头痛等多种疾病的发病有关。在外周组织中 5-羟色胺是一种强血管收缩剂和平滑肌收

缩刺激剂，在血液凝固时，血小板游离出的 5-羟色胺，可引起血压降低、平滑肌收缩加速、血液发生凝固，缩短出血时间。

（4）胆碱：是存在于体内的一种季铵碱。因最初发现它是胆汁中的碱性物质，因而得名。胆碱为白色结晶，吸湿性强，难溶于乙醚、氯仿，易溶于水和乙醇。在生物体内参与脂肪代谢，有抗脂肪肝的作用。在胆碱酯酶的催化作用下，胆碱发生酰化反应生成乙酰胆碱 $[CH_3COOCH_2CH_2N(CH_3)_3OH^-]$。乙酰胆碱是体内重要的神经介质，当其在体内的合成与分解遭到破坏时，可以引起神经系统紊乱。

2. 新洁尔灭　溴化 *N*-苄基-*N*，*N*-二甲基十二烷-1-铵（benzyltrimethylammonium bromide，TMBAC），又名苯扎溴铵、新洁尔灭。因其分子中既含有亲脂性的长链烷基，又有亲水的铵离子，可以渗入细菌内部引起细胞破裂，从而有杀菌消毒的能力。临床上新洁尔灭稀溶液常用于皮肤、创面及手术器械等的消毒。

11.2　重氮化合物和偶氮化合物

11.2.1　结构、命名

1. 重氮化合物　重氮化合物（diazo compound）是指重氮基（—N_2）的一个氮原子连接到一个烃基碳原子上的化合物，通式为 R—N≡N。其命名采用母体氢化物的名称加前缀"重氮"的方式。例如：

重氮甲烷（脂肪重氮盐）
diazomethane　　　氯化苯重氮盐（芳香重氮盐）
benzenediazonium chloride

芳香重氮盐上两个氮原子都是 sp 杂化，C—N—N 为直线型结构，N 上 p 轨道可以与苯环大 π 键形成 p-π 共轭体系，从而使其比脂肪重氮盐更稳定。例如，苯基重氮正离子的结构如图 11-3 所示。

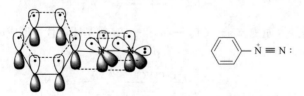

图 11-3　苯基重氮正离子的结构

2. 偶氮化合物　偶氮化合物（azo compound）是指乙氮烯叉基也称偶氮基（—N=N—，diazenediyl）的两端都与烃基相连构成的一类化合物，通式为 R—N=N—R′。这类化合物按系统命名法可称为"乙氮烯"的衍生物。例如：

二甲基乙氮烯（偶氮甲烷）
dimethyldiazene (azomethane)　　二苯基乙氮烯（俗称偶氮苯）
diphenyldiazene (azobenzene)

偶氮化合物中的—N=N—中的两个氮原子均为 sp^2 杂化，与烯烃类似，偶氮化合物也有顺反异构。将双键氮原子上的两对未成键电子对处于 N=N 双键同侧的称为顺式构型，处于异侧的称为反式构型。例如，偶氮苯的顺反异构体表示如下：

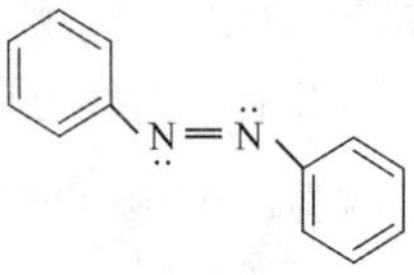

反式偶氮苯 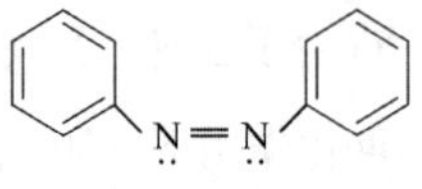　　　　　　　　　　　　　　顺式偶氮苯

重氮化合物和偶氮化合物一般都是合成产物，其中以芳香族的化合物较为重要，如芳香族重氮化合物在有机合成及分析中有广泛的用途，芳香族偶氮化合物是重要的染料 、药物、指示剂等。

偶氮基（—N=N—）是一种重要的生色基团，芳香偶氮化合物一般都具有鲜艳的颜色，可用作染料，又称为偶氮染料。偶氮染料是一类应用广泛的人工合成染料，可用作食用色素、酸碱指示剂等。

11.2.2　重氮盐的性质

重氮盐可由伯胺与亚硝酸发生重氮化反应制得。芳香重氮盐的性质与铵盐相似，是一种离子型化合物，易溶于水，难溶于有机溶剂，水溶液有导电性，干燥时极不稳定，受热或振荡易爆炸，在低温和强酸性溶液中可以短暂保存，故通常在制备后直接用于下一步反应。

芳香重氮盐是一种活泼的中间体，在不同的反应条件下，可以得到多种不同的产物。根据重氮盐的反应产物特征，分为取代反应和偶联反应两大类。

1. 取代反应（放氮反应）　在不同的条件下，重氮盐中的重氮基可以被羟基、氢原子、卤素和氰基等取代，形成相应的取代产物，并放出氮气。例如，将重氮盐的硫酸溶液加热煮沸，水解生成酚并放出氮气。

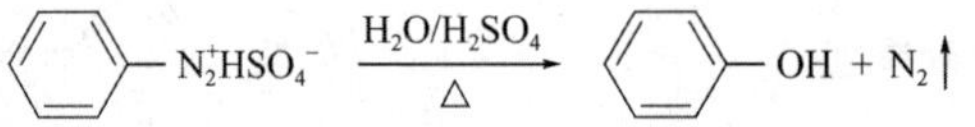

该反应可以将苯环上的—NH$_2$转变成其他基团，在有机合成上可以合成一些难以通过苯环直接取代而制得的取代芳香烃类物质。

重氮盐与次磷酸（H$_3$PO$_2$）的水溶液或与乙醇反应生成芳香烃，此性质可以除去苯环上的—NH$_2$或—NO$_2$。例如：

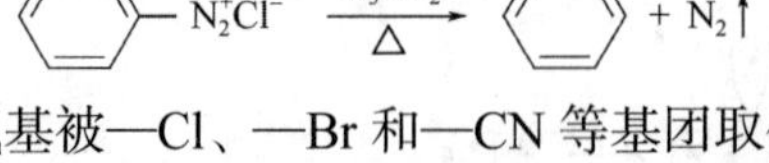

在亚铜离子的催化下，重氮基被—Cl、—Br 和—CN 等基团取代，形成卤代苯和苯基腈，此反应称为 Sandmeyer 反应。例如：

苯基腈水解可得到苯甲酸，可用于一些芳香酸的制备。

若直接用碘化钾与重氮盐共热，不需要催化剂就可以得到产率较高的碘代芳香烃，这是合成碘代芳香烃的适宜方法。

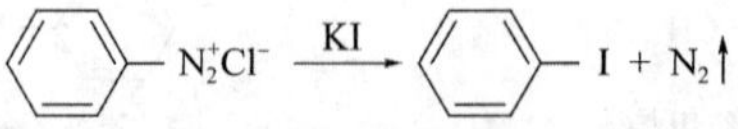

重氮盐的硝化反应常用于制备一些不能直接采用硝化反应制备的多官能团的化合物。

2. 偶联反应（保留氮的反应）　重氮盐是一种弱的亲电试剂，在一定 pH 条件下，能与酚、芳香叔胺等活泼的芳香族化合物发生亲电取代反应，形成有鲜艳颜色的偶氮化合物，该类反应称为偶联反应（coupling reaction）。例如：

$$\text{C}_6\text{H}_5-\text{N}_2^+\text{Cl}^- + \text{C}_6\text{H}_5-\text{OH} \xrightarrow[0\sim5℃]{\text{pH}=8\sim9} \text{C}_6\text{H}_5-\text{N}=\text{N}-\text{C}_6\text{H}_4-\text{OH}$$

4-羟基偶氮苯

重氮盐与酚的偶联反应宜在弱碱性（pH=8～9）介质中进行。因为碱能将—OH转变为O⁻，后者是比—OH更强的第一类定位基，有利于亲电试剂的进攻，发生亲电取代偶联反应。与芳胺的偶联反应则宜在中性或弱酸性（pH=5～7）介质中进行。因为此时重氮正离子的浓度较大，有利于偶联反应。

若苯酚或苯胺分子中对位上已有取代基，偶联则发生在邻位。此性质可用于鉴别某些酚或芳胺类化合物。

芳香偶氮化合物一般都具有鲜艳的颜色，且性质稳定，因此广泛用于合成染料和指示剂。因分子中含有偶氮基团，故又称为偶氮染料。例如，甲基橙（4′-二甲氨基偶氮苯-4-磺酸钠）是常用的酸碱指示剂，在pH=3.0～4.4溶液中能显示不同的颜色。

$$(\text{CH}_3)_2\text{N}-\text{C}_6\text{H}_4-\text{N}=\text{N}-\text{C}_6\text{H}_4-\text{SO}_3\text{Na}^+ \xrightarrow[\text{OH}^-]{\text{H}^+} (\text{CH}_3)_2\text{N}^+=\text{C}_6\text{H}_4=\text{N}-\text{NH}-\text{C}_6\text{H}_4-\text{SO}_3\text{Na}^+$$

甲基橙（黄色）　　　　　　　　　　　　甲基橙（红色）

重氮盐的偶联反应是制备偶氮染料的基本化学反应。

11.2.3　重要的重氮化合物和偶氮化合物

1. 重氮甲烷　重氮甲烷（CH_2N_2）是最简单也是最重要的脂肪族重氮化合物。重氮甲烷是一种黄色有强刺激性气味的气体，沸点为-23℃，受热、接触明火或受到摩擦、震动、撞击时可发生爆炸，因此在制备和使用时要注意安全。它易溶于乙醚、四氢呋喃等有机溶剂，故常用其乙醚溶液。因重氮甲烷的性质活泼，能发生多种化学反应，且反应条件温和，在有机合成中是一种重要的甲基化试剂，如与羧酸、酚反应生成甲酯、甲醚。

$$\text{RCOOH} + \text{CH}_2\text{N}_2 \longrightarrow \text{RCOOCH}_3 + \text{N}_2\uparrow$$

$$\text{ArOH} + \text{CH}_2\text{N}_2 \longrightarrow \text{ArOCH}_3 + \text{N}_2\uparrow$$

2. 柠檬黄和日落黄　柠檬黄（lemon yellow）和日落黄（sunset yellow）属于偶氮染料，常用作食品、药品及化妆品着色剂等，但必须严格按照国家相关食品添加剂使用卫生标准控制用量。如果人长期或一次性大量食用含柠檬黄等色素超标的食品，可能引起过敏、腹泻等症状，摄入过量会在体内蓄积，对肾脏、肝脏产生一定损伤。

柠檬黄

日落黄

习　题

11-1　写出下列化合物的结构式或命名下列化合物。

（1）戊-2-胺　　　　　　　　　（2）丙-1,2-二胺

（3）溴化四乙铵　　　　　　　　（4）2,4,6-三溴苯胺

（5）乙酰苯胺　　　　　　　　　（6）N-乙基-N-亚硝基胺

（7）(CH$_3$)$_2$CHNHCH$_3$

（8）CH$_3$CHCH$_2$CHCH$_2$CH$_2$CH$_3$
　　　　 |　　　 |
　　　　C$_2$H$_5$　NH$_2$

（9）邻-氯-N-甲基苯胺 —NHCH$_3$，邻位 Cl

（10）H$_3$C— 苯环 —NH$_2$，邻位 NO$_2$

（11）环戊基 —NH$_2$

11-2　写出下列化学反应的主要产物。

（1）CH$_3$CHCH$_2$NH$_2$ + HCl ⟶　（CH$_3$ 在上方）

（2）CH$_3$— 苯环 —NH$_2$　$\xrightarrow{CH_3COCl}$

（3）苯环 —NHCH$_3$　$\xrightarrow[0\sim5℃]{HNO_2}$

（4）CH$_3$— 哌啶环 NH　$\xrightarrow[0\sim5℃]{NaNO_2 + HCl}$

（5）C$_6$H$_5$NH$_2$ + Br$_2$(H$_2$O) ⟶

（6）苯环 —NH$_2$　$\xrightarrow[0\sim5℃]{NaNO_2 + H_2SO_4}$　$\xrightarrow[pH=8\sim9]{苯环 —OH}$

11-3　比较下列各组化合物的碱性强弱。

乙胺、二乙胺、氨、氢氧化四甲铵

11-4　用简便的化学方法鉴别下列各组化合物。

（1）己基胺、二丙基胺、三乙基胺

（2）苯环—NH$_2$、苯环—NHCH$_3$、苯环—CH$_2$NH$_2$

（3）苯酚、苯甲酸、苯甲醛、苯胺

11-5　推断题。

（1）化合物 A（C$_7$H$_9$N）经过下列反应途径，得到最后的产物为对苯二甲酸。试根据产物的结构，分析推断出化合物 A、B、C、D 可能的结构式。

A $\xrightarrow{NaNO_2 + HCl}$ B $\xrightarrow[KCN]{CuCN}$ C $\xrightarrow{H_2O/H^+}$ D $\xrightarrow{KMnO_4/H^+}$ HOOC— 苯环 —COOH

（2）化合物 E（C$_7$H$_9$NO）呈碱性，可以与盐酸发生成盐反应。E 在低温下亚硝酸钠和硫酸反应得到化合物 F。F 与苯酚反应生成一种有鲜艳颜色的化合物 G，将 F 加热得到 2-甲氧基苯酚，并放出氮气。分别写出化合物 E、F 和 G 的结构式，并写出有关的化学反应方程式。

（江　波）

第 12 章　杂环化合物和生物碱

杂原子是非碳原子的统称，最常见的杂原子有氮原子、氧原子和硫原子。杂环化合物（heterocyclic compound）是指构成环的原子除了碳原子外还有杂原子的环状化合物。杂环化合物可分为芳香性杂环和非芳香性杂环两大类。在前几章曾学习过的内酯、交酯、环状酸酐和内酰胺等属于非芳香性杂环，这些化合物的性质与一般的脂肪族化合物性质相似，在酸或碱的作用下，容易开环形成链状化合物。芳香性杂环符合休克尔规则，是芳香性化合物，它们的稳定性和化学性质与苯类化合物相似。

杂环化合物广泛分布于自然界中，种类繁多，数目庞大，其数量约占已知有机化合物的 65% 以上。杂环化合物也普遍存在于药物分子的结构中，如抗肿瘤药物氟尿嘧啶、甲氨蝶呤，治疗原发性高血压的氯沙坦，镇静催眠药物唑吡坦等。生物碱是从植物中提取出的天然活性成分，往往也含有杂环结构，如咖啡因、喜树碱等是常见的含杂环结构的生物碱。

本章主要讨论芳香性杂环化合物的结构、命名、重要的化学性质，以及一些重要的生物碱。

12.1　杂环化合物的分类和命名

12.1.1　分类

杂环化合物根据成环的原子数目，分为三元杂环、四元杂环、五元杂环、六元杂环等；根据成环的数目，分为单杂环和稠杂环；根据杂原子的数目分为含一个杂原子的杂环以及含两个或两个以上杂原子的杂环。常见杂环化合物的结构和名称见表 12-1。

表 12-1　常见杂环化合物的结构和名称

单杂环	五元杂环	含一个杂原子	 吡咯 pyrrole	 呋喃 furan	 噻吩 thiophene		
		含两个杂原子	 吡唑 pyrazole	 咪唑 imidazole	 噁唑 oxazole	 异噁唑 isoxazole	 噻唑 thiazole
	六元杂环	含一个杂原子	 吡啶 pyridine	 吡喃 pyran			
		含两个杂原子	 哒嗪 pyridazine	 嘧啶 pyrimidine	 吡嗪 pyrazine		

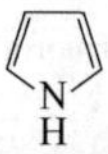

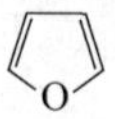

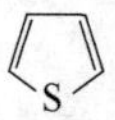

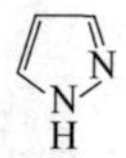

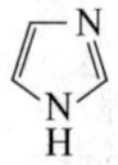

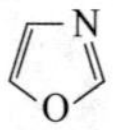

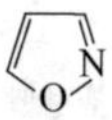

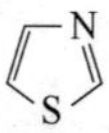

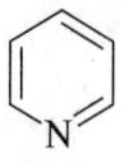

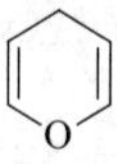

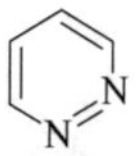

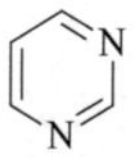

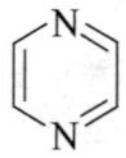

续表

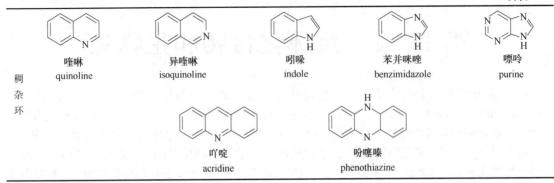

| 稠杂环 | 喹啉 quinoline | 异喹啉 isoquinoline | 吲哚 indole | 苯并咪唑 benzimidazole | 嘌呤 purine |

吖啶 acridine　　　　吩噻嗪 phenothiazine

12.1.2　命名

杂环化合物的命名比较复杂，通常采用音译法，即按照英文名称的读音，在同音汉字的左边加"口"旁命名（如表 12-1）。对于有固定编号的环骨架，尽可能给杂原子较小的编号。当环上有取代基时，命名时以杂环化合物为母体。编号规则如下：

（1）含有一个杂原子时，从杂原子开始编号，也可以把靠近杂原子的碳用 α、β、γ 来编号。

（2）含有两个或两个以上相同杂原子时，应按照杂原子编号尽可能最小的原则进行编号；若含有饱和杂原子，应从饱和杂原子开始编号。

（3）含有两个或两个以上不同杂原子时，按照—O—、—S—、—NH—、—N＝的次序，排在前面的编号最小。例如：

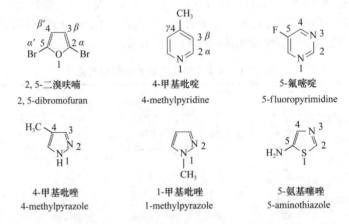

2, 5-二溴呋喃 2, 5-dibromofuran　　4-甲基吡啶 4-methylpyridine　　5-氟嘧啶 5-fluoropyrimidine

4-甲基吡唑 4-methylpyrazole　　1-甲基吡唑 1-methylpyrazole　　5-氨基噻唑 5-aminothiazole

苯并杂环的稠杂环化合物，编号方式与稠环芳烃香相似，一般从杂环开始编号。有些稠杂环如异喹啉、嘌呤等，有自己的特殊的编号，需要特别注意。例如：

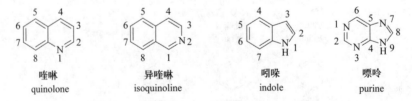

喹啉 quinolone　　异喹啉 isoquinoline　　吲哚 indole　　嘌呤 purine

当杂环上氢原子的位置不同时，应将氢原子的编号置于母体名称前面，并以大写斜体 H 标出。例如：

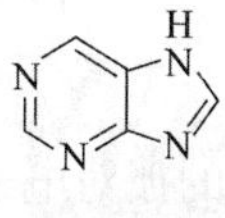

7*H*-嘌呤
7*H*-purine

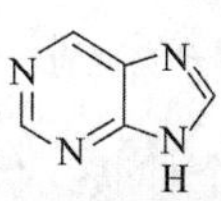

9*H*-嘌呤
9*H*-purine

若杂环上连有醛基、羧基、磺酸基等基团时，通常把杂环作为取代基来命名。例如：

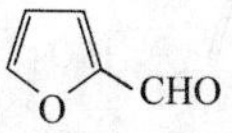

2-呋喃甲醛（糠醛）
2- furan formaldehyde (furfural)

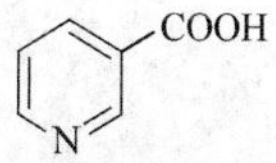

3-吡啶甲酸（烟酸）
3-pyridine formic acid (niacin)

问题 12-1 命名下列杂环化合物。

（1） 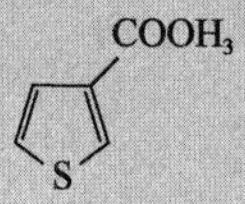 COOH₃

（2） Br H₃C O N

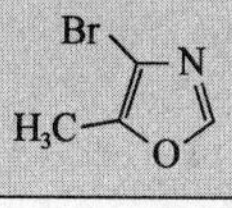

（3） CH₃ SO₃H N

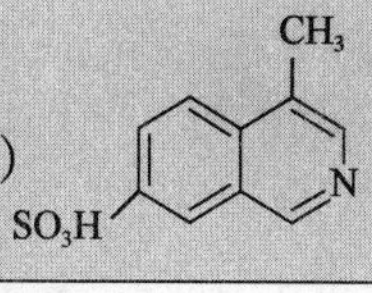

12.2 五元杂环化合物

12.2.1 呋喃、噻吩和吡咯的结构

呋喃、噻吩和吡咯是重要的五元杂环化合物，它们具有相似的结构，即 4 个碳原子和一个杂原子构成的芳杂环。它们的结构如图 12-1 所示，4 个碳原子和一个杂原子均以 sp² 杂化方式相连接形成 σ 键，并且在同一平面上。在每一碳原子的 p 轨道上有一个电子，在杂原子的 p 轨道上有两个电子，这 5 个 p 轨道彼此平行，并相互侧面重叠形成一个环状共轭大 π 键，符合 Hückel 规则，因此属于芳香性的杂环化合物，与苯环具有类似的化学性质，容易发生亲电取代反应。

呋喃   噻吩   吡咯

图 12-1 呋喃、噻吩和吡咯的结构

但是，呋喃、噻吩和吡咯分子内的大 π 键与苯不完全相同，它们的键长没有完全平均化（图 12-2），电子离域程度比苯小，π 电子云在环上的分布不均匀，因此呋喃、噻吩和吡咯的芳香性弱于苯。

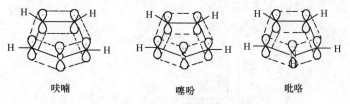

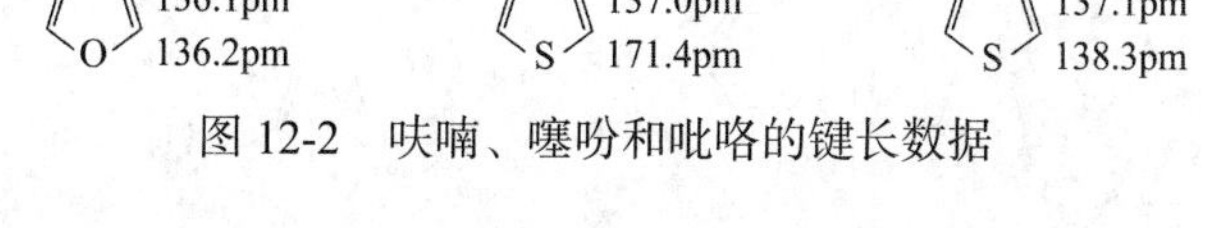

图 12-2 呋喃、噻吩和吡咯的键长数据

由于呋喃、噻吩和吡咯均为 5 原子 6π 电子芳香体系，环上 π 电子云密度均大于 1（苯环为 1），是富电子体系，因此发生亲电取代反应的活性高于苯。又因为所含杂原子的电负性较大，使杂原子周围的电子云密度较大，亲电取代反应主要发生在电子云密度较大的 α 位。

12.2.2 呋喃、噻吩和吡咯的性质

1. 酸碱性 吡咯虽然是一个仲胺，但由于氮原子上的孤对电子参与了环的共轭，氮原子上的电子云密度降低，因此表现出极弱的碱性（pK_b=13.8），不能与酸形成稳定的盐。相反由于这种共轭作用，吡咯的 N—H 键极性增加，故显弱酸性（pK_a=17.5）。吡咯的酸性弱于苯酚，能与固体氢氧化钾等强碱作用生成吡咯钾盐。

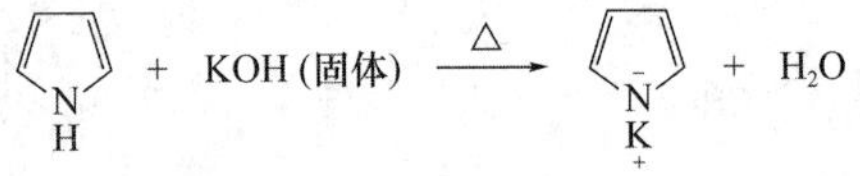

2. 亲电取代反应

1）卤代反应：在室温下，呋喃、噻吩和吡咯与氯或溴反应很剧烈，得到多卤代物，若要得到一卤代物，须在低温或稀溶液下进行反应。例如：

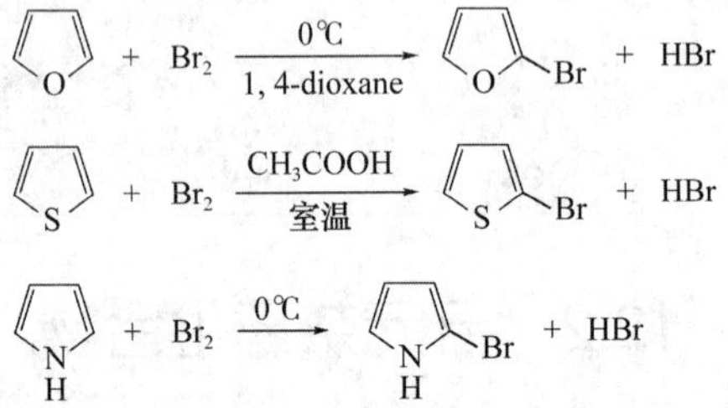

2）硝化反应：呋喃、噻吩和吡咯对酸性介质和氧化剂较敏感，容易发生聚合、氧化、开环等质子化反应，故它们的硝化反应不能使用强酸，通常使用温和的硝乙酐（亦称为乙酰硝酸酯），并在低温条件下进行反应。硝乙酐为无色发烟液体，有爆炸性，须现制现用。例如：

$$(CH_3CO)_2O + HNO_3 \xrightarrow{5℃以下} \underset{硝乙酐}{CH_3\overset{\overset{\displaystyle O}{\|}}{C}ONO_2} + CH_3COOH$$

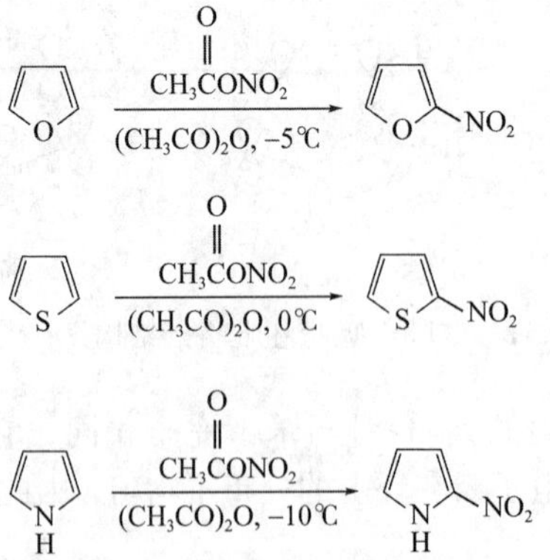

3）磺化反应：磺化反应常用温和的非质子性磺化试剂，如 *N*-磺酸吡啶进行反应。例如：

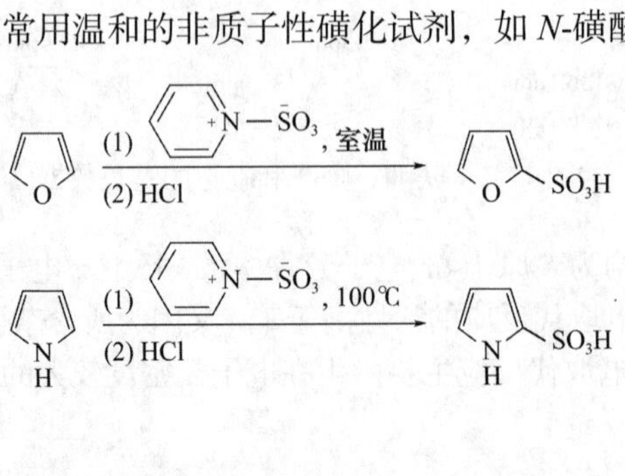

噻吩的稳定性高于吡咯和呋喃，可以直接用浓硫酸磺化，但不如用 *N*-磺酸吡啶磺化的产率高。

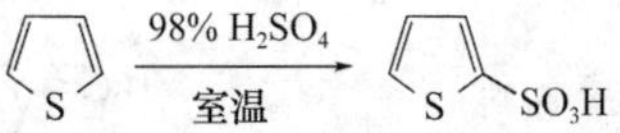

$$\text{\underset{S}{\bigcirc}} \xrightarrow[\text{室温}]{98\% \; H_2SO_4} \text{\underset{S}{\bigcirc}}SO_3H$$

3. 加成反应　在一定条件下，呋喃、噻吩和吡咯可进行催化氢化反应，生成饱和脂杂环。四氢呋喃是一种常用的有机溶剂；噻吩中的硫原子易使催化剂中毒而失去活性，所以其催化加氢较困难，需使用特殊催化剂 MoS_2；吡咯的催化氢化产物四氢吡咯具有仲胺的性质。

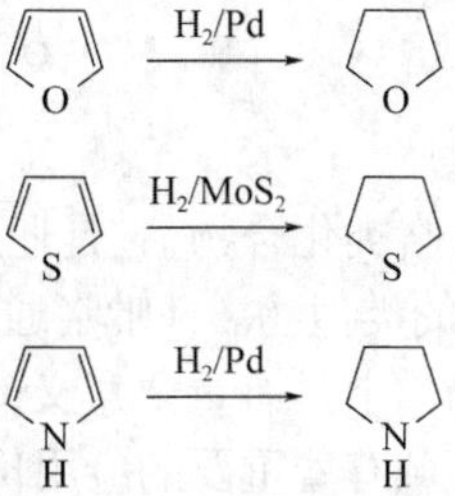

$$\text{\underset{O}{\bigcirc}} \xrightarrow{H_2/Pd} \text{\underset{O}{\bigcirc}}$$

$$\text{\underset{S}{\bigcirc}} \xrightarrow{H_2/MoS_2} \text{\underset{S}{\bigcirc}}$$

$$\text{\underset{N\;H}{\bigcirc}} \xrightarrow{H_2/Pd} \text{\underset{N\;H}{\bigcirc}}$$

4. 显色反应　呋喃、噻吩和吡咯遇到酸浸润过的松木片，能够显示出不同的颜色。例如，呋喃与吡咯遇到盐酸浸润过的松木片分别显深绿色和鲜红色；噻吩遇蘸有硫酸的松木片则显蓝色。这种反应非常灵敏，称为松片反应，可用于三种杂环化合物的鉴别。

问题 12-2　完成下列反应：

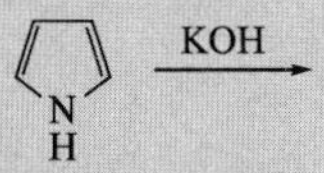

$$\text{\underset{N\;H}{\bigcirc}} \xrightarrow{KOH}$$

问题 12-3　用简单的化学方法鉴别呋喃和噻吩。

12.2.3　重要的五元杂环化合物及其衍生物

1. 吡咯及其衍生物　吡咯存在于煤焦油、骨焦油和石油中，但含量很少，为无色油状液体，沸点为 130～131℃，相对密度为 0.967。微溶于水，易溶于乙醇、乙醚等有机溶剂。吡咯在微量氧气的作用下就可变黑，长时间暴露在空气中易聚合生成聚吡咯（黑色固体），对氧化剂不稳定。

吡咯衍生物广泛存在于自然界中，其中最重要的是卟啉化合物。这类化合物的基本骨架是卟吩，卟吩是以四个甲基亚基为桥链，将四个吡咯环的 α-碳原子连接而成的大环共轭体系，卟吩的取代产物称为卟啉。卟啉在希腊语中的意思为"紫色"，当人体内卟啉积累过多时会造成卟啉病，也称紫质症，其主要临床表现为光敏性皮炎、腹痛和神经精神障碍。

血红素和叶绿素是最常见的卟啉衍生物，它们都是维持生物体中生物现象的重要活性物质。血红素存在于哺乳动物的红细胞中，与蛋白质结合成血红蛋白，是运输氧气及二氧化碳的载体；叶绿素是存在于植物茎和叶中的绿色色素，它与蛋白质结合存在于叶绿体中，是植物进行光合作用的催化剂。

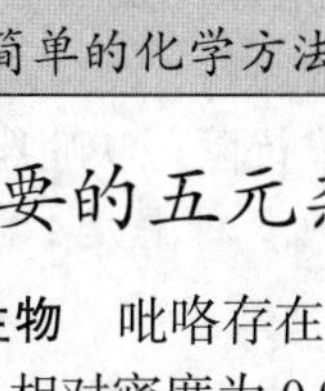

卟吩

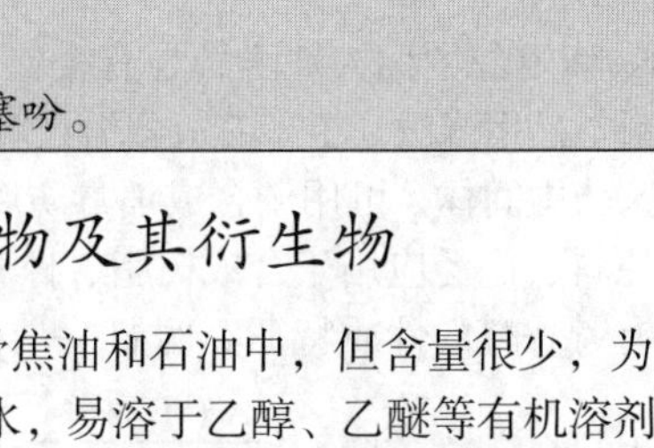

血红素

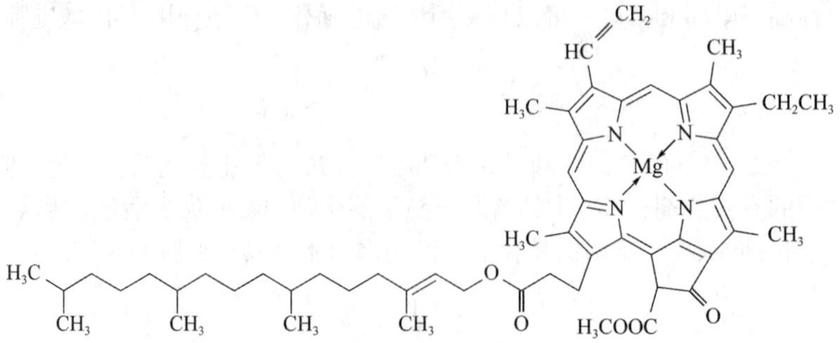

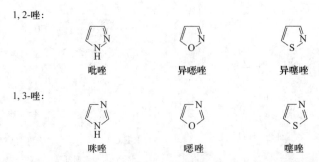

叶绿素a

另外一类重要的吡咯衍生物是杯吡咯类化合物,它是通过甲叉基连接四个或四个以上吡咯环的 α 位而成的大环化合物,属于杯芳香烃的类似物。杯吡咯通过母体中多个吡咯环上的氨叉基,与底物以氢键结合,能够较好地识别在生物学上具有重要意义的阴离子,如 F^-、Cl^-、$H_2PO_4^-$等,因此在生物学、超分子化学和配位化学等领域有着重要的应用价值。

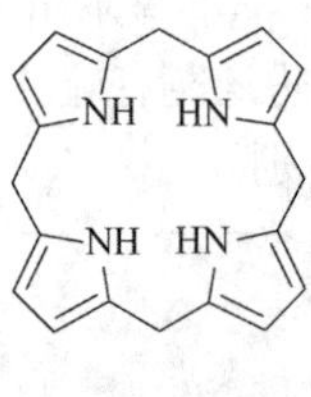

杯[4]吡咯 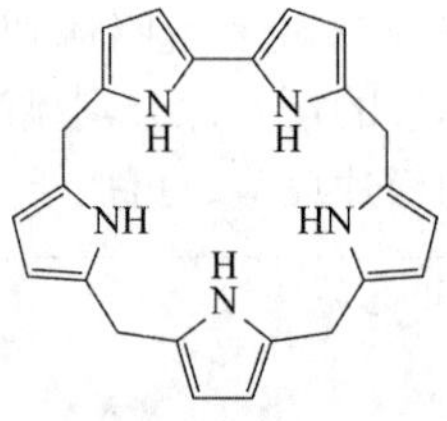   杯[5]吡咯

2. 糠醛 2-呋喃甲醛也称为糠醛,是有杏仁味的无色油状液体,暴露于空气中会快速变成黄色。糠醛的工业制备是用米糠、玉米芯等富含戊糖的农副产品为原料,经稀硫酸作用下水解、脱水而成。糠醛作为医药中间体,可用于合成消毒防腐药呋喃西林、抗菌药呋喃唑酮(痢特灵)等。它也是重要的化工原料,广泛应用于合成树脂、橡胶、涂料等领域。糠醛是不含 α-H 的醛,性质类似于苯甲醛,具有芳香醛的性质特征。例如:

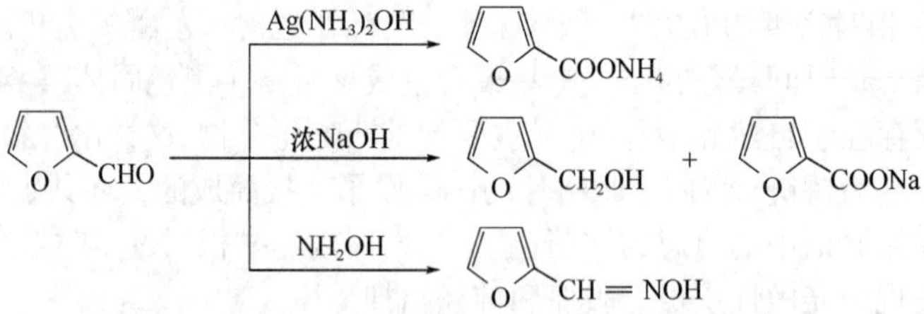

3. 含两个杂原子的五元杂环 含有两个杂原子的五元杂环化合物至少都含有一个氮原子,其余的杂原子可以是氮、氧或硫原子,这类化合物统称为唑。根据环中两个杂原子的位置不同,又可分为1,2-唑和1,3-唑。

1, 2-唑:

吡唑   异噁唑   异噻唑

1, 3-唑:

咪唑   噁唑   噻唑

由于唑类化合物氮原子上的未共用电子对可以与水形成分子间的氢键作用,因此水溶性比吡

咯、呋喃和噻吩大。吡唑和咪唑含—NH—结构，可以形成二聚体或多聚体，因此沸点较高。

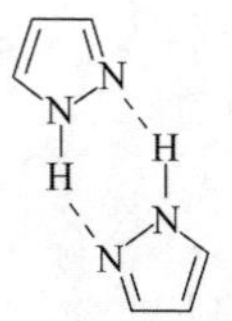

吡唑的二聚体 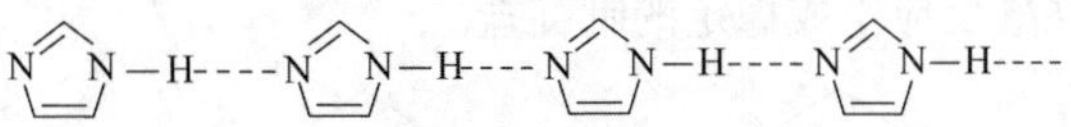   **咪唑的线性多聚体**

咪唑为无色晶体，熔点为 90℃，沸点为 256℃。咪唑环上的一个氮原子有孤对电子未与环共轭，因此分子间能形成氢键，也可以与水形成氢键，而易溶于水。

咪唑 3 位上的氮原子具有弱碱性，能与强酸生成稳定的盐，1 位上氮原子上的氢原子具有弱酸性，可被金属置换成盐。咪唑分子中存在着互变异构现象，且这一对互变异构体由于快速互变而难以分离：

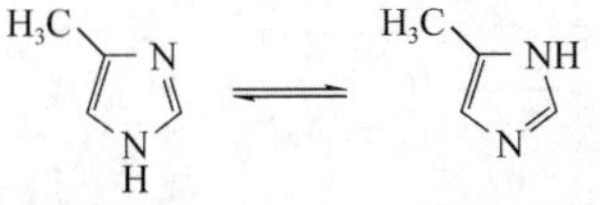

4-甲基咪唑   **5-甲基咪唑**

在生理 pH 条件下，咪唑以质子化状态（酸型）和未质子化的中性状态（中性型）同时存在：

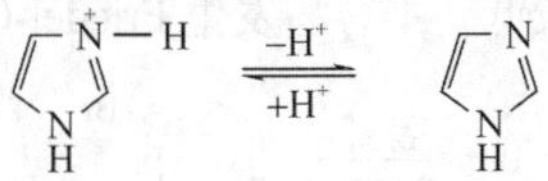

$$-H^+ \atop +H^+$$

酸性   **中性**

酸型和中性型结构存在于酶的活性位置上，起着酸和碱的作用。咪唑的碱性在生命过程中有重要意义，如在酶活性部位的组氨酸分子中的咪唑环作为质子的接受体。

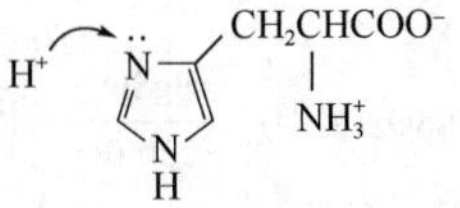

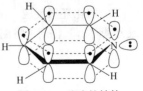

12.3　六元杂环化合物

12.3.1　吡啶的结构

吡啶的结构与苯相似，吡啶环上的 5 个碳原子和氮原子都以 sp^2 杂化方式成键，构成一个平面六元环。每个原子上各有一个未杂化的 p 轨道，均垂直于环平面，且相互侧面重叠形成闭合的大 π 键。吡啶环上 π 电子数是 6，符合 Hückel 规则，因此具有芳香性。吡啶的分子结构如图 12-3 所示。

由于吡啶环中氮原子的电负性大于碳原子，环上的电子云密度不像苯那样均匀分布，而是氮原子周围的电子云密度较高，碳原子上的电子云密度较低，环上电子云密度分布不完全平均化。所以吡啶的芳香性比苯差，较难发生亲电取代反应。若反应条件较剧烈时，反应主要发生在 β 位上。类似于吡啶环上的 π 电子云密度比苯低的芳杂环亦称为"缺 π"芳杂环。

图 12-3　吡啶的结构

12.3.2　吡啶的性质

1. 碱性　吡啶氮原子上还有一对孤电子对占据 sp^2 杂化轨道，它与六元环共平面，因而不参与环上大 π 键的共轭。吡啶上的氮原子像叔胺一样，可与质子结合，显弱碱性。从 pK_a 值上看，吡啶的碱性比一般脂肪胺及氨都弱，但比苯胺强。

$$苯胺 < 吡啶 < 氨 < 三乙胺$$

$$\text{p}K_a \quad 4.7 \quad 5.2 \quad 9.3 \quad 10.6$$

吡啶可以与强酸反应生成稳定的吡啶盐。

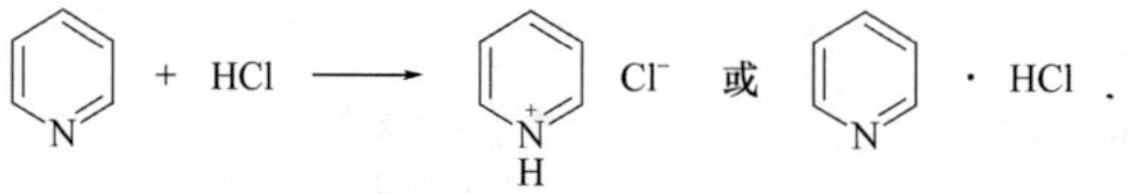

吡啶还可以与路易斯酸作用，生成相应的盐。例如，吡啶与 SO_3 形成的盐可作为一种温和的磺化试剂，吡啶与 CrO_3 成盐可制备选择性氧化剂——Sarrett 试剂。

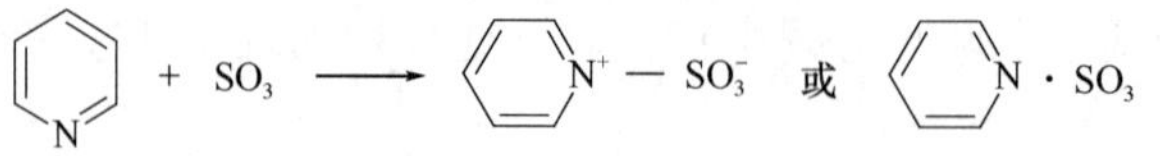

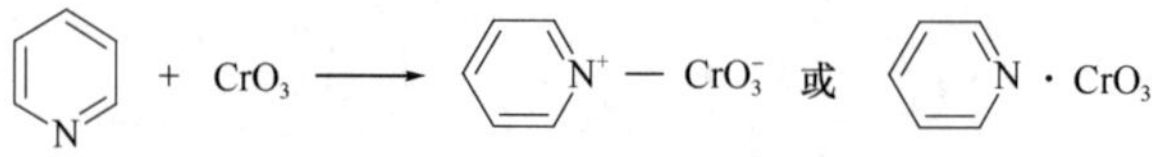

2. 亲电取代反应　由于吡啶环上氮原子的钝化作用，芳杂环上的电子云密度降低。与苯相比，吡啶不易发生亲电取代反应。吡啶的硝化与磺化反应需在较强烈的条件下进行，取代基通常进入吡啶环的 β 位。由于吡啶亲电取代反应活性较低，不容易发生 Friedel-Crafts 烷基化和酰基化反应。例如：

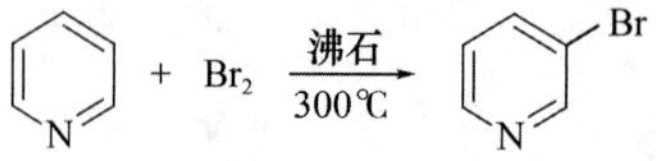

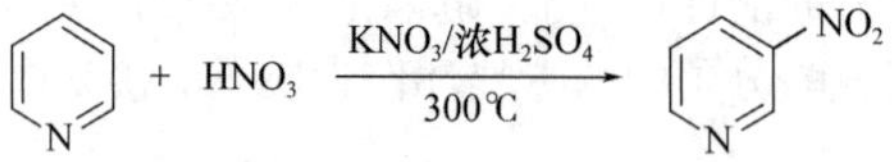

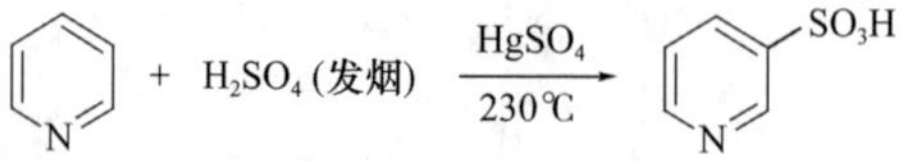

3. 亲核取代反应　吡啶不易进行亲电取代反应，却容易发生亲核取代反应，亲核取代主要发生在吡啶环的 α 位或 γ 位。若 α 位或 γ 位有卤素等吸电子基团，取代反应更容易发生。例如：

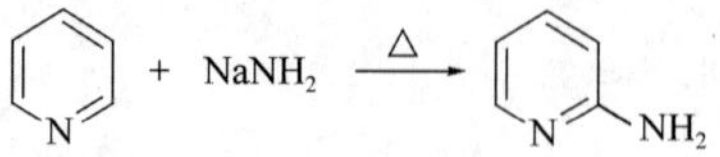

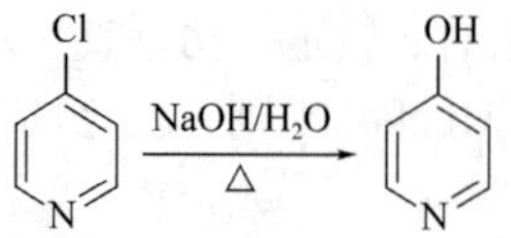

4. 氧化还原反应　由于吡啶环上的电子云密度低，难失去电子被氧化。当吡啶的侧链为烷基或芳基时，氧化剂可将侧链氧化成羧基。例如：

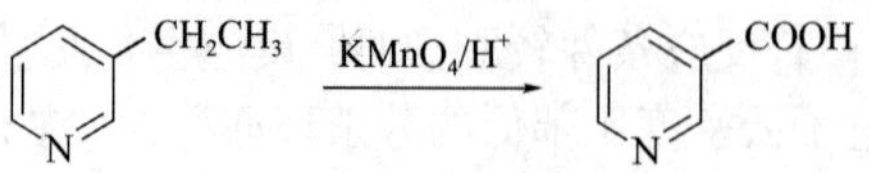

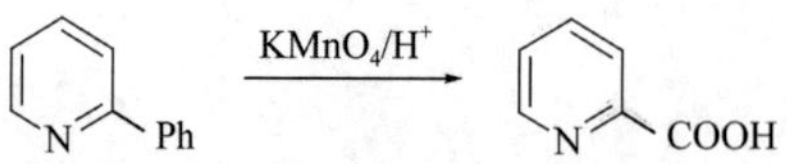

吡啶环难氧化，却容易发生还原反应。吡啶催化加氢的产物六氢吡啶，也称为哌啶，具有脂肪仲胺的特征，碱性（$\text{p}K_a=11.2$）比吡啶强，很多天然产物含此结构。

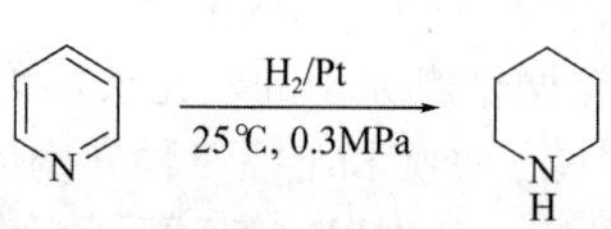

$$\text{吡啶} \xrightarrow[\text{25℃, 0.3MPa}]{\text{H}_2/\text{Pt}} \text{哌啶}$$

问题 12-4 完成下列反应。

（1）吡啶 + PhLi ⟶

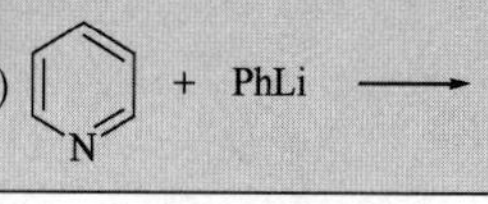

（2）四氢喹啉 $\xrightarrow{\text{KMnO}_4/\text{H}^+}$

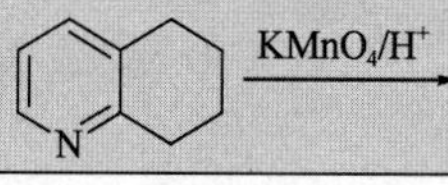

12.3.3　重要的六元杂环化合物及其衍生物

1. 吡啶及其衍生物　吡啶存在于煤焦油及页岩油中，是具有特殊臭味的无色液体，沸点为 115.3℃，熔点为−42℃，相对密度为 0.982。吡啶可与水以任意比例互溶，同时还能溶解大多数有机化合物和许多无机盐，是良好的溶剂。

吡啶衍生物广泛分布于自然界中，是许多天然药物、染料、维生素和生物碱的基本组成部分。维生素 B 是维持人体正常功能与代谢活动不可或缺的水溶性维生素。主要包括维生素 B_2、维生素 B_3、维生素 B_6 等。

维生素 B_2 又称核黄素，微溶于水，在中性或酸性溶液中加热是稳定的。维生素 B_2 广泛存在于酵母、肝、肾、蛋、奶、大豆中，维生素 B_2 缺乏易引起口角炎、唇炎、舌炎、眼结膜炎和阴囊炎等症状。维生素 B_2 具有一种特殊的气味，具有一定的驱蚊效果。

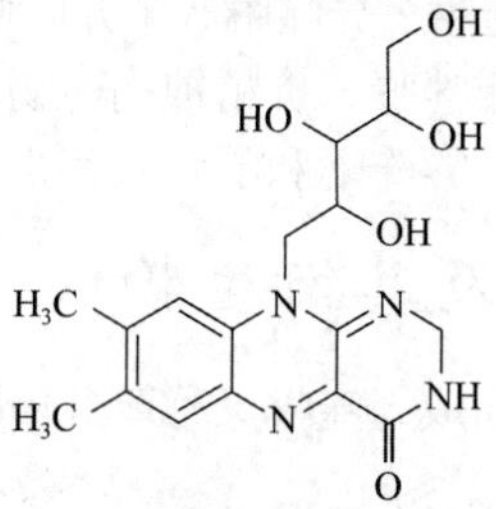

维生素B_2（核黄素）

维生素 B_3 又称尼克酸、烟酸、抗癞皮病因子，是人体必需的 13 种维生素之一。维生素 B_3 为白色或微黄色晶体，可溶于水。维生素 B_3 在动物肝肾、牛奶、鸡蛋、糠麸及新鲜蔬菜中含量较多，它还可防治皮肤病和类似的维生素缺乏症；具有扩张血管的作用，用于医治末梢神经痉挛、动脉硬化等病症。

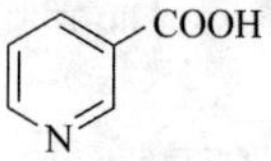

维生素B_3（烟酸）

维生素 B_6 又称吡哆素，其包括吡哆醇、吡哆醛及吡哆胺，在体内以磷酸酯的形式存在。维生素 B_6 为无色晶体，易溶于水及乙醇；在酸液中稳定，在碱液中易破坏；吡哆醇耐热，吡哆醛和吡哆胺不耐高温。维生素 B_6 在酵母粉、米糠和白米中含量较高，在肝脏、肉、鱼、蛋、豆类及花生中含量也较多。严重缺乏维生素 B_6 会引起粉刺、贫血、关节炎、小孩痉挛、学习障碍等症状。临床上，维生素 B_6 制剂可以防治妊娠呕吐和放射病呕吐。

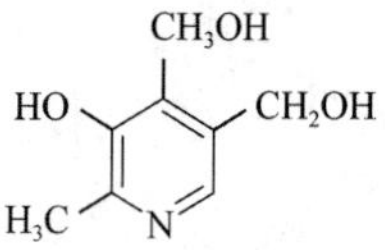

吡哆醇 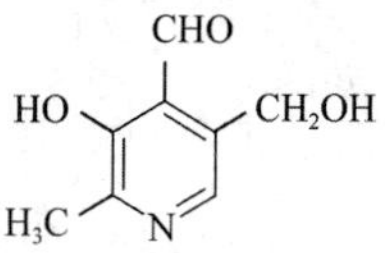　　　　　　吡哆醛 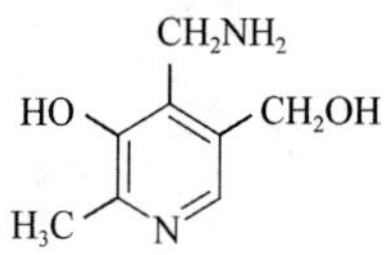　　　　　　吡哆胺

2. 含两个氮原子的六元杂环　含两个氮原子的六元杂环称为二嗪，根据两个氮原子在环中的相对位置不同，二嗪类化合物分为哒嗪、嘧啶和吡嗪三种异构体。这三种异构体是许多重要杂环化合物的母核，也是许多药物结构的母核，其中以嘧啶环系最为重要。

哒嗪　　　　　　　　　　　　嘧啶　　　　　　　　　　　　吡嗪

嘧啶是含有两个氮原子的六元杂环化合物。为无色结晶，熔点为 22.5℃，沸点为 124℃，易溶于水，碱性比吡啶弱。嘧啶的衍生物广泛存在于生物体内，如生命遗传物质 DNA 中的碱基就是尿嘧啶、胞嘧啶和胸腺嘧啶等嘧啶衍生物。

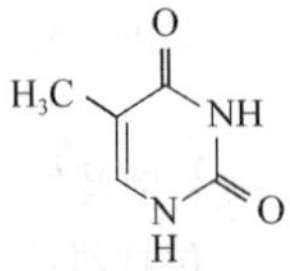

胸腺嘧啶 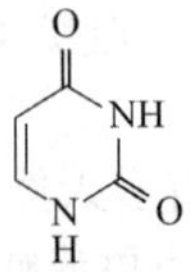　　　　　　　　　　尿嘧啶 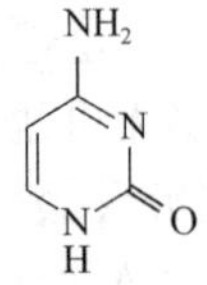　　　　　　　　　　胞嘧啶

12.4　稠杂环化合物

稠杂环（fused heterocycles）是指由苯环与杂环，或杂环与杂环稠合而成的化合物。稠杂环的种类非常多，常见的稠杂环化合物有喹啉、异喹啉、苯并吡喃、吲哚、嘌呤等。在药物中常含有稠杂环结构，如抗高血压药物利血平、哌唑嗪，抗精神病药物氯丙嗪、奋乃静，镇静催眠药唑吡坦，抗疟药奎宁等。本节主要介绍喹啉、异喹啉和嘌呤及其衍生物的性质。

12.4.1　喹啉、异喹啉及其衍生物

喹啉和异喹啉均由苯与吡啶稠合而成，喹啉又称苯并[b]吡啶；异喹啉称为苯并[c]吡啶。

喹啉 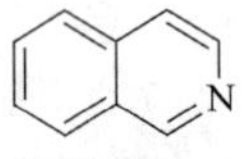　　　　　　　　　　异喹啉

喹啉和异喹啉都存在于煤焦油和骨焦油中。喹啉为无色油状液体，沸点为 238℃；异喹啉的熔点为 26.5℃，沸点为 243℃。它们都可以和大多数有机溶剂混溶，难溶于冷水，易溶于热水。与吡啶相比，它们的水溶性显著降低。喹啉与异喹啉都含有叔氮原子，与吡啶相似，氮原子具有弱碱性。喹啉的碱性（pK_a=4.1）较吡啶（pK_a=5.2）稍弱，而异喹啉的碱性（pK_a=5.4）较吡啶略强。二者都可以和强酸作用成盐。

喹啉和异喹啉的许多衍生物在医药上具有重要的意义。例如，从金鸡纳属植物中分离得到的奎宁含有喹啉环，具有抗疟疾活性；合成药物抗疟药氯喹也是喹啉的衍生物；从中药黄连、黄柏、三颗针等分离得到的小檗碱，具有异喹啉环，具有良好的抗菌作用。

喹啉与异喹啉的化学性质也与吡啶相似，既可以发生亲电取代反应，又可以发生亲核取代反应。由于苯环的 π 电子云密度高于吡啶环，亲电取代反应优先发生在苯环上，取代基一般进入 5 位或 8 位。

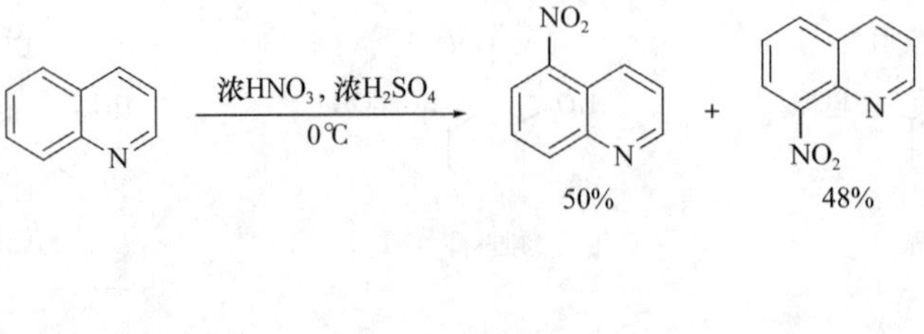

50%　　　　　　　　　48%

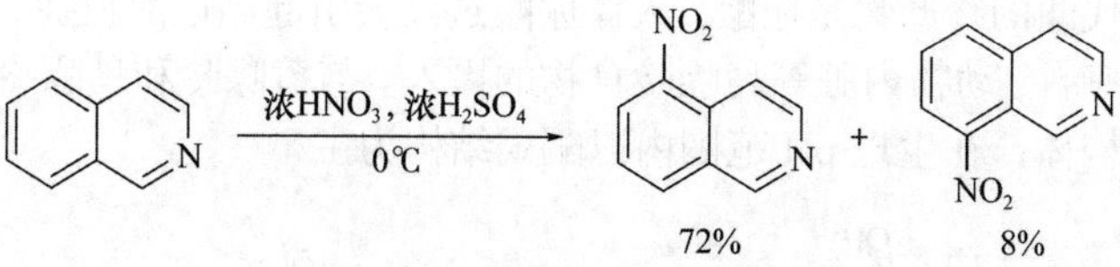

吡啶环上的 π 电子云密度较低，故亲核取代反应优先发生在吡啶环上，其中喹啉主要在 2 位，而异喹啉主要在 1 位。例如：

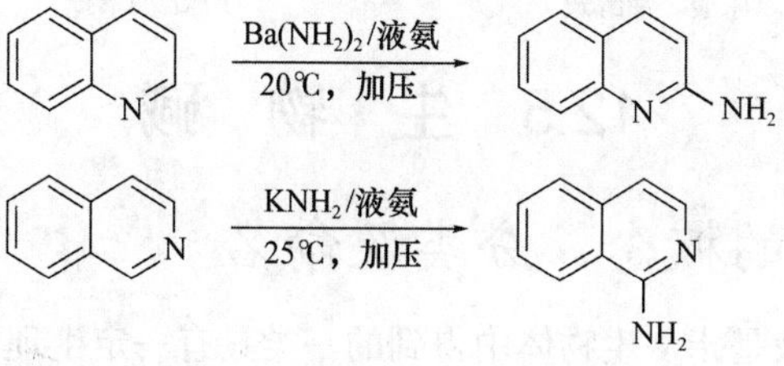

喹啉和异喹啉均可以发生氧化还原反应，苯环上电子云密度较高，易失去电子，发生氧化反应；吡啶环上电子云密度较低，易得到电子，发生还原反应。

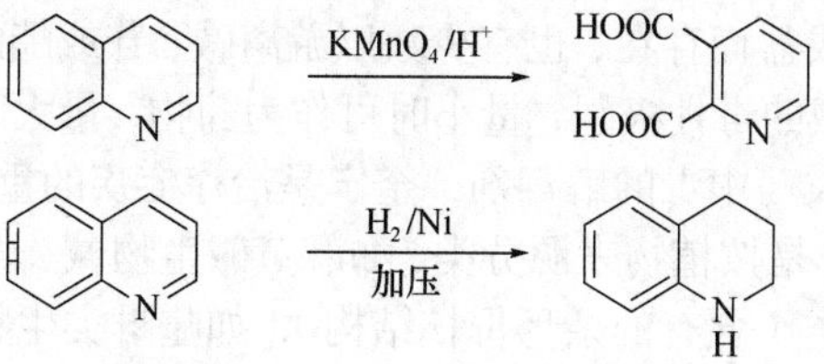

12.4.2　嘌呤及其衍生物

嘌呤是由一个咪唑环和一个嘧啶环稠合而成。嘌呤采用固有的编号方式，它有两种互变异构体，晶体状态下主要以 7H-嘌呤的形式存在，在生物体内多以 9H-嘌呤的形式存在。

7H-嘌呤　　　　　　9H-嘌呤

从结构上看，嘌呤是闭环的共轭体系，π 电子数符合 $4n+2$ 规则，是芳香性化合物。由于嘌呤环上有多个电负性较强的氮原子，环上 π 电子云密度分布不均，且 π 电子云密度较低，故很难发生亲电取代反应。

嘌呤是无色针状晶体，熔点为 216～217℃，易溶于水和热的乙醇，难溶于常用有机溶剂。嘌呤既有弱酸性，又有弱碱性，所以既可以与强酸成盐也可以与强碱成盐。

嘌呤本身不存在于自然界中，但它的衍生物却广泛存在于生物体中，参与生物体的生命活动。在人体内，嘌呤主要以嘌呤核苷酸的形式存在，它的其中一种生物合成途径是经合成次黄嘌呤核苷酸（IMP），再转变成腺嘌呤核苷酸（AMP）与鸟嘌呤核苷酸（GMP）而得。黄嘌呤、腺嘌呤和鸟嘌呤属于嘌呤衍生物，其中腺嘌呤、鸟嘌呤为核酸的碱基。

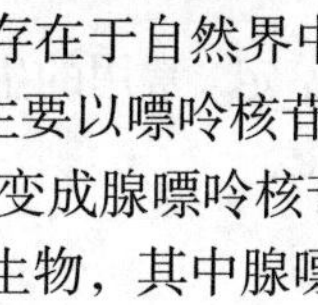

黄嘌呤（IMP） 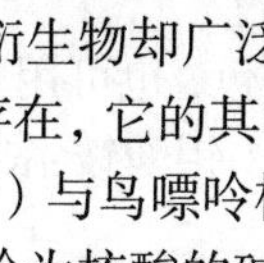　　　　　腺嘌呤（AMP） 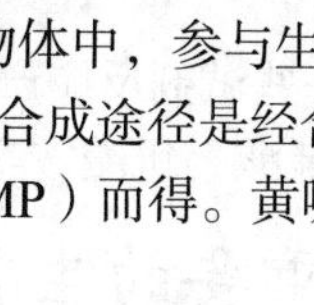　　　　　鸟嘌呤（GMP）

腺嘌呤和鸟嘌呤代谢的终产物是尿酸，人体尿酸过高会引起高尿酸血症，俗称痛风。痛风患者应适当地控制海鲜、啤酒、动物内脏等高嘌呤食物的摄入。与黄嘌呤和鸟嘌呤一样，尿酸具有酮式和烯醇式两种互变异构体，在生理 pH 范围内以酮式结构为主。

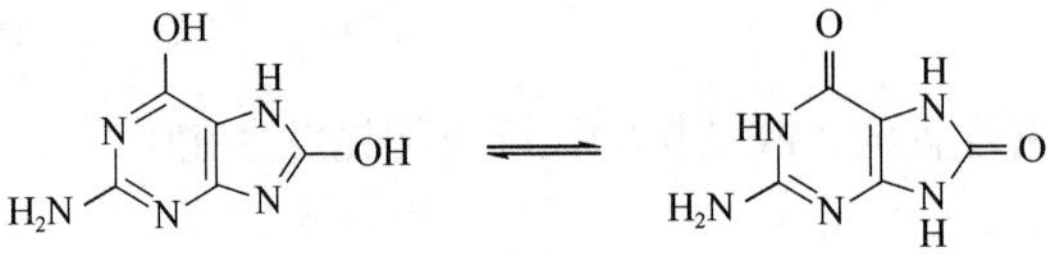

尿酸（烯醇式）　　　　　　　尿酸（酮式）

12.5　生　物　碱

12.5.1　生物碱的概念、分类及命名

生物碱（alkaloid）一般是指从生物体中得到的一类具有一定生理活性的含氮有机化合物。从结构上看，大多数生物碱含仲胺或叔胺结构，常含有氮杂环，因而显碱性。生物碱的结构不同，其碱性强弱也不一样。

生物碱在植物中分布很广，故又称植物碱，但植物中生物碱的含量一般都较低。植物中的生物碱常与有机酸或无机酸结合成盐而存在，也有少数以游离碱、苷或酯的形式存在。很多生物碱是中草药的有效成分。有些生物碱的毒性极强，量小时可作为药物，量大时可引起中毒。如阿托品是平滑肌解痉药和常用的有机磷农药中毒的解毒剂，奎宁是治疗疟疾的重要药物等。

生物碱的种类繁多，一类是按植物来源分类，如麻黄碱生物碱、长春花生物碱、乌头生物碱等；另一类是按分子结构特征分类（含有的杂环母核结构），如喹啉类生物碱、异喹啉类生物碱、吲哚类生物碱、嘌呤类生物碱等。

生物碱的名称大多数根据它所来源的植物名称而命名，如来源于麻黄中的麻黄碱，烟草中的烟碱，乌头中的乌头碱等。

12.5.2　生物碱的性质

生物碱多为无色结晶固体，少数如烟碱在常温下为液体并有挥发性。天然的生物碱大多数是左旋体，其对映体的生理活性常有显著的差别。

游离生物碱绝大多数是固体，难溶于水，易溶于乙醇、乙醚、氯仿等有机溶剂，遇稀酸反应易形成可溶性盐。该性质可用于提取、精制植物中的生物碱。

$$生物碱（难溶于水）\underset{OH^-}{\overset{H^+}{\rightleftharpoons}}生物碱盐（易溶于水）$$

大多数生物碱与碘化汞钾（Mayer 试剂）、碘化铋钾（Dragendorff 试剂）、碘-碘化钾（Wagner 试剂）、苦味酸、鞣酸、磷钨酸、硅钨酸等试剂反应，会产生不同颜色的沉淀，故这些试剂可用于生物碱的检测。

生物碱能与一些试剂反应产生特殊的颜色，也可用于生物碱的鉴定。常用的生物碱显色试剂有浓硫酸、甲醛-浓硫酸、钒酸铵-浓硫酸溶液、钼酸铵-浓硫酸溶液等。

12.5.3　重要的生物碱

1. 吗啡　吗啡是鸦片的主要成分，含量最高可达 20%，是最早分离得到的一个生物碱。自 1806 年提取分离出纯品吗啡，1847 年才确定了吗啡的分子式，1926 年确定其化学结构，1952 年完成全合成。吗啡是微溶于水的白色结晶，熔点为 254℃（分解）。

吗啡具有优良的镇痛、镇咳和镇静作用，具有悠久的药用历史，但成瘾性强，且抑制呼吸中枢将吗啡 3 位酚羟基甲基化后得可待因，它的镇痛作用是吗啡的 1/10，成瘾性也随之降低。由于可待因的镇咳作用较强，是临床上有效的镇咳药物之一。若将吗啡 3，6 位上的两个羟基同时乙酰化，得到海洛因，其镇痛作用是吗啡的 2 倍，毒性是吗啡的 5～10 倍，成瘾性更强。1910 年起各国取消了海洛因在临床上的应用，随后把其列为禁用的毒品。

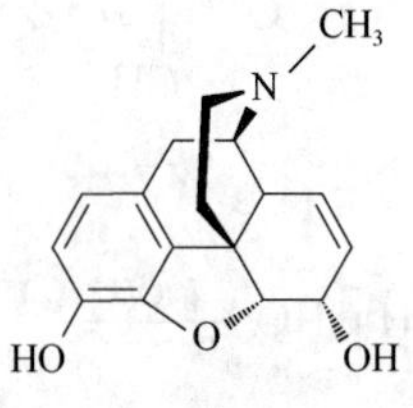

吗啡 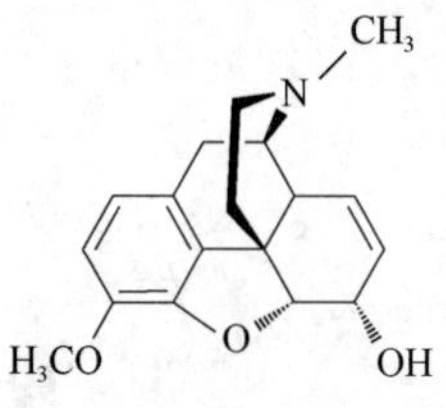 　　　　　　　　 可待因 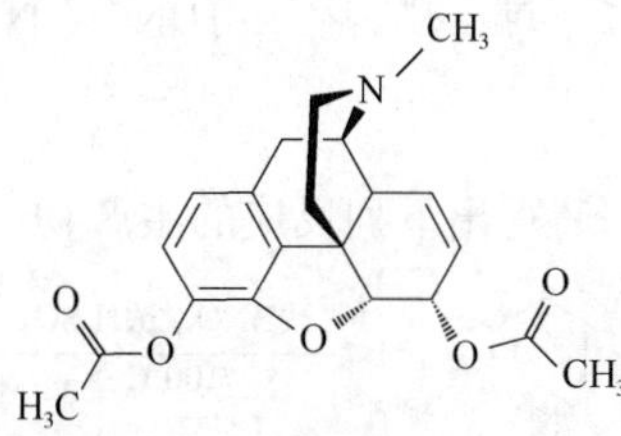 　　　　　　　　 海洛因

2. 咖啡因 　　咖啡因通常以无结晶水与一个结晶水的形式存在，为白色粉末或白色针状结晶，无臭，味苦。它是黄嘌呤类生物碱，主要存在于茶叶、咖啡豆和可可豆中。咖啡因是一种中枢神经兴奋剂，能够暂时驱走睡意并恢复精力，临床上用于治疗神经衰弱和昏迷复苏。

咖啡因是世界上最普遍的精神类药品，常常被添加到软饮料和能量饮料中。但是，大剂量或长期使用咖啡因也会对人体造成损害，特别是它也具有成瘾性，一旦停用会出现精神萎顿、浑身困乏疲软等症状。滥用咖啡因则会导致对人体的兴奋刺激作用及毒副作用，其表现症状和成瘾性与苯丙胺相近。因此，我国把咖啡因列为二类"精神药品"管制。2017 年，世界卫生组织国际癌症研究机构把咖啡因列为三类致癌物。

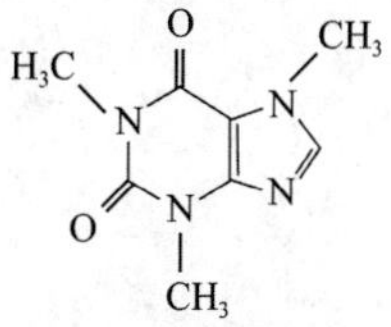

咖啡因 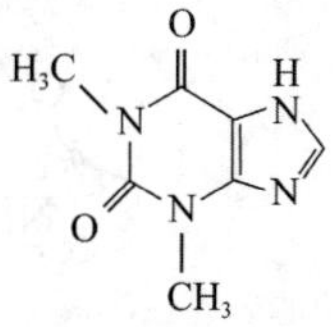 　　　　　　　　 茶碱 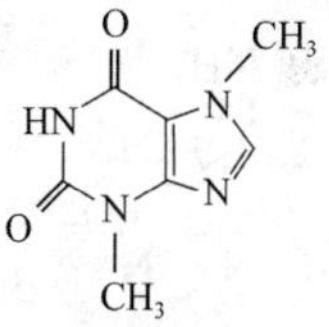 　　　　　　　　 可可碱

除咖啡因外，茶叶和可可豆中还含有茶碱、可可碱等生物碱，它们的结构与咖啡因相似。茶碱在临床上主要用于缓解支气管哮喘、急性支气管炎、哮喘性支气管炎、阻塞性肺气肿的喘息症状；可可碱是巧克力苦味的主要成分。

3. 喜树碱 　　喜树碱为淡黄色针状结晶，不溶于水，溶于氯仿、甲醇、乙醇中。喜树碱溶液见光易变质，微有吸湿性，遇浓硫酸显黄绿色，用蒸馏水稀释产生黄绿色荧光，呈碱性；与碘化铋钾反应，生成橙红色复盐沉淀。1966 年由美国科学家 M. E. Wall 和 M. C. Wani 等首次从喜树的树皮和枝干提取出喜树碱，并发现它具有较强的抗肿瘤活性，目前主要用于治疗肠癌、直肠癌、胃癌和白血病等疾病。10-羟基喜树碱是从喜树的种子或根皮中提取出的一种生物碱，它的抗癌活性优于喜树碱，对肝癌、大肠癌、肺癌和白血病有显著疗效，毒副作用均弱于喜树碱。

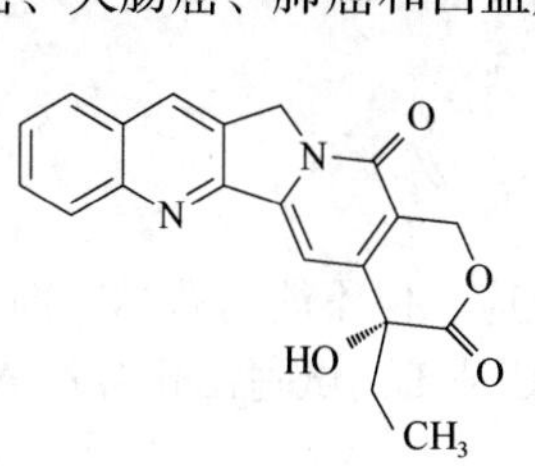

喜树碱 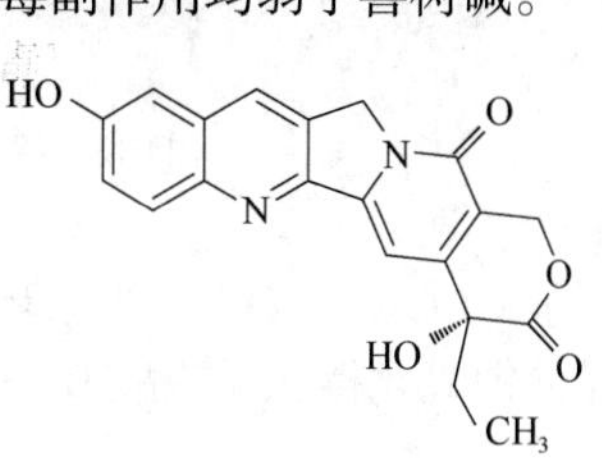 　　　　　　　　　　　　 10-羟基喜树碱

习　题

12-1　比较苯胺、三乙胺、吡咯、吡啶的碱性强弱。

12-2　指出含有互变异构现象的化合物，并写出其互变异构体。

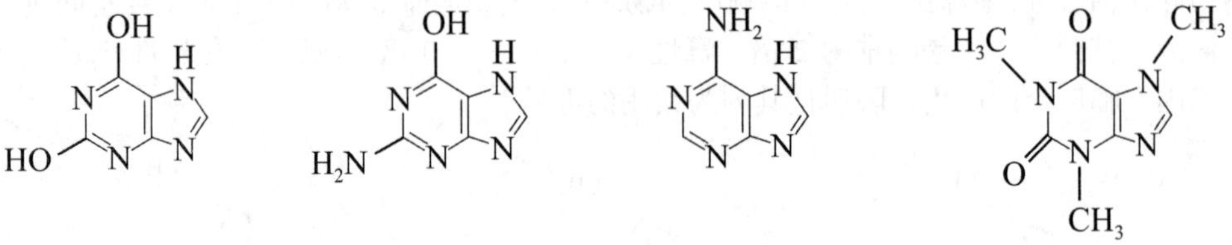

12-3　请写出下列反应的主产物。

（1）3-甲基吡啶 $\xrightarrow[100℃]{浓HNO_3/浓H_2SO_4}$

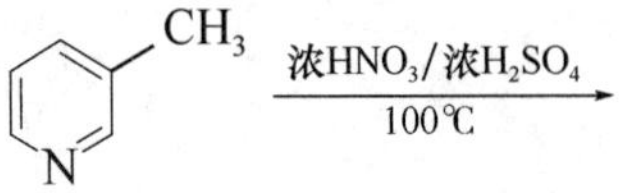

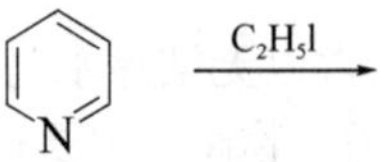

（2）糠醛 $+ CH_3CHO \xrightarrow{稀OH^-}$

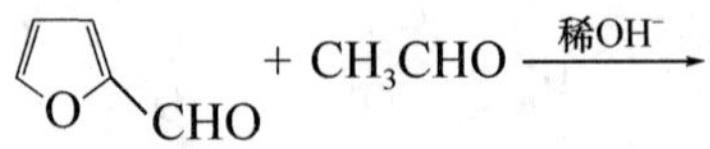

（3）3-乙基-5-甲基吡啶 $\xrightarrow[\triangle]{KMnO_4/H^+}$

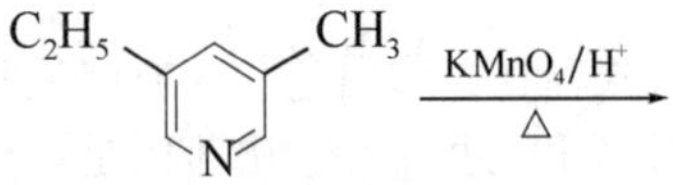

（4）吡啶 $\xrightarrow{C_2H_5I}$

（5）2-甲基噻吩 $\xrightarrow[AlCl_3]{(CH_3CO)_2O}$

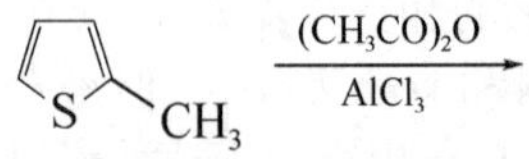

12-4　请指出属于芳杂环的化合物。

（1） 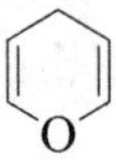　（2） 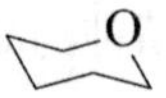　（3）

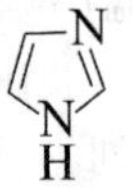

（4） 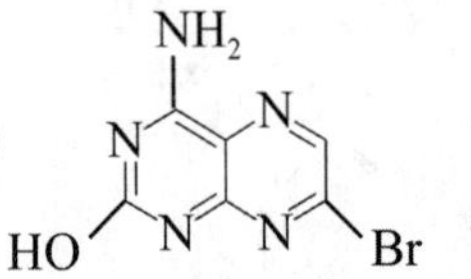　（5）

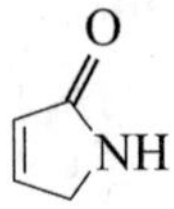

12-5　用简单的化学方法鉴别下列化合物。

（1）糠醛、2-甲基吡啶、吡啶

（2）吡咯、呋喃、噻吩

（3）糠醛、喹啉、四氢呋喃

12-6　请排列下列化合物进行亲电取代反应的活性顺序。

（1）吡咯、噻吩、呋喃、吡啶

（2）苯、硝基苯、4-甲基吡啶、吡咯

12-7　磺胺嘧啶属于广谱抗菌药，对革兰氏阳性菌及阴性菌均有抑制作用，临床上可用于脑膜炎双球菌、肺炎球菌、淋球菌、溶血性链球菌感染的治疗，请比较磺胺嘧啶结构中三种氮原子的碱性强弱。

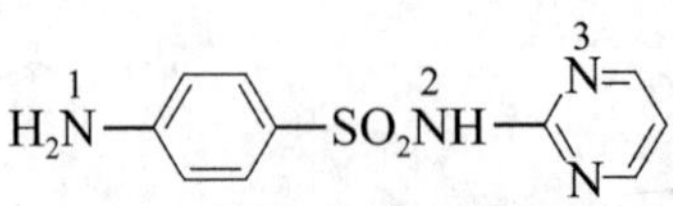

$$H_2\overset{1}{N}-C_6H_4-SO_2\overset{2}{N}H-\underset{N}{\overset{\overset{3}{N}}{}}$$

12-8　化合物 A（$C_{10}H_7NO$）为稠杂环，可发生银镜反应，但不能与费林试剂发生反应。化合物 A 经酸性高锰酸钾氧化得三元羧酸 B，B 脱水生成酸酐 C 或 D，试写出化合物 A、B、C 和 D 的结构。

（吴　峥）

第13章 糖 类

糖类又称碳水化合物（carbohydrate），是自然界中存在量最大、分布最广的一类有机化合物。作为人体的三大能源物质（脂肪、蛋白质、糖类）之一，糖类在体内进行各种变化，参与人体代谢和生命活动，释放出能量以维持生命及体内进行的各种生物合成和转变。从 20 世纪 80 年代以来，糖脂和糖蛋白的研究进展迅速，在分子水平上揭示了糖类的结构与功能的关系。人们认识到糖类不仅是动、植物的结构组成构件，而且还是重要的信息物质，在生命活动中发挥重要的生理功能。例如，动物体内有些糖类参与组织和体液的组成；某些糖类或其衍生物具有明显的药理活性，常为中草药的有效成分。此外，糖类化合物还与细胞间的相互作用、表面识别、免疫活性及血型特异性等有重要关系。

本章重点介绍糖类化合物的结构和化学性质，并简要阐述糖类化合物的生物特性及其在医学上的意义。

13.1 糖类的分类

从结构上看，糖类是多羟基醛或多羟基酮（包括环状异构体）以及能水解生成多羟基醛或酮的一类化合物。糖类常根据其能否水解及水解后生成的产物分为单糖（monosaccharide）、低聚糖（oligosaccharide）和多糖（polysaccharide）三大类。单糖是不能水解成更小分子的多羟基醛或多羟基酮，如葡萄糖、果糖、核糖等。低聚糖又称寡糖，它能水解生成 2～10 个单糖分子，其中以二糖最常见，如麦芽糖、蔗糖、乳糖等。多糖能水解成 10 个以上单糖，如淀粉、糖原、纤维素等。

13.2 单 糖

13.2.1 单糖的分类、开链结构和构型

1. 单糖的分类 按分子中含有的羰基类型单糖可分为醛糖（aldose）和酮糖（ketose）。根据分子中碳原子数目又可分为丙糖、丁糖、戊糖及己糖等。最简单的单糖是丙糖中的甘油醛和二羟基丙酮，自然界中存在最广泛的葡萄糖是己醛糖，而在蜂蜜中富含的果糖是己酮糖；最重要的戊糖是核糖，它是核糖核酸的构成单元。生物体内以戊糖和己糖最为常见。有些糖的羟基可被氨基或氢原子取代，分别称为氨基糖或去氧（脱氧）糖，如 2-脱氧-2-氨基葡萄糖、2-脱氧核糖等。

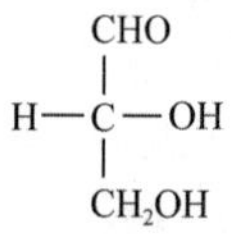

甘油醛 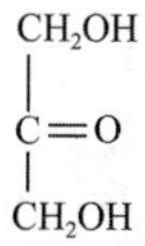　　　　二羟基丙酮 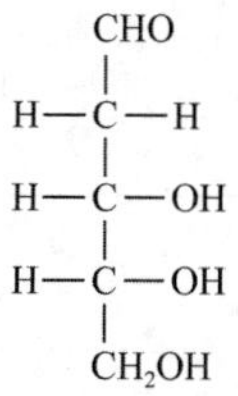　　　　2-脱氧核糖 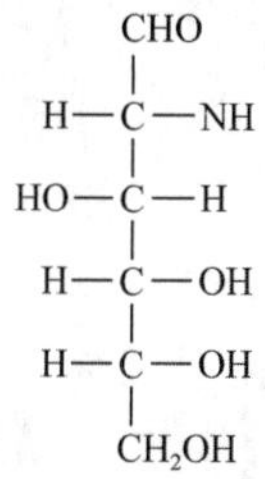　　　　2-脱氧-2-氨基葡萄糖

2. 单糖的开链结构 单糖中除二羟基丙酮外，都含有手性碳原子，故存在对映异构现象。例如，丙醛糖甘油醛有 1 个手性碳，有 2 个对映异构体即一对对映体；己醛糖有 4 个手性碳，有 16

个对映异构体即 8 对对映异构体。碳原子数相同的醛糖和酮糖互为同分异构体，但酮糖比醛糖少 1 个手性碳原子，其对映异构体的数目比相应的醛糖少。

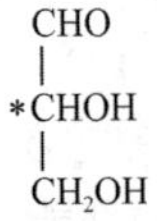

丙醛糖 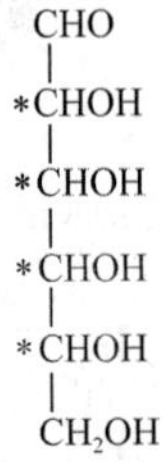　　己醛糖 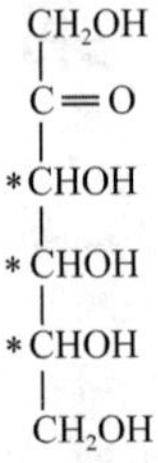　　己酮糖

3. 单糖的构型和标记法　单糖分子的开链式构型常用费歇尔投影式表示，一般将主链竖向排列，1 号碳放在最上端。为书写方便，常用简单式子表示。例如，葡萄糖的构型可用以下几种简写方法：

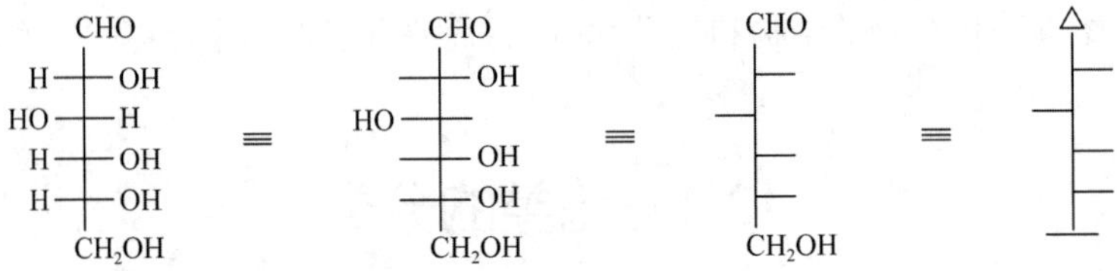

（1）　　（2）　　（3）　　（4）

式（2）是省略了手性碳上氢原子的费歇尔投影式，式（3）和式（4）用短横线"—"表示羟基，不写出碳氢键，式（3）是简略费歇尔投影式，式（4）是一种表达构型的最简式，其中"△"和"—"分别代表"CHO"和"CH₂OH"。

单糖分子的构型习惯上用 D，L 标记。规定凡是在费歇尔投影式中编号最大的手性碳原子的构型与 D-甘油醛相同者（—OH 在右边）为 D 型，与 L-甘油醛相同者（—OH 在左边）为 L 型。

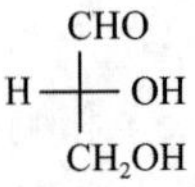

D-甘油醛 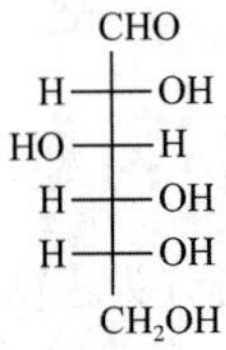　　D-葡萄糖 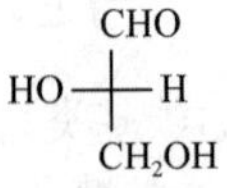　　L-甘油醛 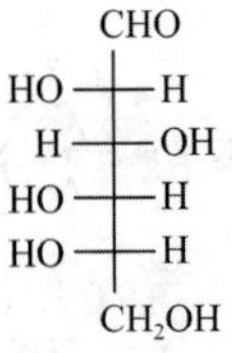　　L-葡萄糖

据此，在己醛糖的 16 个对映异构体中有 8 个为 D 型糖，8 个为 L 型糖。图 13-1 列出了含有 3～6 个碳原子的 D 型醛糖的开链结构式、旋光性及名称。

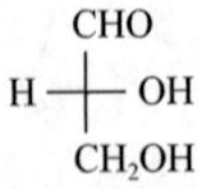

D-(+)-甘油醛

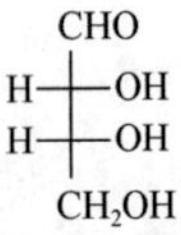

D-(−)-赤藓糖 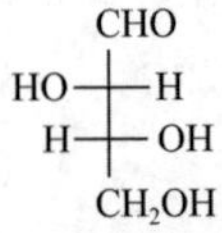　　　　D-(−)-苏阿糖

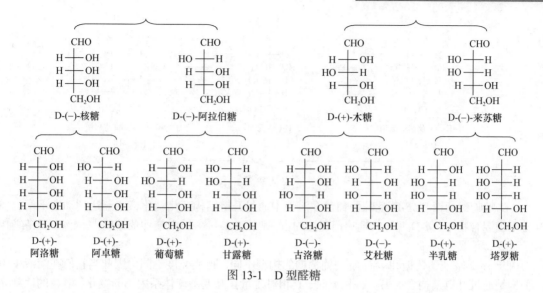

图 13-1 D 型醛糖

自然界存在的单糖大多为 D 型，如上述 D 型己醛糖中，D-葡萄糖、D-甘露糖、D-半乳糖就是天然存在的。自然界中也发现一些 D-酮糖。它们的结构一般在 C2 位上具有酮基，如 D-果糖、D-山梨糖等。

13.2.2 单糖的变旋光现象和环状结构

D-葡萄糖（glucose）为最常见的重要单糖，它以游离和结合状态广泛存在于自然界。详细讨论葡萄糖的结构和性质对于了解其他糖有重要意义。

1. 葡萄糖的变旋光现象 葡萄糖的开链结构可以说明它的许多实验事实，但不能解释另外一些性质。例如：葡萄糖的醛基仅与一分子甲醇（干燥 HCl 存在下）缩合就生成缩醛；很早就发现 D-葡萄糖在不同条件下可分离出两种结晶形式，其中一种为从冷乙醇中得到熔点 146℃，$[\alpha]_D$ 为 +112°的晶体；另一种为从热吡啶中析出的熔点 150℃，$[\alpha]_D{}'$ 为+18.7°的晶体。上述任意一种晶体溶于水后，其比旋光度都会逐渐变化，直至达到+52.5°的恒定值。像葡萄糖这样，在水溶液中物质的比旋光度自行改变最终达到定值的现象称为变旋光现象（mutarotation）。这些实验现象用葡萄糖的开链结构不能很好解释。经物理及化学方法进一步证实，晶体葡萄糖是以环状结构存在的。联系到醛可以与醇生成半缩醛的反应，葡萄糖分子中由于碳链的弯曲使醛基与 C5-OH 接近，发生分子内加成形成六元环状半缩醛结构。在环状半缩醛结构中，原开链葡萄糖的羰基碳原子上由于连接了半缩醛羟基，由 sp² 杂化变为 sp³，成为一个新的手性碳原子，因此产生两个异构体：半缩醛羟基在费歇尔投影式右边的，称为 α 型，在费歇尔投影式左边的，称为 β 型。常把含氧五元环半缩醛或半缩酮形式的单糖称为呋喃糖（glycofuranose），把含氧六元环半缩醛或半缩酮形式的单糖称为吡喃糖（glycopyranose），命名时在原糖名前加"呋喃"或"吡喃"。故葡萄糖的这两种环状结构，分别称为 α-D-（+）-吡喃葡萄糖和 β-D-（+）-吡喃葡萄糖，二者互为差向异构体，α-D-（+）-吡喃葡萄糖和 β-D-（+）-吡喃葡萄糖结构上的差别是 C1 差向异构体，习惯上又称端基差向异构体、端基异构体或异头物（anomer）。

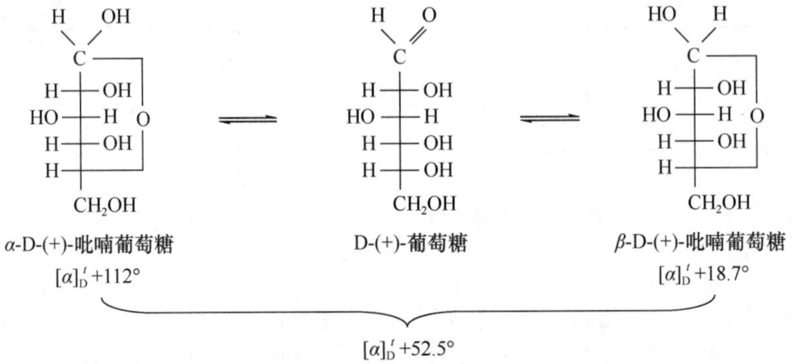

α-D-(+)-吡喃葡萄糖　　　　D-(+)-葡萄糖　　　　β-D-(+)-吡喃葡萄糖
$[\alpha]_D^t +112°$　　　　　　　　　　　　　　　　$[\alpha]_D^t +18.7°$

$[\alpha]_D^t +52.5°$

　　α-D-吡喃葡萄糖和 β-D-吡喃葡萄糖在溶液中通过开链结构互相转化，逐渐达到动态平衡。在互变平衡混合物中，α-D-（+）-吡喃葡萄糖约占 36%，β-D-（+）-吡喃葡萄糖约占 64%，开链结构含量很少，不足 0.01%。

　　由于 α-D-吡喃葡萄糖和 β-D-吡喃葡萄糖的构型不同，比旋光度不同，因此当它们在溶液中由一种构型通过开链结构变为另一种构型时，其相对含量在互变平衡体系中不断变化，溶液的比旋光度也随互变平衡的进程而变化，发生变旋光现象，当达到平衡后，三者在溶液中的含量不再改变，比旋光度也就保持恒定。大多数单糖在水中都存在环状半缩醛结构和开链结构之间的互变平衡，因此变旋光现象是它们的共性，凡有环状结构的单糖都有变旋光现象。

　　2. 葡萄糖环状结构的表示　上述葡萄糖的环状结构用费歇尔投影式表示，不能确切地反映单糖分子的立体形象，为了合理反映单糖的环状结构，常采用哈沃斯透视式（简称哈沃斯式）来表示。它是一种用五元或六元环平面表示单糖氧环式各原子在空间排布的式子。

　　以 D-葡萄糖为例，说明由费歇尔投影式转变为哈沃斯式的过程：

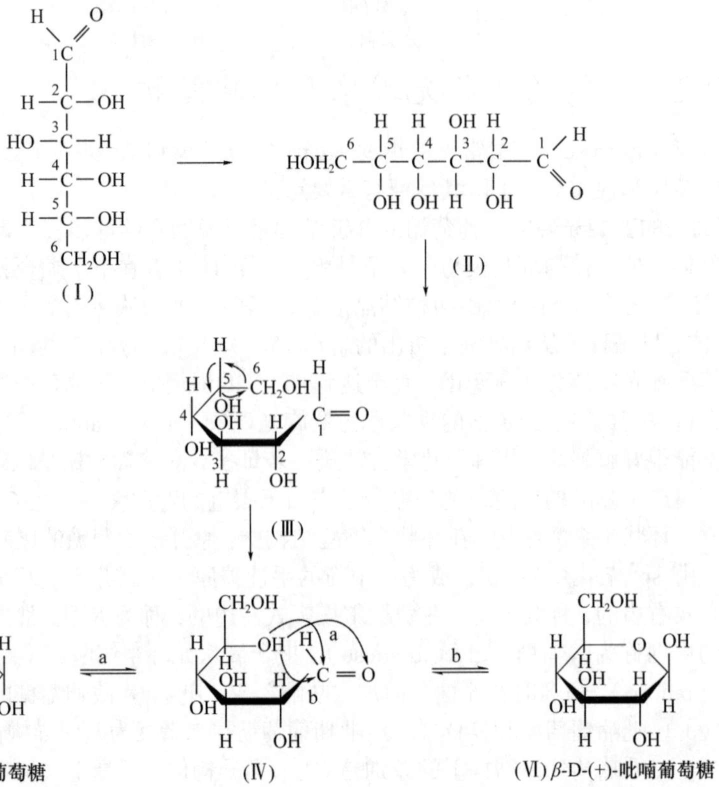

（V）α-D-(+)-吡喃葡萄糖　　　　（Ⅳ）　　　　（Ⅵ）β-D-(+)-吡喃葡萄糖

先将开链式（Ⅰ）顺时针旋转 90° 成水平状如（Ⅱ）式，然后将碳链在水平位置上向上弯成如（Ⅲ）式，将 C5 绕 C4—C5 键轴逆时针旋转 120° 则成（Ⅳ）式。在（Ⅳ）式中，C5-OH 与羰基处于同一平面，如果 C5-OH 中的氧原子从平面上方进攻羰基碳原子，则 C1 上新生成的羟基在环面的下方，就生成环状半缩醛 α-D-（+）-吡喃葡萄糖（Ⅴ，途径 a）；反之，如果 C5-OH 中的氧从平面下方进攻，则新生成的羟基便在环面的上方，就生成环状半缩醛 β-D-（+）-吡喃葡萄糖（Ⅵ，途径 b）。

在哈沃斯式中，成环的六个原子在同一平面上写成平面六边形，并将环上的氧原子置于平面的右上角；环上的碳原子从最右边开始按顺时针方向编号；原费歇尔投影式中处于左边的羟基写在环上方，右边羟基写在环下方；D 型糖的尾基（—CH₂OH）始终处于环上方；α-半缩醛羟基位于环下方，与尾基处于异侧，β-半缩醛羟基位于环上方，与尾基处于同侧。

为书写方便，哈沃斯式环碳原子上的—H 常省略；当不必强调半缩醛羟基的构型时，可用" ∿ "与半缩醛羟基连接。

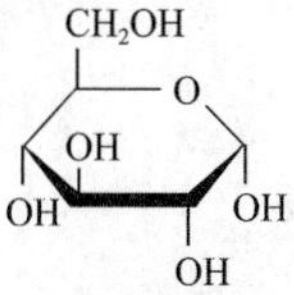

α-D-(+)-吡喃葡萄糖　　β-D-(+)-吡喃葡萄糖 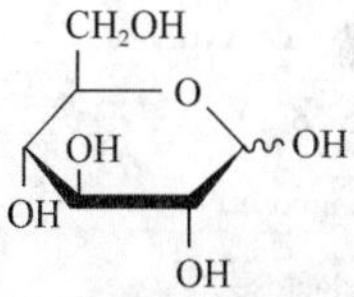　　D-(+)-吡喃葡萄糖

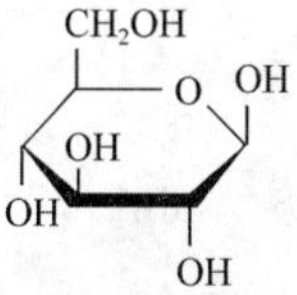

葡萄糖的六元氧环与环己烷相似，也具有稳定的构象。X 射线衍射分析已证明吡喃糖中的六元环以椅式构象存在。由它们的优势构象式可以看出，β-D-（+）-吡喃葡萄糖中，所有较大的基团都在 e 键上，斥力较小；而 α-D-（+）-吡喃葡萄糖中，半缩醛羟基在 a 键上，其余较大基团在 e 键上，因此 β 型比 α 型内能更低，更稳定，这也是在互变异构平衡中 β-D-（+）-吡喃葡萄糖的含量较高的原因。

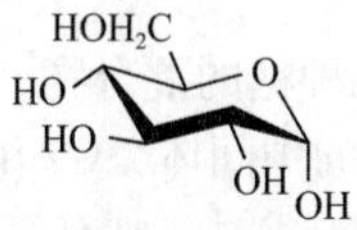

α-D-(+)-吡喃葡萄糖　　　　β-D-(+)-吡喃葡萄糖

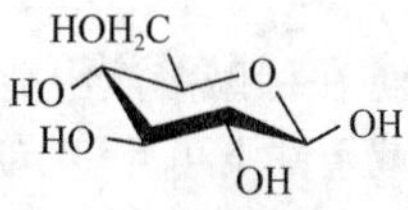

3. 果糖的环状结构　果糖（fructose）分子式为 $C_6H_{12}O_6$，属于 D 型己酮糖。D-（−）-果糖也具有开链式和氧环式结构，在水溶液中，二者处于动态平衡，故也有变旋光现象。游离态的果糖主要以吡喃糖的形式存在，由 C6 上的羟基与酮基加成形成六元环状半缩酮；结合态的果糖则以呋喃糖的形式存在，由 C5 上的羟基与酮基加成形成五元环状半缩酮。

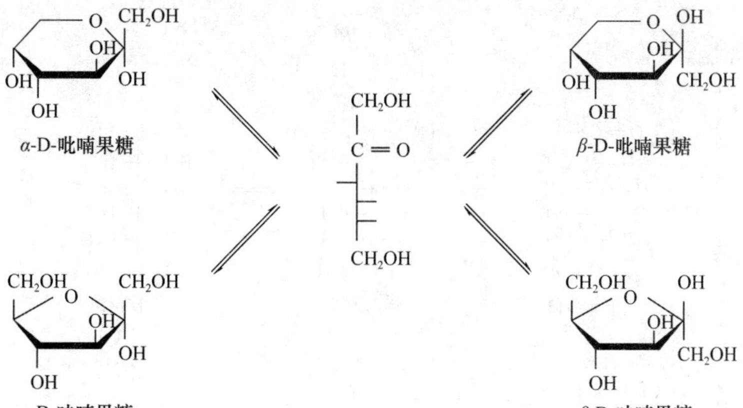

α-D-吡喃果糖　　　　　　　　　β-D-吡喃果糖

α-D-呋喃果糖　　　　　　　　　β-D-呋喃果糖

问题 13-1 说明在单糖的开链结构及环状结构中，D、L；（+）、（-）；α、β；吡喃糖与呋喃糖的含义。

13.2.3 单糖的物理性质

单糖是具有甜味的结晶性物质，具吸湿性，易溶于水，易形成过饱和糖浆，但难溶于有机溶剂。具有环状结构的单糖有变旋光现象。由于分子间氢键的存在，单糖的沸点较高。一些单糖的物理常数见表 13-1。

表 13-1 一些单糖的物理常数

名称	比旋光度/（$[\alpha]_D$）			熔点/℃
	α 型	β 型	平衡混合物	
D-核糖（ribose）	—		—23.7°	87
2-脱氧-D-核糖（deoxyribose）	—		—59.0°	90
D-葡萄糖（glucose）	+112°	+18.7°	+52.5°	146
D-甘露糖（mannose）	+29.9°	—16.3°	+14.6°	132
D-半乳糖（galactose）	+15.7°	+52.8°	+80.2°	167
D-果糖（fructose）		—133.5°	—92.4°	104

13.2.4 单糖的化学性质

单糖分子中含有羟基和羰基，因此，除显示一般醇和醛酮的性质外，还表现出由于基团的相互影响而产生的特殊性质。由于在溶液中还存在环状与开链结构的互变平衡，所以单糖的反应既可按环状又可按开链结构进行。

1. 差向异构化 单糖在稀碱溶液中能相互转化生成几种糖的混合物。以 D-葡萄糖为例，由于具有羰基醇结构，在稀碱条件下可互变异构成烯二醇结构的中间体，C2 由 sp³ 杂化变为 sp² 杂化，双键碳原子和所连各基团共平面。当由烯二醇结构互变为酮式时，则有三种方式：当 C1-OH 上的氢从双键两个方向进攻 C2，可分别得到 D-葡萄糖（a 途径）和 D-甘露糖（b 途径）；当 C2-OH 上的氢进攻 C1 时则得到果糖（c 途径）。因此，D-葡萄糖在稀碱溶液中，通过烯二醇中间体最终得到 D-葡萄糖、D-甘露糖、D-果糖的混合物。

同理，D-果糖和 D-甘露糖在稀碱溶液中也可得到三者的混合物。其中 D-葡萄糖、D-甘露糖二者互为 C2 差向异构体，差向异构体间的转化称为差向异构化（epimerism）。

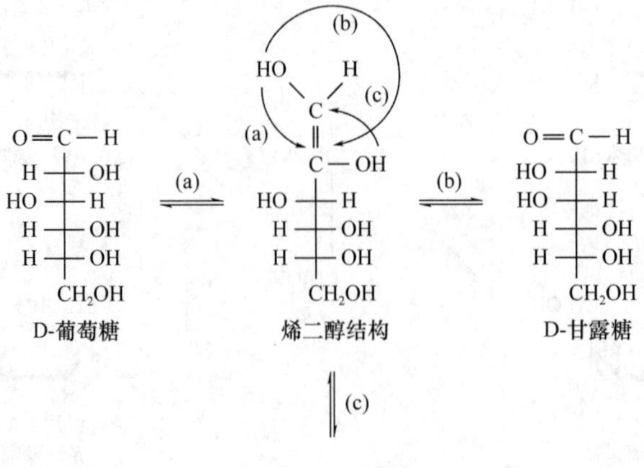

$$
\begin{array}{c}
CH_2OH \\
| \\
C = O \\
HO \!-\!\!\!-\! H \\
H \!-\!\!\!-\! OH \\
CH_2OH
\end{array}
$$

D-果糖

生物体代谢过程中,某些糖衍生物的相互转化就是在酶的催化下通过烯醇式中间体进行的。

问题 13-2 将 D-葡萄糖的 C2、C3、C4 位分别进行差向异构化可得到什么糖?

2. 氧化反应 单糖可被多种氧化剂氧化,所用氧化剂不同,其氧化产物也不同。

(1)碱性弱氧化剂氧化:单糖能与碱性弱氧化剂如托伦试剂、费林试剂和本尼迪克特(Benedict)试剂反应,除生成糖酸等复杂的氧化产物外,托伦试剂有银镜现象,费林试剂和本尼迪克特试剂有砖红色的氧化亚铜沉淀。

$$
单糖 \ + \ [Ag(NH_3)_2]OH \ \xrightarrow{\triangle} \ Ag\downarrow \ + \ 复杂的氧化产物
$$

$$
单糖 \ + \ \underset{新制}{2Cu(OH)_2} \ \xrightarrow{\triangle} \ Cu_2O\downarrow \ + \ 复杂的氧化产物 \ + \ 2H_2O
$$

凡能使上述弱氧化剂还原的糖称为还原糖,反之则称为非还原糖。所有的单糖都是还原糖。

(2)溴水氧化:醛糖用溴水(pH=5.0)氧化,生成糖酸并使溴水褪色,酮糖较难发生此反应,故可用该反应区别醛糖和酮糖。

$$
\begin{array}{c}
CHO \\
H \!-\! OH \\
HO \!-\! H \\
H \!-\! OH \\
H \!-\! OH \\
CH_2OH
\end{array}
\quad \xrightarrow{Br_2/H_2O} \quad
\begin{array}{c}
COOH \\
H \!-\! OH \\
HO \!-\! H \\
H \!-\! OH \\
H \!-\! OH \\
CH_2OH
\end{array}
$$

D-葡萄糖酸

(3)稀硝酸氧化:醛糖与稀硝酸共热,被氧化生成糖二酸。

$$
\begin{array}{c}
CHO \\
H \!-\! OH \\
HO \!-\! H \\
H \!-\! OH \\
H \!-\! OH \\
CH_2OH
\end{array}
\quad \xrightarrow{稀HNO_3} \quad
\begin{array}{c}
COOH \\
H \!-\! OH \\
HO \!-\! H \\
H \!-\! OH \\
H \!-\! OH \\
COOH
\end{array}
$$

D-葡萄糖二酸

D-葡萄糖二酸经选择性还原,可得到 D-葡萄糖醛酸(glucuronic acid),D-葡萄糖醛酸广泛存在于动植物体内,在肝脏中它可以和有毒物质醇、酚结合成无毒的糖苷类化合物排出体外,从而起到解毒作用。

$$
\begin{array}{c}
COOH \\
H \!-\! OH \\
HO \!-\! H \\
H \!-\! OH \\
H \!-\! OH \\
COOH
\end{array}
\quad \rightleftharpoons \quad
$$

D-吡喃葡萄糖醛酸

3. 成脎反应　醛糖或酮糖与过量苯肼加热生成不溶于水的二苯腙黄色结晶，称为糖脎（osazone）。

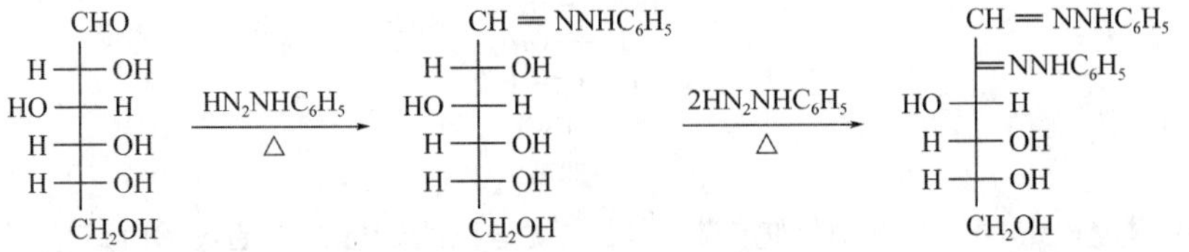

D-葡萄糖脎

糖脎有一定的晶型，不同的糖脎熔点不同，常用糖脎的生成来进行糖的定性鉴别。成脎反应只在单糖的 C1 和 C2 上发生，其他碳原子上的基团不参与反应，因此 D-葡萄糖、D-果糖、D-甘露糖与过量苯肼反应生成相同的糖脎，但它们的反应速率和析出糖脎的时间也不相同。

4. 脱水反应　在弱酸性条件下，含有 β-羟基的羰基化合物易发生 β-羟基与 α-氢的脱水反应，形成 α，β-不饱和羰基化合物，单糖具备该结构特征，易脱水形成二羰基化合物。在强酸条件下，戊醛糖和己醛糖经多步脱水分别得到 α-呋喃甲醛和 5-羟甲基-α-呋喃甲醛。

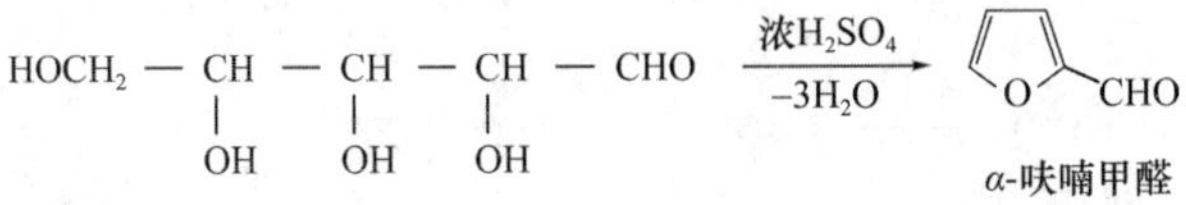

α-呋喃甲醛

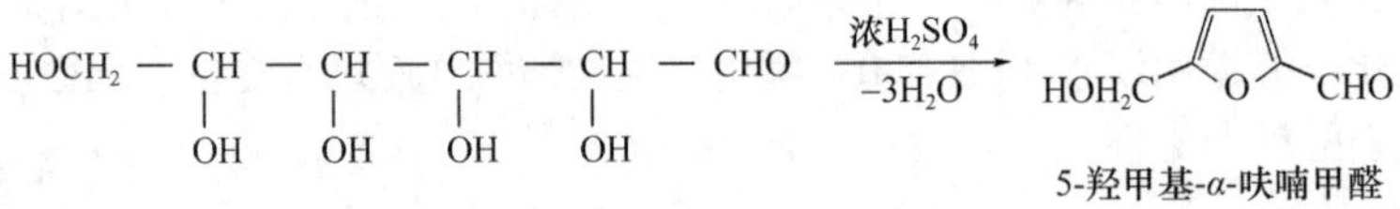

5-羟甲基-α-呋喃甲醛

α-呋喃甲醛及其衍生物可和某些酚类试剂缩合生成有色化合物，常用于糖类的鉴别。

5. 成苷反应　单糖环状结构中的半缩醛（酮）羟基易与含羟基、氨基、巯基等有活泼氢的化合物脱水，生成具有缩醛（酮）结构的产物，称为糖苷（glycoside）。此反应称为成苷反应。糖分子中的半缩醛（酮）羟基又称为苷羟基。

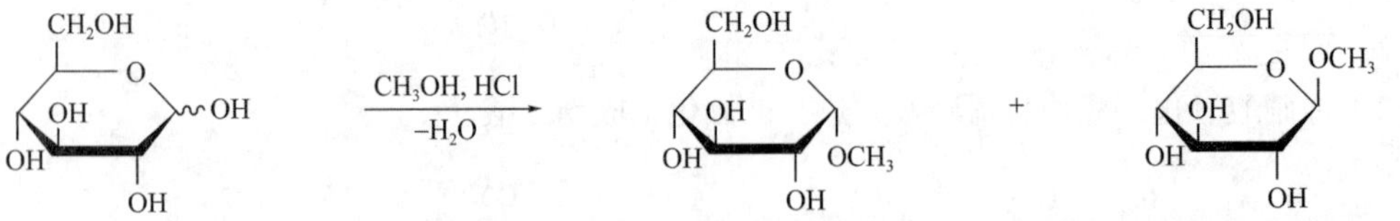

甲基-α-D-吡喃葡萄糖苷　　　　甲基-β-D-吡喃葡萄糖苷

糖苷由糖和非糖两部分组成（若两者均为糖则为二糖）。糖部分称为糖基，非糖部分称为配基或苷元。通过氧原子把糖基和配基连接起来的化学键称氧苷键或糖苷键。除氧苷键外，在糖和配基之间还可以通过氮原子、硫原子或碳原子相连，分别称为氮苷键、硫苷键和碳苷键等。

由于糖苷分子中没有半缩醛（酮）羟基，不能再转变成开链结构，因此糖苷无还原性和变旋光现象。糖苷在中性或碱性条件下比较稳定，但在稀酸或酶的作用下，苷键容易水解，得到原来的糖和非糖成分。

糖苷在自然界分布很广，很多具有生物活性。

> **问题 13-3**　以 β-D-吡喃葡萄糖水杨苷为例，说明为什么糖苷在中性或碱性水溶液中无变旋光现象，而在酸性水溶液中有变旋光现象。

13.2.5　重要的单糖及其衍生物

1. D-核糖和 D-脱氧核糖　D-核糖（ribose）和 D-脱氧核糖（deoxyribose）均为戊醛糖。它们

通常以 β-呋喃糖形式存在，与嘌呤碱或嘧啶碱结合成核苷，是核糖核酸和脱氧核糖核酸的重要组分。例如：

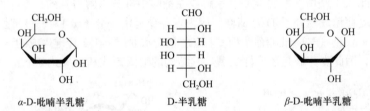

2. D-葡萄糖　D-葡萄糖是许多低聚糖、多糖及糖苷的组成成分，在自然界起着十分重要的作用。葡萄糖为无色结晶，易溶于水，难溶于乙醇、乙醚。游离态的葡萄糖常见于植物果实、蜂蜜、动物血液、淋巴液中。其甜度相当于蔗糖的 70%，水溶液具有右旋光性，故又称右旋糖。

人体血液中的葡萄糖称为血糖，正常空腹值为 $3.89 \sim 6.11$ $mmol \cdot L^{-1}$（葡萄糖氧化酶法），维持血糖浓度的稳定具有重要的生理意义。

3. D-果糖　D-果糖是自然界含量最丰富的己酮糖，以游离态广泛存在于水果和蜂蜜中，其甜度是蔗糖甜度的 1.7 倍，其水溶液具有左旋光性，又称左旋糖。某些植物如菊根粉中，含有 D-呋喃果糖的聚合物，称菊糖，相对分子质量在 5 000 左右。由静脉注入体内的菊糖因不被消化分解，将完全从肾脏排出，故菊糖清除实验在临床上用于肾功能测定。

果糖在人体内形成磷酸酯，在糖的代谢过程中占有重要的地位。

4. D-半乳糖　半乳糖（galactose）是许多低聚糖和多糖的重要组分。例如，哺乳动物乳汁中的乳糖就是半乳糖和葡萄糖结合生成的二糖。脑苷脂以及多种糖蛋白中也含有半乳糖。纯净的半乳糖为无色晶体。例如：

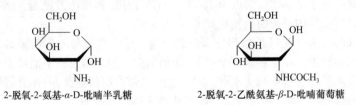

5. 氨基糖　氨基糖是糖类分子中除苷羟基外其他羟基被氨基或取代氨基取代后的化合物。多数氨基糖是己醛糖分子中 C2 上的羟基被氨基或取代氨基取代的衍生物，通常也被认为是脱氧单糖的氢原子被氨基或取代氨基取代的糖。

氨基糖常以结合状态存在于黏多糖和糖蛋白中，广泛存在于自然界，具有重要的生理作用。海洋中许多甲壳动物及昆虫外壳的主要成分之一的甲壳素，就是 2-脱氧-2-乙酰氨基-β-D-吡喃葡萄糖的聚合物。游离的 D-氨基半乳糖可引起肝细胞损害，常用于实验性肝损伤动物模型的研究。链霉素也含有氨基葡萄糖组分，是最早的抗结核药。

6. 维生素 C　维生素 C 又叫抗坏血酸，从结构上看，它是一个 L-不饱和糖酸的内酯，常看作单糖的衍生物。

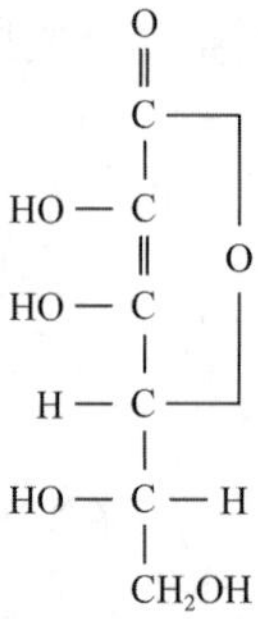

维生素 C 可溶于水，$[\alpha]_D^t = +21°$。维生素 C 大量存在于新鲜蔬菜和水果中，尤以柠檬、橘子、番茄中含量最多，它可防治维生素 C 缺乏症（坏血病）。维生素 C 极易被氧化为去氢抗坏血酸，所以是一种很强的还原剂，可阻止生物体内自由基引起的氧化反应，具有清除自由基的作用。

13.3　二　　糖

低聚糖由 2～10 个单糖分子缩合而成，按照水解生成单糖分子的数目，低聚糖又可分为二糖、三糖等，以二糖最为常见。

二糖是两分子单糖脱水生成的糖苷。脱水的方式有两种：一分子单糖的半缩醛羟基与另一分子单糖的醇羟基脱水，生成的二糖仍保留一个半缩醛羟基。此糖能生成糖脎，具有还原性和变旋光现象，称为还原性二糖。若由两分子单糖的半缩醛羟基脱水，生成的二糖结构中无半缩醛羟基，因而不能生成糖脎，也无还原性和变旋光现象，称为非还原性二糖。

13.3.1　麦芽糖和纤维二糖

麦芽糖（maltose）是由淀粉经淀粉酶水解或在稀酸中部分水解得到的，专一性水解 α-苷键的麦芽糖酶可水解麦芽糖成两分子 D-葡萄糖。因为麦芽糖是由一分子 α-D-（+）-吡喃葡萄糖的半缩醛羟基与另一分子 α-D-（+）-吡喃葡萄糖 C4 位羟基失水通过 α-1,4-苷键生成的，结构中仍保留着一个半缩醛羟基，因此麦芽糖是还原性二糖。其结构的哈沃斯式和构象式如下：

α-1, 4-苷键

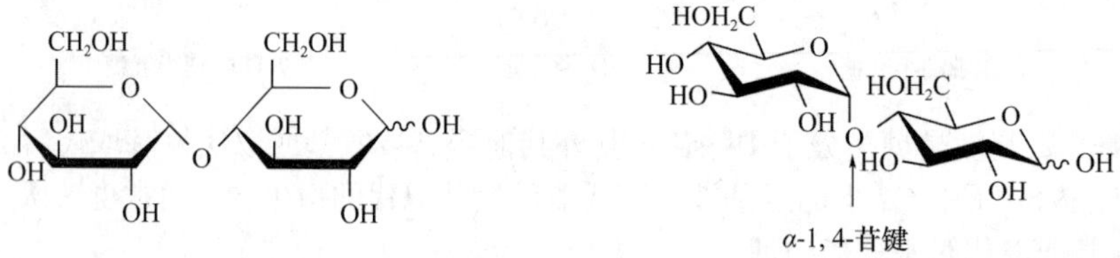

麦芽糖结晶含一分子结晶水，熔点为 104℃，易溶于水，甜度不及蔗糖。结晶状态的麦芽糖中苷羟基为 β 构型，互变异构平衡时的比旋光度为+136°。

纤维二糖（cellobiose）是纤维素部分水解的产物，化学性质与麦芽糖相似，为还原性二糖，有变旋光现象。水解纤维二糖也得到两个分子 D-葡萄糖，但纤维二糖不能被麦芽糖酶水解，能被苦杏仁酶（专一性水解 β-苷键的酶）水解，因为它由二分子葡萄糖经 β-1,4-苷键结合而成。由于人体内缺乏水解 β-1,4-苷键的酶，所以纤维二糖不能被人体消化吸收。

固态纤维二糖是 β 型，其结构的哈沃斯式和构象式如下：

β-1, 4-苷键

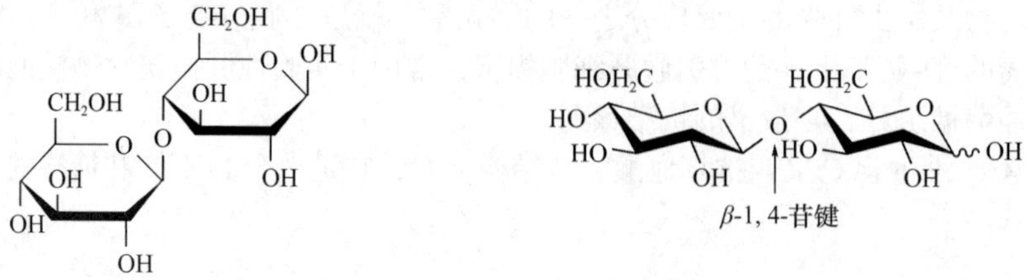

纤维二糖为白色晶体，熔点为 225℃，可溶于水，互变异构平衡时的比旋光度为 +35°。无甜味。

13.3.2 乳糖

乳糖（lactose）存在于哺乳动物的乳汁中，人乳中含 7%～8%，牛奶中含 4%～5%。乳糖也是还原性二糖。当用苦杏仁酶水解乳糖时，可得到等量的 D-半乳糖和 D-葡萄糖，乳糖苷键是 β-1,4-苷键。其结构的哈沃斯式和构象式如下：

β-1, 4-苷键

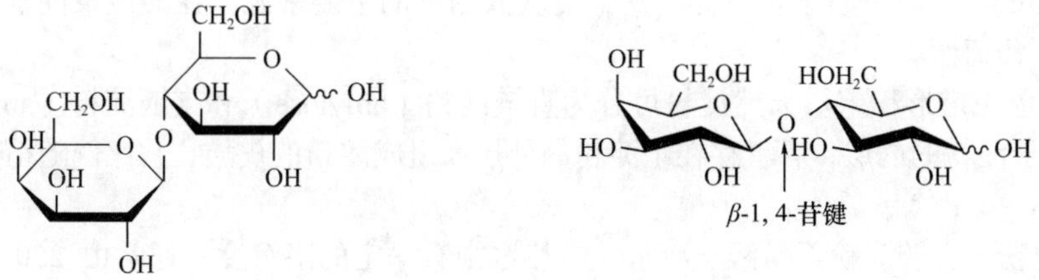

乳糖为白色结晶粉末，含一分子结晶水，熔点为 202℃，易溶于水，甜度弱。互变异构平衡时的比旋光度为 +55°。

13.3.3 蔗糖

蔗糖（sucrose）是植物中分布最广的二糖，在甘蔗和甜菜中含量较高，是日常生活和工业上使用较多的甜味剂。纯蔗糖为无色晶体，易溶于水，难溶于乙醇和乙醚。

蔗糖分子式为 $C_{12}H_{22}O_{11}$。蔗糖水解能产生等量的 D-葡萄糖和 D-果糖，并且，蔗糖既能被麦芽糖酶水解，又能被转化酶（此酶专一性水解 β-D-果糖苷键）水解，结构复杂。经 X 射线研究，结合实验事实，确定了蔗糖既是 α-D-吡喃葡萄糖基-β-D-呋喃果糖苷，又是 β-D-呋喃果糖基-α-D-吡喃葡萄糖苷，它是由葡萄糖和果糖通过 α-1,2-或 β-2,1-糖苷键连接而成的双糖。其结构的哈沃斯式和构象式如下：

α-1, 2- 或 β-2, 1-糖苷键

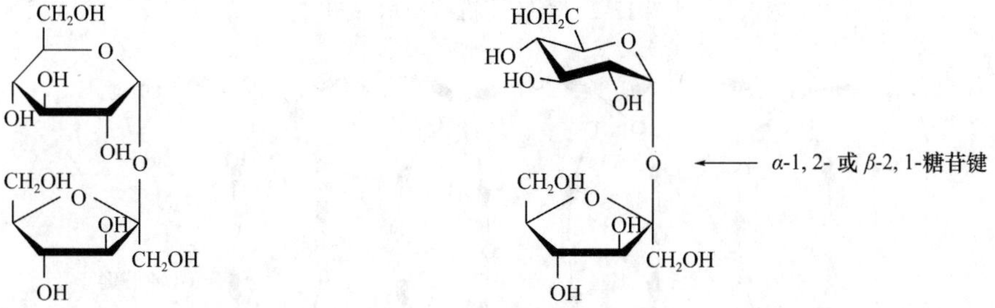

蔗糖分子中因无半缩醛羟基存在，故不具有还原性，也无变旋光现象，是非还原性双糖。

蔗糖是右旋糖，比旋光度为 +66.5°，水解生成等量的葡萄糖和果糖的混合物，比旋光度为 −19.75°，与水解前的旋光方向相反。因此，常将蔗糖的水解称为转化，水解产物称为转化糖（invert sugar）。蜂蜜中含有大量的转化糖。

13.4 多 糖

多糖广泛存在于自然界，是生命活动不可缺少的物质基础，几乎所有的生物体内均含有多糖，如淀粉、糖原、纤维素等。

多糖是一类天然高分子化合物，是由多个单糖分子的半缩醛羟基和醇羟基脱水缩合而成的产物。一分子多糖水解后可以生成几百或数千个单糖分子。完全水解后，只能得到一种单糖的多糖称为匀多糖，如淀粉、糖原、纤维素等；完全水解后，得到两种或两种以上不同单糖及其单糖衍生物

的多糖称为杂多糖，如透明质酸、肝素等。

多糖在性质上与单糖和低聚糖有很大差别。某些多糖分子的末端虽含有苷羟基，但因相对分子质量很大，所以表现不出还原性和变旋光现象。多糖一般无固定熔点，难溶于水，少数能在水中形成胶体溶液，一般无甜味。

13.4.1 淀粉

淀粉（starch）广泛分布于自然界，是人类获取糖类的主要来源。在酸性条件下，淀粉水解的最终产物是 D-葡萄糖。

淀粉是白色无定形粉末。天然淀粉可分为直链淀粉（amylose）和支链淀粉（amylopectin）两类，前者存在于淀粉的内层，后者存在于淀粉的外层，组成淀粉的皮质，其比例随植物品种不同而改变。

1. 直链淀粉 直链淀粉不易溶于冷水，在热水中有一定的溶解度。通常由 250~300 个 D-葡萄糖以 α-1,4-苷键连接而成，呈线型直链，支链很少，如图 13-2 是直链淀粉的部分结构。由于 α-1,4-苷键的氧原子有一定的键角，且单键可以自由转动，分子内的羟基间可形成氢键，因此直链淀粉具有规则的螺旋状空间排列，如图 13-3 所示，每一周螺旋约含 6 个葡萄糖单位。直链淀粉的螺旋状结构的空穴中恰好能容纳碘分子，借助分子间作用力，二者可形成蓝色配合物。

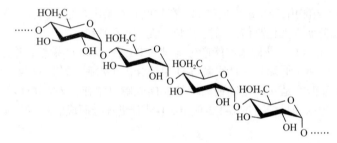

图 13-2　直链淀粉结构示意图

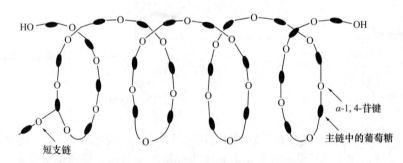

图 13-3　直链淀粉的螺旋状结构示意图

2. 支链淀粉 支链淀粉不溶于热水，但可膨胀成糊状。其相对分子质量因来源不同而异，含 6000~40 000 个 D-葡萄糖单位。在支链淀粉中，由 20~25 个葡萄糖单位以 α-1,4-苷键结合成短支链，这些支链再通过 α-1,6-苷键与主链相连，从而形成多分支链状结构。图 13-4 是含一个支链的淀粉的部分结构，图 13-5 是支链淀粉的分支结构。

13.4.2 纤维素

纤维素（cellulose）是自然界分布最广、存量最多的多糖，它构成所有活的植物细胞壁中的纤维组织。棉花中含纤维素 90%，木材中含纤维素约 50%。

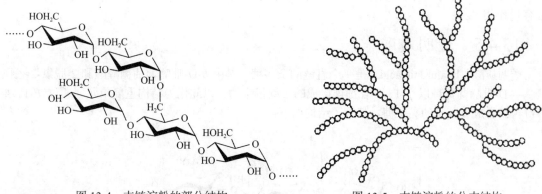

图 13-4　支链淀粉的部分结构　　　　　图 13-5　支链淀粉的分支结构

组成纤维素的结构单位是 D-葡萄糖，它们之间通过 β-1,4-苷键连接成链状聚合物，并借助分子间羟基的氢键相互作用，进一步绞扭成绳索状。

纤维素虽然与淀粉一样由 D-葡萄糖组成，但结构单位以 β-1,4-苷键连接，不能被淀粉酶水解，故人体内不能消化纤维素，但它具有刺激胃肠蠕动、促进排便及保持胃肠道微生物平衡等作用。

纤维素是重要的工业原料，除用于纺织、造纸外，还可用来生产火药、人造丝、玻璃纸、电影胶片等。

13.4.3　糖原

糖原（glycogen）是人和动物储存葡萄糖的形式，糖原的合成与分解是糖代谢的重要内容。在人体中，糖原主要存在于肝脏和肌肉中，成人体内约有 400 g 糖原，一旦肌体需要（如血糖浓度低于正常水平时），糖原即可在酶的催化下分解出葡萄糖供肌体利用。

糖原的结构与支链淀粉相似，也由 D-葡萄糖通过 α-1,4-苷键结合形成直链，以 α-1,6-苷键连接形成分支，但分支程度更高，支链更多、更短，每条短支链含 8～10 个葡萄糖单位。糖原的分支结构的作用很重要，它不仅增大了糖原的水溶性，而且造成了许多非还原性的末端残基，而它们是糖原合成和分解时的酶的作用部位，因而增加了糖原合成和降解的速率（图 13-6）。

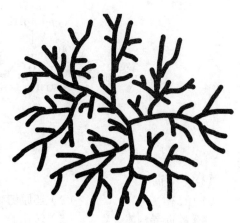

图 13-6　糖原结构示意图

> **问题 13-4**　比较直链淀粉、支链淀粉、糖原、纤维素在结构单位名称、结合键及分子空间形状方面的异同。

13.4.4　右旋糖酐

右旋糖酐（dextran）是蔗糖发酵产生的胞外多糖，主要是 α-1,6-苷键连接的 D-葡萄糖聚合物，有时也有 α-1,2-、α-1,3-、α-1,4-分支结构。具有黏性和强右旋光性，故称右旋糖酐。临床上常用的有中分子右旋糖酐，主要用作血浆代用品，用于出血性休克、创伤性休克及烧伤性休克等。

低、小分子右旋糖酐，能改善微循环，预防或消除血管内红细胞聚集和血栓形成等，亦有扩充血容量作用。

13.4.5　透明质酸

透明质酸（hyaluronic acid）是一个直链的杂多糖，是由 β-D-吡喃葡萄糖醛酸和 2-脱氧-2-乙酰氨基-β-D-吡喃葡萄糖以 β-1，3-苷键连接成的二糖衍生物，以此作为结构重复单元，通过 β-1，4-苷键再结合成大分子的黏多糖。其分子结构如下：

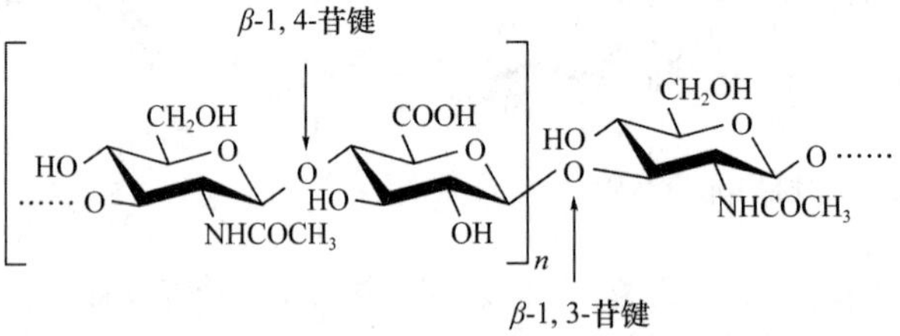

透明质酸存在于多数结缔组织、眼球玻璃体、关节液和皮肤中。它与水形成凝胶，起润滑、联结和保护细胞的作用。

13.4.6　肝素

肝素（heparin）是一种含有硫酸酯的黏多糖，为人和动物体内的天然抗血凝物质，是凝血酶的对抗物。

肝素也是一种杂多糖，结构比较复杂，目前认为它由 L-艾杜糖醛酸、D-葡萄糖醛酸和 D-氨基葡萄糖组成，其结构可用一个四糖重复单位表示，分子中还含有硫酸酯和磺酰胺的结构。肝素的可能结构如下：

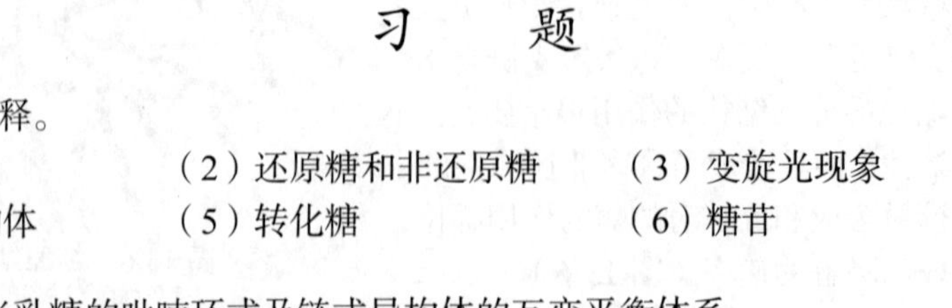

习　题

13-1　名词解释。

（1）己糖　　　　　　（2）还原糖和非还原糖　　　（3）变旋光现象

（4）差向异构体　　　（5）转化糖　　　　　　　　（6）糖苷

13-2

（1）写出 D-半乳糖的吡喃环式及链式异构体的互变平衡体系。

（2）写出 D-核糖的呋喃环式及链式异构体的互变平衡体系。

13-3　根据下列化合物的结构式

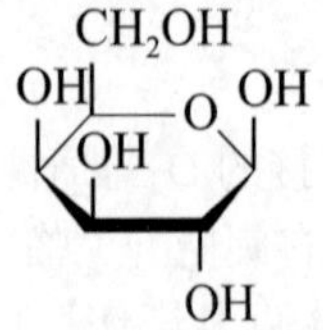

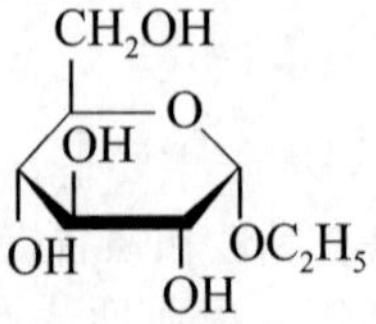

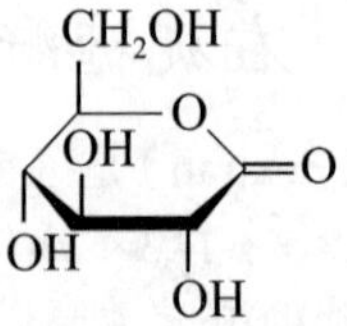

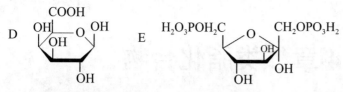

（1）写出各化合物的名称。

（2）指出各化合物有无还原性和变旋光现象。

（3）指出各化合物能否水解，水解产物有无还原性。

13-4 写出 D-半乳糖与下列试剂的反应产物。

（1）稀 HNO_3　　　　　　（2）Br_2/H_2O　　　　　（3）$CH_3OH+HCl$（干）

（4）$NaBH_4$　　　　　（5）苯肼（过量）

13-5 判断下列关于糖类的叙述是否正确。

（1）所有的单糖都是还原性糖。

（2）两分子葡萄糖脱水后通过苷键联结形成的二糖均为还原性二糖。

（3）葡萄糖的水溶液达到平衡时，β-D-葡萄糖占 64%，α-D-葡萄糖占 36%，是因为 β 构型的葡萄糖其构象较 α 构型更稳定。

（4）β-D-葡萄糖在干 HCl 存在下可生成 α-D-甲基葡萄糖苷和 β-D-甲基葡萄糖苷。

（5）D-葡萄糖、D-果糖、D-甘露糖能形成相同的糖脎。

（6）淀粉、糖原、纤维素的结构中，主要的化学键均为 β-1,4-苷键。

13-6 用化学方法区别下列化合物。

（1）葡萄糖、果糖、甲基葡萄糖苷

（2）葡萄糖、蔗糖、淀粉

（3）麦芽糖、纤维素、淀粉

13-7 指出下列二糖中糖苷键的类型。

（1）纤维二糖

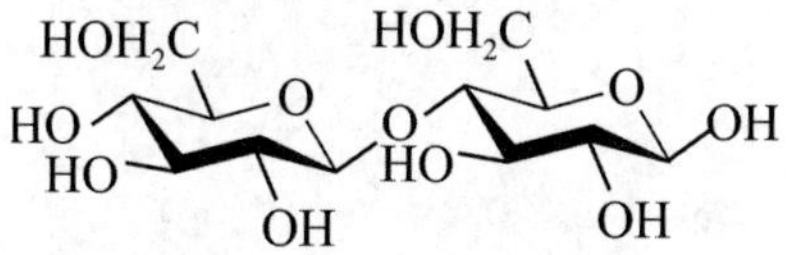

（2）龙胆二糖

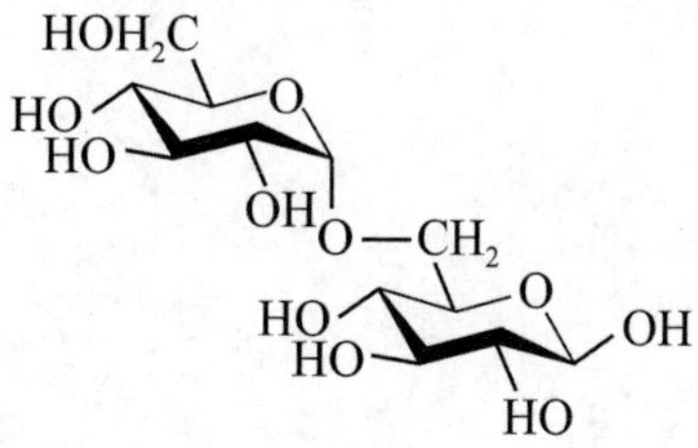

（3）异麦芽二糖

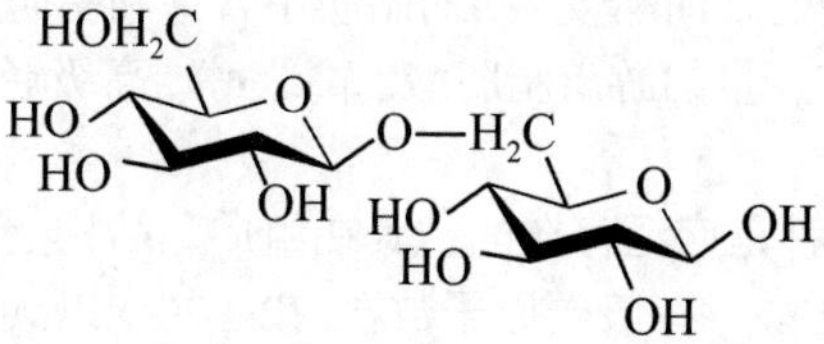

（4）海带二糖

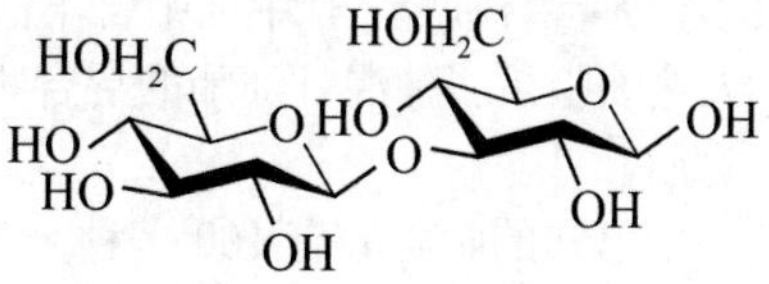

13-8 化合物 A（$C_9H_{18}O_6$）无还原性，经水解生成化合物 B 和 C。B（$C_6H_{12}O_6$）有还原性，可被溴水氧化，与葡萄糖生成相同的脎。C（C_3H_8O）可发生碘仿反应。请写出 A、B、C 的结构式。

（徐 红）

第 14 章　类脂化合物

类脂化合物也称类脂类（lipids），是广泛存在于生物体内的一类重要的有机化合物，其种类繁多，主要有油脂、蜡、磷脂、甾族化合物和萜类化合物等，它们在化学组成、结构和生理功能上具有较大差异，但都具有一些共同的特点：均难溶于水，易溶于乙醚、氯仿等弱极性或非极性的有机溶剂。

类脂类具有重要的生理功能。例如：油脂不仅是动物体内储存能量的主要形式，还是许多脂溶性生物活性物质的良好溶剂，能够促进机体对脂溶性维生素 A、维生素 D、维生素 E、维生素 K 和胡萝卜素等的吸收。皮下和脏器周围的脂肪有保温和保护作用；磷脂和胆固醇是构成生物膜的重要物质。很多甾族化合物具有调节代谢、控制生长发育的功能。许多萜类化合物不仅是重要的天然香料，还是中草药的有效成分，具有祛痰、止咳、驱虫、抗肿瘤或活血化瘀等多种生理活性。此外类脂作为细胞表面物质，还与细胞识别、种属特异性和细胞免疫等关系密切。

本章重点介绍油脂、磷脂、甾族化合物和萜类化合物的组成、结构、性质和生理作用。

14.1　油　脂　和　蜡

油脂是油和脂肪的总称，包括猪油、牛油、豆油和花生油等动植物油。习惯上把常温下呈液态的称为油，呈固态或半固态的称为脂肪。

14.1.1　油脂的组成、结构和命名

油脂是一分子甘油和三分子高级脂肪酸形成的酯，称为三酰甘油或甘油三酯。如果三个分子的脂肪酸相同，则为单甘油酯；否则为混甘油酯。混甘油酯分子具有手性，为 L 构型。其结构通式如下：

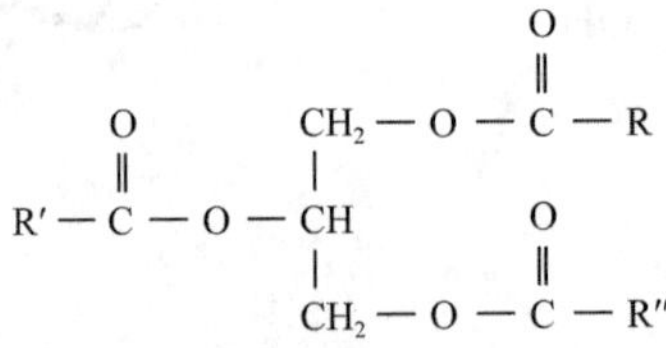

$$
\begin{array}{c}
& & & O \\
& & & \parallel \\
& O & CH_2-O-C-R \\
& \parallel & | \\
R'-C-O-CH & & \\
& | & O \\
& CH_2-O-C-R'' \\
& & \parallel \\
\end{array}
$$

三酰甘油（甘油三酯）

油脂大多数是混甘油酯，其中油中含不饱和脂肪酸的甘油酯较多，而脂肪中含饱和脂肪酸的甘油酯较多。天然油脂是多种混甘油酯的混合物，也含有少量的游离脂肪酸、高级醇、高级烃、维生素及色素等物质。

天然油脂中已知的脂肪酸有 100 多种，大约有 40 种是广泛存在的，其在组成和结构上的共同特点是：大多数是偶数碳原子的无支链结构的直链脂肪酸，一般碳原子数在 12~20，以碳原子数为 16 和 18 最常见；天然不饱和脂肪酸中的双键几乎都为顺式构型，第一个双键位置大多位于 C9 和 C10 之间，分子中多个双键一般不构成共轭体系；脂肪酸结构中不饱和键越多，其熔点越低。在饱和脂肪酸中，以软脂酸（十六酸）分布最广，大多数油脂中都含有软脂酸，而硬脂酸（十八酸）在动物脂肪中含量较高。不饱和脂肪酸主要有油酸、亚油酸、亚麻酸和花生四烯酸。此外，还有来自鱼油和海生动物的二十碳五烯酸（EPA）和二十二碳六烯酸（DHA）。油脂中常见脂肪酸见表 14-1。

表 14-1　油脂中常见脂肪酸

类别	俗名	系统命名	结构式	熔点/℃
饱和脂肪酸	月桂酸（lauric acid）	十二酸（dodecanoic acid）	$CH_3(CH_2)_{10}COOH$	44
	豆蔻酸（myristic acid）	十四酸（tetradecanoic acid）	$CH_3(CH_2)_{12}COOH$	59
	软脂酸（棕榈酸，palmitic acid）	十六酸（hexadecanoic acid）	$CH_3(CH_2)_{14}COOH$	63
	硬脂酸（stearic acid）	十八酸（octadecanoic acid）	$CH_3(CH_2)_{16}COOH$	69
	花生酸（arachidic acid）	二十酸（icosanoic acid）	$CH_3(CH_2)_{18}COOH$	75
不饱和脂肪酸	油酸（oleic acid）	（9Z）-十八碳烯酸 [（9Z）-octadec-9-enoic acid]	$CH_3(CH_2)_7CH\!=\!CH(CH_2)_7$ COOH	4
	亚油酸（linoleic acid）	（9Z，12Z）-十八碳二烯酸 [（9Z，12Z）-octadeca-9，12-dienoic acid]	$CH_3(CH_2)_4(CH\!=\!CHCH_2)_2$ $(CH_2)_6COOH$	−5
	α-亚麻酸（linolenic acid）	（9Z，12Z，15Z）-十八碳三烯酸[（9Z，12Z，15Z）-octadeca-9，12，15-trienoic acid]	$CH_3CH_2(CH\!=\!CHCH_2)_3$ $(CH_2)_6COOH$	−11
	γ-亚麻酸	（6Z，9Z，12Z）-十八碳三烯酸[（6Z，9Z，12Z）-octadeca-6，9，12-trienoic acid]	$CH_3(CH_2)_4(CH\!=\!CHCH_2)_3(CH_2)_3$ COOH	−11
	花生四烯酸（arachidonic acid）	（5Z，8Z，11Z，14Z）-二十碳四烯酸[（5Z，8Z，11Z，14Z）-icosa-5，8，11，14-tetraenoic acid]	$CH_3(CH_2)_4(CH\!=\!CHCH_2)_4(CH_2)_2$ COOH	−49
	EPA	（5Z，8Z，11Z，14Z，17Z）-二十碳五烯酸[（5Z，8Z，11Z，14Z，17Z）-icosa-5，8，11，14，17-pentaenoic acid]	$CH_3CH_2(CH\!=\!CHCH_2)_5$ $(CH_2)_2COOH$	−54
	DHA	（4Z，7Z，10Z，13Z，16Z，19Z）-二十二碳六烯酸[（4Z，7Z，10Z，13Z，16Z，19Z）-docosa-4，7，10，13，16，19-hexaenoic acid]	$CH_3CH_2(CH\!=\!CHCH_2)_6CH_2$ COOH	−44

　　脂肪酸的名称常用俗名，如软脂酸、亚油酸和花生四烯酸等。脂肪酸的系统命名法与一元羧酸的系统命名法基本相同（参见第 9 章）。脂肪酸的碳原子有 Δ 编码体系、ω 编码体系和希腊字母编号体系：Δ 编码体系是从脂肪酸羧基端的碳原子开始计数编号；ω 编码体系是从脂肪酸甲基端的甲基碳原子开始计数编号；希腊字母编号体系的规则与羧酸相同，即与羧基相邻的碳原子为 α 碳原子，离羧基最远的碳原子为 ω 碳原子。以亚油酸为例，其编号顺序如下：

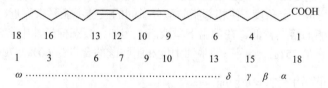

　　Δ 编码体系：从羧基碳原子开始编号。
　　ω 编码体系：从甲基碳原子开始编号。
　　希腊字母编号体系：编号规则同羧酸。末端甲基碳称为 ω 碳原子

脂肪酸碳原子的三种编码体系

　　亚油酸可以分别命名为：（9Z，12Z）-十八碳二烯酸、$\Delta^{9,12}$-十八碳二烯酸或 $\omega^{6,9}$-十八碳二烯酸。

　　脂肪酸系统名称可用简写符号表示，其书写规则是：用阿拉伯数字表示脂肪酸碳原子的总数，然后在冒号后面写出双键的数目，最后在 Δ 或 ω 右上角标明双键的位置。例如：

	系统名称	简写符号
Δ 编码体系：	（9Z，12Z）-$\Delta^{9,12}$-十八碳二烯酸	$18:2\ \Delta^{9,12}$

亚油酸

ω 编码体系：　　　（6Z，9Z）-$\omega^{6,9}$-十八碳二烯酸　　　　　　18:2 $\omega^{6,9}$

硬脂酸的系统名称是十八酸，因分子中无双键，可以简写为 18:0。

重要的不饱和脂肪酸中，α-亚麻酸、EPA 和 DHA 属于 ω-3 族不饱和脂肪酸，而亚油酸、γ-亚麻酸和花生四烯酸则属于 ω-6 族不饱和脂肪酸。在体内，同族的不饱和脂肪酸可以相互转化，而不同族的脂肪酸不能相互转化。

多数脂肪酸可在体内合成，但少数不饱和脂肪酸如亚油酸和亚麻酸不能在体内合成，花生四烯酸虽能在体内合成，但数量不能完全满足生命活动的需求。这些人体不能合成或合成量不足，必须从食物中摄取的不饱和脂肪酸，称为必需脂肪酸（essential fatty acid）。必需脂肪酸供应不足或过多被氧化，会导致细胞膜和线粒体结构的异变，甚至引起癌变，因此必需脂肪酸对人体非常重要。

问题 14-1　写出 α-亚麻酸的 Δ 编码体系和 ω 编码体系的系统名称和简写符号。

油脂的命名可按多元醇酯的命名法称为"甘油三某脂肪酸酯"。有时也将脂肪酸的名称放在前面，醇名放在后面，称为"三某脂酰甘油"。若为混甘油酯，则要把各脂肪酸的位次用 α、β、α' 标明。例如：

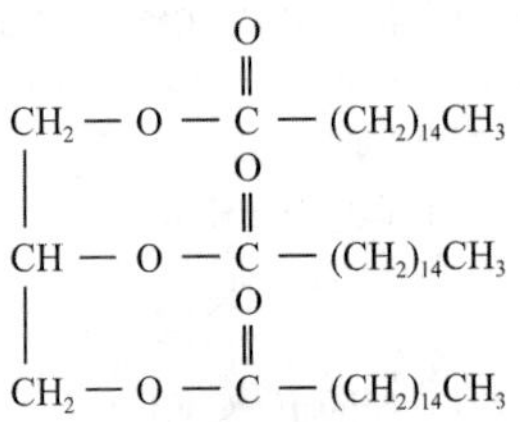

甘油三软脂酸酯
（三软脂酰甘油）
tripalmitoylglycerol

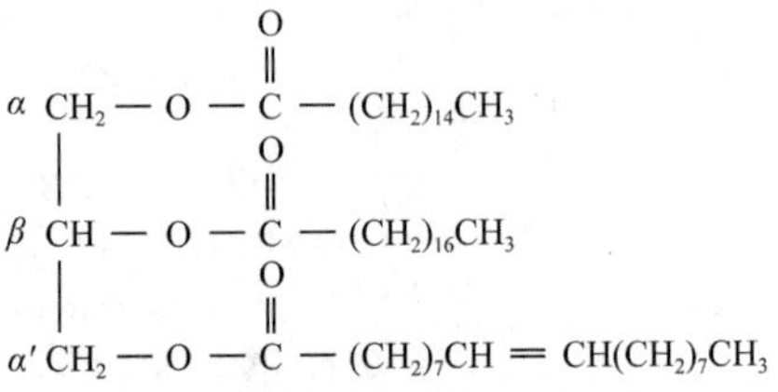

甘油-α-软脂酸-β-硬脂酸-α'-油酸酯
（α-软脂酰-β-硬脂酰-α'-油酰甘油）
α-palmitoyl-β-stearoyl-α'-oleoylglycerol

14.1.2　油脂的物理性质

纯净的油脂是无色、无臭、无味的中性化合物。但大多数天然油脂因含有少量色素、维生素等物质，常带有香味或特殊气味，并有颜色。油脂的相对密度都小于 1，不溶于水，易溶于乙醚、石油醚、氯仿、苯、热乙醇等有机溶剂。

由于天然油脂都是混合物，故其没有恒定的熔点和沸点。油脂中含不饱和脂肪酸多时有较高的流动性和较低的熔点。这是因为不饱和脂肪酸多为顺式构型，其碳链排布不像饱和脂肪酸那样呈现规则的锯齿状，而是弯成一定角度，使相邻脂肪酸分子间的碳链不能紧密靠近，降低了分子间作用力，从而使得这类油脂的熔点较低，在常温下呈液态。例如，液态棉子油中含饱和脂肪酸为 25%，而不饱和脂肪酸的含量是 75%；半固态的牛油中饱和脂肪酸的含量为 60%～70%。

14.1.3　油脂的化学性质

1. 水解　油脂在酸、碱或酶的作用下发生水解反应，生成一分子甘油和三分子脂肪酸。如果用碱（如氢氧化钠、氢氧化钾）进行水解，得到的产物是甘油和高级脂肪酸钠盐或钾盐即肥皂，因而油脂在碱性溶液中的水解又称为皂化反应。

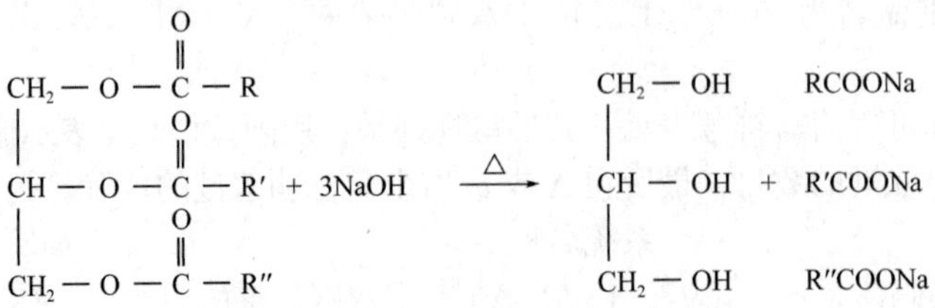

1 g 油脂完全皂化所需要的氢氧化钾的质量（mg）称为皂化值。皂化值反映了油脂中三酰甘油的平均相对分子质量。皂化值越大，油脂中三酰甘油的平均相对分子质量越小。皂化值是衡量油脂质量的指标之一。常见油脂的皂化值见表 14-2。

表 14-2　常见油脂中脂肪酸含量（%）及皂化值（mg）和碘值（g）

油脂名称	软脂酸含量	硬脂酸含量	油酸含量	亚油酸含量	皂化值	碘值
猪油	28~30	12~18	41~48	3~8	195~208	46~70
牛油	24~32	14~32	35~48	2~4	190~200	30~48
奶油	25~30	10~13	30~40	2~5	216~235	26~28
大豆油	6~10	2~4	21~29	50~59	189~194	127~138
花生油	6~9	2~6	50~57	13~26	185~195	83~105
橄榄油	8~16	2~3	70~85	5~15	185~196	75~88

2. 加成　油脂中不饱和脂肪酸的碳碳双键可以和氢、卤素等发生加成反应。

（1）氢化：油脂在金属催化剂（如 Ni）的催化下加氢，可制得氢化油。由于加氢后提高了油脂中饱和脂肪酸的含量，原来液态的油变为半固态或固态的脂肪，所以油脂的氢化也称为油脂的硬化，氢化油也称硬化油。硬化油不仅熔点升高，且不容易变质，有利于保存和运输，也可用作制造肥皂、脂肪酸、甘油、人造奶油等的原料。

（2）加碘：油脂中的不饱和程度可用碘值来衡量。100 g 油脂所能吸收碘的质量（g）称为碘值。碘值越大，说明油脂的不饱和程度越高。由于碘和碳碳双键的加成反应较慢，故常用氯化碘（ICl）或溴化碘（IBr）的冰醋酸溶液与油脂反应，因为其中的氯或溴原子可以使碘活化。常见天然油脂的碘值见表 14-2。

3. 酸败　油脂在空气中久置会发生变质，产生难闻的气味，这种现象称为酸败。酸败是由于空气中的氧气、水分或微生物等的作用，油脂水解、不饱和脂肪酸的双键被氧化断裂而形成气味难闻的低分子醛和羧酸等原因所致。油脂中的饱和脂肪酸比较稳定，但在霉菌或微生物的作用下，发生生物氧化，生成 β-酮酸，β-酮酸进一步分解最终可转化成具有难闻气味的酮和酸。

$$\cdots CH_2CH = CHCH_2 \cdots \ + \ O_2 \longrightarrow \cdots CH_2CH - CHCH_2 \cdots$$
$$\underset{O - O}{|\qquad\quad|}$$

$$\longrightarrow \underset{O}{\overset{}{\cdots CH_2CH}} + \underset{O}{\overset{}{HCCH_2 \cdots}}$$

$$\Big\downarrow O_2$$

$$\cdots CH_2COOH$$

油脂酸败的程度可用酸值来表示。中和 1 g 油脂中的游离脂肪酸所需要氢氧化钾的质量（mg）称为油脂的酸值。酸值大，说明油脂中游离脂肪酸含量较高，即油脂酸败程度较严重。一般酸值大于 6.0 的油脂不宜食用。光、热或潮气可加速油脂的酸败，因此油脂应储存在密闭的容器中，并放置在干燥、阴凉、避光的地方，或加入抗氧化剂，以防止油脂的酸败。

皂化值、碘值和酸值是油脂三个重要的理化指标，药典对药用油脂的皂化值、碘值和酸值均有严格的规定。

问题 14-2　油脂的皂化值和酸值有什么不同？
问题 14-3　写出三硬脂酰甘油的皂化反应式。

14.1.4 蜡

蜡（wax）通常是一类具有不同程度光泽、易熔、滑润和塑性的疏水性油状物质。蜡广泛存在于自然界中，许多动植物的组织、一些动物的皮毛、鸟的羽毛、昆虫的外壳以及植物叶片和果实的保护层都含有蜡。

蜡的主要成分是由高级脂肪酸和高级一元醇形成的酯，其中的脂肪酸和脂肪醇大都在十六碳以上，且含偶数碳原子。常见的酸是软脂酸和二十六酸，常见的醇是十六醇、二十六醇和三十醇。除了含有酯的成分外，蜡还含有少量游离的高级脂肪酸、高级醇和烃。根据来源，蜡可分为植物蜡和动物蜡，植物蜡的熔点较高（表 14-3）。

表 14-3 几种常见的蜡

名称	主要成分	熔点/℃	来源
蜂蜡（bees wax）	软脂酸蜂花酯（$C_{15}H_{31}COOC_{30}H_{61}$）	62～65	工蜂蜡腺分泌
虫蜡（Chinese wax）	蜡酸蜡酯（$C_{25}H_{51}COOC_{26}H_{53}$）	80～85	白蜡虫的分泌物
巴西棕榈蜡（carnauba wax）	二十六酸三十醇酯（$C_{25}H_{51}COOC_{30}H_{61}$）	83～86	巴西棕榈树叶中
鲸蜡（spermaceti wax）	软脂酸鲸蜡酯（$C_{15}H_{31}COOC_{16}H_{33}$）	42～45	抹香鲸的头
羊毛脂（lanolin）	羊毛甾醇、脂肪醇、三萜烯醇等高级脂肪酸酯	36～42	附着于羊毛表面

蜡的性质稳定，在空气中不易变质，并且较难皂化。常温下为固体，温度稍高时变软，温度下降时变硬。蜡可用于制造蜡烛、蜡纸、上光剂及药用基质。羊毛脂、蜂蜡、鲸蜡等还广泛用于化妆品的基质原料。

14.2 磷 脂

磷脂（phospholipid）广泛存在于动物的脑、肝脏、神经细胞以及植物种子中，是构成细胞膜的基本成分，具有特殊的功能。磷脂可分为甘油磷脂和鞘磷脂，前者以甘油为基础，后者以鞘氨醇为基础。

14.2.1 甘油磷脂

甘油磷脂（phosphoglyceride）又称磷酸甘油酯。结构上甘油磷脂可看作是磷脂酸（phosphatidic acid）的衍生物。磷脂酸的结构式如下：

$$
\begin{array}{c}
{}^1CH_2-O-\overset{\displaystyle O}{\overset{\|}{C}}-R_1 \\[4pt]
R_2-\overset{\displaystyle O}{\overset{\|}{C}}-O-{}^2C-H \quad\quad\ \ O \\[4pt]
{}^3CH_2-O-\overset{\displaystyle \|}{P}-OH \\[4pt]
OH
\end{array}
$$

通常，R_1 为饱和脂肪烃基，R_2 为不饱和脂肪烃基，主要包括软脂酸、硬脂酸、油酸、亚油酸、亚麻酸或花生四烯酸等；C2 是手性碳原子，磷脂酸有一对对映体。天然存在的磷脂酸都属于 L（或 R）型。

磷脂酸中的磷酸基与其他物质结合，如胆碱、乙醇胺、丝氨酸、肌醇等，可得到各种不同甘油磷酸酯，如磷脂酰胆碱、磷脂酰胆胺、磷脂酰丝氨酸、磷脂酰肌醇等，其中最常见的是卵磷脂

（lecithin）和脑磷脂（cephalin）。

卵磷脂是由磷脂酸分子中的磷酸基与胆碱中的羟基酯化而成的化合物，故又称为磷脂酰胆碱。其结构式如下：

$$
\begin{array}{c}
\qquad\qquad\qquad\quad O \\
\qquad\qquad\qquad\quad \| \\
\qquad O \qquad\quad CH_2O-C-R_1 \\
\quad\; \| \qquad\qquad\quad | \\
R_2-C-O-CH \qquad\quad O \\
\qquad\qquad\qquad | \qquad\quad \| \\
\qquad\qquad CH_2O-P-OCH_2CH_2\overset{+}{N}(CH_3)_3 \\
\qquad\qquad\qquad | \\
\qquad\qquad\qquad O^- \\
\end{array}
$$

胆碱部分

而脑磷脂是由磷脂酸分子中的磷酸基与胆胺（乙醇胺）中的羟基酯化而成的化合物，又称为磷脂酰胆胺。它们的结构式如下：

$$
\begin{array}{c}
\qquad\qquad\qquad\quad O \\
\qquad\qquad\qquad\quad \| \\
\qquad O \qquad\quad CH_2-O-C-R_1 \\
\quad\; \| \qquad\qquad\quad | \\
R_2-C-O-CH \qquad\quad O \\
\qquad\qquad\qquad | \qquad\quad \| \\
\qquad\qquad CH_2-O-P-OCH_2CH_2\overset{+}{N}H_3 \\
\qquad\qquad\qquad | \\
\qquad\qquad\qquad O^- \\
\end{array}
$$

胆胺部分

卵磷脂是吸水性很强的白色蜡状固体，不溶于水和丙酮，易溶于乙醚、乙醇、氯仿。在空气中易被氧化成黄色或棕色，这是分子中的不饱和脂肪酸被氧化的结果。卵磷脂完全水解可得到甘油、脂肪酸、磷酸和胆碱。

脑磷脂的结构和理化性质与卵磷脂相似，也是白色蜡状固体，吸水性强，不稳定，在空气中易被氧化而呈棕黑色。脑磷脂易溶于乙醚，不溶于丙酮，与卵磷脂不同的是难溶于冷乙醇中，由此可分离卵磷脂和脑磷脂。脑磷脂完全水解可得到甘油、脂肪酸、磷酸和乙醇胺。

卵磷脂和脑磷脂分子中的磷酸残基上未酯化的羟基具有酸性，能与分子中含氮的碱性基团发生分子内酸碱反应，形成内盐，所以卵磷脂和脑磷脂常以偶极离子形式存在。在甘油磷脂分子中，偶极离子部分是亲水的，两个脂肪酸的长链部分是疏水的。因此，甘油磷脂是体内的良好乳化剂，能使油脂、胆固醇等乳化，从而有助于脂肪的消化和吸收。

如果在水溶液中，磷脂分子的亲水性部分朝向水相，而疏水性部分因受水的排斥由范德瓦耳斯力聚集在一起，尾尾相连，与水隔开，形成热力学上稳定的脂质双分子层结构，如图 14-1 所示，这种脂质双分子层结构是细胞膜的基本构架，磷脂的结构特征和它们的物理性质决定了磷脂的生物学功能。

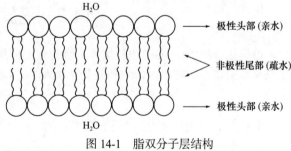

图 14-1　脂双分子层结构

问题 14-4　写出磷脂酰胆碱完全水解的反应式。

14.2.2　鞘磷脂

鞘磷脂（sphingomyelin）又称神经磷脂，分子中不含甘油，而是一个长碳链的不饱和氨基二元醇，即鞘氨醇（sphingosine）。哺乳动物的神经磷脂以十八碳的鞘氨醇为主，鞘氨醇残基的 C=C 以反式构型存在：

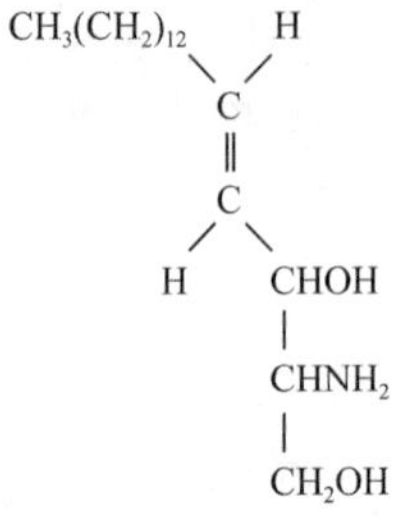

$$CH_3(CH_2)_{12} \quad\quad H$$

（鞘氨醇结构式）

鞘氨醇 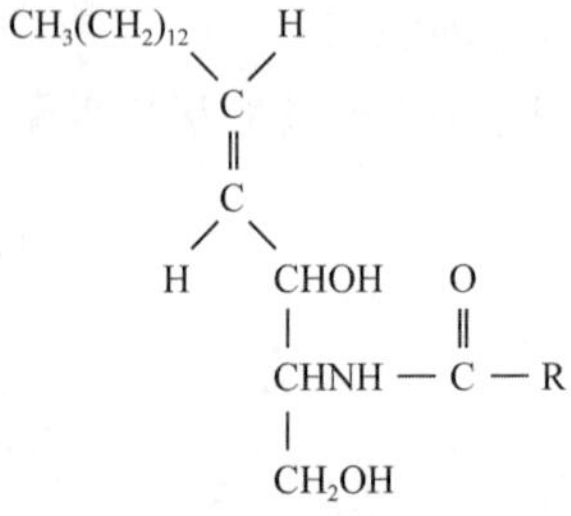　　　　　　　　　神经酰胺

鞘氨醇的氨基与脂肪酸通过酰胺键结合，所得 *N*-脂肪酰鞘氨醇称为神经酰胺。鞘氨醇 C1 上的羟基与磷酸胆碱（或磷酸乙醇胺）通过磷酸酯键相结合形成鞘磷脂。其结构中脂肪酸部分为软脂酸、硬脂酸、二十四酸、神经酸（15-二十四碳烯酸）。

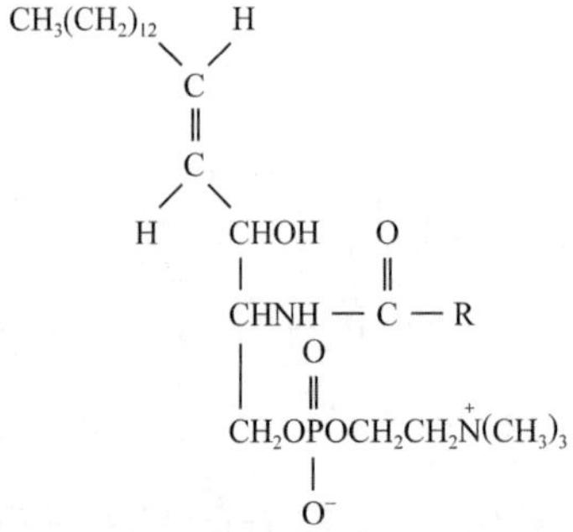

（鞘磷脂结构式）

鞘磷脂

鞘磷脂在结构上和甘油磷脂类似，也有两条疏水的长链和一个亲水性的磷酸胆碱残基，因此也具有乳化性质。鞘磷脂是白色结晶，在光和空气中比较稳定。不溶于丙酮及乙醚，而溶于热乙醇。鞘磷脂是细胞膜的重要成分，大量存在于脑和神经组织中，与蛋白质和多糖构成神经纤维或轴突的保护层，有利于神经传导。

鞘磷脂也是细胞第二信使的前体，由鞘磷脂分解产生的神经酰胺及其衍生物等生物活性脂质均可作为信号分子或调节分子，广泛参与对细胞凋亡、分化、衰老、自噬、迁移等细胞内基本过程的调节。

14.3　甾族化合物

甾族化合物（steroids）也称甾体化合物或类固醇化合物，是一类广泛存在于自然界的动植物、昆虫及微生物等生物体内，具有重要生理活性的天然化合物。它主要包括甾醇、胆酸类、甾体激素等。

14.3.1　甾族化合物的结构

1. 母核结构　甾族化合物的共同结构特征是含有一个稠合四环的环戊烷并氢化菲的碳骨架，其四个环从左至右分别标注为 A、B、C 和 D 环，环上的碳原子按如下固定的顺序编号：

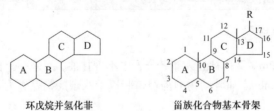

环戊烷并氢化菲　　　　　　　甾族化合物基本骨架

这类化合物一般在母核结构的 C10 和 C13 上连有甲基，称为角甲基，在 C17 上连有一个不同长度的碳链或含氧取代基。"甾"字很形象地表示了此类化合物的基本结构特点，"田"表示四个相互稠合的环，"巛"则象征环上的两个角甲基和 C17 位上的取代基。

2. 立体结构　甾族化合物分子中有多个手性碳原子，理论上能产生许多立体异构体。但由于是多个环稠合在一起，相互制约，实际上只有少数几个较稳定的构型。在构成甾族化合物的四个环中，每两个环之间理论上都可以形成顺，反两种构型（与十氢化萘相似），但实际上天然甾族化合物中的 B、C 及 C、D 环之间，绝大多数以反式稠合（以 B/C 反、C/D 反表示），而 A、B 环间，既有顺式稠合（称 5β 系），也有反式稠合（称 5α 系）。两种结构式表示如下：

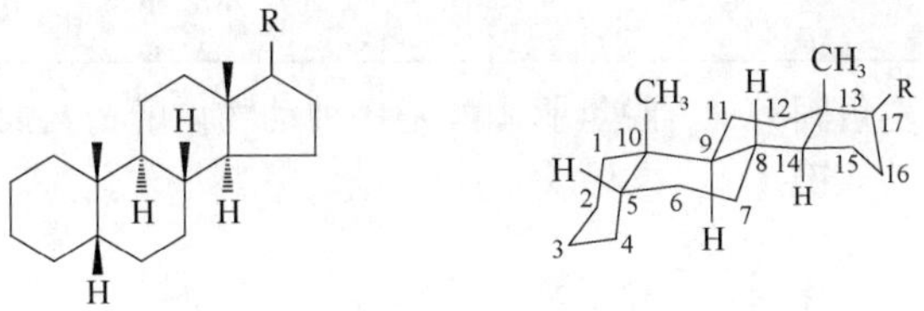

A/B 顺式（5β 系）

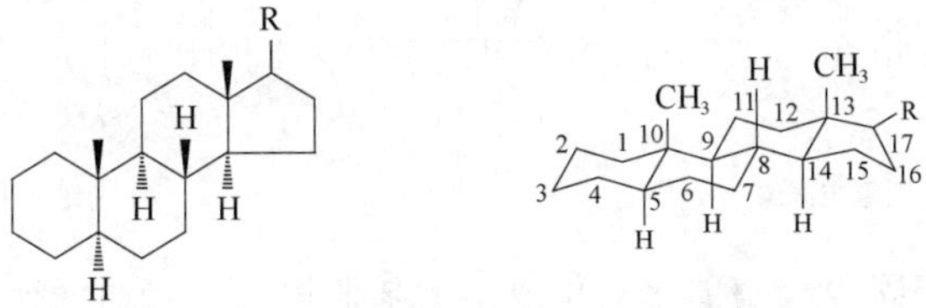

A/B 反式（5α 系）

当环上有取代基时，它们在空间也有两种取向，其构型规定如下：凡与角甲基在环平面同侧的基团称为 β 构型，用实线表示；与角甲基在环平面异侧的基团称为 α 构型，用虚线表示。

14.3.2　重要的甾族化合物

1. 甾醇类　甾醇又称为固醇，常以游离状态或以酯或以苷的形式广泛存在于动物和植物体内。甾醇可依照来源分为动物甾醇及植物甾醇两大类。天然甾醇在 C3 上有一个羟基，且绝大多数是 β 构型。

（1）胆固醇（cholesterol）：是一种重要的动物甾醇，因最初是从胆石中发现而得名，其分子式为 $C_{27}H_{46}O$。其结构特点是：C3 上有一个 β-OH，C5 与 C6 间有一个碳碳双键，C17 上连有一个 8 个碳原子的侧链。其结构式如下：

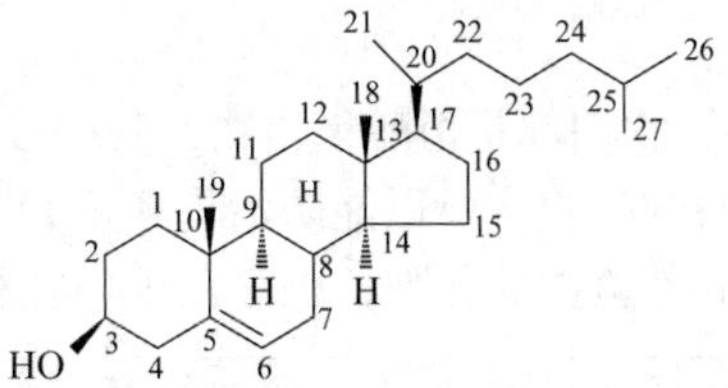

胆固醇

胆固醇为白色或略带黄色的晶体，熔点为 148.5℃，比旋光度 $[\alpha]_D^{20} = -39.5°$（氯仿）；不溶于水，易溶于热乙醇、乙醚、氯仿等有机溶剂。胆固醇分子中含有一个碳碳双键，它可以和卤素等发生加成反应，也可以催化加氢生成二氢胆固醇。胆固醇分子中的羟基可以酰化生成酯，也可以与糖的半缩醛羟基生成苷。胆固醇的氯仿溶液中与乙酸酐和浓硫酸作用，呈现红色→紫色→褐色→绿色的系列颜色变化，此反应称为利伯曼-伯查德（Liberman-Burchartd）反应，常用于定性鉴别甾族化合物。

胆固醇大多以脂肪酸酯的形式存在于动物体内，蛋黄、脑组织及动物肝脏等内脏中含量丰富，它是细胞膜脂质的重要组分，生物膜的流动性和通透性与它有着密切关系。同时它还是生物合成胆甾酸和甾体激素等的前体。人体中的胆固醇一部分来自食物，一部分由组织细胞合成。人体血液中总胆固醇（即游离胆固醇和胆固醇的酯）含量正常值为 2.59～6.47 mmol·L^{-1}。若胆固醇摄入过多或代谢发生障碍，血清中胆固醇含量升高，就会沉淀析出，导致动脉硬化或高血压，并可引起结石。然而，体内长期胆固醇偏低也可能诱发癌症，所以，人们饮食中胆固醇的摄入一定要适量。

> **问题 14-5**　胆固醇分子中含有几个手性碳？请标记出来。理论上应该有多少个对映异构体？

（2）7-脱氢胆固醇和麦角固醇：7-脱氢胆固醇是一种动物甾醇，与胆固醇在结构上的差别是 C7 与 C8 之间多了一个碳碳双键。

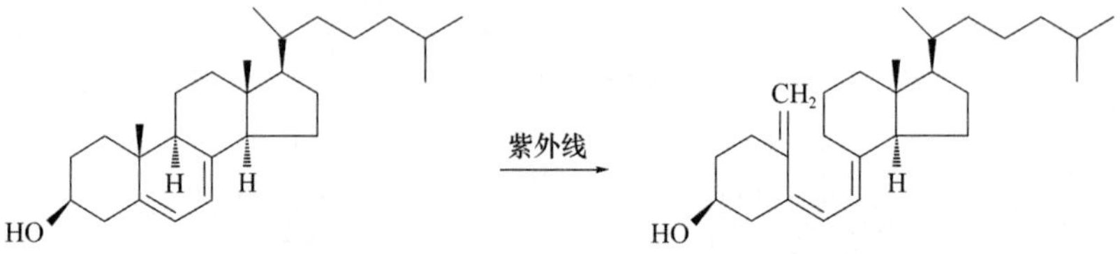

7-脱氢胆固醇　　　　　　　　　　维生素 D$_3$

在肠黏膜细胞内，胆固醇经酶催化氧化成 7-脱氢胆固醇，经血液循环运送到人体皮肤组织中，经紫外线照射，其 B 环开环转变为维生素 D$_3$。因此常进行日光浴是获得维生素 D$_3$ 的最简易方法。

麦角固醇存在于酵母和某些植物中，是一种植物甾醇，分子式为 C$_{28}$H$_{44}$O，其结构与 7-脱氢胆固醇的区别在于 C24 上多了一个甲基，在 C22 和 C23 之间多一个碳碳双键。麦角固醇经紫外线照射，其 B 环打开，生成维生素 D$_2$。

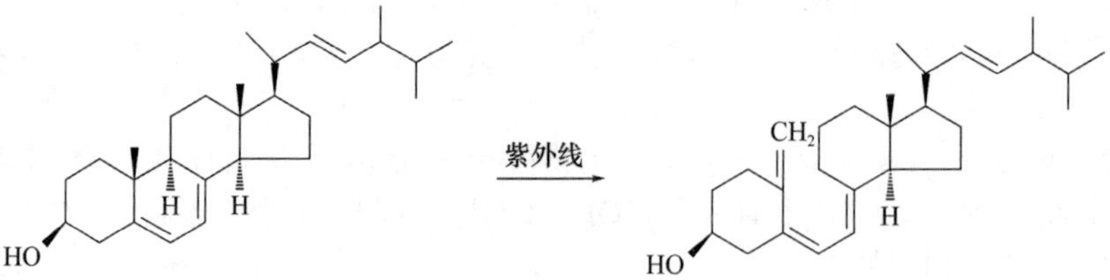

麦角固醇　　　　　　　　　　维生素 D$_2$

维生素 D 目前已知有十余种，它们都是甾醇衍生物，其中以维生素 D$_2$ 和维生素 D$_3$ 的生理活性最强。它们能促进肠道对钙、磷的吸收，所以能防治佝偻病和软骨病。维生素 D$_2$ 和维生素 D$_3$ 广泛存在于动物体内，含量最多的是鱼类的肝脏，也存在于牛乳和蛋黄中。

> **问题 14-6**　胆固醇、7-脱氢胆固醇和麦角固醇的结构有哪些异同点？

2. 胆甾酸　胆甾酸是动物的胆组织分泌的一类甾族化合物，包括胆酸、脱氧胆酸、鹅胆酸和石胆酸等。它们都属于 5β 系甾族化合物，环中无双键，C17 上有一 5 个碳原子末端为羧基的侧链，环上所连的羟基均为 α 构型。胆甾酸在人体内可由胆固醇为原料直接生物合成。至今发现的胆甾酸已有 100 多种，其中人体内重要的是胆酸（cholic acid）和脱氧胆酸（deoxycholic acid）。

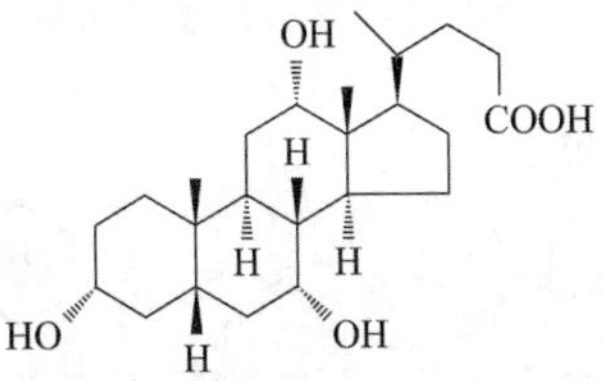

胆酸 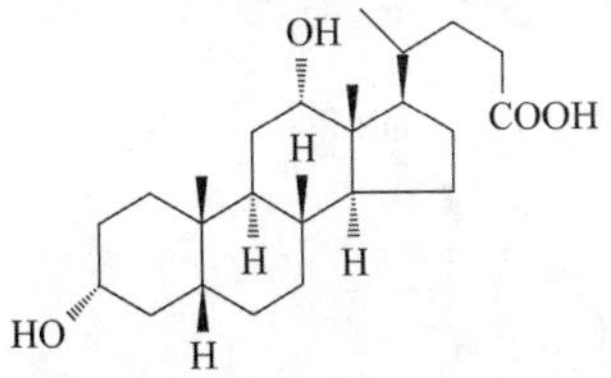   脱氧胆酸

在胆汁中，胆甾酸的羧基与甘氨酸（H_2NCH_2COOH）或牛磺酸（$H_2NCH_2CH_2SO_3H$）中的氨基通过酰胺键结合，形成各种结合胆甾酸，这些结合胆甾酸统称为胆汁酸（bile acid）。

例如，甘氨胆酸（glycocholic acid）和牛磺胆酸（taurocholic acid）的结构式如下：

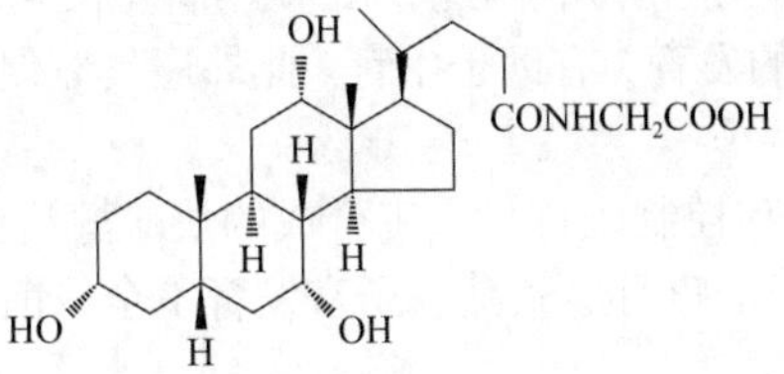

甘氨胆酸 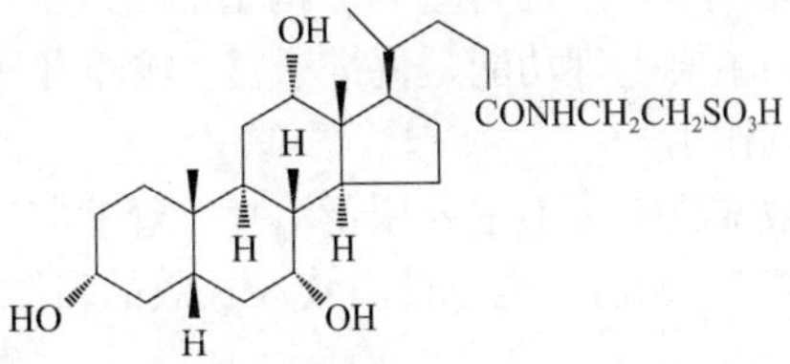   牛磺胆酸

在人及动物小肠的碱性条件下，胆汁酸以钠盐或钾盐形式存在，称为胆汁酸盐，简称胆盐。其结构中既含有亲水性的羟基和羧基（或磺酸基），又含有疏水性的甾环，这种分子具有乳化作用，能够使脂肪及胆固醇酯等疏水脂质乳化成细小微团，增加消化吸收酶对脂质的接触面积，使脂类易于消化吸收；临床用的利胆药胆酸钠就是甘氨胆酸钠和牛磺胆酸钠的混合物。

此外，胆汁酸盐可使胆汁中的胆固醇分散形成可溶性微粒，以免结晶而形成结石。

3. 甾体激素 激素（hormone）是由生物体内特殊的腺体或组织产生的具有调节物质代谢和生理功能的微量化学信息分子，现已发现的人和动物的激素有几十种，按其化学结构可分为两大类：含氮激素，如胰岛素、促肾上腺皮质激素、甲状腺素和缩宫素（催产素）等；甾体激素（steroid hormone），主要包括性激素和肾上腺皮质激素。

（1）性激素：是性腺（睾丸、卵巢、黄体）分泌的甾体激素，具有促进动物发育、生长及维持性特征的生理功能。性激素可分雄性激素和雌性激素两类。

雄性激素是由雄性动物睾丸分泌的一类激素，肾上腺皮质也能分泌一小部分，主要有睾酮、雄酮和脱氢表雄酮等，其中睾酮的活性最高，其结构特征是 C3 为酮基，C4 与 C5 间有一个双键，C17 上的 β-羟基与生物活性有密切的联系，若为 α-羟基则无生物活性。

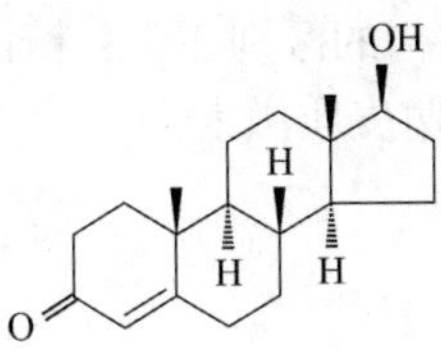

睾酮 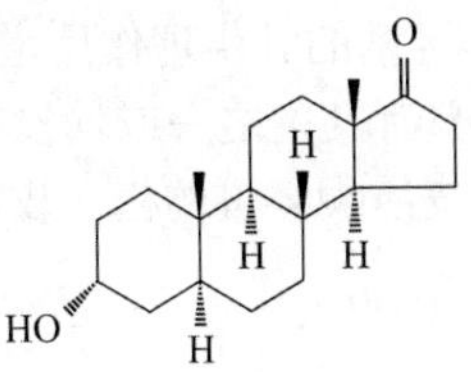   雄酮

睾酮除具有雄性激素活性外，还有一定程度的促进蛋白质同化作用，能够促进蛋白质的合成和抑制蛋白质异化，促进机体组织与肌肉的增长。

雌性激素主要由卵巢分泌，可分为两类。一类由成熟的卵泡产生，称为雌激素，主要有雌二醇、雌酮等；另一类是由卵泡排卵后形成的黄体所产生的，称为孕激素，如天然孕激素黄体酮。

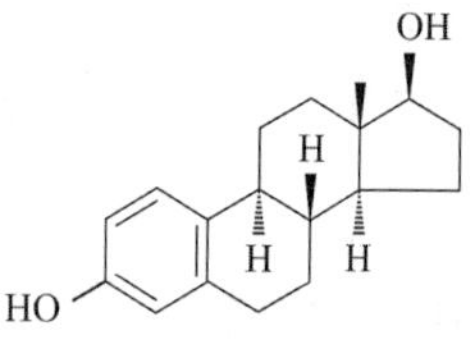

雌二醇 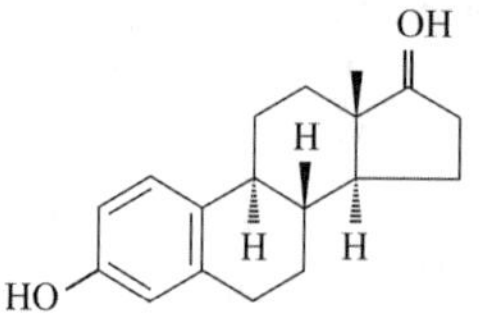　　　　　　　　　雌酮 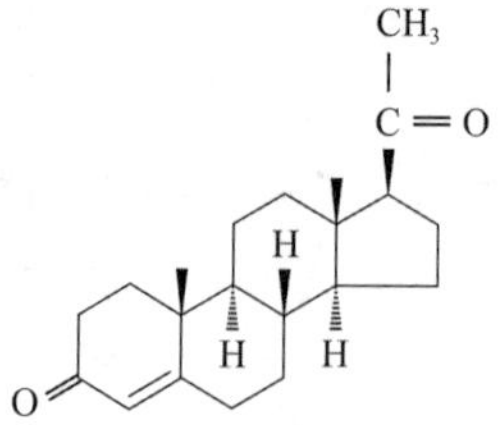　　　　　　　　　黄体酮

天然雌激素为含有 18 个碳的甾族化合物，其结构特点是：A 环为苯环，C10 上没有甲基，C3 上有一个酚羟基，故有酸性，C17 位为酮基或羟基。其中酚环和 C17 位氧的存在是生物活性所必需的。雌二醇 C17 的羟基为 β 构型的生理活性比 α 构型的强得多，因此，临床上都采用 β-雌二醇。雌二醇的主要生理功能是促进子宫、输卵管和第二性征的发育，有助于生育。此外还具有促进钙和磷沉积的作用。

雌激素在临床上主要用于治疗绝经症状、骨质疏松和控制生育。人工合成的炔雌醇活性比 β-雌二醇高 7～8 倍，是一种高效、长效的口服药物，用于治疗月经紊乱、子宫发育不全、前列腺癌等疾病。

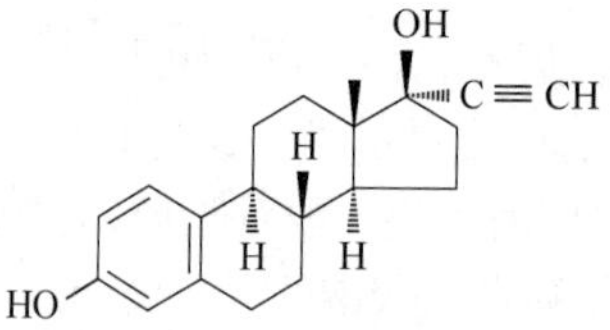

炔雌醇 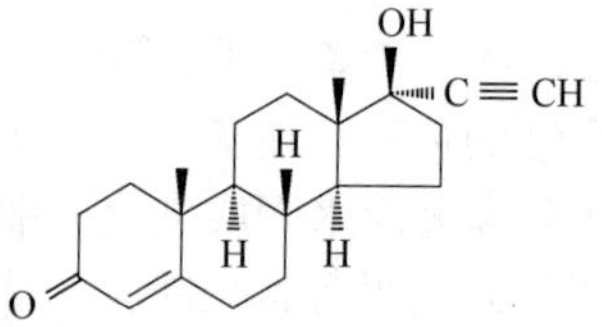　　　　　　　　　　　　　炔诺酮

孕激素具有抑制排卵、保证受精卵着床、维持妊娠的生理作用。临床上用于治疗习惯性流产、功能性子宫出血、痛经和闭经等症状。重要的天然孕激素是黄体酮，其分子结构与睾酮相似，C3 为酮基，C4 与 C5 间有一个双键，C17 上黄体酮为 β-乙酰基，睾酮为 β-羟基。以黄体酮为先导化合物，对其进行结构改造，已合成出一系列具有孕激素活性的黄体酮衍生物。如合成的口服避孕药炔诺酮，其生理活性比黄体酮强得多。

（2）肾上腺皮质激素：是肾上腺皮质分泌产生的甾体激素，已经分离出 30 余种。按照其生理功能可分为糖代谢皮质激素和盐代谢皮质激素。糖代谢皮质激素主要影响糖类、蛋白质和脂质代谢；盐代谢皮质激素主要调节组织中电解质的转运和水的分布。这两类皮质激素均是 21 个碳原子的甾族化合物，结构上的共同特点：C3 上有酮基，C4 与 C5 之间为碳碳双键，C17 上连有一个 2-羟基乙酰基，C17 上连有 α-羟基的其生理作用增强；两者结构的区别在于：糖代谢皮质激素的 C11 和 C17 上均有含氧基团，只有其中之一或均没有者为盐代谢皮质激素。

糖代谢皮质激素有皮质酮、可的松、皮质醇等。

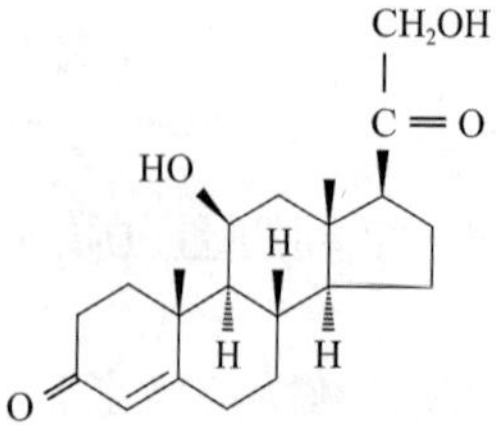

皮质酮 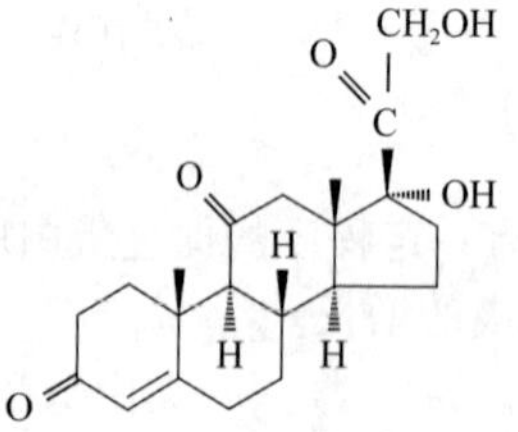　　　　　　　　　可的松 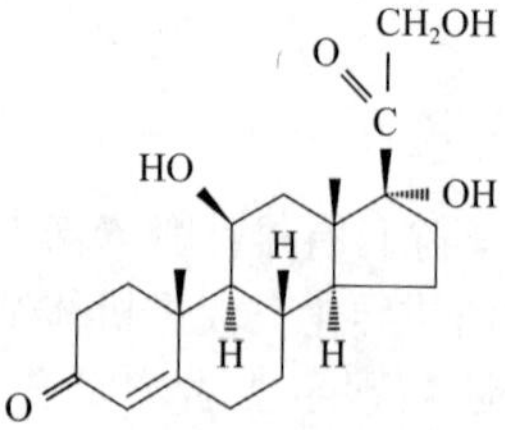　　　　　　　皮质醇（氢化可的松）

盐代谢皮质激素有 11-脱氧皮质酮和醛固酮等。

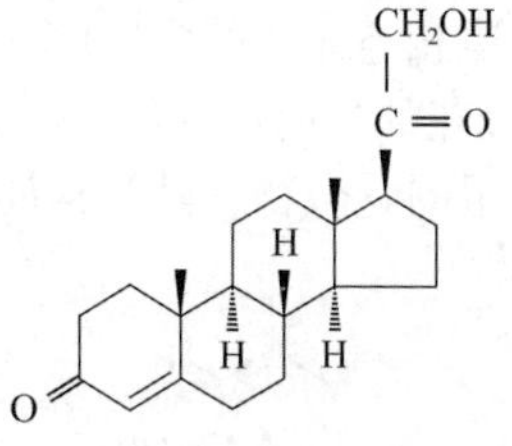

11-脱氧皮质酮 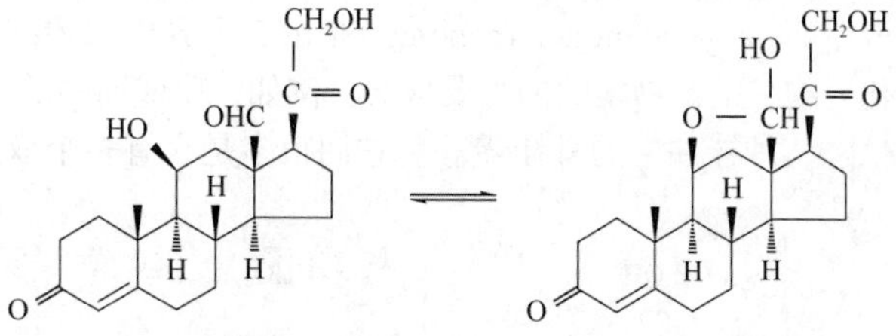　　　　　　　　　醛固酮　　　　　　　　　醛固醇（半缩醛结构）

肾上腺皮质激素分泌过少，就会导致人体极度虚弱，贫血、恶心，低血压、低血糖，皮肤呈青铜色，这些症状临床上称 Addison 病。

糖代谢皮质激素具有重要的生理和药理作用，生理上主要调节糖类、蛋白质和脂质等物质代谢，还具有抗炎、免疫抑制与抗过敏、抗休克等广泛的药理作用。如可的松等药物常用于治疗风湿性和类风湿关节炎、哮喘、皮肤过敏，还可以控制严重中毒感染等。但不当的使用或长期大剂量使用糖皮质激素可导致多种不良反应和并发症，甚至危及生命。

在天然激素的结构基础上，进行结构改造和化学修饰，人们合成了许多疗效强而副作用小的新型甾体抗炎药物，如地塞米松、醋酸泼尼松等。

盐代谢皮质激素能够促进体内钠离子的保留和钾离子的排出，维持机体正常的水、电解质的平衡。临床上主要用于纠正患者失钠、失水和钾潴留等，恢复水和电解质的平衡。

14.4　萜类化合物

萜类化合物（terpenoids）大量存在于自然界中，在陆地和海洋生物中均有广泛分布，如从植物的叶、花或果实中提取的某些精油以及动物体中的某些色素等。目前，已分离、鉴定的萜类化合物超过 3 万个，为各类天然产物分子中已知数量最多的一类。

14.4.1　萜类化合物的结构和分类

萜类化合物可看作是由两个或多个异戊二烯（isoprene）单位按不同方式首尾相连而成的化合物及其饱和程度不等的含氧衍生物，其分子中的碳原子数都是 5 的整数倍，通式为$(C_5H_8)_n$，称为"异戊二烯规则"，只有个别例外。例如，月桂烯可看作是两个异戊二烯单位结合而成的开链化合物；柠檬烯可看作是两个异戊二烯单位结合成具有一个六元碳环的化合物。

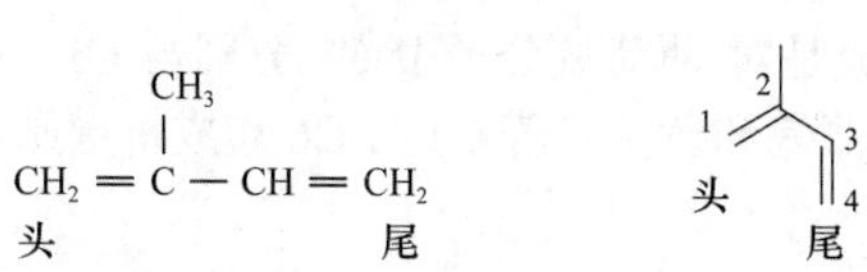

异戊二烯 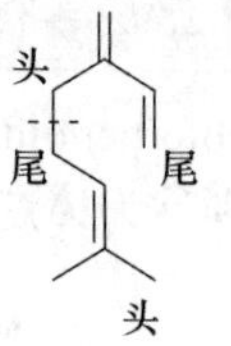　　　　　　　　　　　　　月桂烯 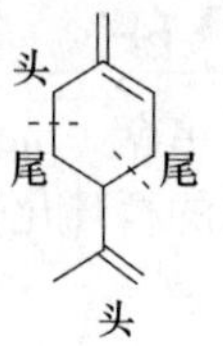　　　　　　柠檬烯

根据分子中所含异戊二烯碳骨架的多少，萜类可分为单萜（C10）、倍半萜（C15）、二萜（C20）、二倍半萜（C25）、三萜（C30）、四萜（C40）等；其中含两个异戊二烯单位的为单萜，含三个异戊二烯单位的为倍半萜，含四个异戊二烯单位的为二萜，以此类推。根据分子中各异戊二烯单位互相连接的方式，萜类化合物又可分为开链萜和环萜。

14.4.2　单萜类化合物

单萜类化合物是由两个异戊二烯单位构成。根据两个异戊二烯单位的连接方式不同，单萜又可以分为开链单萜、单环单萜和双环单萜。

开链单萜（acyclic monoterpenoids）是由 2 个异戊二烯结构单位首尾相连而成的含 10 个碳原子的开链化合物，是植物精油的主要成分。例如，玫瑰油中的香叶醇、橙花油中的橙花醇、柠檬草油中的柠檬醛、月桂油中的月桂烯等。它们很多是含有多个双键或氧原子的化合物，其结构如下：

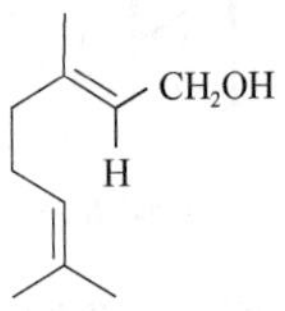

香叶醇 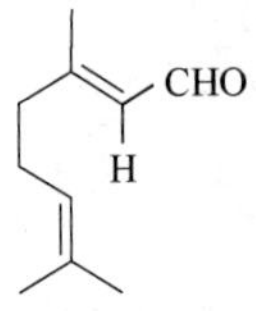　　　　香叶醛（E-柠檬醛） 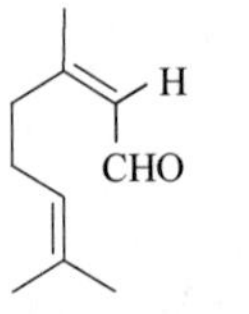　　　橙花醛（Z-柠檬醛） 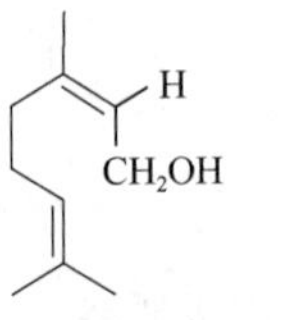　　　橙花醇

香叶醇是香叶油、玫瑰油、柠檬草油和香茅油等的主要成分，具有类似玫瑰的香气。柠檬醛在柠檬草油和香茅油中含量较高，具有柠檬香气。柠檬醛有两种异构体，E-柠檬醛（香叶醛）和 Z-柠檬醛（橙花醛），通常天然柠檬醛是混合物，以 E 型为主。柠檬醛除用作香料外，还是合成维生素 A 的重要原料。

单环单萜（monocyclic monoterpenoids）是由 2 个异戊二烯结构单位相连形成的含 10 个碳原子的六元环状结构，其饱和烷烃称为对-薄荷烷（1-甲基-4-异丙基环己烷），其主要衍生物是薄荷醇和苧烯。

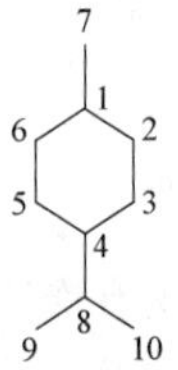

对-薄荷烷 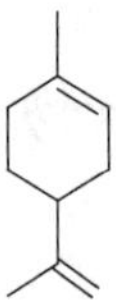　　　　苧烯 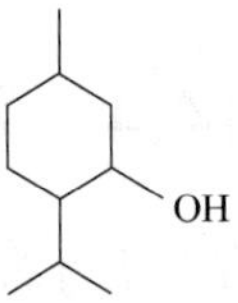　　　　薄荷醇 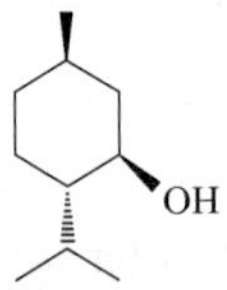　　　　(−)-薄荷醇

苧烯，又称柠檬烯，分子中含有一个手性碳原子，有一对对映体，其左旋体存在于松针油中，右旋体存在于柠檬油中。它们都是具有柠檬香味的液体，可用作香料。

薄荷醇俗称薄荷脑，分子中有 3 个不同手性碳原子，故有 8 个对映异构体。自然界存在的主要是左旋薄荷醇，是薄荷油的主要成分，具有薄荷香气及清凉效果，对皮肤和黏膜有清凉和微弱麻醉作用，可用于镇痛和止痒，亦有防腐和杀菌作用，广泛应用于医疗、化妆品及食品工业中。例如，清凉油、人丹、牙膏、糖果等均含有此成分。

问题 14-7 请画出（−）-薄荷醇的稳定构象。

双环单萜（bicyclic monoterpenoids）可以看成是对-薄荷烷分子中 C8 分别与 C1、C2 或 C3 相连形成的桥环化合物，分别称为樟烷（莰烷）、蒎烷和蒈烷，若 C4 与 C6 连成桥键则形成苧烷（侧柏烷）。

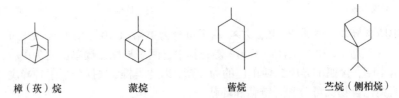

樟（莰）烷　　　　蒎烷　　　　蒈烷　　　　苧烷（侧柏烷）

在自然界中，四种双环单萜烷以它们的某些不饱和衍生物或含氧衍生物形式分布于植物体内，其中数量较多且比较重要的是蒎烷和樟烷的衍生物。

蒎烯（pinene）是含一个双键的蒎烷衍生物。根据双键位置不同，分为 α-蒎烯（α-柠檬烯）和 β-蒎烯（β-柠檬烯）两种异构体。

α-蒎烯   *β*-蒎烯

    α-蒎烯和 *β*-蒎烯均存在于松节油中，但以 *α*-蒎烯为主，占松节油含量 60%以上，是重要的工业原料，如合成紫丁香香精、樟脑、龙脑等。松节油具有局部止痛作用，可用作外用止痛药。

    樟脑（camphor）的化学名称为莰烷-2-酮，存在于樟树中的挥发油中，为具有特殊穿透性芳香气味、易升华的白色或无色结晶状固体。樟脑具有强心、兴奋中枢神经和止痒等医药用途，也有防蛀作用，是重要的医药和工业原料。樟脑分子中有两个手性碳原子，由于桥环限制了两个桥头碳原子的构型，只存在一对对映体。从樟树中提取的樟脑是右旋体，从艾纳香中提取的樟脑是左旋体，人工合成樟脑为外消旋体。

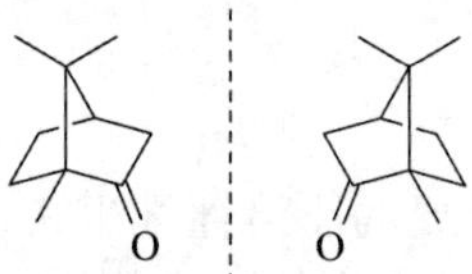

(+)-樟脑   (−)-樟脑

14.4.3　倍半萜类化合物

    倍半萜（sesquiterpenoids）是含有 3 个异戊二烯单位的萜类化合物，有链状和环状等结构。倍半萜类广泛存在于自然界，其含氧衍生物具有强烈的芳香气味和重要的生物活性，可用于抗菌、抗病毒、抗肿瘤、免疫抑制或驱虫杀虫等用途，是医药、化妆品工业的重要原料。例如，金合欢醇（法呢醇）和青蒿素。

    金合欢醇（ 　　　　　　CH_2OH ）是无色油状液体，具有类似于百合花的香气，存在于金合欢、橙叶等植物中，但含量较低，用于配制香精。

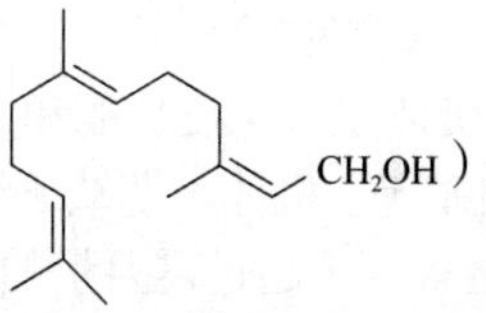

    青蒿素（artemisinin）存在于菊科植物青蒿叶中，为白色针状结晶，味苦，易溶于苯、氯仿、乙酸乙酯和丙酮，可溶于乙醇、乙醚，微溶于冷石油醚，不溶于水。

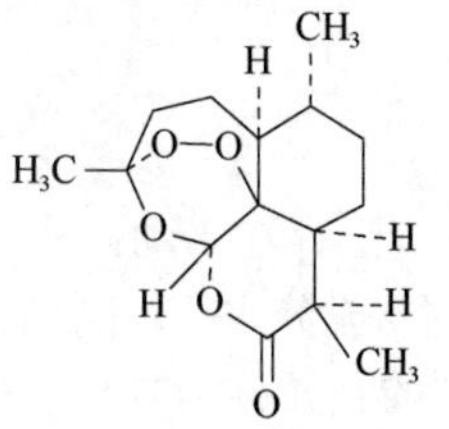

青蒿素 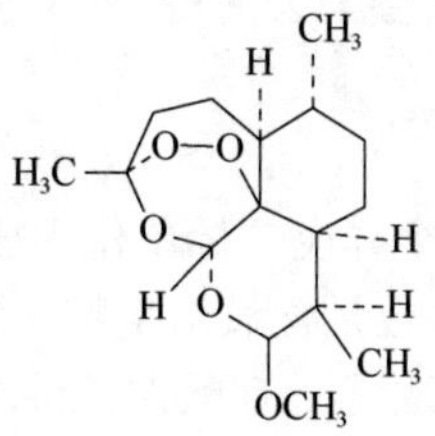   蒿甲醚 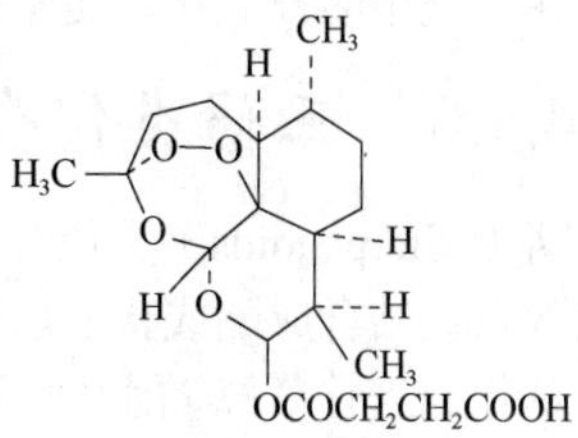   青蒿琥珀酸酯

    青蒿素是 1972 年我国科学家从传统中药青蒿中提取获得的一种全新结构的抗疟药物，具有高效、速效、低毒，且无交叉耐药性等特点。常用于治疗恶性疟和间日疟，尤其适用对耐氯喹或耐多药的恶性疟及脑型疟等的救治，已在国内外广泛使用。2015 年，我国科学家屠呦呦因发现青蒿素获得诺贝尔生理学或医学奖。

    青蒿素的结构是具有过氧桥的倍半萜内酯，若分子中过氧结构被破坏，则抗疟作用消失。对青蒿素进行结构改造得到的衍生物——双氢青蒿素、蒿甲醚和青蒿琥珀酸酯，作为抗疟新药已广泛用于临床。目前，临床上一般采用青蒿素类药物与其他抗疟药合用或使用复方青蒿素制剂以对抗疟原虫的耐药性。此外，近年来的研究表明，青蒿素及其衍生物还具有抗肿瘤、免疫调节、杀虫等多种药理作用，这预示着青蒿素类天然药物将会具有更广阔的临床应用价值。

14.4.4 二萜类化合物

二萜是由 4 个异戊二烯单位构成的萜类化合物。叶绿素的水解产物叶绿醇，是一链状的二萜类不饱和醇。天然的叶绿醇为油状液体，几乎不溶于水，易溶于有机溶剂，是合成维生素 E 和维生素 K_1 的原料。

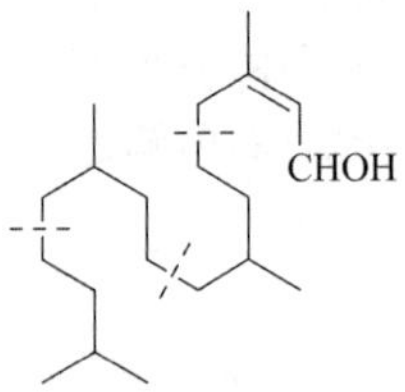

叶绿醇

维生素 A（vitamin A）是一种重要的脂溶性维生素，又称抗干眼病维生素，属单环二萜（monocyclic diterpenoids）类化合物，其分子中的双键为全反式构型。有维生素 A_1（视黄醇, retinol）和维生素 A_2（3-脱氢视黄醇）两种形式，维生素 A_2 在环上比维生素 A_1 多一个双键，但生理活性只有维生素 A_1 的 40%。一般维生素 A 是指维生素 A_1。维生素 A 在体内的活性形式包括视黄醇、视黄醛和视黄酸。

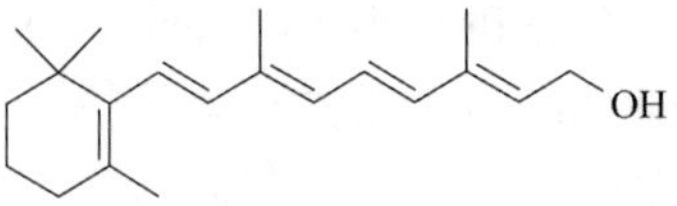

维生素 A_1

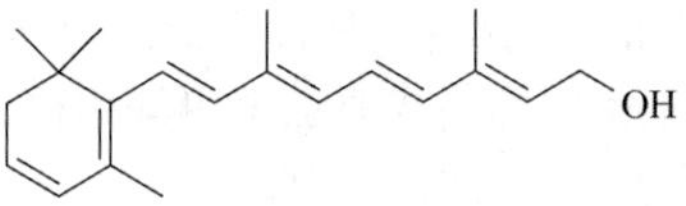

维生素 A_2

维生素 A 具有重要的生理作用，如维持正常视觉；维持机体正常免疫功能和上皮组织正常生长与分化；促进人体的生长发育、维持生殖功能以及清除自由基等。机体长期缺乏维生素 A，可引起夜盲症、干眼病及毛囊角化过度症；但若长期过量摄入维生素 A（超过需要量的 10～20 倍）可引起中毒，会出现头痛、恶心、呕吐、腹泻、共济失调等中枢神经系统症状，妊娠期摄入过多，易导致胎儿畸形。

维生素 A 存在于动物性食物中，尤以肝脏及鱼肝油中含量最丰富，是不溶于水的黄色棱柱形晶体。在空气中易被氧化，受紫外光照射后会失去活性。

14.4.5 三萜类化合物

三萜（triterpenoids）类化合物是由 6 个异戊二烯单位组成的物质。广泛存在于动植物体内，以游离状态或结合成酯或苷的形式存在。多数是含氧衍生物，为树脂的主要成分之一。例如，甘草中的甘草苷称为甘草酸，因其味甜又称甘草甜素，在酸性条件下水解得到的苷元称为甘草次酸，是一个五环三萜化合物。

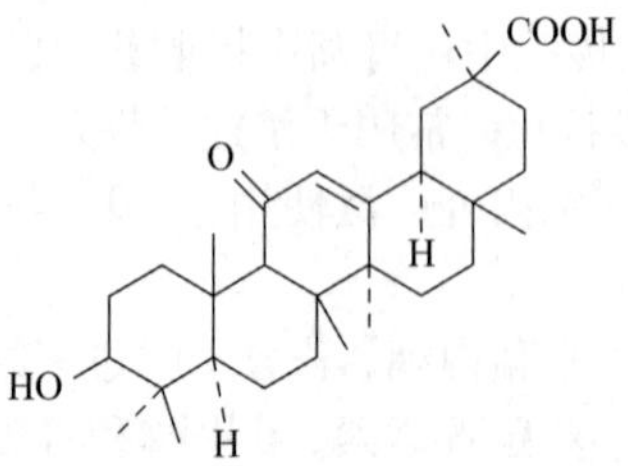

甘草次酸

角鲨烯是一个链状三萜，大量存在于鲨鱼的肝脏和人体的皮脂中，也存在于酵母、麦芽和橄榄油中。它是不溶于水的油状液体。其结构特点是中心对称，在分子中心处两个异戊二烯单位尾尾相连形成长链。角鲨烯是一种重要的三萜类化合物，是甾族化合物生物合成前体，可通过一系列复杂反应转变为羊毛甾醇，最后生成胆甾醇等各类甾族化合物。

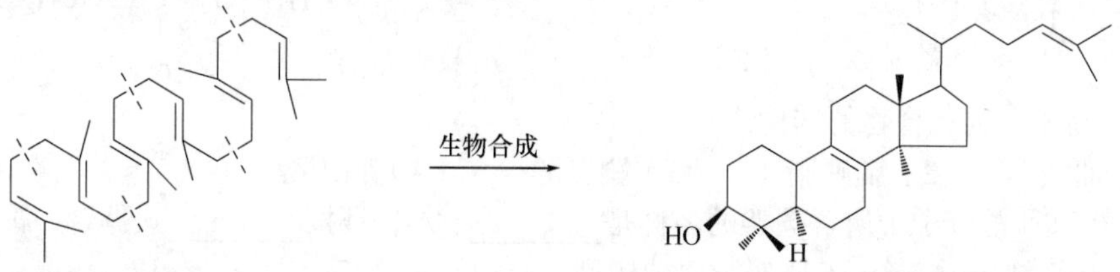

角鲨烯　　　　　　　　　　　　　　　　　羊毛甾醇

14.4.6　四萜类化合物

四萜（tetraterpenoids）是由 8 个异戊二烯单位组成的含有 40 个碳原子的化合物，广泛分布于自然界中，因其分子结构中含有较长的碳碳双键共轭体系，所以具有颜色（多带有黄至红的颜色），常称为多烯色素。最早发现的这类化合物是从胡萝卜中提取得到的胡萝卜素（carotene），它有 α、β、γ 三种异构体，其中 β-胡萝卜素最重要。以后又发现了许多与胡萝卜素类似的色素，统称为类胡萝卜素，如番茄红素、叶黄素、虾青素等。

β-胡萝卜素是橘黄色脂溶性化合物，是自然界中最稳定的天然色素，普遍存在于黄色或红色食物如胡萝卜、枸杞子、番茄、木瓜和芒果等中，是一种抗氧化剂，具有解毒作用，是维护人体健康不可缺少的营养素，在预防心血管疾病、白内障等方面有显著功效。β-胡萝卜素在动物体内酶的作用下可以被氧化为维生素 A，因此它也被称为维生素 A 原，也可治疗维生素 A 缺乏症。

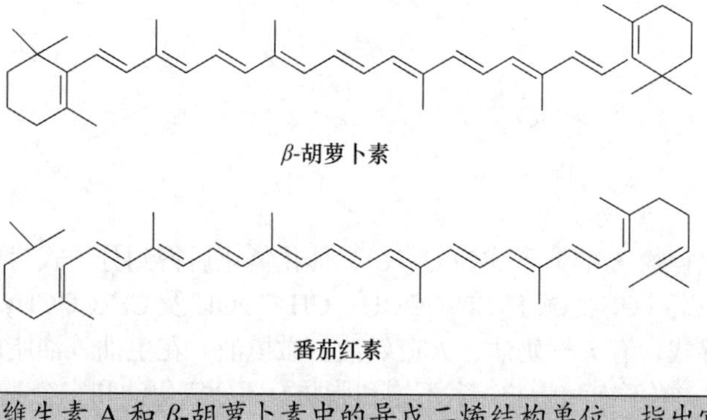

β-胡萝卜素

番茄红素

问题 14-8　画出维生素 A 和 β-胡萝卜素中的异戊二烯结构单位，指出它们在结构上有何异同之处？

习　　题

14-1　天然油脂所含的脂肪酸有哪些结构特点？

14-2　何为必需脂肪酸？常见的必需脂肪酸有哪些？

14-3　油脂的皂化值、碘值、酸值的含义是什么？

14-4　橄榄油的组成成分之一是三油酰甘油。

（1）写出三油酰甘油的结构式。

（2）写出氢化产物的皂化反应式。

14-5　写出磷脂酰胆碱完全水解的反应式。

14-6　命名下列化合物。

（1） 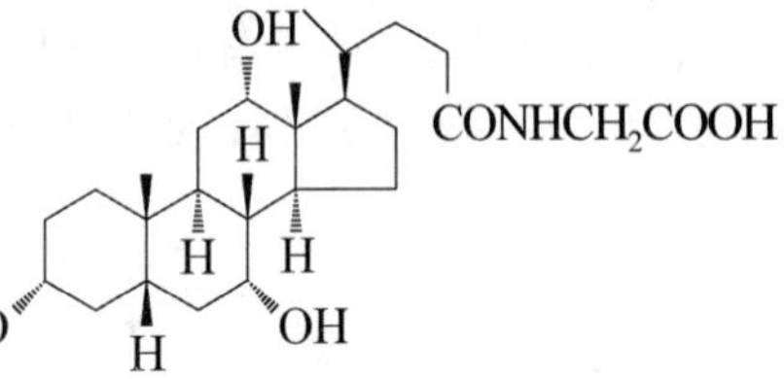　（2）

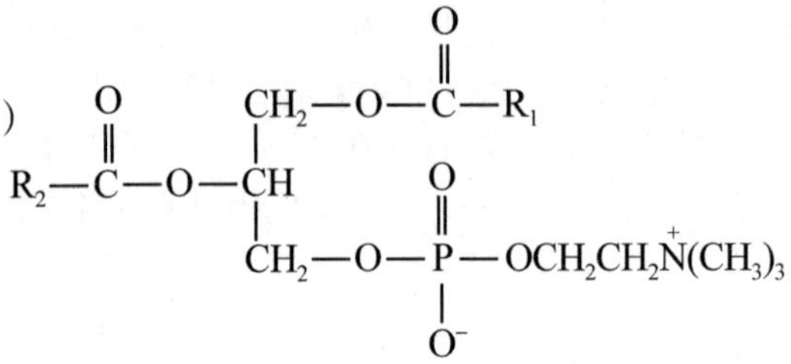

14-7　写出下列化合物的结构式。

（1）亚油酸　　（2）脑磷脂　　（3）鞘氨醇　　（4）胆固醇　　（5）维生素 A

14-8　牛磺胆酸分子中所含碳架的名称是＿＿＿＿＿；A/B 环按＿＿＿＿＿式稠合，属于甾族化合物＿＿＿＿＿系；结构中三个—OH 属于何种构型？3＿＿＿＿＿，7＿＿＿＿＿，12＿＿＿＿＿。

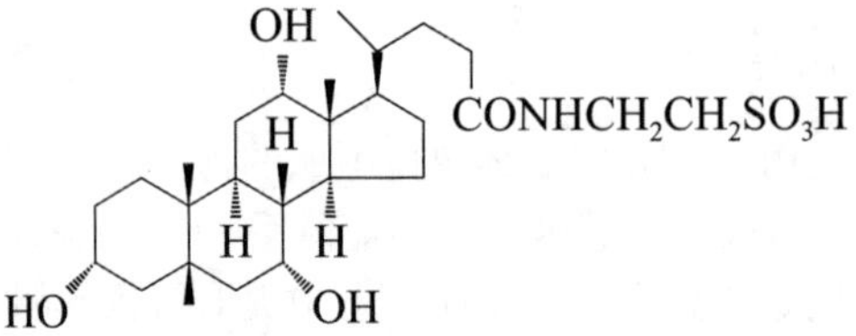

14-9　标出下列化合物的异戊二烯单元，并指出它们分别属于哪种萜类化合物。

（1） 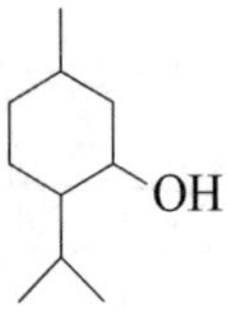　（2） 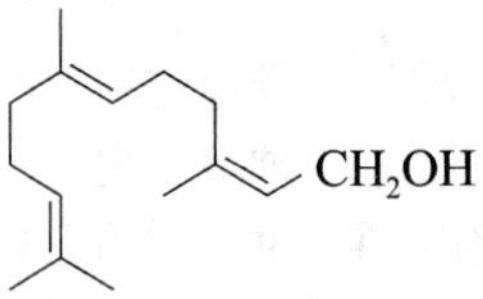　（3）

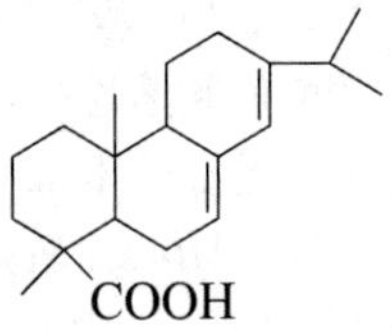

（4）

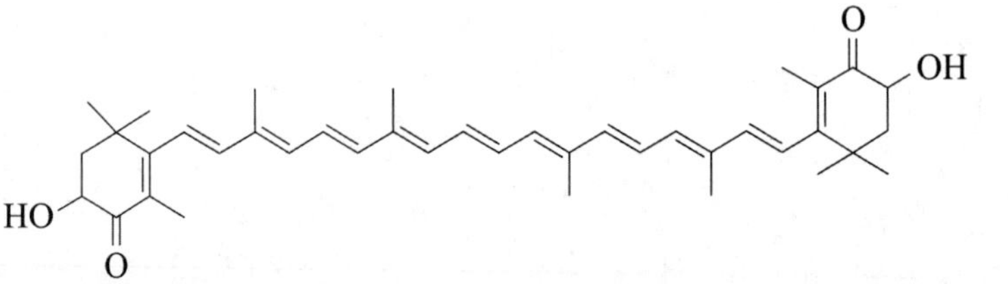

14-10　某单萜化合物 A 的分子式为 $C_{10}H_{18}$，催化氢化后得到分子式为 $C_{10}H_{22}$ 的化合物。用酸性高锰酸钾氧化 A，得到 $CH_3COCH_2CH_2COOH$、CH_3COOH 及 CH_3COCH_3，请推断 A 的结构。

14-11　去超市寻找含有天然奶油、人造奶油、橄榄油、花生油等油脂的食品，记录其包装上标示的诸如饱和脂肪、单不饱和脂肪、多不饱和脂肪、部分氢化油和完全氢化油等的含量，并回答以下问题：

（1）该食品中含有几种油脂？是否含有反式脂肪酸？

（2）该食品中含有多少克饱和脂肪？多少克不饱和脂肪？

（3）该食品脂肪所含热量是多少？（脂肪按 9 kcal·g^{-1} 计算）

（郭今心）

第15章　氨基酸、肽、蛋白质、酶和核酸

蛋白质、酶和核酸都是存在于生物体内重要的生物大分子，是生命现象的物质基础。例如，构成人体基本物质的肌肉、皮肤、指甲、毛发，生物体内起催化作用的酶，调节机体代谢的一些激素，发生免疫反应的抗体，把氧气输送到体内的血红蛋白分子等的主要成分均为蛋白质。核酸是细胞中携带遗传信息的化学载体，分为核糖核酸（RNA）和脱氧核糖核酸（DNA）两大类，DNA携带着永久的遗传密码，是蛋白质合成指令的分子档案，RNA分子转录和翻译来自DNA的信息，用于蛋白质的合成。遗传信息的储存、代代相传以及利用遗传信息创造细胞的工作，都依赖于核酸。核酸在细胞内主要与蛋白质结合，以核蛋白的形式存在。生物体的生命活动主要通过蛋白质来体现，其遗传特征则主要由核酸决定。酶几乎参与了所有的生命活动过程，生物体系中的许多化学反应都是在酶催化下进行的。蛋白质、酶和核酸对生物体的生长、发育、代谢、繁殖、遗传和变异等生命活动起着十分重要的作用。

肽和蛋白质都是由氨基酸以酰胺键连接而成。蛋白质可以被酸、碱或酶水解，在水解过程中，蛋白质分子逐渐降解成相对分子质量较小的肽链，直到最终成为氨基酸混合物，因此氨基酸是肽和蛋白质的基本组成单位。肽和蛋白质的生物学功能与构成肽和蛋白质的氨基酸种类、数量、排列顺序及空间结构密切相关。核酸是由许多核苷酸聚合而成，是充当传递生物体遗传信息的化学使者。

本章主要介绍氨基酸的结构和性质，其次介绍肽、蛋白质、酶和核酸的化学基本知识，为蛋白质、酶和核酸的深入学习打下基础。

15.1　氨　基　酸

15.1.1　氨基酸的结构、分类和命名

1. 氨基酸的结构　氨基酸（amino acid）是一类分子中同时含有氨基和羧基的化合物。根据氨基和羧基的相对位置，氨基酸可分为α-, β-, γ-, $\cdots$, ω-等类型，其中以α-氨基酸最为重要，这是因为由蛋白质水解所得到的氨基酸绝大多数为α-氨基酸。目前已发现的天然氨基酸有数百种，但构成蛋白质的氨基酸主要有20种，它们在化学结构上具有共同点，即为α-氨基酸（脯氨酸为α-亚氨基酸除外）。

$$R - \underset{\underset{NH_2}{|}}{CH} - COOH \qquad \underset{\underset{NH_2}{|}}{CH_2} - COOH \qquad H_3C - \underset{\underset{NH_2}{|}}{CH} - COOH$$

$$\alpha\text{-氨基酸} \qquad\qquad \text{甘氨酸} \qquad\qquad \text{丙氨酸}$$

式中，R代表侧链基团，不同的氨基酸只是R基团不同，如R为H时是甘氨酸，R为CH_3则为丙氨酸。

由于氨基酸分子中既有羧基酸性基团，又有氨基碱性基团，氨基酸可以发生分子内的酸碱中和反应，羧基主要以—COO^-形式存在，氨基主要以—NH_3^+形式存在，因此，α-氨基酸分子是偶极离子（zwitterion），常以内盐的形式存在，其结构通式如下

$$R - \underset{\underset{{}^+NH_3}{|}}{CH} - COO^-$$

除甘氨酸外，其他组成蛋白质的氨基酸分子中的 α-碳原子均为手性碳原子，故具有旋光性，存在一对对映体，但是自然界只用其中的一种合成蛋白质。同糖一样，氨基酸构型的标示通常采用 D，L-标记法，以甘油醛为参考标准，在费歇尔投影式中，凡氨基酸分子中的 α-NH_3^+ 位置与 L-甘油醛手性碳原子上—OH 的位置相同者为 L 型，相反者为 D 型。

$$
\begin{array}{cccc}
\text{CHO} & \text{COO}^- & \text{CHO} & \text{COO}^- \\
HO-\!\!\!\!-H & {}^+H_3N-\!\!\!\!-H & H-\!\!\!\!-OH & H-\!\!\!\!-NH_3^+ \\
\text{CH}_2\text{OH} & R & \text{CH}_2\text{OH} & R \\
\text{L-甘油醛} & \text{L-氨基酸} & \text{D-甘油醛} & \text{D-氨基酸}
\end{array}
$$

生物体内的 α-氨基酸绝大多数为 L 型（某些细菌代谢产生极少量 D 型氨基酸），因此，把天然的 α-氨基酸称为 L-氨基酸。如用 R，S-标记法，构成蛋白质的常见氨基酸（甘氨酸除外），除半胱氨酸为 R 构型外，其余的 α-氨基酸均为 S 构型。

问题 15-1 写出苏氨酸对映异构体的费歇尔投影式，并标明 D，L 和 R，S 构型。

2. 氨基酸的分类 根据氨基酸分子中的烃基不同，氨基酸可分为脂肪、芳香和杂环氨基酸。苯丙氨酸、酪氨酸、色氨酸、组氨酸分子中含有芳香环，属于芳香氨基酸；脯氨酸、组氨酸和色氨酸分子中含有杂环，属于杂环氨基酸；其他都是脂肪氨基酸。

根据氨基酸分子中所含氨基和羧基的数目不同可将氨基酸分为酸性、碱性和中性氨基酸。分子中含一个氨基和两个羧基的氨基酸称为酸性氨基酸，如天冬氨酸、谷氨酸；分子中含两个氨基和一个羧基的氨基酸称为碱性氨基酸，如赖氨酸、精氨酸、组氨酸；其余 15 个氨基酸只含一个氨基和一个羧基称为中性氨基酸，如丙氨酸、缬氨酸等。

在医学上常根据氨基酸侧链 R 基的极性及其所带电荷，将氨基酸分为四类：①R 基团为非极性或疏水性的氨基酸，它们通常处于蛋白质分子内部；②R 基团具有极性但不带电荷的氨基酸，其侧链中含有羟基、巯基、酰胺基等极性基团，在生理条件下不带电荷，并具有一定的亲水性，往往分布在蛋白质分子的表面；③R 基团带正电荷的氨基酸，在其侧链中常带有易接受质子的基团（如胍基、氨基、咪唑基等），因此它们在中性和酸性溶液中带正电荷；④R 基团带负电荷的氨基酸，在其侧链中带有给出质子的羧基，因此它们在中性或碱性溶液中带负电荷。

3. 氨基酸的命名 氨基酸的系统命名以羧酸为母体，氨基作为取代基。氨基酸常用俗名，即按氨基酸的来源或特性而命名。例如，甘氨酸因其具有甜味而得名；丝氨酸来自蚕丝；酪氨酸来自酪蛋白；甲硫氨酸也叫蛋氨酸，在卵白蛋白中含量丰富；天冬酰胺最初从天门冬科植物（芦笋）的幼苗中获得；精氨酸大量存在于鱼精蛋白中。为书写方便，组成蛋白质的每一个 α-氨基酸，都有国际通用的符号，常用中文缩写、英文缩写（通常为前三个字母）和单字符号表示。例如，甘氨酸的中文缩写为"甘"，英文名称 Glycine 缩写为"Gly"，单字符号为"G"。

常见 20 种氨基酸的名称、结构及中英文缩写符号见表 15-1。

表 15-1　组成蛋白质的 20 种常见氨基酸

名称	中文缩写	英文缩写	单字符号	结构式	pI
中性氨基酸					
甘氨酸（氨基乙酸，glycine）	甘	Gly	G	$H-\underset{\underset{NH_3^+}{\|}}{CH}-COO^-$	5.97
丙氨酸（α-氨基丙酸，alanine）	丙	Ala	A	$CH_3-\underset{\underset{NH_3^+}{\|}}{CH}-COO^-$	6.00
缬氨酸（α-氨基-β-甲基丁酸，valine）*	缬	Val	V	$(CH_3)_2CH-\underset{\underset{NH_3^+}{\|}}{CH}COO^-$	5.96

续表

名称	中文缩写	英文缩写	单字符号	结构式	pI
亮氨酸（α-氨基-γ-甲基戊酸，leucine）*	亮	Leu	L	$(CH_3)_2CHCH_2 - \underset{\underset{+NH_3}{\mid}}{CH}COO^-$	5.98
异亮氨酸（α-氨基-β-甲基戊酸）* isoleucine	异亮	Ile	I	$CH_3CH_2\underset{\underset{CH_3}{\mid}}{CH} - \underset{\underset{+NH_3}{\mid}}{CH}COO^-$	6.02
苯丙氨酸（α-氨基-β-苯基丙酸，phenylalanine）*	苯丙	Phe	F	$C_6H_5 - CH_2 - \underset{\underset{+NH_3}{\mid}}{CH} - COO^-$	5.48
脯氨酸（α-羧基四氢吡咯，proline）	脯	Pro	P	环状结构	6.30
色氨酸[α-氨基-β-（3-吲哚基）丙酸，tryptophane]*	色	Trp	W	吲哚环 $CH_2\underset{\underset{+NH_3}{\mid}}{CH} - COO^-$	5.89
丝氨酸（α-氨基-β-羟基丙酸，serine）	丝	Ser	S	$HOCH_2 - \underset{\underset{+NH_3}{\mid}}{CH}COO^-$	5.68
苏氨酸（α-氨基-β-羟基丁酸，threonine）*	苏	Thr	T	$CH_3\underset{\underset{OH}{\mid}}{CH} - \underset{\underset{+NH_3}{\mid}}{CH}COO^-$	5.60
半胱氨酸（α-氨基-β-巯基丙酸，cysteine）	半胱	Cys	C	$HSCH_2 - \underset{\underset{NH_3}{\mid}}{CH}COO^-$	5.07
蛋（甲硫）氨酸（α-氨基-γ-甲硫基丁酸，methionine）*	蛋	Met	M	$CH_3SCH_2CH_2 - \underset{\underset{+NH_3}{\mid}}{CH}COO^-$	5.74
酪氨酸（α-氨基-β-对羟苯基丙酸，tyrosine）	酪	Tyr	Y	$HO-C_6H_4- CH_2 - \underset{\underset{+NH_3}{\mid}}{CH}COO^-$	5.66
天冬酰胺（α-氨基丁酰胺酸，asparagine）	天酰	Asn	N	$H_2N - \overset{\overset{O}{\parallel}}{C} - CH_2\underset{\underset{+NH_3}{\mid}}{CH}COO^-$	5.41
谷氨酰胺（α-氨基戊酰胺酸，glutamine）	谷酰	Gln	Q	$H_2N - \overset{\overset{O}{\parallel}}{C} - CH_2CH_2\underset{\underset{+NH_3}{\mid}}{CH}COO^-$	5.65

酸性氨基酸

名称	中文缩写	英文缩写	单字符号	结构式	pI
天冬氨酸（α-氨基丁二酸，aspartic acid）	天	Asp	D	$HOOCCH_2\underset{\underset{+NH_3}{\mid}}{CH}COO^-$	2.77
谷氨酸（α-氨基戊二酸，glutamic acid）	谷	Glu	E	$HOOCCH_2CH_2\underset{\underset{+NH_3}{\mid}}{CH}COO^-$	3.22

碱性氨基酸

名称	中文缩写	英文缩写	单字符号	结构式	pI
赖氨酸（α，ω-二氨基己酸，lysine）*	赖	Lys	K	$^+NH_3CH_2CH_2CH_2CH_2\underset{\underset{NH_2}{\mid}}{CH}COO^-$	9.74

续表

名称	中文缩写	英文缩写	单字符号	结构式	pI
精氨酸（α-氨基-δ-胍基戊酸，arginine）	精	Arg	R	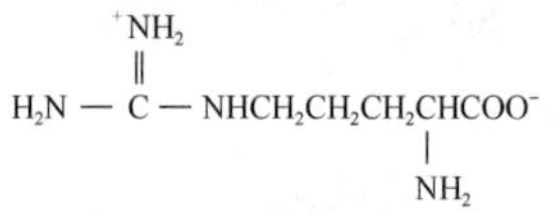 $\overset{\overset{\displaystyle +NH_2}{\|\|}}{H_2N-C}-NHCH_2CH_2CH_2\underset{\underset{\displaystyle NH_2}{\|}}{C}HCOO^-$	10.76
组氨酸[α-氨基-β-（4-咪唑基）丙酸，histidine]	组	His	H	$CH_2\underset{\underset{\displaystyle +NH_3}{\|}}{C}HCOO^-$ （咪唑环）	7.59

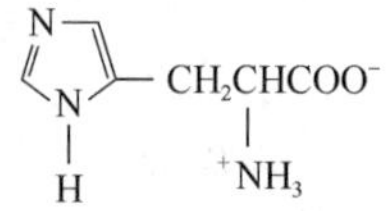

*为必需氨基酸

在表 15-1 氨基酸中，*标注的 8 种氨基酸不能由人体合成，必须从饮食中获取，如果人体缺乏这类氨基酸，就会导致生长缓慢或产生某些疾病，因此，这 8 种氨基酸称为必需氨基酸（essential amino acid）。此外，精氨酸和组氨酸在婴幼儿和儿童时期因体内合成不足，也需依赖食物补充一部分。

除上述 20 种氨基酸外，自然界中还发现大量以各种形式存在于动植物、细菌体内的修饰和非蛋白质氨基酸。修饰氨基酸往往是 20 种氨基酸结构修饰的衍生物，如胱氨酸、4-羟脯氨酸和 5-羟基赖氨酸等。由两分子半胱氨酸侧链上的巯基氧化可生成胱氨酸，胱氨酸分子中的二硫键对维持蛋白质的结构具有重要作用。

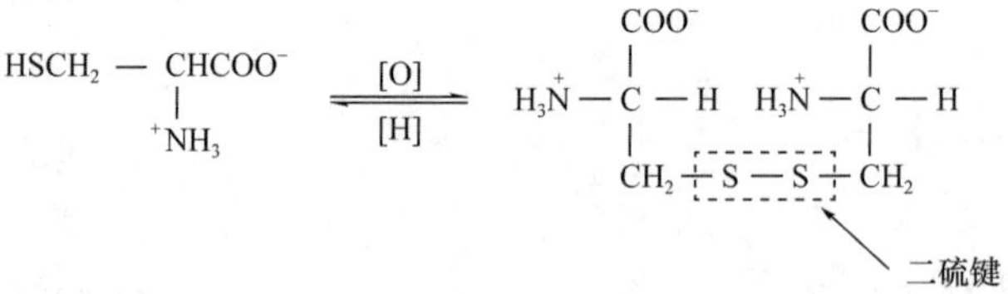

半胱氨酸 胱氨酸 二硫键

4-羟脯氨酸和 5-羟基赖氨酸主要存在于骨胶原和弹性蛋白中，是多肽链中脯氨酸和赖氨酸被羟化酶羟化后的产物。

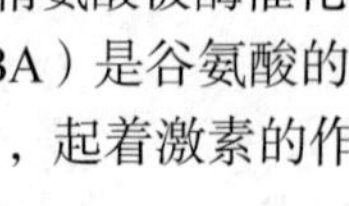

4-羟脯氨酸 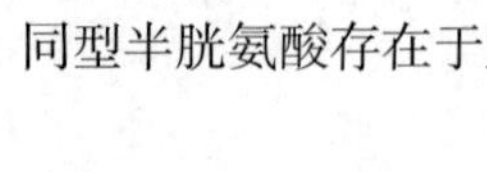 5-羟基赖氨酸

非蛋白质氨基酸不参与构成蛋白质，但其中有些是蛋白质在体内的代谢中间体或产物，具有重要的生物活性。非蛋白质氨基酸多为 α-氨基酸的衍生物，也有些是 β-、γ-、δ-氨基酸，还发现 D 型氨基酸。例如，瓜氨酸是精氨酸被酶催化氧化生成代谢中间体 NO 反应的另一产物；脑内重要的神经递质 γ-氨基丁酸（GABA）是谷氨酸的脱羧产物；同型半胱氨酸存在于血液中，与冠心病有关；甲状腺素存在于甲状腺中，起着激素的作用。

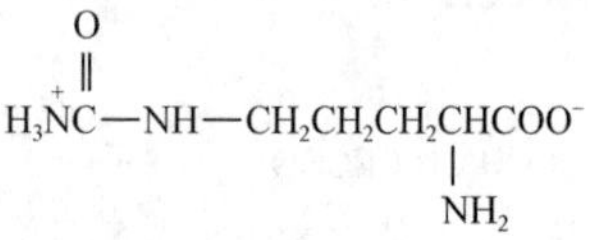

瓜氨酸 γ-氨基丁酸 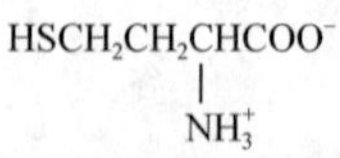 同型半胱氨酸 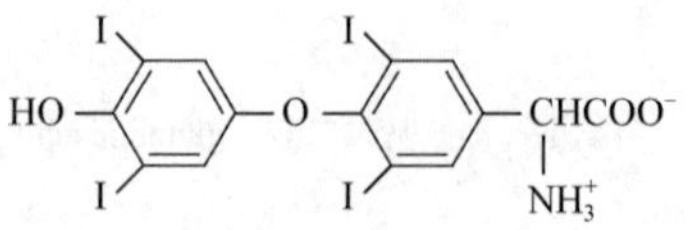 甲状腺素

问题 15-2 表 15-1 中，有多少个氨基酸含有芳环?有多少含硫原子?有多少含有羟基?有多少含烃基侧链?

15.1.2　氨基酸的性质

1. 氨基酸的物理性质　α-氨基酸以内盐的形式存在，因此，氨基酸的许多物理性质和无机盐类似。例如，氨基酸在水中可溶，但溶解度差异很大，难溶于苯、乙醚等有机溶剂；氨基酸是不易挥发的无色或白色晶体，熔点较高（一般在 $200\sim300\,℃$），受热时易分解放出 CO_2。

2. 氨基酸的化学性质　氨基酸分子中同时含有羧基和氨基，它们具有羧酸和胺的某些典型性质，又由于氨基与羧基之间相互影响及分子中烃基的某些特殊结构，使之又表现出一些特殊的性质。

> **问题 15-3**　试写出丙氨酸与下列试剂反应的产物。
> （1）NaOH　　　　（2）HCl　　　　（3）CH_3CH_2OH / H^+　　　　（4）$(CH_3CO)_2O$

（1）氨基酸的两性电离和等电点：氨基酸分子既可以与 H^+ 作用，又可与 OH^- 作用，因而表现出两性化合物的特性，在水溶液中总是以正离子、负离子和偶极离子三种结构形式呈动态平衡：

$$R-\underset{\overset{|}{NH_3^+}}{CH}-COOH \underset{H_3O^+}{\overset{OH^-}{\rightleftharpoons}} R-\underset{\overset{|}{NH_3^+}}{CH}-COO^- \underset{H_3O^+}{\overset{OH^-}{\rightleftharpoons}} R-\underset{\overset{|}{NH_2}}{CH}-COO^-$$

正离子　　　　　　　偶极离子　　　　　　　负离子

氨基酸在溶液中的存在形式，取决于氨基酸的结构和所在溶液的 pH。当调节溶液的 pH 达到某一定值时，氨基酸在正离子型和负离子型之间是完全平衡的，主要以偶极的两性离子形式存在，此时氨基酸所带正、负电荷数相等，净电荷为零，呈电中性，在电场中既不向负极移动，也不向正极移动。此时溶液的 pH 称为该氨基酸的等电点（isoelectric point），以 pI 表示。在等电点时，氨基酸溶液的 pH = pI。若在溶液中加入酸时，溶液的 pH < pI，平衡向右移动，氨基酸主要以正离子的形式存在，在电场中向负极移动；若在溶液中加入碱时，溶液的 pH > pI，平衡向左移动，氨基酸主要以负离子的形式存在，在电场中向正极移动。

$$R-\underset{\overset{|}{NH_2}}{CH}-COO^- \underset{H_3O^+}{\overset{OH^-}{\rightleftharpoons}} R-\underset{\overset{|}{NH_3^+}}{CH}-COO^- \underset{OH^-}{\overset{H_3O^+}{\rightleftharpoons}} R-\underset{\overset{|}{NH_3^+}}{CH}-COOH$$

负离子（pH > pI）　　　　偶极离子（pH = pI）　　　　正离子（pH < pI）

等电点是氨基酸的特定常数，可由实验测得或通过计算得到。每种氨基酸因结构不同，其等电点也不相同。酸性氨基酸的等电点为 $2.7\sim3.2$，它以负离子形式存在；碱性氨基酸的等电点为 $7.6\sim10.7$，它以正离子形式存在；中性氨基酸的等电点为 $5.0\sim6.5$，显弱酸性，这是因为在水溶液中解离时，$-NH_3^+$ 给出质子的能力大于 $-COO^-$ 接受质子的能力，负离子的浓度要比正离子的大一些，若要使正负离子两者浓度相等，必须加一些酸来抑制负离子的过多生成（参见表 15-1）。

氨基酸的等电点并非其溶液的中性点。在等电点时，氨基酸溶液中的偶极离子浓度最大，溶解度最小。常用这一性质来分离纯化氨基酸。例如，在含有多种氨基酸的混合溶液中，将溶液的 pH 调节为某一氨基酸的等电点时，该氨基酸就会析出。调节溶液的 pH，具有不同等电点的氨基酸即可分步析出。

而在相同 pH 的缓冲溶液中，各种氨基酸所带的电荷不同，在电场中泳动的方向和速率不同，可利用电泳技术分离或鉴别氨基酸混合物。例如，将赖氨酸、甘氨酸和天冬氨酸的混合溶液置于电泳介质（滤纸条或凝胶条）的中央，并用 pH=5.97 的缓冲液湿润，将滤纸条或凝胶条的两端与电极相连。当存在电势差时，带负电荷的天冬氨酸（pH=2.77）缓慢向正极移动；同时，带正电荷的赖氨酸（pH=9.74），迁移至负极端；而不带电的甘氨酸（pH=5.97）在电场中不泳动，借此可将三者进行分离。三种氨基酸混合物在电场中泳动方向如图 15-1 所示。

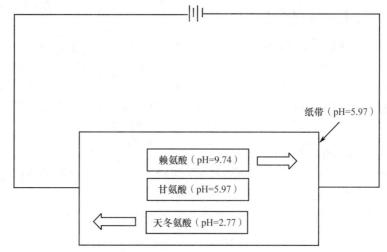

图 15-1　用电泳技术分离三种氨基酸混合物

（2）脱羧反应：氨基酸在一定条件下能发生脱羧反应，脱去羧基，生成相应的胺。

$$\underset{\overset{|}{^+NH_3}}{RCHCOO^-} \xrightarrow[\triangle]{Ba(OH)_2} RCH_2NH_2 + CO_2\uparrow$$

在生物体内，氨基酸在脱羧酶的作用下发生脱羧反应。例如，组氨酸在脱羧酶的催化下生成组胺。

氨基酸在生物体内的脱羧反应是在脱羧酶的作用下生成少一个碳原子的胺。例如，组氨酸在脱羧酶的作用下转变为组胺，组胺在皮肤、呼吸系统的肥大细胞中含量丰富，在外界刺激下，肥大细胞释放组胺，导致皮肤过敏、红肿、流鼻涕、眼睛痒痛、呼吸困难等炎症性反应。再如，腐败的动物组织中的赖氨酸在脱酸酶的作用下，生成有恶臭气味的戊-1,5-二胺，活体组织在生命代谢中也会产生少量的戊-1,5-二胺，它是造成尿液和精液的特殊气味的部分原因。

$$\underset{\overset{|}{NH_2}}{H_3N^+(CH_2)_4CHCOO^-} \xrightarrow{\text{脱羧酶}} H_2N(CH_2)_4CH_2NH_2 + CO_2\uparrow$$

赖氨酸　　　　　　　　　　　　　　　　戊-1, 5-二胺

氨基酸脱羧后生成的胺呈碱性，若这些化合物在体内含量过高又不能正常代谢，将会引起碱中毒。

（3）氨基转移反应：α-氨基酸在氨基转移酶的作用下，发生氨基转移，将 α-酮酸转变成 α-氨基酸，原 α-氨基酸生成 α-酮酸。

$$\underset{\overset{|}{^+NH_3}}{R-CH-COO^-} + HOOCCCH_2CH_2COOH \rightleftharpoons HOOCCH_2CH_2CHCOO^- + RCCOOH$$

（4）与亚硝酸反应：α-氨基酸（除脯氨酸和羟脯氨酸外）的氨基为伯氨基，与亚硝酸反应可定量地放出氮气，生成 α-羟基酸。

$$\underset{\overset{|}{^+NH_3}}{R-CH-COO^-} + HNO_2 \longrightarrow \underset{\overset{|}{OH}}{R-CH-COOH} + N_2\uparrow + H_2O$$

根据放出氮气的体积来测定氨基酸中氨基的含量，此法称为 van Slyke 氨基氮测定法，常用于

氨基酸、多肽和蛋白质的定量分析。

（5）显色反应：α-氨基酸的—NH_2与水合茚三酮在水溶液中加热时，生成蓝紫色的化合物（称为罗曼氏紫）。

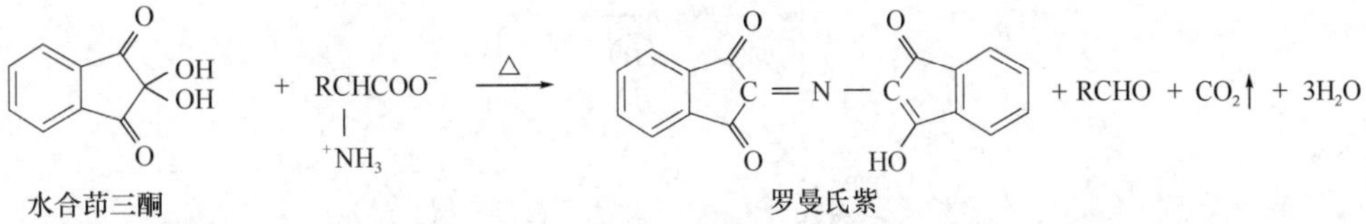

该反应十分灵敏，可用于 α-氨基酸的鉴定。根据反应中 CO_2 的放出量或对罗曼氏紫的比色分析，就可对氨基酸做定量分析。该反应也广泛应用于肽和蛋白质的鉴定和色谱分析中的显色。

脯氨酸等亚氨基氨基酸与水合茚三酮反应生成黄色化合物。

> **问题 15-4**　试写出下列氨基酸在指定溶液中的主要存在形式。
> （1）异亮氨酸（pH=11）　　　　　　（2）脯氨酸（pH=2）
> （3）精氨酸（pH=7）　　　　　　　　（4）谷氨酸（pH=7）

15.2　肽

15.2.1　肽的结构和命名

1. 肽的结构　氨基酸分子间的氨基与羧基脱水，通过酰胺键相连而成的化合物称为肽（peptide），其中的酰胺键又称为肽键（peptide bond）。由两个氨基酸组成的肽称为二肽，由 3 个氨基酸缩合而成的肽称为三肽，由不超过 10 个氨基酸缩合而成的肽称为寡肽（oligopeptide）或低聚肽，由 10 个以上氨基酸缩合而成的肽称为多肽（poly peptide）。虽然存在环肽，但绝大多数的肽呈链状，故又称为多肽链，以两性离子的形式存在。多肽链表示如下：

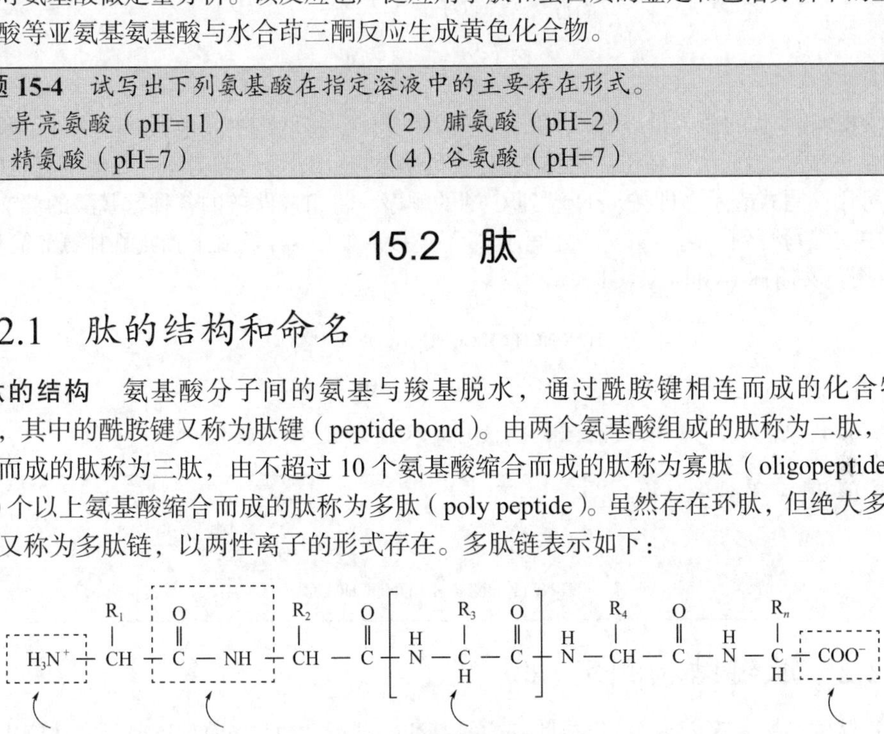

由于肽分子中的氨基酸通过脱水后才能形成肽链，已不是完整的氨基酸分子，所以肽链中的每个氨基酸单位又称为氨基酸残基（amino acid residue）。肽链的一端有游离的—NH_3^+，称为氨基末端或 N 端；而另一端有游离的—COO^-，称为羧基末端或 C 端。写肽链的结构式时，一般将 N 端写在左边，C 端写在右边。

不考虑同一种氨基酸的相互作用，两个不同的氨基酸形成二肽时，就有两种不同结构（或连接方式），随着形成肽的氨基酸数目增多，在理论上的连接方式也随之增多，如 3 种不同的氨基酸形成的三肽可能有 6 种，由 4 种不同的氨基酸形成的四肽可能有 24 种，由 n 个不同的氨基酸形成的多肽可能就有 $n!$ 种。因此氨基酸按不同的顺序排列就可形成大量的异构体，构成自然界中种类繁多的多肽和蛋白质。

多肽分子中构成多肽链的基本化学键是肽键，肽键与相邻的两个 α-碳原子所组成的基团（—C_α—CO—NH—C_α—）称为肽单元。研究表明：肽单元是共平面的，即组成肽单元的 6 个原子位于同一平面内（这个平面称为肽键平面，如图 15-2 所示）；肽键中的 C—N 键长为 132pm，介于相邻的 C_α—N 单键键长（147pm）和 C═N 双键键长（127pm）之间，这是由于肽键中 N 原子的 p 轨道和羰基的 p 轨道共轭，使 C—N 键具有部分双键的性质。

由于肽键不能自由旋转，与 C—N 键相连的羰基氧原子和氨基氢原子处于反式位置，呈较稳定的反式构型；肽键平面中除 C—N 键不能旋转外，两侧的 C_α—N 键和 C_α—C 键都是 σ 键，可以自由旋转，因而相邻的肽键平面可围绕 C_α 旋转，使多肽链的主链骨架在空间形成不同的构象。

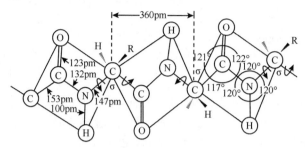

图 15-2 肽键平面

2. 肽的命名 肽的命名是以含 C 端的氨基酸为母体，将肽链中其他氨基酸中的"酸"字改为"酰"字，从 N 端开始依次写在母体名称之前。如下面的三肽，可命名为 γ-谷氨酰半胱氨酰甘氨酸。该肽链也可用简写式表示，即按从 N 端到 C 端的顺序，将组成肽链的各种氨基酸的英文缩写、单字符号或中文缩写写到一起，氨基酸之间用"-"连接。如 γ-谷氨酰半胱氨酰甘氨酸简称为 γ-谷-半胱-甘或用英文简称 γ-Glu-Cys-Gly。

$$\overset{+}{H_3}NCHCH_2CH_2CONHCHCONHCH_2COO^-$$

COO$^-$ CH$_2$SH

γ-谷氨酰半胱氨酰甘氨酸（γ-Glu-Cys-Gly 或 γ-谷-半胱-甘）

问题 15-5 *命名该化合物。*

CH$_3$ CH$_2$OH

$\overset{+}{H_3}$NCHCONHCH$_2$CONHCHCOO$^-$

15.2.2   肽链结构测定

要确定肽的结构，不仅要确定组成肽链的氨基酸的种类和数目，而且还要研究肽链中氨基酸的排列顺序。

1. 组成测定 将纯化后的肽用酸完全水解为各种游离氨基酸的混合液，然后通过层析法或氨基酸分析仪以确定其组分和相对含量，再测定氨基酸的相对分子质量，并计算出各种氨基酸的分子数目。在氨基酸分析仪中，水解的氨基酸混合物溶解在缓冲溶液中，通过离子交换柱，由于不同的氨基酸在柱中有不同程度的吸附，它们以不同的速度沿柱向下移动，最终分离。从柱中流出的溶液与氨基酸显色剂水合茚三酮反应，生成紫色衍生物，紫色颜色的深浅和氨基酸含量成正比。和已知含量的氨基酸标准品进行比对，可以定性、定量地得到肽或蛋白的氨基酸组成和含量。

2. 序列测定 肽链中各种氨基酸的排列顺序可用端基分析法和部分水解法结合来确定。

1）端基分析法：是以某种标记化合物与肽链中的 N 端或 C 端的氨基酸作用，然后再水解，就能确定 N 端或 C 端氨基酸的种类。

（1）N 端分析：常用的试剂是 2,4-二硝基氟苯（DNFB），该法又称桑格（Sanger）法。DNFB 与 N 端的—NH$_3^+$反应，生成黄色的 N-（2,4-二硝基苯基）肽，经水解时此共价键不断裂，而原肽链的肽键被水解，因此含该试剂的氨基酸必然是 N 端氨基酸，该氨基酸可通过层析法检出。由于水解过程中，整个肽链都被破坏，所以桑格（Sanger）法在同一个肽链上只能做一次 N 端分析。反应式如下：

$$O_2N-\underset{NO_2}{\overset{}{\bigcirc}}-F + \overset{+}{H_3N}\underset{R}{CHC}\overset{O}{\parallel}-\underset{R'}{NHCHC}\overset{O}{\parallel}\cdots \xrightarrow{\text{碱性介质}} O_2N-\underset{NO_2}{\overset{}{\bigcirc}}-\underset{R}{NHCHC}\overset{O}{\parallel}-\underset{R'}{NHCHC}\overset{O}{\parallel}\cdots$$

标记的肽

$$\xrightarrow[H^+]{H_2N} O_2N-\underset{NO_2}{\overset{}{\bigcirc}}-\underset{R}{NHCHCOOH} + \overset{+}{H_3N}\underset{R'}{CHC}\overset{O}{\parallel}\cdots$$

N-（2,4-二硝基苯基）氨基酸

目前另一种广泛用于 N 端分析的试剂是异硫氰酸苯酯（PITC）。反应分三个阶段进行。首先，N 端氨基酸的游离氨基与异硫氰酸苯酯反应生成苯氨基硫代甲酰肽（PTC-肽），其次，在有机溶剂中经无水 HCl 处理后，该肽键不被水解，但被结合的 N 端氨基酸则以苯乙内酰硫脲氨基酸（PTH-氨基酸）形式与肽链其他部分断开，最后，用乙酸乙酯提取，经层析法即可鉴定出 N 端氨基酸。此方法是 1950 年由瑞典科学家埃德曼（P. Edman）提出的，故称为 Edman 降解，是对桑格法的改良。此法的优点是只断裂 N 端已经与试剂结合的氨基酸，而肽链的其余部分不受破坏，剩下的肽链可以进入下一个循环，继续进行降解。反应式如下：

$$C_6H_5N=C=S + \overset{+}{N}H_3\underset{R}{CHCONH}-\boxed{\text{肽}} \xrightarrow{\text{碱性介质}} C_6H_5NHC\overset{S}{\parallel}\cdots$$

异硫氰酸苯酯　　　　　　　　　　　　　　　　PTC-肽

$$\xrightarrow[HCl]{CH_3NO_2} \quad + H_2N-\boxed{\text{肽}}$$

PTH-氨基酸

现在用于测定蛋白质中氨基酸顺序的自动分析仪，就是根据该反应原理制成的。

（2）C 端分析：常用的试剂是羧肽酶。它能选择性地水解肽链中 C 端氨基酸，然而，羧基肽酶会继续水解剩下的多肽链，依次砍掉新的 C 端氨基酸。因此，有必要跟踪氨基酸释放随时间的变化，逐个测定新的 C 端氨基酸。水解反应式如下：

$$-HNCH-\overset{O}{\underset{R}{\parallel}}C-HNCH-\overset{O}{\underset{R'}{\parallel}}C-HNCHCOO^-\xrightarrow{\text{羧肽酶}/H_2O} -HNCH-\overset{O}{\underset{R}{\parallel}}C-HNCH-\overset{O}{\underset{R'}{\parallel}}C-OH + \overset{+}{H_3N}\underset{R''}{CHCOO}^-$$

新 C 端　　　　　　原 C 端氨基酸

端基分析法通常适用于相对分子质量较小的多肽分析。对于较长的肽链，重复的降解循环会导致样品的丢失和副产品的积累，不能进一步精确分析，因此，还需要结合部分水解法确定肽链的排列顺序。

2）部分水解法：是将复杂的肽链用酸或酶部分水解成若干小肽的片段（碎片），然后用端基分析法鉴定，确定各个片段中氨基酸残基的排列顺序。经过组合、排列对比、找出关键性的“重叠顺序”，推断出起始肽链中氨基酸残基的排列顺序。

用酸催化水解肽链选择性较差，水解得到数量不等的随机断裂的肽段。而用某些蛋白酶水解则具有高度专一性，某一种酶只能水解一定类型的肽键。例如，胰蛋白酶只能选择性地水解精氨酸、赖氨酸的羧基肽键, 糜蛋白酶能水解芳香族氨基酸的羧基肽键, 嗜热菌蛋白酶能水解亮氨酸、异亮氨酸、缬氨酸的氨基肽键等。

随着快速 DNA 测序技术的使用, 可通过 DNA 序列推演氨基酸的顺序。这种方法可以和肽链结构测定方法相互补充。近年来, 质谱分析法为测定小肽、多肽及蛋白质分子序列提供了一种新方法, 该方法因所需样品少, 快速, 不需要高纯度的肽, 成为目前较有效的多肽和蛋白质序列分析方法。质谱分析法主要有蛋白图谱法、亚稳离子法和阶梯测序法。前两种方法是利用肽在质谱中裂解所得到的碎片离子和离子峰识别肽序列。阶梯测序法则是利用酶水解, 如羧肽酶, 得到逐一脱掉一个氨基酸残基的系列肽, 然后用质谱检查, 测定每一个肽的分子量, 由相邻峰的质量差别得知相对应的氨基酸残基, 从而得知肽的序列。

> **问题 15-6** 某六肽部分酸水解产生以下氨基酸片段, 试推测该六肽的结构。
> Pro-Leu-Gly, Arg-Pro, Gly-Ile-Val

15.2.3 生物活性肽

生物体内具有生物活性的多肽称为生物活性肽 (active peptide), 它们在体内含量较少, 却具有重要的生物学功能, 尤其在生物的生长、发育、细胞分化、大脑活动、肿瘤发生、生殖控制等方面起着重要的作用。肽在人体的生命活动中扮演着生理生化反应的信使角色, 并维护着人体生命活动的稳定。以下介绍几种重要的生物活性肽。

1. 谷胱甘肽 谷胱甘肽 (glutathione) 学名 γ-谷氨酰半胱氨酰甘氨酸, 是由谷氨酸、半胱氨酸和甘氨酸通过肽键缩合而成的三肽。由于其分子中含有—SH, 故又称为还原型谷胱甘肽 (用 GSH 表示)。两分子的 GSH 的—SH 被氧化形成二硫键 (—S—S—), 生成氧化型谷胱甘肽 (用 G—S—S—G 表示)。

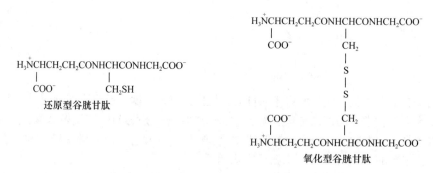

G—S—S—G 也可被还原成 GSH, GSH 和 G—S—S—G 之间的转变是可逆的。

$$2GSH \underset{[H]}{\overset{[O]}{\rightleftharpoons}} G-S-S-G$$

还原型　　　　氧化型

谷胱甘肽广泛存在于生物细胞中, 参与细胞的氧化还原过程。GSH 是体内主要的自由基清除剂; 在体内对含—SH 的蛋白质和酶起着保护作用, 使其不被氧化而失去生物活性; 还可与某些毒物或药物反应, 避免这些毒物或药物对 DNA、RNA 或蛋白质的毒害。

2. 催产素和加压素 催产素和血管升压素都是在下丘脑的神经细胞中形成, 然后顺着神经纤维运送到神经垂体并储存在神经垂体, 在受到适当刺激时, 再分泌入血液。二者结构上均为九肽, 肽链中的两个半胱氨酸通过二硫键形成环肽, 只是残基 3 位和 8 位不同, 其余氨基酸残基的种类和顺序都相同:

```
   1   2   3   4    5   6   7  8  9
半胱-酪-苯丙-谷酰-天酰-半胱-脯-精-甘 (NH₂)
      └──── S—S ────┘
            催产素
```

```
   1   2   3    4    5   6   7  8  9
半胱-酪-异亮-谷酰-天酰-半胱-脯-亮-甘 (NH₂)
      └──── S—S ────┘
           血管加压素
```

催产素能促使子宫及乳腺平滑肌收缩，具有催产及排乳作用；血管升压素能使毛细血管收缩，从而增高血压，并能降低肾小球的滤过率，具有增进水和钠离子吸收的功能和抗利尿作用。

3. 内啡肽　内啡肽是一组由中枢神经系统产生的作用于吗啡受体系统的内源性肽，其主要功能是抑制痛觉信号的传递，具有镇痛作用，是内源性的吗啡样肽类物质，故名"内啡肽"。内啡肽和其他阿片类物质一样也能产生欣快感。内啡肽主要有三种：

α-内啡肽：Tyr-Gly-Gly-Phe-Met-Thr-Ser-Glu-Lys-Ser-Gln-Thr-Pro-Leu-Val-Thr

β-内啡肽：Tyr-Gly-Gly-Phe-Met-Thr-Ser-Glu-Lys-Ser-Gln-Thr-Pro-Leu-Val-Thr-Leu-Phe-Lys-Asn-Ala-Ile-Ile-Lys-Asn-Ala-Tyr-Lys-Lys-Gly-Glu

γ-内啡肽：Tyr-Gly-Gly-Phe-Met-Thr-Ser-Glu-Lys-Ser-Gln-Thr-Pro-Leu-Val -Thr-Leu

长时间、连续性的中等及偏上强度的体育运动，如跑步、游泳、骑车等能诱发 β-内啡肽的分泌，在内啡肽的激发下，人的身心处于轻松愉悦的状态中，让人感到欢愉和满足，有助于排遣压力和不快。因此，心情烦闷、低落的时候，体育运动是有效的应对手段。很多人喜欢辣味食物，是由于辣味会在舌头上制造痛苦的感觉，为了平衡这种痛苦，人体会分泌内啡肽，消除舌上痛苦的同时，在人体内制造了类似于快乐的感觉，而人们把这种感觉误认为来自辣味本身。

4. 多肽类抗生素　多肽类抗生素是具有多肽结构特征的一类抗生素，包括多黏菌素类（多黏菌素 B、多黏菌素 E）、杆菌肽类（杆菌肽、短杆菌肽）和万古霉素。其中多数是开链肽，也有少量环状肽。多肽类抗生素具有抗菌、抗肿瘤、促进创伤面愈合等多种作用。

15.3　蛋　白　质

蛋白质（protein）和多肽之间无严格的区别，都是由氨基酸残基通过肽键相互连接而形成的生物大分子，为便于区分，通常把少于 50 个氨基酸的链称为肽，相对分子质量超过 10 000 的多肽称为蛋白质。但从结构上讲，蛋白质分子的结构更复杂，除了有一定的氨基酸组成和排列顺序以外，还有特殊的空间结构。蛋白质的空间结构对其生物学功能有着非常重要的作用。

15.3.1　蛋白质的元素组成和分类

蛋白质几乎存在于任何生物体中。人体内约有 10 万种以上的蛋白质，其质量约占人体干重的45%。组成蛋白质的主要有碳、氢、氮、氧、硫等元素，此外，有些蛋白质中还含有磷、铁、镁、碘、铜、锌等元素。

大多数蛋白质中的氮元素的质量分数很接近，约为 16%，即每克氮相当于 6.25 g 的蛋白质。由于生物组织中的绝大多数氮元素都来自蛋白质，因此只要测定出生物试样中氮的质量分数，再乘以 6.25，就可得到试样中蛋白质的质量分数。

蛋白质的种类繁多，功能各异，目前尚缺乏能被普遍接受的分类系统，可基于蛋白质的化学组成、形状和功能等来分类。

根据化学组成分为单纯蛋白质和结合蛋白质。仅含 α-氨基酸的蛋白质称为单纯蛋白质，如清蛋白、组蛋白、精蛋白等。在单纯蛋白质的基础上，还结合有非蛋白质物质（又称辅基，如糖类、脂类、核酸和有色物质等）的就叫结合蛋白质。结合蛋白质根据辅基的不同分为色蛋白类（如血红蛋白、肌红蛋白等）、脂蛋白类（如 α-脂蛋白、β-脂蛋白等）、糖蛋白类（如 γ-球蛋白等）、核蛋白类（如核糖体、烟草花叶病毒等）、磷蛋白类（如酪蛋白等）等。根据形状蛋白质又可分为不溶性纤维状蛋白质和可溶性球状蛋白质。胶原蛋白和角蛋白是纤维蛋白，它们的多肽链相互靠近形成长长的细丝，这些蛋白坚韧，是肌腱、蹄、角、肌肉的天然材料。肌红蛋白、血红蛋白是球状蛋白质，它们的肽链卷曲成球形，可在细胞中移动。已知的 2000 多种酶基本为球形。根据功能分为活性蛋白质和非活性蛋白质。活性蛋白质是指在生命活动中具有生理活性的蛋白质，包括酶、激素及抗体等。非活性蛋白质是指担任生物保护或支持作用的蛋白质，包括角蛋白和胶原蛋白等。

15.3.2 蛋白质的结构

蛋白质的结构十分复杂，在其多肽链结构中除了各种氨基酸的排列顺序外，还存在肽链的空间排布、构象和肽链段之间的相互作用。常将蛋白质的结构分为一级结构、二级结构、三级结构和四级结构。

蛋白质的一级结构（primary structure）又称为初级结构或基本结构，即多肽链中氨基酸残基的排列顺序，其中也包括二硫键的位置。它决定着蛋白质的性质。在多肽链中，连接氨基酸残基的主要化学键是肽键，也称为主键，此外在一级结构中也存在其他类型的化学键，如二硫键、酯键等。蛋白质分子可以由一条多肽链组成，也可以由两条或几条多肽链组成。任何特定的蛋白质都有其特定的氨基酸排列顺序。例如，牛胰岛素分子的一级结构如图 15-3 所示。

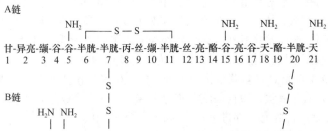

图 15-3　牛胰岛素分子的一级结构

牛胰岛素分子是由 51 个氨基酸残基组成的 A、B 两条多肽链，A 链含 21 个氨基酸残基，B 链含 30 个氨基酸残基。A 链和 B 链通过两个二硫键连接在一起，A 链中第 6 位和第 11 位的两个氨基酸残基之间还有一个二硫键。

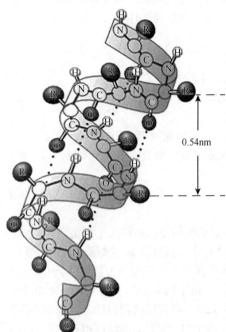

图 15-4　蛋白质的 α-螺旋结构

蛋白质的二级结构、三级结构和四级结构均属于构象范畴，是多肽链在空间上进一步盘曲折叠形成的构象，也称为蛋白质的空间结构。蛋白质分子的二级结构（secondary structure）主要指多肽链的主链局部片段的有序排列，通过一个肽键平面中的羰基氧和另一肽键平面中的氨基氢之间形成的氢键使肽键平面呈现不同的卷曲和折叠，主要有 α-螺旋（图 15-4）、β-折叠（图 15-5）、β-转角和无规卷曲等几种类型。

α-螺旋是多肽链中各肽键平面通过 α-C 的旋转，以螺旋方式按顺时针方向盘旋延伸形成的盘曲构象，螺旋之间靠氢键维系。每一螺旋含有 3.6 个氨基酸残基，螺旋之间的距离为 540pm，大多数球状蛋白含有螺旋结构的片段。

β-折叠又称 β-片层结构，它是指多肽链呈一种铺开的折扇形状，几条肽链或一条肽链的若干肽段平行排列，β-折叠依靠相邻肽链亚氨基上的氢和羰基氧原子之间形成的氢键维系，氨基酸的侧链（R—）出现在 β-折叠平面的上侧或下侧，在链上交替排列。氢键是维持二级结构稳定的主要作用力。一个蛋白质在它的整个长度中可能有也可能没有相同的二级结构。有些部分可以卷曲成螺旋状，而有些部分则排列成折叠片。

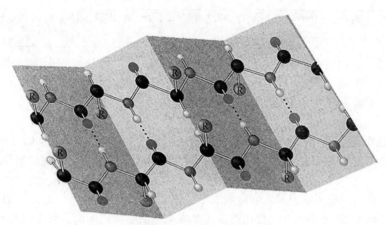

图 15-5　蛋白质 β-折叠结构

蛋白质的三级结构（tertiary structure）是蛋白质的多肽链在二级结构的基础上，进行范围更广泛的扭曲折叠，形成包括主、侧链在内的空间排布（图 15-6）。三级结构的形成和稳定除氢键维系外，还包括副键（如疏水作用力、范德瓦耳斯力、盐键、二硫键、酯键等），副键的键能较小，稳定性较差，但数量多，故在维持蛋白质空间构象中起着重要作用。蛋白质通常具有球状或纤维状的三级结构，大多数蛋白质在形成三级结构时，通常是将非极性（疏水）基团聚集在分子内部，极性（亲水）基团排列在表面，使蛋白质溶于水。

蛋白质的四级结构（quaternary structure）由两条或两条以上具有三级结构的多肽链集合而成（图 15-7）。其中每一条多肽链又称为亚基，亚基间通过氢键、疏水作用力或静电吸引缔合而成为蛋白质的四级结构。

图 15-6　蛋白质的三级结构

图 15-7　蛋白质的四级结构

15.3.3　蛋白质的性质

蛋白质的性质取决于蛋白质的组成和其复杂的结构特征。蛋白质既具有与氨基酸相似的化学性质，又具有高分子化合物的一般性质。

1. 蛋白质的两性电离和等电点　蛋白质分子中肽键的 C 端有—COO^-，N 端有—NH_3^+，侧链上有游离羧基和氨基，与氨基酸一样，属两性化合物，并具有等电点。不同种类的蛋白质具有不同的等电点，如酪蛋白的等电点为 4.6，胰岛素为 5.3，胃蛋白酶为 1.0。人体中大多数蛋白质的等电点在 5 左右，而人体血液的 pH 在 7.35~7.45，故蛋白质在血液中多以负离子形式存在并与 Na^+、K^+、

Ca^{2+}等结合成盐。在等电点时，蛋白质不带电，蛋白质的溶解度最小，易聚积而以沉淀析出。蛋白质与氨基酸一样也可采用电泳技术进行分离和纯化。

> **问题 15-7**　胰岛素的等电点 pI=5.3，将其置于 pH 为 3.0、5.3 和 7.0 的缓冲溶液中，它分别带何种电荷？在哪一种溶液中溶解度最小？

2. 胶体性质　蛋白质在溶液中形成的颗粒直径一般在 1～100 nm，属于胶体分散系，所以蛋白质具有胶体溶液的性质，如丁铎尔现象、布朗运动、不能透过半透膜及具有吸附作用等。

利用蛋白质不能透过半透膜的性质，可以分离提纯蛋白质（除去小分子杂质），这种方法称为透析法。

3. 蛋白质的沉淀　蛋白质溶液的稳定性是有条件的、相对的，若破坏蛋白质表层的水化膜和消除蛋白质所带电荷后，蛋白质在溶液中就会凝集而以沉淀析出。沉淀蛋白质的常用方法有下面几种：

（1）盐析：向蛋白质溶液中加入强电解质中性盐（如硫酸铵、硫酸钠、氯化钠等），使之析出沉淀的现象称盐析（salting out）。其作用的实质是强电解质电离出的离子与蛋白质争夺水分子，因强电解质离子的水化能力比蛋白质强，所以强电解质破坏了稳定蛋白质表面的水化膜，同时又中和了蛋白质所带电荷，使蛋白质分子凝集而沉淀。若结合调节溶液的 pH 至蛋白质等电点，盐析效果将会更好。

盐析所需电解质的最小量称为盐析浓度，不同蛋白质盐析浓度常常不同，可通过调节电解质的浓度方法使蛋白质分段沉淀析出，将混合的蛋白质加以分离。盐析一般不会破坏蛋白质的结构和生物活性，当加水或透析时，盐析出来的蛋白质又能重新溶解。盐析是一个可逆过程。

（2）有机溶剂沉淀法：在蛋白质溶液中加入适量的水溶性有机溶剂如乙醇、丙酮等，由于它们对水的亲和力大于蛋白质，破坏了蛋白质分子的水化膜而使之沉淀。这种方法在较短时间和低温时，沉淀是可逆的，蛋白质可保持其生物活性；但若时间较长和温度较高时，则会引起蛋白质性质改变，而不再溶解。在中草药有效成分提取分离过程中，常加入乙醇以沉淀蛋白质。

（3）有机酸或重金属离子沉淀法：当 pH<pI 时，三氯乙酸、苦味酸、鞣酸、磷钼酸等有机酸，可与蛋白质分子中的正离子结合生成沉淀。当溶液 pH>pI 时，加入氯化汞、硝酸银、乙酸铅和硫酸铜等重金属盐，这些重金属阳离子，可与蛋白质分子的羧基负离子结合生成沉淀。

> **问题 15-8**　试述如何使蛋白质沉淀和蛋白质分步盐析。

4. 蛋白质的变性　由于物理（如加热、加压、搅拌、紫外线或 X 射线等）或化学因素（如强酸、强碱、有机溶剂、重金属等）的影响，蛋白质分子的二、三级空间结构发生改变，导致其理化性质改变，生理活性丧失的现象，称为蛋白质的变性（denaturation）。变性后的蛋白质称为变性蛋白质。蛋白质变性后，溶解度下降，不易结晶，易被酶水解。

蛋白质的变性一方面是破坏了维系和固定蛋白质空间结构的副键，蛋白质由原来有序的紧密空间结构变为无序的松散的伸展状结构（但一级结构并未改变），使原来处于分子内部的疏水基团大量伸向分子表面，使蛋白质分子颗粒失去水化膜；另一方面，蛋白质分子中的某些极性基团也发生改变，影响到蛋白质的带电状态。结果使蛋白质容易沉淀或凝固。

蛋白质的变性有很多实际应用。例如，采用高温、高压、煮沸、紫外线照射或 75%乙醇等方法消毒，使细菌或病毒体内的蛋白质变性而失活，达到灭菌和消毒目的。变性后的蛋白质在体内更容易被消化吸收。蛋白质变性也有负面效应，如菌种、生物制剂的失效，种子失去发芽能力等均与蛋白质的变性有关，需要设法避免变性作用。

5. 颜色反应　蛋白质可以与某些试剂发生显色反应，这些反应常用于蛋白质的鉴别。

（1）缩二脲反应：蛋白质与硫酸铜的碱性溶液反应，呈紫色或紫红色。生成的颜色与蛋白质的种类有关。

（2）茚三酮反应：蛋白质与水合茚三酮一起加热呈现蓝紫色，此反应可用于蛋白质的定性和定量分析。

（3）黄蛋白反应：含有芳环的蛋白质，与浓硝酸反应呈黄色。皮肤上溅上硝酸后变黄就是这个缘故。

6. 紫外吸收性质　酪氨酸、苯丙氨酸和色氨酸等氨基酸在 280 nm 处有最大的吸收峰，由于大多数蛋白质都含有这些氨基酸残基，所以也会有相应的紫外吸收特性。通过对 280 nm 处蛋白质溶液的吸光度测量即可对蛋白质溶液进行定量分析。

7. 水解作用　蛋白质在酸、碱或酶作用下水解，经过一系列中间产物后，最终生成 α-氨基酸的混合物。其水解过程如下：

蛋白质→蛋白胨→蛋白朊→多肽→寡肽→二肽→α-氨基酸

蛋白质的水解反应，对研究蛋白质以及在生物体中的代谢都具有十分重要的意义。

15.4 酶的化学

15.4.1 酶的概念

酶（enzyme）是一类由生物细胞产生的、具有催化活性的生物大分子。其化学本质主要是蛋白质，极少数是 RNA 等非蛋白质分子。由酶催化的化学反应称为酶促反应，被酶催化的物质称为底物。

15.4.2 酶的分类和命名

1. 酶的分类　酶的种类很多，根据国际生化委员会酶学委员会的建议，酶按其催化反应的类型可分为 6 种：氧化还原酶催化氧化反应和还原反应；转移酶催化某一个基团从一个底物传送到另一个底物的反应；水解酶催化水解反应；裂解酶催化底物裂解为一些小分子；异构酶催化异构化反应；连接酶在腺苷三磷酸的参与下，使两个分子成键连接。

酶按化学组成又可分为单纯酶和结合酶两类。仅由蛋白质构成的酶，称为单纯酶，如淀粉酶、胃蛋白酶等；由蛋白质部分和非蛋白质部分两部分组成的酶，称为结合酶，也称为复合酶。复合酶的蛋白质部分称为酶蛋白；非蛋白质部分称为辅助因子，它是由有机小分子或金属离子构成。与酶蛋白松弛结合的辅助因子称为辅酶（coenzyme），与酶蛋白较牢固结合的辅助因子称为辅基（prosthetic group）。单一的酶蛋白或辅助因子都没有活性，只有两者的复合物才具有酶的催化活性，酶蛋白决定反应的专一性和高效性，辅助因子决定反应的类型和性质。

> **问题 15-9**　下列酶属于什么种类？
> （1）丙酮酸脱羧酶　　　　　（2）糜蛋白酶　　　　　（3）醇脱氢酶

2. 酶的命名　根据国际生物化学联合会酶学委员会于 1961 年提出的"国际系统命名法原则"，每一种酶都有一个习惯名称和一个系统名称。习惯名称有的根据底物，有的根据反应性质，有的将两者结合起来，还有的根据来源等来命名。例如，蛋白酶、胰蛋白酶、氨基酸氧化酶。系统名称要求标明酶的底物及催化反应的性质，因此它由底物名称和反应类型组成。如乳酸脱氢酶的系统命名为：L-乳酸：NAD^+氧化还原酶。

3. 酶催化特点　与一般化学催化剂一样，酶只能催化热力学允许的反应，不影响反应的平衡常数，仅改变反应的途径，降低反应的活化能。除此之外，酶作为生物催化剂，又具有一些特殊的特征：酶催化反应的条件十分温和，机体中多数化学反应在 37℃、常压和接近中性等条件下进行。酶具有高度的催化活性，对于同一反应而言，酶催化的反应速率是非催化反应速率的 $10^8 \sim 10^{22}$ 倍，是一般化学催化剂催化反应速率的 $10^7 \sim 10^{13}$ 倍。例如，糖苷酶催化多糖水解，使其反应速率增快

10^{17} 倍，使反应时间由数百万年缩短到几毫秒。酶具有高度的专一性，一种酶通常只催化一个特定的反应或只作用于一个特定的底物。例如，α-糖苷酶只能水解 α-糖苷键，而不能水解 β-糖苷键；精氨酸酶只能催化含 L-精氨酸的肽链水解，对含 D-精氨酸的肽链则无作用；也有的酶对多种底物起作用，如木瓜蛋白酶能催化多种肽键的水解。

4. 酶的活性中心　酶的这种高效、高度专一的催化特点与酶的活性部位有关。在酶分子中与酶活性密切相关的化学基团称为酶的必需基团，酶的必需基团在空间结构上相互靠近，组成具有特定空间结构的区域，并能与底物特异地结合而将底物转化为产物的区域，称为活性中心。酶的活性中心一般是位于酶表面的、具有三维结构的呈裂缝状的小区域，只占整个酶分子的很小一部分。它可深入到酶分子内部，且多为氨基酸残基疏水基团组成的疏水环境，裂缝的非极性增进了与底物的结合。酶活性中心外的一些必需基团虽不参与酶活性中心的组成，但可维系酶活性中心三维结构的特定空间构象，该构象具有柔性。1890 年，德国化学家费歇尔曾提出酶和底物作用的锁-钥匙模型（图 15-8），虽然其可较好地解释酶对底物的专一性，但后来的诱导契合模型表明，酶的活性部位并不是刚性的，在底物与酶接近时，酶受到底物分子的诱导，其构象发生适合于与底物结合的变化，最终导致酶与底物之间的契合（图 15-9），生成米氏复合物。定向诱导契合使底物的化学键变形或极化，使之更具反应性；底物分子可以"靠近"及"定向"于酶，大大提高了活性中心区域的底物有效浓度，同时使之处于一种有利反应的取向；酶的活性中心具有某些氨基酸残基的 R 基团，这些基团往往是良好的质子供体或受体，在酶催化过程中协同作用，大大增强了催化效果。酶催化反应后，释放出产物的同时酶的构象再逆转，酶回到它的初始状态。

不同的酶，其活性中心也不同，对其作用的底物的空间构型和构象的要求也不同，这就决定了酶具有高度的选择性。

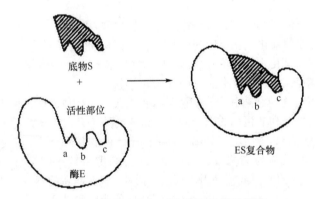

图 15-8　酶和底物相互作用的锁-钥匙模型

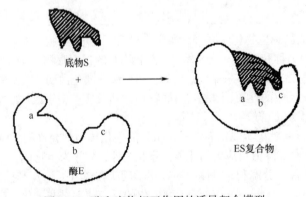

图 15-9　酶和底物相互作用的诱导契合模型

15.5 核　酸

1869 年，瑞士科学家 Miescher 首次从浓细胞核中分离获得一种含磷的酸性物质，当时称为“核素”，20 年后，更名为核酸（nucleic acid）。它控制着生命遗传，支配着蛋白质合成，是生物体遗传的物质基础。

15.5.1 核酸的化学组成

元素分析表明，核酸分子主要由碳、氢、氧、氮、磷等元素组成，其中磷含量较恒定，为 9%～10%，可通过检测样品中磷的含量进行核酸的定量分析。

通常核酸在细胞内主要与蛋白质结合形成核蛋白，水解首先会生成蛋白质和核酸，核酸然后水解成核苷酸（nucleotide），核苷酸进一步水解得到核苷（nucleoside）和磷酸，若经彻底水解则生成戊糖和碱基。

- 核蛋白
  - 蛋白质
  - 核酸 ⟶ 核苷酸
    - 磷酸
    - 核苷
      - 戊糖（核糖或脱氧核糖）
      - 碱基（嘌呤碱和嘧啶碱）

1. 戊糖　核酸中的戊糖有两种：2-脱氧-D-核糖和 D-核糖，均为 β 构型。含有 2-脱氧-D-核糖的核酸称为脱氧核糖核酸（deoxyribonucleic acid，DNA），含有 D-核糖的核酸称为核糖核酸（ribonucleic acid，RNA）。其结构和编号如下：

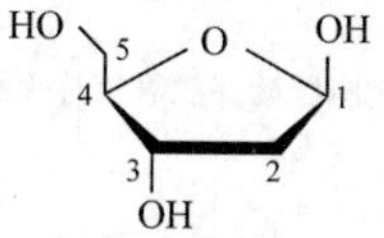

2-脱氧-β-D-核糖

β-D-核糖

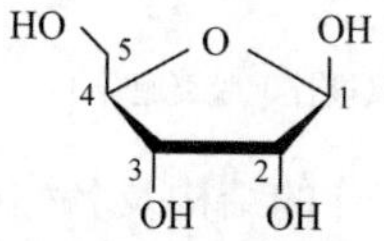

2. 碱基　核酸分子中所含的碱基都为嘌呤和嘧啶的衍生物：嘌呤碱有腺嘌呤（adenine，A）和鸟嘌呤（guanine，G），嘧啶碱有胞嘧啶（cytosine，C）、尿嘧啶（uracil，U）和胸腺嘧啶（thymine，T），结构式如下：

腺嘌呤（A）

鸟嘌呤（G）

胞嘧啶（C）

尿嘧啶（U）

胸腺嘧啶（T）

两类碱基均可发生酮式-烯醇式互变：

鸟嘌呤

烯醇式　　酮式

胞嘧啶

烯醇式　　酮式

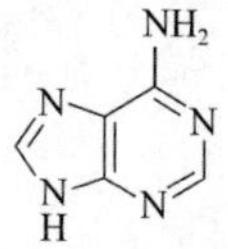

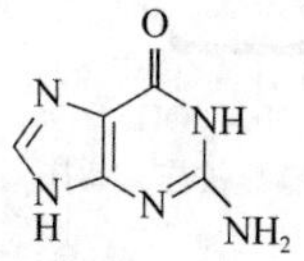

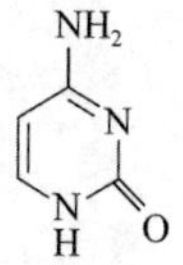

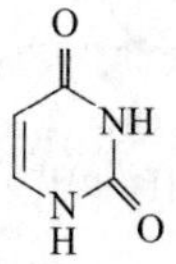

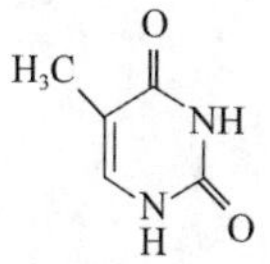

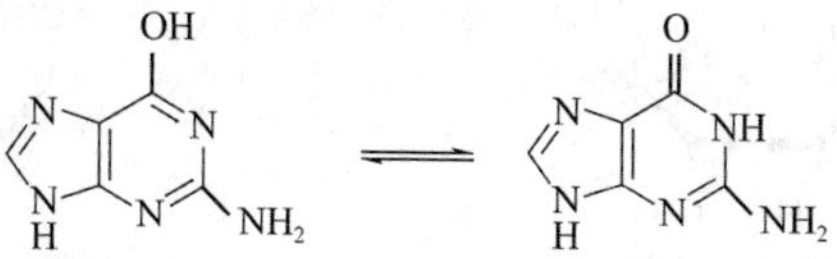

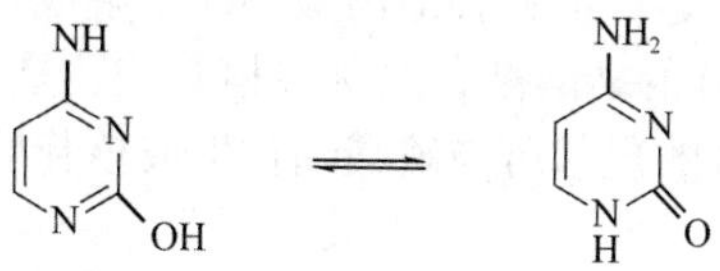

　　通常在生理条件下或者酸性和中性介质中，碱基均以酮式为主要存在形式。

　　DNA 和 RNA 中所含的嘌呤碱相同，但所含的嘧啶碱不同，组成 DNA 的嘧啶碱主要为胞嘧啶和胸腺嘧啶，而组成 RNA 的嘧啶碱主要为胞嘧啶和尿嘧啶。

　　3. 核苷　核苷也是一种糖苷，是由戊糖 1'位 C 上的 β-羟基与嘧啶碱 1 位或嘌呤碱 9 位氮原子上的氢脱水缩合而成的氮苷。核酸中的氮苷键均为 β 型。为避免戊糖表示与碱基中原子编号混淆，规定戊糖环上的原子编号数字总是以带撇数字表示以示区别。

　　对核苷命名时，将碱基放在核苷的前面。如鸟嘌呤核苷（简称为鸟苷）和胞嘧啶-2-脱氧核苷（简称为脱氧胞苷）等。DNA 中常见的四种脱氧核苷结构和名称如下：

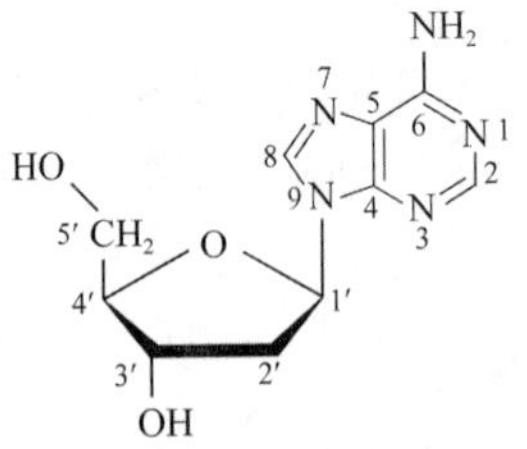

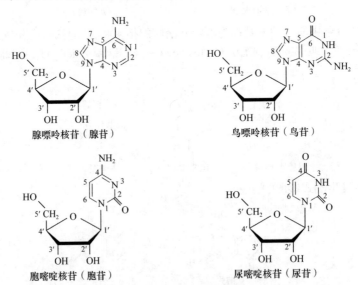

腺嘌呤脱氧核苷（脱氧腺苷） 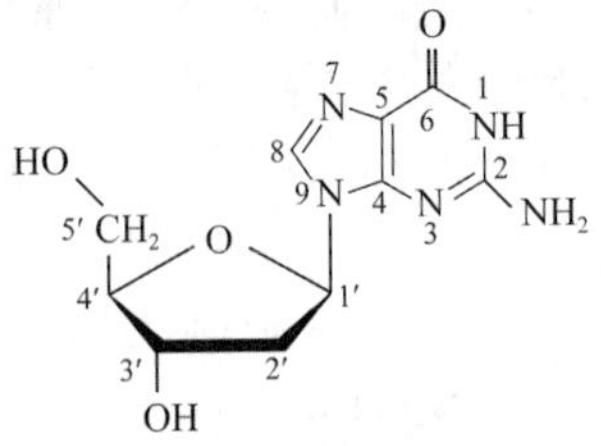　　　　　鸟嘌呤脱氧核苷（脱氧鸟苷）

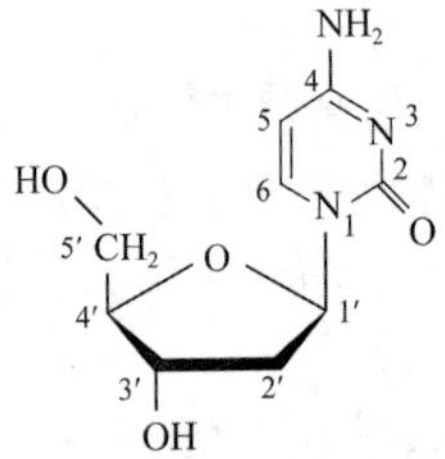

胞嘧啶脱氧核苷（脱氧胞苷） 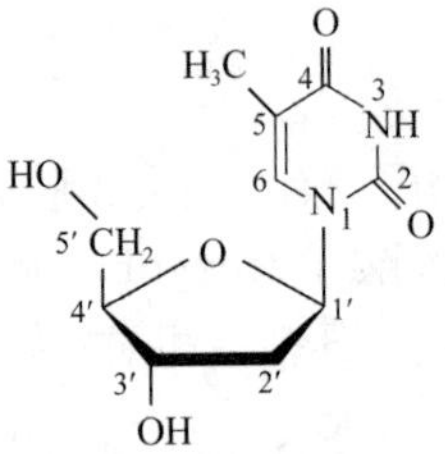　　　　　胸腺嘧啶脱氧核苷（胸苷）

RNA 中常见的四种核苷的结构及名称如下：

腺嘌呤核苷（腺苷）　　　　　鸟嘌呤核苷（鸟苷）

胞嘧啶核苷（胞苷）　　　　　尿嘧啶核苷（尿苷）

　　氮苷与氧苷一样，对碱稳定，但在强酸溶液中能水解成相应的戊糖和碱基。

　　4. 核苷酸　核苷酸是核苷的磷酸酯，又称单核苷酸，是组成核酸的基本单位。核苷分子中的核糖或脱氧核糖的 3'位或 5'位的羟基可与磷酸酯化生成核苷酸，生物体内游离存在的核苷酸主要是

5′-核苷酸。组成 DNA 的核苷酸有脱氧腺苷酸(d-AMP)、脱氧鸟苷酸(d-GMP)、脱氧胞苷酸(d-CMP)和脱氧胸腺苷酸(d-TMP)，组成 RNA 的核苷酸有腺苷酸（ AMP ）、鸟苷酸（ GMP ）、胞苷酸（ CMP ）和尿苷酸（ UMP ）。腺苷酸和脱氧胞苷酸结构如下：

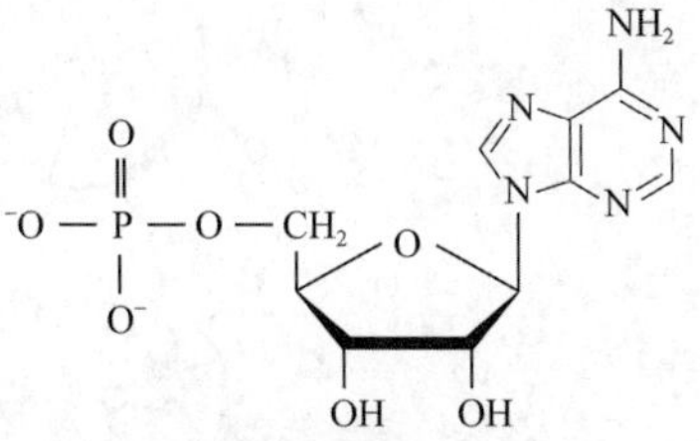

5′-腺苷酸 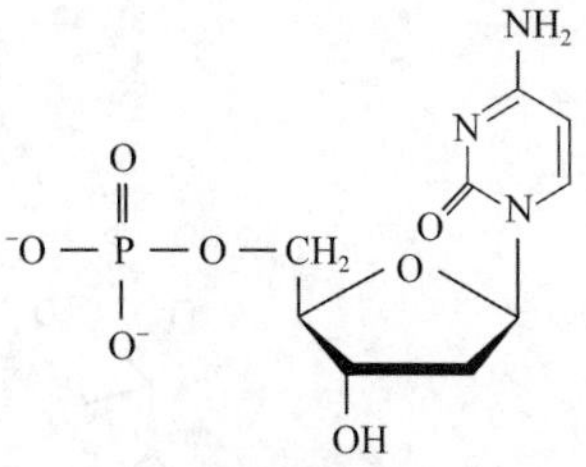　　　　　　　5′-脱氧胞苷酸

问题 15-10　试写出胞苷酸和脱氧鸟苷酸的结构式。

在生物体内，核苷酸除了组成核酸以外，还有一些是以游离态或衍生物形式存在，它们同样具有重要的生理作用。例如，腺苷酸（AMP）在体内能进一步磷酸化生成腺苷二磷酸（ADP）或腺苷三磷酸（ATP），其结构式如下：

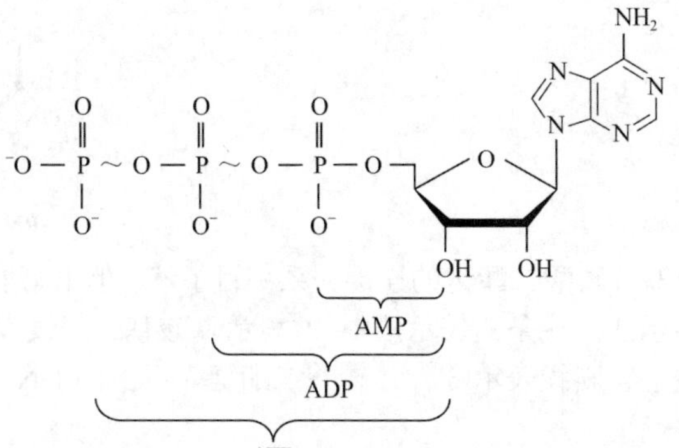

AMP

ADP

ATP

在 ADP 和 ATP 分子中，磷酸与磷酸之间的磷酸酐键具有较高的能量(水解时释放大量的能量)，称为高能磷酸键，用"～"表示。ATP 和 ADP 又称为高能磷酸化合物，高能磷酸化合物是生物体内能量的贮藏、转移和利用的主要形式。

15.5.2　核酸的分子结构

核酸的结构和蛋白质一样，非常复杂，也分为一级结构和空间结构。

1. 核酸的一级结构　核酸的一级结构是指核酸分子中各核苷酸排列的顺序，又称为核苷酸序列。由于核苷酸间的差别主要是碱基不同，故也称碱基序列。无论是 RNA 还是 DNA，都是由一个核苷酸戊糖上 3′-羟基与另一个核苷酸 5′-磷酸酸基脱水缩合形成 3′，5′-磷酸二酯键连接而成的多核苷酸长链大分子。多核苷酸长链的骨架是由磷酸和戊糖组成，每个核苷酸单位上的碱基不参与主链的结构，多核苷酸链连接方向为 5′→3′方向，主链的两端分别称为 5′端（常含游离磷酸基）和 3′端（常含戊糖）。

DNA 和 RNA 中部分核苷酸链结构可用简式表示如下：

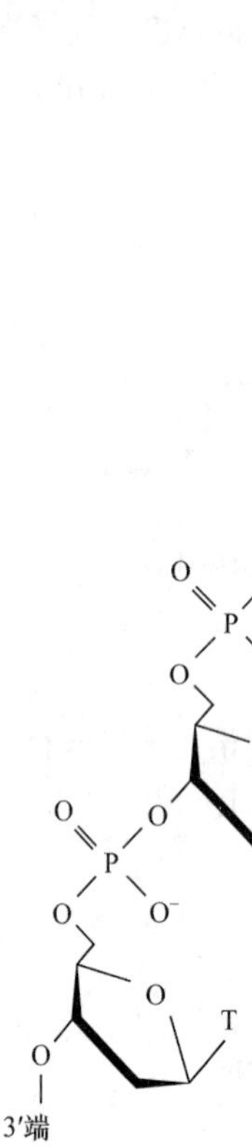

DNA

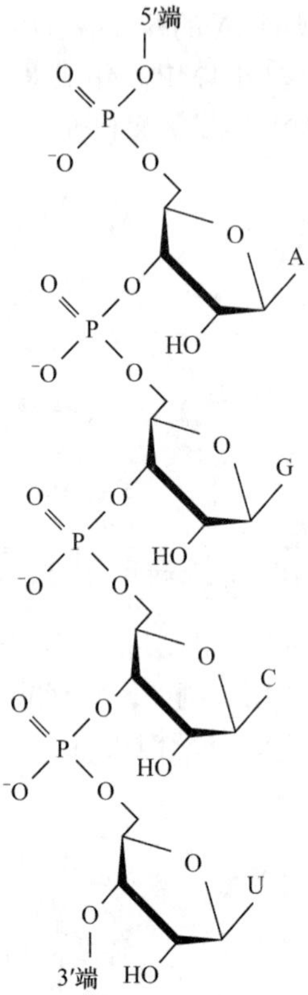

RNA

　　这种表示方法较为直观，磷酸二酯键的连接关系一目了然，但书写麻烦。为了简化书写，常用线条式表示法和字母式表示法。线条式表示法中 P 表示磷酸基，竖线表示戊糖基，表示碱基的相应英文大写字母置于竖线上，斜线表示 3′，5′-磷酸二酯键。以上的 DNA 和 RNA 部分核苷酸链结构可表示如下：

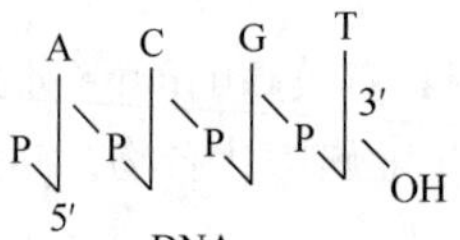

DNA

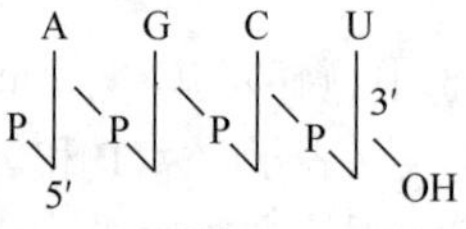

RNA

　　字母式表示法更为简单，书写时用英文大写字母代表碱基，用小写字母 p 代表磷酸残基，核酸分子中的糖基、糖苷基和磷酸二酯键均省略不写，将碱基和磷酸残基相间排列即成，一般 5′端在左侧，3′端在右侧。如上面 DNA 和 RNA 的片段可表示为：

DNA　5′pApCpGpT-OH 3′或 5′ACGT 3′

RNA　5′pApGpCpU-OH 3′或 5′AGCU 3′

　　2. 核酸分子的空间结构　　核酸的空间结构是指多核苷酸链内或链之间通过氢键折叠卷曲而成的构象。

　　（1）DNA 的双螺旋结构：1953 年，美国科学家沃斯顿（E. S. Waston）和英国科学家克里克（Crick）在前人研究的基础上提出了 DNA 双螺旋（double helix）结构模型，揭示了生物遗传的分子奥秘，从而使遗传学的研究深入到分子水平。该模型设想的 DNA 分子是由两条核苷酸链组成，沿着一个共同轴心以反平行（一条以 3′→5′走向；另一条则以 5′→3′走向）盘旋成右手双螺旋结构，螺旋直径为 2000pm[图 15-10（a）]。在双螺旋结构中，亲水的磷酸和脱氧核糖通过 3′，5′-磷酸二酯键相连形成的骨架位于双螺旋的外侧，碱基则垂直于螺旋轴而居于内侧，每一碱基均与其相对应的链上的碱基共处一个平面，且通过氢键结合成对，相邻碱基对平面间距离为 340pm，双螺旋每旋转一圈包含 10 个核苷酸，其螺距为 3400pm。为了产生最有效的氢键，两条核苷酸链之间的碱基必须遵循"互补规律"，即一条链上的嘌呤碱必须与另一条链的嘧啶碱相匹配，才能使碱基对合适地安置在双螺旋内。碱基 A 与 T 相配对，其间形成 2 个氢键，G 与 C 相配对，其间形成 3 个氢键[图 15-10（b）]。这种碱基之间相配对的规律，称为碱基互补或碱基配对规律。若两个碱基均为嘌呤碱时，则体积太大螺旋间无法容纳；两者均为嘧啶碱时，由于两链之间距离太远而难以形成氢键，皆不利于双螺旋的形成。

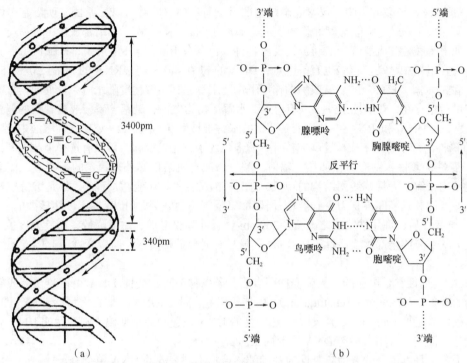

图 15-10　（a）DNA 双螺旋结构示意图；（b）DNA 的反平行双链及碱基配对
（图中 S 代表脱氧核糖，P 代表磷酸）

　　由碱基互补规律可知，当一条多核苷酸链的碱基序列确定后，另一条核苷酸链的碱基序列也就随之明确。这种互补关系对 DNA 复制和信息的传递具有极其重要的意义。

　　碱基间的疏水作用可导致碱基堆积，这种堆积力维系着双螺旋结构的纵向稳定，而维系 DNA 双螺旋结构横向稳定的因素是碱基对间的氢键。

　　DNA 右手双螺旋结构是 DNA 分子在生理 pH 条件和水溶液下最稳定结构，称为 B-DNA，这种结构也是 DNA 二级结构的主要形式。除此之外，DNA 还存在其他的双螺旋结构，如 Z-DNA、A-DNA、D-DNA、E-DNA、C-DNA 等。在双螺旋的基础上，DNA 还可以在空间中进一步盘曲折叠构成 DNA 的三级结构，如双链环形的超螺旋和开链环形等结构。

　　（2）RNA 的二级结构简介：RNA 的二级结构的规律性不如 DNA。有些 RNA 的多核苷酸链，可以形成与 DNA 相似的双螺旋结构，但大多数 RNA 的分子是由一条弯曲的多核苷酸链所构成，其中有间隔着的双螺旋与非螺旋结构部分。在双螺旋区，A 与 U、G 与 C 之间按碱基配对规律形成氢键加以稳定，A 与 U 之间形成 2 个氢键，G 与 C 之间形成 3 个氢键，并形成短的且不规则的双螺旋结构。一般有 40%～70%的核苷酸参与这种螺旋区的形成，其余的一些的核苷酸使链成为从螺旋区中突出的小环（称为突环）。

15.5.3　核酸的理化性质

1. 物理性质　核酸是核苷酸的多聚物，DNA 的相对分子质量在 10^6～10^9 范围内，而 RNA 的

相对分子质量在 $10^4 \sim 10^6$ 范围内。无水的 DNA 为白色纤维状固体，RNA 为白色粉末或结晶。它们都微溶于水，易溶于稀碱中，其钠盐在水中溶解度较大，易溶于 2-甲氧基乙醇中，难溶于乙醇、乙醚、氯仿等有机溶剂。DNA 大多数为线性分子，分子形状极不对称，其长度有的可达几厘米，而直径仅 2 nm，所以溶液的黏度极高，但 RNA 溶液的黏度小得多。

核酸分子因高度的不对称性而具有旋光性，且多为右旋。核酸分子中的碱基具有共轭结构，它们对 260 nm 波段有较强的紫外吸收，该性质常用于核酸、核苷酸、核苷及碱基的定量分析。

2. 酸碱性　核酸分子中不仅含有磷酸基团且含有嘧啶、嘌呤等碱性基团，所以它是两性化合物，但酸性大于碱性。它能与碱性蛋白质或金属离子 Na^+、K^+、Mg^{2+} 等结合成盐，也易与一些碱性染料（如甲苯胺蓝和吡罗红等）结合呈现出各种颜色。在不同的 pH 溶液中，核酸可带有不同的电荷，并可在电场中泳动。核酸也有等电点，DNA 的 pI 在 $4.0 \sim 4.5$，RNA 的 pI 在 $2.0 \sim 2.5$。

3. 酸的水解　核酸在酸、碱或酶的作用下也能水解，其水解程度随水解条件而异。核酸在中性溶液中可稳定存在；在酸性条件下，不稳定，水解产物为戊糖、碱基、磷酸或核苷酸的混合物；在碱性条件下，DNA 和 RNA 中的磷酸二酯键的水解难易程度不同，DNA 在碱性溶液中较稳定，而 RNA 在碱性溶液中易水解成核苷酸或核苷；酶催化的水解比较温和，可以有选择地酶切断某些键。

4. 变性、复性和杂交　在加热、辐射、酸、碱或有机溶剂等外来因素的影响下，核酸分子中双螺旋结构松解为无规则线团结构的现象，称为核酸的变性。在变性过程中，仅是维持双螺旋结构稳定性的氢键和碱基间堆积力受到破坏，而磷酸二酯键不会断裂，所以变性不破坏核酸的一级结构。DNA 分子变性后，理化性质随之改变：260 nm 处紫外吸收增加、黏度降低、比旋光度值下降等，并将失去其部分或全部生物活性。而 RNA 本身只有局部的螺旋区，所以变性引起的性质变化不及 DNA 明显。

DNA 的变性常是可逆的。去除变性因素后，若条件适宜，变性 DNA 可恢复全部或部分双螺旋结构的现象，称为复性（renaturation）。由加热引起变性的 DNA 一般经缓慢冷却后，即可复性，这一过程称为退火（annealing）。如果将热变性的 DNA 快速冷却至低温，则变性的 DNA 分子很难复性，这一性质，可用来保持 DNA 的变性状态。

分子杂交是以核酸的变性与复性为基础的。若将不同来源的 DNA 单链分子放在同一溶液中，或者将单链 DNA 和 RNA 分子放在一起，只要两种单链分子之间存在着一定程度的碱基配对关系，在适宜的条件（温度及离子强度）下，就可以在不同的分子间重新形成双螺旋结构，这个过程称为核酸分子杂交。核酸的杂交技术可以广泛地应用于核酸的结构和功能的研究、遗传性疾病的诊断、肿瘤病因学以及基因工程的研究等。

习　题

15-1　写出下列化合物的结构式或命名。

（1）半胱氨酸　　　　　（2）苯丙氨酸　　　　　　（3）异亮氨酸

（4）天冬氨酸　　　　　（5）甘氨酰亮氨酸　　　　（6）甲硫氨酰谷氨酸

（7）

（8）

（9）

（10）

15-2　完成下列反应式。

（1）$\overset{+}{H_3}NCH_2COO^- + HCl \longrightarrow$　　　　　（2）$\overset{+}{H_3}NCH_2COO^- + NaOH \longrightarrow$

（3）$\underset{\underset{OH}{|}}{CH_2}\underset{\underset{\overset{+}{N}H_3}{|}}{CH}COO^- + CH_3\overset{\overset{O}{\|}}{C}COOH \xrightarrow{\text{氨基转移酶}}$

（4）组氨酰丙氨酰苏氨酸的酸水解反应

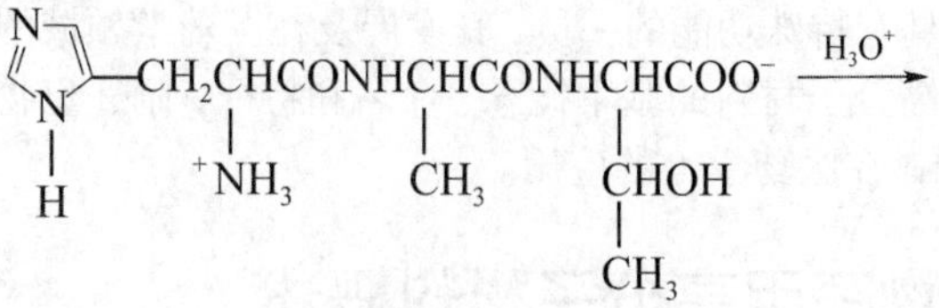

$\xrightarrow{H_3O^+}$

（5） 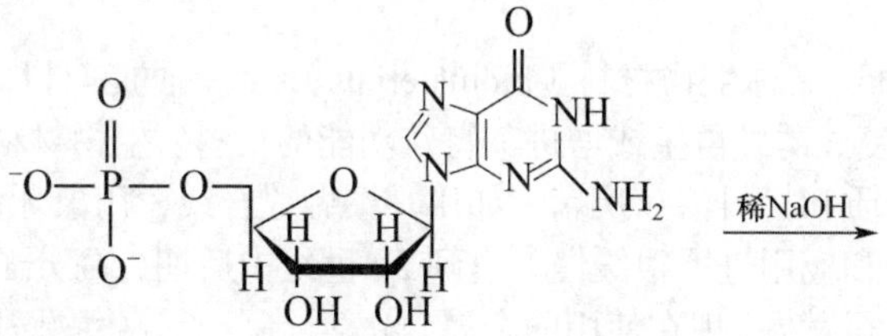
$\xrightarrow{\text{稀NaOH}}$

（6） 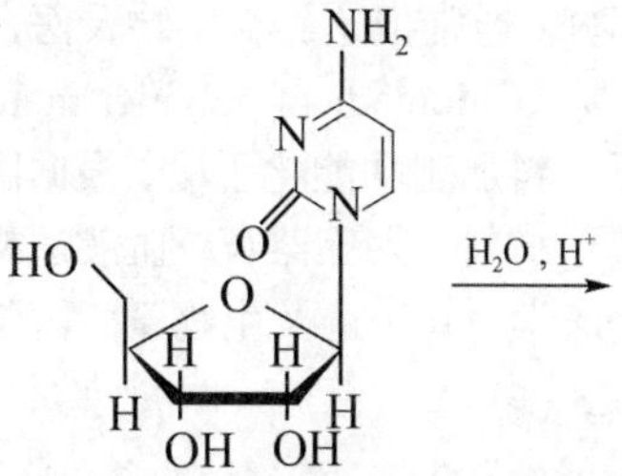
$\xrightarrow{H_2O,\ H^+}$

15-3　写出下列氨基酸在 pH 介质中的主要存在形式。

（1）谷氨酸、丝氨酸在 pH=2 的溶液中。

（2）缬氨酸、赖氨酸在 pH=11 的溶液中。

15-4　将酪氨酸、谷氨酸和组氨酸混合物在 pH=6 时进行电泳，试推测它们的泳动方向。

15-5　某三肽由甘氨酸、亮氨酸和苯丙氨酸组成，部分水解可得到两种二肽：甘-亮和苯丙-甘，试写出该肽中氨基酸的顺序。

15-6　用化学方法区别下列各组化合物。

（1）天冬氨酸和苹果酸　　　　　（2）丝氨酸和乳酸

（3）甘丙肽和谷胱甘肽　　　　　（4）酪氨酸和酪蛋白

15-7　酶催化作用的特点是什么？

15-8　何谓蛋白质变性？变性后的蛋白质与天然蛋白质有什么不同？

15-9　写出 DNA 和 RNA 水解最终产物的名称。二者在化学组成上有何不同？

15-10　维系 DNA 二级结构的稳定因素是什么？

（卫星星）

第16章　生物医用高分子材料

生物医用材料属于生物学、医学、化学、物理学和材料学等学科交叉形成的新兴分支学科，在人工组织或器官的制备、高性能医疗器械的研制、药物新剂型的开发和仿生效应研究等方面具有重要的意义。高分子材料作为生物材料中具有特殊功能的一员，其发展及在医药学领域的应用日益受到人们的关注。本章主要介绍生物医用高分子材料的基本概念、命名和特征，阐述生物医用高分子材料的性质及当前一些重要的高分子材料在医药学上的应用。

16.1　生物医用高分子材料概述

生物医用材料（biomedical materials）又称生物材料（biomaterials），是一种能对机体的细胞、组织或器官进行诊断、治疗、替代、修复、诱导再生或增进其特殊功能的材料。生物材料的发展历史悠久，早在公元前人们就利用天然物质和材料治疗疾病，如用马鬃做缝合线，用象牙修复失牙。由于当时科学不发达，生物材料的研制和应用进展很缓慢。直到20世纪中后期，高分子科学和技术的不断发展推动了生物医用材料的迅猛发展。现在使用的金属、陶瓷、高分子等生物医用材料中，功能性高分子材料是发展最早、应用最广泛、用量最大的部分。通常把这类在生物及医药学方面所使用的具有特定功能的高分子材料统称为生物医用高分子材料（biomedical polymer materials）。它是应用高分子化学的理论、功能高分子的研究方法和高分子材料加工功能化手段，根据医药学的需要来研制的材料。生物医用高分子材料应用广泛，从外科整形材料、人工器官、血液透析装置到介入诊疗装置，从人工敷料、药物包衣材料、组织工程到再生医学，几乎遍及生物学、医学和药学的各个领域。

16.1.1　高分子化合物的组成和结构

高分子化合物是指相对分子质量很大的一类化合物，简称高分子或聚合物（polymer）、高聚物等。高分子化合物相对分子质量虽然很大，但其化学组成比较简单，一般由一种或几种结构简单的低分子化合物通过共价键重复连接而成。聚合物分子的结构式可表示为：[重复单元的结构]$_n$（或用圆括号表示）。如聚氯乙烯（polyvinyl chloride，PVC）是由许多氯乙烯分子聚合形成的长链，其单体为氯乙烯（CH_2=CHCl），其结构式可表示为：

$$\left\{ CH_2 - \underset{\underset{Cl}{|}}{CH} \right\}_n$$

$$\underbrace{\qquad}_{\substack{\text{重复单元} \\ \text{（链节）}}} \quad n = \text{聚合度}$$

尼龙-66，单体为己二胺[$H_2N(CH_2)_6NH_2$]和己二酸[$HOOC(CH_2)_4COOH$]，结构式可表示为：

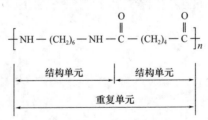

　　聚合度是衡量高分子大小的一个指标，同一种高分子化合物所含的链节数目并不相同。如常用的聚氯乙烯的相对分子质量为（5～15）万，链节相对分子质量为 62.5，则可标出其平均聚合度为 800～2400。天然的或合成的高分子化合物实际上是由许多链节结构相同、聚合度不同的高分子化合物所组成的混合物。所以高分子化合物的分子量和聚合度实际上都具有平均意义。

16.1.2　高分子化合物的分类和命名

　　高分子化合物的种类繁多，并且不断增加。其分类和命名的方法也很多。

　　1. 高分子化合物的分类　按来源、聚合物的性能和用途、聚合物的主链结构等分为下列四类。

　　1）按来源分类：高分子化合物可分为天然高分子化合物和合成高分子化合物两大类。天然高分子化合物包括天然橡胶类、多糖类、多肽类、核酸类、蛋白质类等。合成高分子化合物包括碳链高分子化合物如聚苯乙烯、杂链高分子化合物如聚酰胺、无机高分子化合物如聚磷酸酯类。

　　2）按聚合物的性能和用途分类：高分子化合物可分为塑料用聚合物、合成橡胶用聚合物、合成纤维用聚合物和其他聚合物四类。

　　3）按聚合物主链结构的化学组成分类：高分子化合物可分为碳链高分子、杂链高分子、元素有机高分子和无机高分子等。

　　（1）碳链高分子：主链完全是由碳原子构成的，如聚乙烯（polyethylene，PE）和聚氯乙烯。

$$\left.\left[\mathrm{CH_2-CH_2}\right]\!\!\right]_n \qquad \left.\left[\mathrm{CH_2-\underset{\underset{\mathrm{Cl}}{|}}{CH}}\right]\!\!\right]_n$$

聚乙烯　　　　　　　　　聚氯乙烯

　　（2）杂链高分子：主链除碳原子外，还含有氧、氮、硫等其他原子，如聚酯和聚酰胺等。

$$\left[\!\!\left.\underset{}{\overset{O}{\underset{||}{C}}-R-\overset{O}{\underset{||}{C}}-O-R'-O}\right]\!\!\right]_n \qquad \left[\!\!\left.\overset{O}{\underset{||}{C}}-R-\overset{O}{\underset{||}{C}}-\overset{H}{\underset{}{N}}-R'-\overset{H}{\underset{}{N}}\right]\!\!\right]_n$$

聚酯　　　　　　　　　　　聚酰胺

　　（3）元素有机高分子：主链完全由杂原子构成，而侧链含有有机基团，如聚二甲基硅氧烷。

$$\left[\!\!\left.\underset{\underset{\mathrm{CH_3}}{|}}{\overset{\overset{\mathrm{CH_3}}{|}}{Si}}-O\right]\!\!\right]_n$$

聚二甲基硅氧烷

　　（4）无机高分子：无论是主链还是侧链均无碳原子，完全由其他原子构成，如聚氯化磷腈。

$$\left[\!\!\left.N=\overset{\overset{\mathrm{Cl}}{|}}{P}-N\right]\!\!\right]_n$$

聚氯化磷腈

　　4）按其几何结构形态分类：高分子化合物可分为线型高分子、支链型高分子和体型高分子。线型高分子是最基本的形式，即组成高分子链的链节按直线型连接。如果呈直线型连接的链上有很多分支，则称为支链型高分子。如果分子链和分子链之间通过化学键相互交联起来，即形成了三维空间结构聚合物，称为体型高分子。

　　线型高分子和体型高分子在性质上有很大差别，线型高分子多为柔性的，一般总是以卷曲的形式存在，可在适当的溶剂中溶解。而体型高分子多为刚性的，在溶剂中只能溶胀。

　　2. 高分子化合物的命名　高分子化合物的命名多采用普通命名法。

（1）以单体名称或假想单体名称为基础，前面冠以"聚"字：如乙烯单体的聚合物称为聚乙烯，而聚乙烯醇是以假想单体乙烯醇为基础命名的。一般碳链聚合物多以此方法命名。

（2）以单体名为基础，后缀加"树脂"或"橡胶"二字：如以苯酚和甲醛为单体的聚合物称为酚醛树脂，以丁二烯和苯乙烯为单体的聚合物称为丁苯橡胶。

（3）某些聚合物以大分子主链中所含特征基团命名：大分子主链中含有酯基的聚合物称为聚酯，如以乙二醇与对苯二甲酸为单体的聚合物称为聚对苯二甲酸乙二（醇）酯。大分子主链中含有酰胺基的聚合物称为聚酰胺，如以己二酸和己二胺为单体的聚合物称为聚己二酰己二胺等。

（4）商业名称：聚合物的一般名称比较冗长，使用不方便，有些聚合物常用商品名。如聚对苯二甲酸乙二（醇）酯的商品名为涤纶，聚己二酰己二胺称尼龙-66，聚丙烯腈称腈纶，聚甲基丙烯酸甲酯称有机玻璃。聚合物的名称也常用英文缩写符号表示，常见高分子化合物的商品名称及英文缩写名称如表 16-1 所示。

表 16-1 常见高分子的商品名称及缩写代号

高聚物	习惯名称或商品名称	缩写代号	高聚物	习惯名称或商品名称	缩写代号
聚乙烯（polyethylene）		PE	聚乙烯醇缩甲醛（polyvinyl formal）	维尼纶	PVFM
聚丙烯（polypropylene）	丙纶	PP	聚甲基丙烯酸甲酯（polymethyl methacrylate）	有机玻璃	PMMA
聚氯乙烯（polyvinyl chloride）	氯纶	PVC	聚氯丁二烯（polychloroprene）	氯丁橡胶	PCP
聚丙烯腈（polyacrylonitrile）	腈纶	PAN	酚醛树脂（phenolic resin）	电木	PF
聚四氟乙烯（polytetrafluoroethylene）	塑料王，铁氟龙	PTFE	硝化纤维素（nitrocellulose）	硝酸纤维素塑料（赛璐珞）	NC
聚己内酰胺（polycaprolactam）	尼龙-6 或锦纶 6	PA-6	丙烯腈-丁二烯-苯乙烯共聚物（acrylonitrile-butadiene-styrene copolymer）	ABS 树脂	ABS
聚己二酰己二胺（polyhexamethylene adipamide）	尼龙-66 或锦纶 66	PA-66	聚对苯二甲酸乙二醇酯（polyethylene terephthalate）	涤纶	PET

16.1.3　高分子化合物的合成方法

高分子化合物可由单体相互作用而成。合成的基本反应有两类：一类叫加成聚合反应（简称加聚），另一类叫缩合聚合反应（简称缩聚）。

1. 加聚反应　通过对不饱和键的加成作用而引起的聚合反应，称为加聚反应。由加聚反应生成的聚合物称为加聚物。加聚反应又可分为两类：均聚反应和共聚反应。

仅由一种单体相互加成的加聚反应称为均聚反应，由均聚反应生成的聚合物称为均聚物。例如：

$$n\,CH_2=C-CH=CH_2 \longrightarrow \text{（}CH_2-C=CH-CH_2\text{）}_n$$
$$\qquad\qquad | \qquad\qquad\qquad\qquad |$$
$$\qquad\quad CH_3 \qquad\qquad\qquad\quad CH_3$$

异戊二烯　　　　　　　聚异戊二烯（天然橡胶）

$$\qquad\quad CH_3 \qquad\qquad\qquad\quad CH_3$$
$$\qquad\qquad | \qquad\qquad\qquad\qquad |$$
$$n\,CH_2=C \longrightarrow \text{（}CH_2-C\text{）}_n$$
$$\qquad\qquad | \qquad\qquad\qquad\qquad |$$
$$\qquad\quad COOCH_3 \qquad\qquad\quad COOCH_3$$

甲基丙烯酸甲酯　　　　聚甲基丙烯酸甲酯

由两种或多种单体参与的加聚反应称为共聚反应，反应得到的聚合物称为共聚物。例如：

$$n\ CH_2 = CH_2\ +\ n\ CH_2 = \underset{\underset{OCOCH_3}{|}}{CH}\ \longrightarrow\ \underset{\underset{OCOCH_3}{|}}{+\ CH_2 - CH - CH_2 \ \mathclose{\Big)}_n}$$

乙烯　　　　　　乙酸乙烯酯　　　　　　　乙烯-乙酸乙烯酯共聚物

加聚反应中没有低分子化合物产生，生成的聚合物与单体具有相同的化学组成，仅电子结构发生变化，其分子量为单体的整数倍。

2. 缩聚反应　通过一种或几种具有两个或两个以上官能团的单体，以相互缩合的方式而发生的聚合反应，称为缩聚反应。由缩聚反应生成的聚合物，称为缩聚物。缩聚反应也可以分为两类：只由一种单体所引起的缩聚反应称为均缩聚反应，由两种或两种以上单体所引起的缩聚反应称为共缩聚反应。例如：

$$n\ HO - \underset{\underset{CH_3}{|}}{\overset{\overset{CH_3}{|}}{Si}} - OH\ \longrightarrow\ +\underset{\underset{CH_3}{|}}{\overset{\overset{CH_3}{|}}{Si}} - O\ \mathclose{\Big)}_n\ +\ (n-1)\ H_2O$$

二甲基硅醇　　　　　　聚二甲基硅醚

$$n\ HOOC - \!\!\left\langle \bigcirc \right\rangle\!\! - COOH\ +\ n\ HO - CH_2CH_2 - OH\ \longrightarrow\ \left[\overset{O}{\overset{\|}{C}} - \!\!\left\langle \bigcirc \right\rangle\!\! - \overset{O}{\overset{\|}{C}} - OCH_2CH_2O\right]_n\ +\ n\ H_2O$$

对苯二甲酸　　　　　　乙二醇　　　　　　　　聚对苯二甲酸乙二酯（涤纶）

缩聚反应过程中有低分子物质析出，生成的聚合物结构单元要比单体少若干原子，所以缩聚物的分子量就不是单体分子量的整数倍。

> **问题 16-1**　举例说明加聚反应和缩聚反应，这两种聚合反应有什么不同？

16.2　生物医用高分子化合物的性质

从低分子化合物到高分子化合物，由于分子量的巨大变化而引起了质的改变，高分子化合物产生了不同于低分子化合物的特殊性质。

16.2.1　生物医用高分子化合物的物理性质

1. 不挥发性　低分子化合物一般存在气态、液态和固态三种形态。而聚合物没有气态，只有固态和液态两种形态。一般高聚物由于相对分子质量大（一般为 $10^4 \sim 10^7$），分子链长，分子间作用力大，聚合物分子不能气化，因而不能用蒸馏的方法加以纯化。

2. 良好的机械强度和高分子链的柔顺性　高分子化合物往往是由几万或几十万个原子组成，分子间引力大，特别是当高分子链包含极性基团或分子间存在氢键时，分子间的引力更大，因此具有较好的机械强度。

线性高分子的分子链很长，由于原子间的 σ 键可以自由旋转，分子链可以自由旋转，使得每个链接的相对位置可以不断变化，这种性能称为高分子链的柔顺性。具有柔顺性的高分子在被拉伸时分子链被拉直，当外力消除后又卷曲收缩，因此具有弹性。

3. 良好的绝缘性能　聚合物的分子间彼此以共价键结合，不电离，故有良好的绝缘性能。

4. 结晶性较差　聚合物在开始固化时，由于分子链长，沿高聚物的长链完全定向排列成非常规整的结晶非常困难。因此聚合物不容易形成完整的结晶，而是多分为晶区和非晶区。在晶区内链段排列整齐，在非晶区内往往不规则。聚合物在热熔时呈非晶态，如果将其拉伸，非晶区内的链段被强制伸长，链段进一步作规整排列，这样整个分子可以保持较高的抗张强度，可形成坚韧而又能弯曲的纤维材料。

16.2.2 生物医用高分子化合物的化学性质

1. 交联 聚合物在光、热、辐射或交联剂的作用下分子链间形成共价键，产生凝胶或不溶物，这类反应过程称为交联。交联反应往往为聚合物提供了许多优异性能，如提高聚合物的强度、弹性、硬度、稳定性等。例如，不饱和聚酯的固化过程就是一种交联反应。在聚合物链上有不饱和键的低分子聚合物，它需要由线型聚合物转化为体型聚合物才有使用价值，这一过程即"固化"，常采用烯类单体（如丙烯腈）进行共聚而交联完成。

$$
\cdots O-\overset{\overset{\displaystyle O}{\|}}{C}-CH=CH-\overset{\overset{\displaystyle O}{\|}}{C}-O\cdots \\
+ \; mCH_2=CH-CN \\
\cdots O-\overset{\overset{\displaystyle O}{\|}}{C}-CH=CH-\overset{\overset{\displaystyle O}{\|}}{C}-O\cdots
\longrightarrow
$$

2. 降解 聚合物分子长链，在一定条件下被分裂成较小部分的反应过程，称为降解。降解过程可在物理、化学或生物因素影响下发生。引起降解的化学因素主要有水解、酸解及氧化降解等方式。这一过程可用于从天然高分子化合物制取有价值的小分子物质。例如，从淀粉、纤维素制取葡萄糖，从蛋白质制取氨基酸等。降解也可以用于回收单体、制取新型聚合物及研究聚合物的化学结构等。

（1）水解：大多数杂链高分子化合物都能与水作用而发生分解反应，如聚酯和聚酰胺都可以水解。

$$
\sim\!\!\!\sim CH_2-O-\overset{\overset{\displaystyle O}{\|}}{C}-CH_2 \sim\!\!\!\sim + H_2O \xrightarrow{\text{水解}} \sim\!\!\!\sim CH_2OH + HO-\overset{\overset{\displaystyle O}{\|}}{C}-CH_2 \sim\!\!\!\sim
$$

（2）酸解：以羧酸代替水使高分子裂解的叫做酸解作用。此时羧酸中的酰基便相当于水中的氢原子。

$$
\sim\!\!\!\sim NH-(CH_2)_m-NH \; \vdots \; CO-(CH_2)_n-CO \\
RCO \; \vdots \; OH
\xrightarrow{\text{酸解}}
$$

$$
\sim\!\!\!\sim NH-(CH_2)_m-NHCOR + HOOC-(CH_2)_n-CO \sim\!\!\!\sim
$$

（3）氧化降解：在高分子的结构中，如含有易被氧化的基团时（如双键、羟基、醛基等），与氧化剂作用就容易发生氧化裂解。例如，橡胶与氧气作用可得到不稳定的过氧化物，易发生碳链断裂而降解。

$$
\sim\!\!\!\sim CH_2-\underset{\underset{\displaystyle CH_3}{|}}{C}=CH-CH_2 \sim\!\!\!\sim + O_2 \xrightarrow{\text{氧化}} \sim\!\!\!\sim CH_2-\underset{\underset{\displaystyle CH_3}{|}}{\overset{\overset{\displaystyle O \; \vdots \; O}{|\quad|}}{C}} \; CH-CH_2 \sim\!\!\!\sim
$$

$$
\xrightarrow{\text{降解}} \sim\!\!\!\sim CH_2-\underset{\underset{\displaystyle CH_3}{|}}{\overset{\overset{\displaystyle O}{\|}}{C}} + \overset{\overset{\displaystyle O}{\|}}{HC}-CH_2 \sim\!\!\!\sim
$$

研究高分子化合物的交联和降解作用，一方面可以控制高分子的老化过程，合成一些不易降解的高分子化合物，以延长高分子材料的使用寿命；另一方面也正是由于某些高分子容易降解而具有特殊的用途。例如，有些羟基脂肪酸的聚合物，如聚乳酸、聚羟基乙酸等，较容易水解，可用作外科缝合线。伤口愈合后不必拆线，在生物体内可被水解降解为无害的乳酸，参与到正常的代谢循环中，被排出体外。

16.2.3　生物医用高分子化合物的生物相容性

1. 生物相容性的概念　生物相容性（biocompatibility）是生物医用材料与人体之间相互作用产生各种复杂的生物、物理、化学反应的一种概念。主要是指：在特殊应用中，材料、医用装置或治疗系统能完成其功能，但又不会在临床上明显地引起宿主的反应。生物医用高分子材料在各种人工器官、辅助装置、缓释降解载体、微囊等方面的研究和应用，为临床上一些不可逆的脏器、组织的功能损伤性疾病创造了有效的治疗方法和治疗手段。但所用的各种生物医用材料都必须具有优良的生物相容性才能被人体所接受，并保证临床使用的安全性。植入人体内的生物医用材料及各种人工器官、医用辅助装置等医疗器械，必须对人体无毒性、无致敏性、无遗传毒性和无致癌性，对人体组织、血液、免疫等系统不产生不良反应。因此，材料的生物相容性的优劣是生物医用材料研究中首先考虑的重要问题。

2. 生物相容性的分类和要求　生物医用材料的生物相容性按材料接触人体部位的不同可分为两类：组织相容性和血液相容性（图 16-1）。

（1）组织相容性：组织相容性要求医用材料植入体内后与组织、细胞接触无任何不良反应。当医用材料与生物体组织接触时，局部的组织对异物将产生一种正常的机体防御性应答反应，生物体为了适应和保护自己，会在材料表面逐渐形成一层包膜。若植入物无毒性，组织相容性好，则植入物逐渐被淋巴细胞、成纤维细胞和胶原纤维包裹，形成纤维性包膜囊。半年或一年后该包膜囊变薄，囊壁中的淋巴细胞消失，形成无炎症反应的正常包膜囊。若植入材料的组织相容性差，就会刺激局部组织细胞形成慢性炎症，材料周围的包囊壁增厚，最终会影响材料的使用，甚至会产生不良后果。

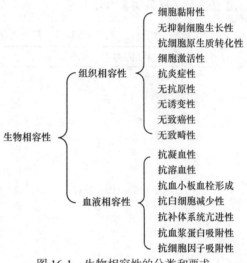

图 16-1　生物相容性的分类和要求

（2）血液相容性：生物医用材料与血液接触时，将产生一系列生物反应，表现为材料表面出现血浆蛋白被吸附，血小板被黏附、聚集、变形，凝血系统、纤溶系统被激活，最终形成血栓。因此要求制造人工心脏、人工血管、人工心血管的辅助装置及各种进入或留置血管内与血液直接接触的导管、功能性支架等医用装置的生物医用材料必须具备优良的血液相容性。

> **问题 16-2**　生物医用高分子化合物的化学性质有哪些？请举例说明。

16.3　生物医用高分子材料在医药学上的应用

16.3.1　生物医用高分子材料的条件要求

生物医用高分子材料来源广泛，既可以来源于天然产物，又可以人工合成。但作为生物医用的高分子材料又和其他用途的高分子不同，有着更为严格的要求。除了必须从原料开始，严格精密细致地专门制造外，还应该符合以下的要求：

（1）生物相容性好。

（2）化学稳定性好，人工替代物植入体内，长期浸泡在体液和血液中，不会因与体液接触而发生反应,不会老化变质。

（3）对机体无毒,不会引起炎症、过敏、异物反应或干扰机体的免疫机制,无致癌作用。

（4）具有抗血栓性,不会在材料表面凝血。

（5）物理机械性能好,能满足生理功能和使用环境的要求。

（6）能耐受必要的清洁消毒措施而不致影响生物学性能。

（7）成型加工性能好,易加工成各种复杂形状的制品。

16.3.2 生物医用高分子材料在医学上的应用

生物医用高分子材料在医学上的应用主要包括:用于制造人工组织和人工器官的高分子生物材料,以及用来制造医疗过程中各种体外用的器具和用品。

医用高分子材料可分为合成高分子生物材料和天然高分子生物材料两类。合成高分子生物材料主要包括聚乙烯、聚丙烯、聚丙烯酸酯、芳香聚酯、聚硅氧烷、聚甲醛等。天然高分子生物材料主要包括胶原、线性脂肪族聚酯、甲壳素、纤维素、氨基酸、聚乳酸、聚乙醇酸、聚己内酯等。常见的医用高分子材料如表 16-2 所示。

表 16-2 常见医用高分子材料在医学上的应用

代用品名称	医用高分子材料
人工脑硬膜	硅橡胶、聚四氟乙烯等
人工头盖骨	聚甲基丙烯酸甲酯、聚苯乙烯磺酸钠等
人工角膜	硅橡胶、聚甲基丙烯酸甲酯等
人工心脏	聚氨酯橡胶、硅橡胶、聚四氟乙烯等
人工瓣膜	聚氨酯橡胶、硅橡胶、聚四氟乙烯等
心脏起搏器	硅橡胶、环氧树脂等
人工喉、食管、胆道、尿管	硅橡胶、聚四氟乙烯、聚乙烯等
人工血管	涤纶、聚四氟乙烯、聚乙烯醇缩甲醛海绵等
人工血浆	水凝胶、聚乙烯醇、聚乙烯吡咯烷酮等
人工膀胱	硅橡胶等
人工乳房	聚乙烯醇缩甲醛海绵、硅橡胶海绵、涤纶等
宫内节育器	硅橡胶、乙烯-乙酸乙烯酯共聚物等
人工耳、鼻、关节	硅橡胶、聚乙烯等
隐形眼镜	聚甲基丙烯酸-β羟基乙酯、硅橡胶等
齿科材料	聚甲基丙烯酸酯类、硅橡胶等
人工肾	水凝胶、醋酸纤维素等
膜状人工肺	聚乙烯膜、聚四氟乙烯膜、硅橡胶等
外科黏合剂	α-氰基丙烯酸酯类等
外科缝线	聚对苯二甲酸乙二酯、乙交酯-丙交酯共聚物等

1. 合成高分子生物材料 合成高分子材料的应用可分为两个方面:一是生物惰性聚合物与细胞或组织复合,形成具有特定功能的聚合物——生物组织杂化的人工器官;二是具有生物降解性能的聚合物与细胞或组织复合,聚合物起暂时支架的作用,在组织生长过程中,聚合物逐步降解,最终获得与人体组织完全一样的组织。

（1）聚乙烯:是链状非极性分子,具有优异的物理机械性能,化学稳定性、耐水性和生物相容性均良好,无毒、无味,植入体内无不良反应,因此在医用高分子领域中应用广泛,是耗量最大的一个品种。超高相对分子质量聚乙烯耐磨性强,摩擦系数很小,蠕动变形少,有高度的化学稳定性和疏水性，是制作人工髋、肘、指关节的理想材料。高密度聚乙烯还可用来制作人工喉、人工尿道、人工骨、矫形外科修补材料及一次性医疗用品。

（2）聚氯乙烯：有良好的耐化学药品及耐有机溶剂的性能，在常温下对酸、稀碱及盐稳定。机械性能和电性能良好，但耐光和热的稳定性较差。聚氯乙烯的性能可以通过添加增塑剂来改善。聚氯乙烯大量用作贮血、输血袋；可用于制作血液导管、人工腹膜、人工尿道、袋式人工肺（氧合袋）、心血管及人工心脏等。

（3）聚四氟乙烯：在高分子材料中有"贵金属"之称。它是高度结晶的聚合物，密度高，摩擦系数很小，耐热性极好，化学稳定性极强，对强酸、强碱和各种有机溶剂化学稳定性极强，所以又有"塑料王"之称。聚四氟乙烯由于其独特的性能和良好的生物相容性。在生物医学工程中可用于制作人工心、肺，人工血管，人工心瓣膜，各种人工管形脏器如人工气管、食管、尿道和人工腹膜、脑硬膜及人工皮肤等。

（4）聚丙烯酸类化合物：包括聚丙烯酸、聚甲基丙烯酸及聚甲基丙烯酸甲酯（PMMA）等。其单体结构可用下式表示：

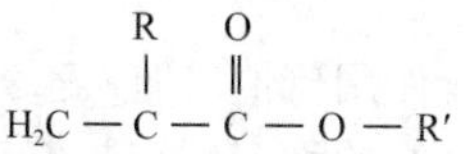

$$H_2C - \underset{\underset{H}{|}}{\overset{\overset{R}{|}}{C}} - \overset{\overset{O}{\|}}{C} - O - R'$$

R＝R′＝H时，　　丙烯酸
R＝CH₃，R′＝H时，　甲基丙烯酸
R＝R′＝CH₃时，　　甲基丙烯酸甲酯

这类材料具有良好的强度、韧性、粘连性和生物相容性，多用来制作硬质接触眼镜片、人工晶状体、人工颅骨、齿科修复及骨关节假体的充填黏合剂或黏着固定剂。亲水性有机玻璃聚甲基丙烯酸羟乙酯（PHEMA），在水中浸泡后成为含水率 38% 的水凝胶，是最早制作接触眼镜片的材料。用 PHEMA 粉末与聚氧化乙烯形成的凝胶薄膜可用作烧伤敷料。

（5）硅橡胶：属于元素高分子，又称聚有机硅氧烷，其结构通式为：

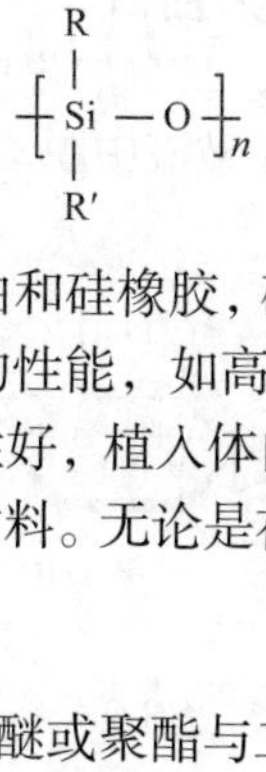

$$\left[\begin{array}{c} R \\ | \\ Si - O \\ | \\ R' \end{array} \right]_n$$

根据其形态或相对分子质量可分为硅油和硅橡胶，硅油的相对分子质量较低，而硅橡胶的相对分子质量较高。硅橡胶和硅油，都有优异的性能，如高弹性、高表面活性、抗水性、热稳定性等。

硅橡胶有优异的生理特性，生物相容性好，植入体内无不良反应，耐生物老化，长期植入体内物理性能变化甚微，是理想的医用高分子材料。无论是在人工脏器还是在各种医疗用品中，硅橡胶的应用最为广泛。

（6）聚氨酯（polyurethane，PU）：是聚醚或聚酯与二异氰酸酯（O＝C＝N—R—N＝C＝O）缩聚产物的总称，其高分子主链上含有氨基甲酸酯基团（—O—$\overset{\overset{O}{\|}}{C}$—NH—）。聚氨酯具有优异的力学强度、高弹性、耐磨性、耐撕裂性、耐疲劳性、润滑性、生物相容性、可加工性等性能，因此被广泛用作生物材料。聚氨酯在医学上的应用主要有：

1）人工脏器膜和医疗器械：聚醚型嵌段聚氨酯由于优良的水解稳定性、血液相容性，其强度又优于硅橡胶，因此在医用弹性体中占主导地位，如用于制作血泵和人工血管、心脏助动器、人工心室、人工心瓣膜、诊断和治疗导管、心脏起搏器等。

2）人工皮及假肢：聚氨酯软泡富有弹性且通透性好，适于制作人工皮，而且这种人工皮可促使人体自体皮的生长。聚氨酯有优良的挠曲性，是制作轻便耐用假肢的理想材料。

3）骨折复位固定材料：人体骨折复位治疗后要进行固定，以前用石膏绷带，但石膏质重、强度低、透气性差、不耐水、对皮肤有刺激作用、不透 X 射线，这不但给复位固定操作的医生带来诸多不便，而且给患者造成难以忍受的痛苦。而聚氨酯制成的矫形绷带强度大、质量轻、有良好的透气性和耐水性、固化速度快、操作简便、X 射线的透射性好，所以用它对骨折患者复位进行固定，不但大大减轻患者的痛苦，而且骨科医生操作简便。

4）聚氨酯软组织黏合剂：近十年来快速固化的聚氨酯软组织黏合剂有新的发展，已用于心血管外科涂料，防止缝合渗血。

5）可降解的聚氨酯和聚氨酯水凝胶：以草酸酯为基础的可降解聚氨酯，已用于处理动脉瘤材料和作医用黏合剂。

6）其他用途：此外聚氨酯还可用于人工气管、气囊、膜式肺和锁骨下双腔的插管材料，用于急性呼吸不足治疗和透析治疗等。

（7）环氧树脂：一般是 2,2'-（4,4'-二羟基二苯基）丙烷和环氧氯丙烷为原料的缩聚物。其结构如下：

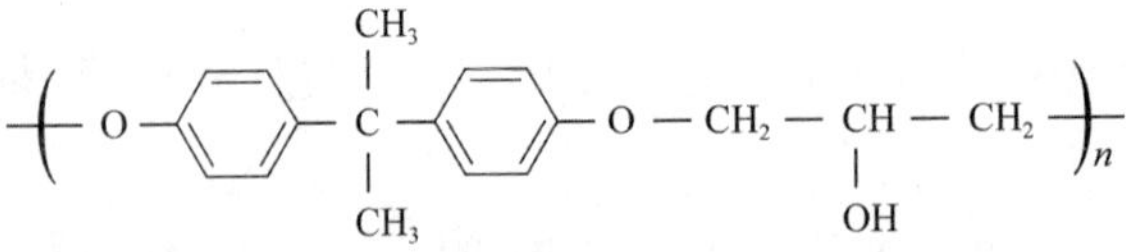

$$\left[\!\!-O-\!\!\left\langle\!\!\bigcirc\!\!\right\rangle\!\!-\overset{\overset{\displaystyle CH_3}{|}}{\underset{\underset{\displaystyle CH_3}{|}}{C}}-\!\!\left\langle\!\!\bigcirc\!\!\right\rangle\!\!-O-CH_2-\underset{\underset{\displaystyle OH}{|}}{CH}-CH_2-\!\!\right]_n$$

环氧树脂是一种热塑性树脂，在未加硬化剂前，无使用价值。加入乙二胺等硬化剂后，与环氧基作用生成体型的热固型树脂。硬化后的环氧树脂有良好的稳定性和黏着力，完全硬化后的树脂无臭无味、亦无毒性，可用于口腔材料，以及电子显微镜技术中超薄切片的包埋剂。

2. 天然高分子生物材料　常用的天然高分子材料主要包括多糖和蛋白质材料两大类。这类材料由于它们直接来自生物体内，具有很好的生物相容性，是较理想的生物医用材料。但其缺点是来源有限，价格较昂贵，加工过程中质量难以控制、性能变化与结构变化不成比例等。因此，其应用受到一定程度的限制。

（1）甲壳素（chitin）：又名甲壳质、壳蛋白，是一种类似于植物纤维的多糖类生物高分子，普遍存在于虾、蟹及昆虫等的甲壳中，是自然界中最为丰富的生物高分子之一。甲壳素常与蛋白质以共价键结合的形式存在。甲壳素在碱液中脱乙酰基即得壳聚糖（chitosan），其分子结构见图 16-2。

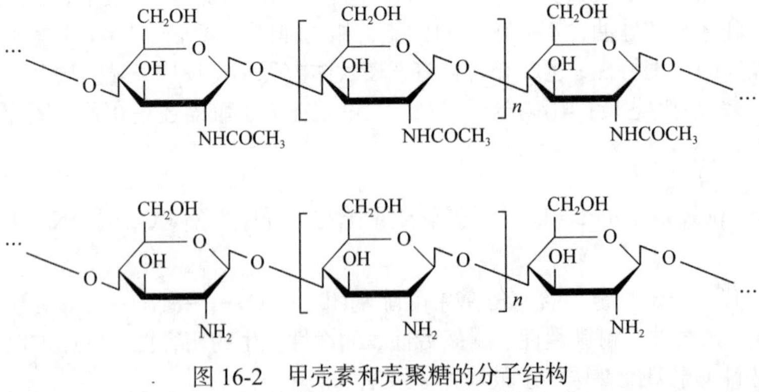

图 16-2　甲壳素和壳聚糖的分子结构

甲壳素进入人体后，形成阳离子基团，与人体细胞有良好的亲和性。能通过细胞免疫、体液免疫和非特异性免疫等多种途径，提高人体的免疫力。用壳聚糖制成薄膜、非编织纸或与其他纤维做成无纺布可以用作良好的创伤被覆材料，用于烧伤、植皮切皮部位的创面，能保护和促进伤口愈合。壳聚糖作敷料使用时，由于血浆蛋白易被壳聚糖吸附，因而具有良好的生物相容性。壳聚糖制成钉或棒形材料，可在皮下和骨内埋植，有助于骨折愈合。壳聚糖也可用作药物的控释剂和缓释剂，以增加难溶性药物的溶解度和生物利用度。还可用于制作外科手术缝合线等。

（2）胶原蛋白或称胶原（collagen）：是动物体内含量最丰富的蛋白质，广泛存在于人和脊椎动物的结缔组织、皮肤、肌腱、骨和软骨中，约占人体蛋白质总量的 30%以上。在细胞培养中，胶原能促进多数细胞的生长、分化、生殖和代谢，因此被广泛用作生物医用材料。如已为美国食品药品监督管理局（FDA）批准的 Integra 人工皮肤，它具有双层膜结构，其真皮层就是由Ⅰ型胶原纤维和软骨素-6-硫酸盐的多孔交联网络组成。胶原也是软骨组织工程中培养软骨细胞的支架材料，因为成纤维细胞在胶原上生长时，其代谢和形态与体内生长极为相似。但是，胶原作为生物材料具有机械强度小、降解太快的缺点。目前可通过干热、戊二醛或紫外辐射等方法交联以提高其综合使用性能。

16.3.3　生物医用高分子材料在药学上的应用

高分子材料在药学上的应用主要包括辅药用高分子和高分子药物两大类。前者用于制剂加工，后者则可直接作为药物使用。

1. 辅药用高分子材料　用于制剂加工的辅药用高分子材料包括黏合剂、包衣材料、增溶剂、乳化剂、助悬剂等。其本身无药理活性，只是在药物制剂中起助剂的作用。

（1）黏合剂：有两大类，一类是水溶性的高分子物质，如甲基纤维素、羧甲基纤维素、羟乙基纤维素、聚乙烯醇等。另一类是溶于有机溶剂的高分子物质，常用的有乙基纤维素、聚乙烯吡咯烷酮、聚乙酸乙烯酯和聚乙二醇等。

（2）包衣材料：根据治疗需要，药物的表面需要一层物质使其与外界隔绝，这个过程称为包衣。包衣后的药物可以增加稳定性，防止药物受空气、水分及光线的作用而氧化变质、吸潮和发霉等；控制药物的释放和吸收；临床用药有时要求在胃中显效或在肠内起作用，使用不同的包衣材料可控制药物释放的部位，达到更好的治疗效果；掩盖药品的嗅、味，便于服用；改善外观，利于识别等。根据药物的不同作用途径，可采用不同材料的包衣材料，如表 16-3 所示。

表 16-3　常用包衣材料

包衣材料的性质	材料名称
水溶性包衣材料	羧甲基纤维素钠、羟丙基纤维素、聚乙二醇、聚乙烯吡咯烷酮
胃溶性包衣材料	苄氨基甲基纤维素、聚乙烯基吡啶、羟氨基乙基纤维素及其衍生物、聚乙烯苄胺、聚甲基丙烯酸氨基酯
肠溶性包衣材料	邻苯二甲酸-醋酸纤维素、聚甲基丙烯酸、聚乙酸乙烯邻苯二甲酸酯、聚乙酸乙烯邻苯二甲酸酯与顺丁烯二酸酐的共聚物、苯乙烯与马来酸酐的共聚物
胃肠两溶性包衣材料	4-乙烯基吡啶与甲基丙烯酸的共聚物、4-乙烯基吡啶与丙烯酸酯的共聚物、2-乙烯基-5-甲基吡啶与甲基丙烯酸甲酯及甲基丙烯酸的三元共聚物

（3）增溶剂、乳化剂和助悬剂：药物制剂中加入增溶剂、乳化剂和助悬剂可使药剂稳定性增大，体内吸收速度增大，副作用减少。表 16-4 列举了一些常用的增溶剂、乳化剂和助悬剂。

表 16-4　常用的增溶剂、乳化剂和助悬剂

助剂性质	材料
增溶剂	羧甲基纤维素的盐类、甲基纤维素、聚乙烯吡咯烷酮、聚乙烯醇
乳化剂	高分子表面活性剂
助悬剂	聚乙二醇

2. 高分子药物　高分子药物是指本身有药理活性，可直接作为药物使用的高分子化合物。高分子药物虽有广阔的发展前景，但能达到临床应用的例子还不多，当前还处在不断探索、开拓的阶段，对它的作用机制也还需要做大量细致、深入的研究工作。

（1）抗肿瘤药物：某些主链上带有叔氨基的高分子化合物经动物试验有抗肿瘤的作用。例如：

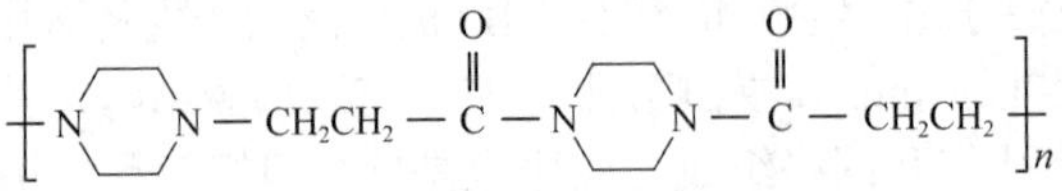

$$\left[N \diagup\!\!\!\!\diagdown N - CH_2CH_2 - \overset{\overset{O}{\|}}{C} - N \diagup\!\!\!\!\diagdown N - \overset{\overset{O}{\|}}{C} - CH_2CH_2 \right]_n$$

（2）抗病毒药物：马来酸酐与其他单体的共聚物，经水解后可得到马来酸共聚物，此共聚物对动物有抗病毒的效果。

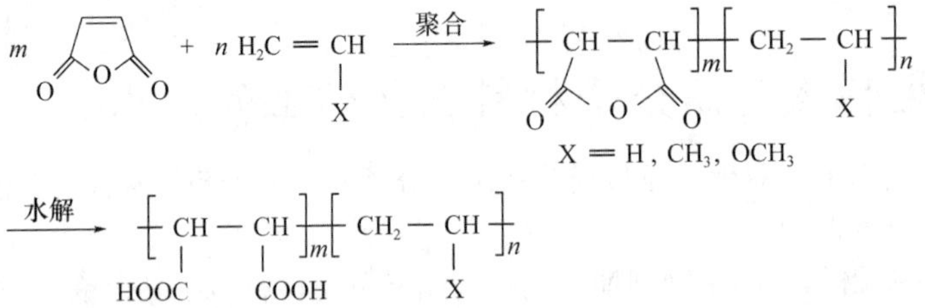

$$m \; \underset{O \quad O \quad O}{\diagup\!\!\!\!\diagdown} + n\, H_2C = \underset{X}{\overset{|}{C}H} \xrightarrow{聚合} \left[\underset{\underset{O}{C}\;\;\underset{O}{C}}{CH - CH} \right]_m \left[\underset{X}{CH_2 - CH} \right]_n$$

X = H，CH₃，OCH₃

$$\xrightarrow{水解} \left[\underset{HOOC \quad COOH}{CH - CH} \right]_m \left[\underset{X}{CH_2 - CH} \right]_n$$

聚丙烯酸和聚甲基丙烯酸也具有抗病毒的作用。

（3）硅油消泡剂：硅油消泡剂治疗肺水肿是高分子药物在临床上应用很成功的一个例子。医用硅油常是聚二甲基硅氧烷，聚合度一般在 2～2 000，其结构式如下：

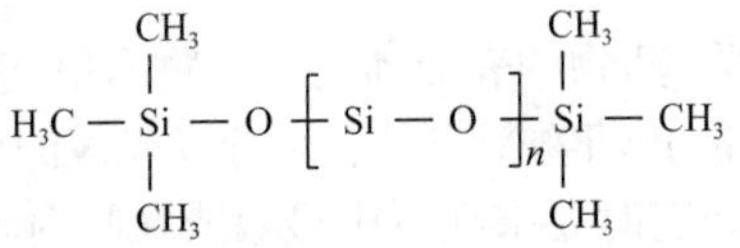

$$H_3C - \underset{\underset{CH_3}{|}}{\overset{\overset{CH_3}{|}}{Si}} - O \left[Si - O \right]_n \underset{\underset{CH_3}{|}}{\overset{\overset{CH_3}{|}}{Si}} - CH_3$$

硅油是无色、无味、无毒、透明、不易挥发的液体，能耐高温、抗氧化、不老化，因表面活性大，所以有优良的消泡能力。硅油消泡剂作药用高分子应用广泛，除了作为抢救肺水肿患者的有效药物外，还可配制成胃肠道消胀药剂，消除由于胃肠道功能紊乱或腹部手术后引起的腹胀，用作配制硅霜软膏的基质，提高药物疗效。烧伤患者的创伤部位用硅油处理，可减轻患者痛苦而且也有治疗效果。对严重烧伤的患者使用含硅油的软膏和纱布，可使疼痛和水肿迅速减轻，促进肉芽生长。

（4）降低血胆固醇药物：高胆固醇血症是产生冠心病的高度危险因子之一，常用的氯贝丁酯（安妥明）等降胆固醇药对肝脏有不良影响。近年研究合成了降胆固醇的高分子药物如考来烯胺（降胆敏）等，并已用于临床。其结构式如下：

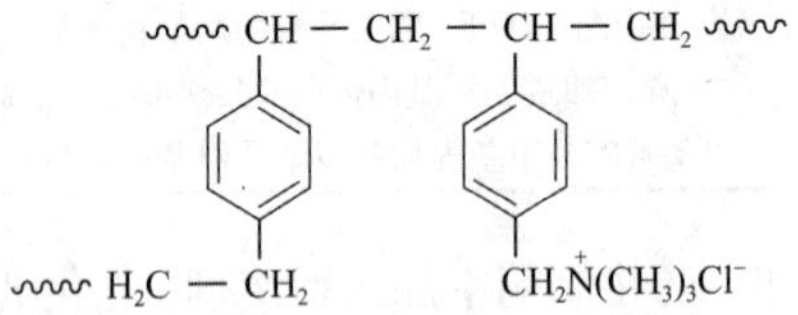

降胆敏

问题 16-3 试简要说明几种代表性的医用高分子材料。

习 题

16-1 举例说明高分子化合物的分类。

16-2 写出由下列单体聚合成链状高分子的化学结构式。

（1）天然橡胶 （2）尼龙66 （3）丙烯腈 （4）涤纶

16-3 生物医用高分子化合物有哪些主要的性质特征？

16-4 生物医用高分子材料的条件要求有哪些？

16-5 举例说明生物医用高分子材料的药学应用。

（朱松磊　肖锡林）

第 17 章　有机化合物的结构测定

有机化合物的结构鉴定是有机化学的重要组成部分。在有机化学发展初期，主要通过化学方法来测定有机化合物的结构，试样用量大，费力费时，且测定结果准确性不高。20 世纪 50 年代以来，近代物理实验方法的应用推动了有机化学的飞速发展，已成为研究有机化合物结构不可缺少的工具。其中应用最广泛的是波谱分析，主要包括紫外光谱、红外光谱、核磁共振谱和质谱，简称四谱，具有快速、准确、取样少，且不破坏样品（除质谱外）等优点。本章主要介绍这四谱的基本原理和在有机化合物结构鉴定中的应用。

17.1　研究有机化合物结构的方法

研究一个未知的有机化合物或测定一个有机化合物的结构，需要对该化合物进行结构表征。其基本步骤和方法如下：

1. 分离提纯　研究有机化合物结构的前提是必须保证这个化合物为单一纯净的物质，这就需要首先做好分离纯化工作。常用的有机化合物分离提取方法有蒸馏、重结晶、升华和色谱法等。已知有机化合物的纯度可通过测定其物理常数（如熔点、沸点、相对密度、折光率、比旋光度等）来验证，未知化合物一般用纸色谱、薄层色谱、气相色谱或高效液相色谱等色谱技术来验证。尤其是高效液相色谱因其具有分离效率高、用量少等特点，已广泛用于有机化学、药学和医学等领域。

2. 分子组成的确定　分离提纯后的化合物可以进行元素分析，确定化合物是由哪些元素组成及每种元素的含量，然后将各元素的质量分数除以相应元素的相对原子质量，求出该化合物中各元素间原子的最小个数比，即可推导出该化合物的实验式。例如，某化合物经元素分析得知含有 C、H、O、N 四种元素，各元素的质量分数分别为 49.3%、9.6%、22.7%、19.6%，则可以计算得出相应各元素的最小个数比为 3∶7∶1∶1，由此确定该化合物的实验式为 C_3H_7NO。

通过凝固点降低法、沸点升高法、渗透压法或质谱法等方法测定化合物的相对分子质量，除以实验式的式量，即可确定该化合物的分子式。如测定上述化合物的相对分子质量为 146，因 C_3H_7NO 的式量为 73，因此该化合物的分子式为 $C_6H_{14}N_2O_2$。

3. 结构的确定　在明确了有机化合物的分子式之后，就要表征有机化合物的结构。结构表征主要有经典化学法、物理常数测定法和近代物理方法等。经典化学法、物理常数测定法是研究有机结构的基础，在现代有机化学研究中仍占有重要地位，但是，经典化学法花费时间长，消耗样品多，操作手续繁杂；物理常数测定法又不能单独准确表征化合物。而近代发展起来的物理方法是应用物理实验技术、计算机技术建立的一系列仪器分析方法，其特点是样品用量少，测试时间短、结果精确等。近代物理方法是研究有机化合物分子结构的最有力的手段和方法，极大地促进了对复杂有机化合物结构的研究，推动了有机化学的飞速发展。

近代物理方法有多种，有机化合物的结构表征中最常用的是红外光谱、核磁共振谱、紫外光谱、质谱和 X 射线衍射等方法。红外光谱可以确定分子中存在何种官能团；紫外光谱可揭示分子中是否存在电子共轭体系；核磁共振谱可以确定碳氢骨架的情况，它是测定有机化合物结构最主要的方法之一；质谱可以确定分子的大小和相对分子质量。另外，X 射线衍射可以揭示化合物结晶体中各原子的几何形状，是分析有机大分子空间结构常用的方法。

多种技术的组合可以简化有机化合物结构研究的程序，如色谱-质谱联用仪可以直接测定混合物中各组分的相对分子质量；红外光谱仪与色谱仪联用，可以直接测定混合物中各组分的官能团。

17.2　吸收光谱概述

电磁辐射是光量子波，既有粒子性又有波动性。每种波长的电磁波都具有一定的能量（E），其量值与频率（v）和波长（λ）的关系是：

$$E = hv = hc/\lambda$$

式中，h 为普朗克常量（6.63×10^{-34} J·s）。电磁波以光速（$c = 3 \times 10^{10}$ cm·s^{-1}）传播，其值等于频率（v）与波长（λ）的乘积

$$v = \frac{c}{\lambda} = c\bar{v}$$

式中，$\bar{v}$ 为波数，是波长的倒数（$1/\lambda$）。

由以上公式可知，电磁波的能量与其频率成正比，即电磁波波长越短，波数越大，频率越高，其具有的能量就越高。

分子及分子中的原子、电子、原子核等都以不同形式进行运动，每种运动形式都具有一定的能量，包括电子运动、原子的振动及分子转动等能量。各种运动状态均处于某一能级，有电子运动能级、化学键的振动能级和分子转动能级等。当电磁波照射某有机物时，如果某一波长的能量恰好等于某运动状态的两个能级之差，分子就吸收该能量的光波，从低能级跃迁到较高能级。用仪器记录分子对不同波长电磁波的吸收情况，就可得到相应的谱图，即为吸收光谱（absorption spectrum），以此来推测物质的结构信息。

不同能级变化需要的跃迁能量不同，因此形成了不同的特征吸收光谱。紫外-可见波段的电磁波能引起分子价电子的跃迁，产生了紫外-可见光谱；红外波段的电磁波可引起分子在各种振动能级之间的跃迁，产生了红外光谱；无线电波区域的电磁波可引起分子中某些原子核的自旋跃迁，产生了核磁共振谱。所以可以通过测定吸收光谱来获取有机分子结构方面的相关信息。

> **问题 17-1**　电磁波谱依据不同的波长划分为哪些光波区域？

17.3　紫　外　光　谱

紫外光谱（ultraviolet spectra，UV）是电子光谱，它研究分子吸收紫外光后价电子所产生的电子能级的跃迁。紫外光区域的波长范围为 10～400 nm，分为远紫外区（10～200 nm）和近紫外区（200～400 nm）两个区段。远紫外光易被空气中的 N_2、O_2、CO_2 和水吸收，通常要在真空条件下才能测定，研究远紫外光谱比较困难，通常所说的紫外光谱是指近紫外区的吸收光谱。有些有机分子特别是共轭体系分子的价电子跃迁往往出现在可见光区（380～760 nm）。从应用的角度，多数将紫外和可见光谱连在一起，称为紫外-可见光谱。

17.3.1　紫外光谱的基本原理

紫外-可见光谱图的横坐标通常为波长 λ（单位为 nm）；纵坐标为吸收强度，多用吸光度 A、摩尔吸收系数 ε 或 $\lg\varepsilon$ 表示。吸光强度遵守朗伯-比尔（Lambert-Beer）定律：

$$A = \lg \frac{I_0}{I} = \varepsilon \cdot c \cdot l = 1/T$$

式中，A 为吸光度；I_0 为入射光的强度；I 为透过样品的光的强度；ε 为摩尔吸收系数（L·mol^{-1}·cm）；c 为溶液的物质的量浓度（mol·L^{-1}）；l 为液层的厚度（cm）。光被吸收的量正比于光程中产生光吸收的分子数目。即当一束平行单色光垂直通过某一均匀非散射的吸光物质时，其吸光度 A 与吸

光物质的浓度 c 及吸收层厚度 l 成正比，而与透光度 T 呈反相关。有机物的紫外吸收光谱数据为最大吸收峰的波长（λ_{max}）、相应的摩尔吸光系数 ε 及根据测定时使用的溶剂所测定的吸光度值。λ_{max} 是特定化合物紫外光谱的特征常数。例如，图 17-1 是对甲基苯乙酮的紫外吸收光谱，对甲基苯乙酮的紫外吸收的 $\lambda_{max}^{CH_3OH} = 252$ nm$(\varepsilon = 12\,300)$，表示对甲基苯乙酮在甲醇溶液中于 252nm 处有最大的吸收，该吸收峰的摩尔吸光系数为 12 300。

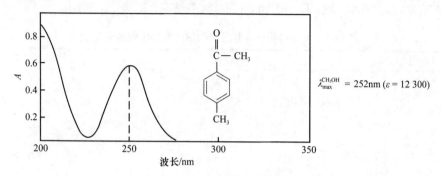

图 17-1　对甲基苯乙酮的紫外吸收光谱

在电子光谱中，价电子吸收一定波长的紫外-可见光发生跃迁。有机化合物的价电子有三种类型：σ 电子、π 电子和 n 电子（孤对电子），产生的跃迁主要有 σ→σ*、n→σ*、π→π* 和 n→π* 四种类型（如图 17-2 所示）。

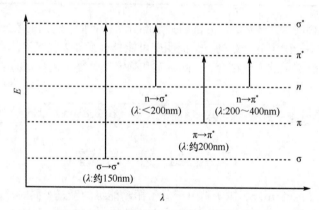

图 17-2　主要的电子跃迁及其所需能量

由图 17-2 可知，四种类型电子跃迁所需能量大小顺序为：σ→σ* > n→σ* > π→π* > n→π*。

在四种电子跃迁中，n→π* 跃迁所需的能量最低，吸收的波长最长，其次是 π→π* 跃迁。这两种跃迁吸收光的波长在紫外-可见光区内，通过考察孤对电子和 π 电子的跃迁来揭示分子中是否存在共轭体系。一般随着共轭体系的延长，紫外吸收 λ_{max} 向长波方向移动，且强度增大（π→π*），因此可判断分子中共轭的程度。

17.3.2　紫外光谱解析

紫外光谱常用来推测有机化合物分子共轭体系情况，包括不饱和基团的共轭关系，共轭体系中取代基的位置、种类和数目等。

化合物中所含的 C=C、C=O、C=N 和 NO₂ 等不饱和基团称为生色团，它们能吸收紫外光或可见光导致价电子产生 π→π* 和 n→π* 跃迁。当含有生色团分子的不饱和程度增加或共轭链增长时，可使紫外吸收峰向长波方向移动。含有未共用电子对的基团，如—NH_2、—NR_2、—OH、—OR、—SR、—Cl、—Br 等称为助色团，它们本身不吸收紫外光或可见光，当连接生色团后，常使化合物颜色加深，吸收带向长波方向移动，且吸收强度增大。

由于这种取代基或溶剂的影响，紫外吸收峰向长波方向移动的现象为红移；反之，则称为蓝移。无论链状还是环状共轭体系中，任何阻碍共轭的因素都会导致蓝移。

一些具有共轭结构化合物分子的最大紫外吸收波长情况，如表 17-1 所示。

表 17-1　共轭结构化合物分子的最大紫外吸收波长情况

化合物名称	结　　构	最大吸收波长 λ_{max}/nm
2-甲基丁-1,3-二烯	$\overset{\displaystyle CH_3}{\underset{\displaystyle H_2C = C - CH = CH_2}{\mid}}$	220
环己-1,3-二烯		256
己-1,3,5-三烯	$H_2C{=}CH{-}CH{=}CH{-}CH{=}CH_2$	258
辛-1,3,5,7-四烯	$H_2C{=}CH{-}CH{=}CH{-}CH{=}CH{-}CH{=}CH_2$	290
丁-3-烯-2-酮	$\overset{\displaystyle O}{\underset{\displaystyle H_2C = CH - C - CH_3}{\parallel}}$	219
苯		203

若两个化合物有相同的共轭体系，分子的其他部分结构不同，它们的紫外谱图会非常相似。因而，单独用紫外光谱不能确定分子结构，只能明确可能具有紫外吸收光谱的官能团或者共轭情况。需要紫外光谱与其他波谱学的方法结合，由此鉴定和确定部分复杂化合物的结构，如甾族、天然色素及维生素等有机化合物。

问题 17-2　环己-1,3-二烯和环己-1,4-二烯中哪一个在 200 nm 以上有紫外吸收？

17.4　红外光谱

红外光谱（infrared spectrum，IR）是由于分子振动能级的跃迁（同时伴随转动能级跃迁）而产生的。用连续波长的红外光照射样品，当某一光波的频率刚好与分子中某一化学键的振动频率相同时，分子就会吸收红外光，发生振动能级的跃迁，产生吸收峰，得到红外光谱。通常红外光谱仪使用的波数是 $4000\sim400\ cm^{-1}$，属中红外区，相当于分子的振动能级，故红外光谱也称为振动光谱。所有的有机化合物在红外光区都有吸收，因此，红外光谱在有机化合物结构的表征上应用广泛。

17.4.1　红外光谱图的表示方法

红外光谱图的横坐标为波数（cm^{-1}）或波长（μm），表示吸收峰位置；纵坐标为透光率（T）或吸光度 A，表示吸收峰的强度。当以 A 为纵坐标时，吸收峰朝向谱图的上方；如果是以 T 为纵坐标，吸收峰朝向谱图的下方。图 17-3 为辛-1-烯的红外光谱图（分别以波数 σ 和透光率 T 为横、纵坐标）。

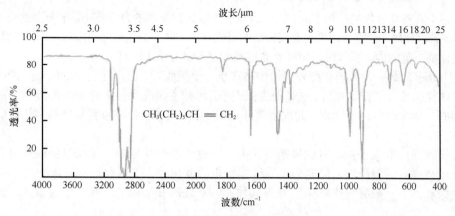

图 17-3　辛-1-烯的红外光谱图

17.4.2　红外光谱的基本原理

分子中的原子是通过化学键相互连接的。化学键的键长、键角不是固定不变的，分子中的原子像用弹簧连接起来的一组小球，整个分子在不停地振动着。分子中的化学键的振动又有不同的形式，其振动对应的频率也不一样，故而产生不同的红外吸收峰。通常把键的振动分为两大类，一类是改变键长的伸缩振动，即原子沿着键轴伸长或缩短的振动，其特点是只有键长的变化而无键角的改变，常用符号 ν 表示，伸缩振动因振动的耦合又分对称伸缩振动（ν_s）和不对称伸缩振动（ν_{as}）两种。另一类是相邻化学键的原子离开键轴方向而上下左右的振动，称为弯曲振动，其特点是只有键角的改变而无键长的变化，它包含面内弯曲（常用符号 δ 表示）和面外弯曲（常用符号 γ 表示）两种（如图 17-4 甲叉基 C—H 振动类型所示）。

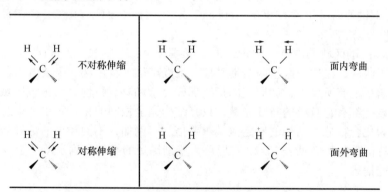

图 17-4　甲叉基 C—H 振动类型示意图

双原子分子化学键的伸缩振动可以近似地按简谐振动来处理（图 17-5）。

根据经典力学，简谐振动服从胡克（Hooke）定律：

$$\bar{v} = \frac{v}{c} = \frac{1}{2\pi c}\sqrt{\frac{k}{\mu}} \qquad \text{其中} \qquad \mu = \frac{m_1 \cdot m_2}{m_1 + m_2}$$

图 17-5　双原子分子伸缩振动示意图

式中，$\bar{v}$ 为波数表示的吸收频率；v 为频率；c 为光速；k 为键的力常数；μ 为相连原子的折合质量，m_1、m_2 为成键原子的相对质量。

从上式可以看出，构成化学键的原子的质量越小，则振动频率或波数越高；键的力常数 k 越大，则振动频率或波数越高。例如，O—H、N—H、C—H 等键的伸缩振动吸收峰出现在高波数区域（3650~2500cm^{-1}），三键伸缩振动吸收区频率较高（2260~2100cm^{-1}），双键吸收区频率较低（1800~1390cm^{-1}），单键吸收区频率最低（1360~1030cm^{-1}）。

由于各个有机化合物的结构不同，它们的原子质量和化学键的力常数不尽相同，就会出现不同的吸收频率，因此每一个官能团都会有其特征的吸收频率。同一类化学键的振动频率是非常接近的，总是出现在某一范围内。所以可以用红外光谱来鉴定有机分子中的官能团。

理论上分子的每一种振动在红外光谱中将产生一个吸收峰，但实际获得的红外光谱图中吸收峰的数目往往少于分子振动数目，这是因为：只有引起分子偶极矩变化的振动，才产生红外吸收；频率相同的振动所产生的吸收峰彼此发生简并；强而宽的吸收峰往往覆盖与之频率相近的弱而窄的吸收峰。

红外吸收强度取决于振动时偶极矩变化大小。化学键极性越强，振动时偶极矩变化越大，吸收峰强度越强。一般而言，伸缩振动导致偶极矩的变化较大，因此振动对应的红外吸收峰都强于弯曲振动的。一般将吸收峰强度分为五种：vs（很强）；s（强）；m（中强）；w（弱）；vw（很弱）。

17.4.3 基团官能团区与指纹区的特征吸收频率

为了便于了解红外光谱与分子结构的关系，常把红外光谱的吸收峰分为官能团区和指纹区两大区域。

位于 $4000\sim1350\,cm^{-1}$ 的官能团区是红外光谱的特征区，主要是一些伸缩振动的吸收峰，这些吸收峰受分子中其他结构的影响较小，彼此间很少重叠，容易辨认。因此，根据官能团区的吸收峰的位置，可以推测未知化合物中所含的官能团。官能团区可以分为以下特征区：

（1）Y—H 键伸缩振动区（$3700\sim2500\,cm^{-1}$）：主要是 O—H、N—H 和 C—H 等单键的伸缩振动所吸收的光的频率。

（2）Y≡Z 叁键和累积双键伸缩振动区（$2400\sim2100\,cm^{-1}$）：主要是 C≡C、C≡N 等叁键和 C=C=C、C=N=O 等累积双键的伸缩振动所吸收的光的频率，吸收峰通常较弱。

（3）Y=Z 双键伸缩振动区（$1800\sim1600\,cm^{-1}$）：主要是 C=C，C=O，C=N，N=O 等双键伸缩振动所吸收的光的频率。

低于 $1350\,cm^{-1}$ 的区域（$1350\sim650\,cm^{-1}$），主要是 C—C、C—N、C—O 等单键的伸缩振动和各种弯曲振动吸收峰，在这一区域内谱带密集，难以辨认。但在这一区域内化合物结构上的微小变化都会在谱带上有所反映，如同人的指纹那样复杂和具有特性，故把该区域称为指纹区。每一化合物在该区都有它自己的特征光谱，只有结构完全相同的化合物，其指纹区才相同。该区的吸收带能为化合物分子结构的鉴定提供重要信息。例如，不同类型的烯烃与取代苯的 C—H 键弯曲振动特征吸收频率见表 17-2，它们可为鉴别烯烃的类型和确定苯环上取代基的数目与位置提供有用的信息。

表 17-2 烯烃与取代苯的弯曲振动特征吸收频率

烯烃类型	频率/cm^{-1}	取代苯类型	频率/cm^{-1}
RCH=CH₂	910 和 990（双峰，s）	单取代苯（5 个邻接 H）	700 和 750（双峰，m→s）
RCH=CHR（cis）	690（m）	邻位取代（4 个邻接 H）	750（m→s）
RCH=CHR（trans）	970（m→s）	间位取代（3 个邻接 H）	780～810 和 690～710（双峰，m→s）
R₂C=CH₂	890（m→s）		
R₂C=CHR	790～840（m→s）	对位取代（2 个邻接 H）	800～850（m→s）

从红外光谱推测化合物的结构，必须熟悉各官能团特征吸收峰的位置。表 17-3 为常见有机化合物的红外光谱特征吸收频率。

表 17-3　常见有机化合物的红外光谱特征吸收频率

键及化合物的类型	频率/cm⁻¹	键及化合物的类型	频率/cm⁻¹
C—H　烷烃	2960～2850，1470～1350（s）	C—O　醇，醚，羧酸，酯	1300～1080（s）
=C—H　烯烃	3080～3020（m），1000～675（s）	C=O　醛，酮，羧酸，酯	1760～1690（vs）
C—H　芳香烃	3100～3000（m），870～675（s）	O—H　醇，酚（游离）	3640～3610（m）
≡C—H　炔烃	3300（m）	O—H　醇，酚（氢键）	3600～3200（宽峰，s）
C—H　醛	2900，2700（两个峰，m）	O—H　羧酸	3100～2500（宽峰，s）
C=C　烯烃	1680～1640（m）	N—H　胺	3500～3200（m）
C=C　芳香烃	1600，1500（s）	C—N　胺	1230～1030（m）
C≡C　炔烃	2260～2100（m）	C≡N　腈	2260～2210（s）
C—Cl　氯代烃	800～600（s）	—NO₂　硝基化合物	1560～1515（s）
C—Br　溴代烃	600～500（s）		1385～1345（s）

问题 17-3　下列化合物在红外光谱中有何特征吸收峰？

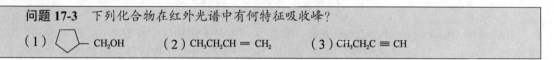

（1）⬠—CH₂OH　　　（2）CH₃CH₂CH=CH₂　　　（3）CH₃CH₂C≡CH

17.4.4　红外光谱图解析

由于一个有机化合物中存在各种键，每个键以不同的形式振动，一张红外光谱图会很复杂，往往有几十个吸收峰，所以不可能对所有的吸收峰都能辨认。一般只需辨认几个吸收峰，以确定分子中存在何种类型的化学键或官能团，再结合其他方法就可对化合物的结构进行鉴定。

吸收峰的位置是红外吸收最重要的特点，在确定化合物分子结构时，还必须将吸收峰位置结合吸收峰强度和峰形来综合分析。以羰基为例，醛、酮和羧酸及其衍生物都含有羰基，在 1780～1680cm⁻¹ 有较强的吸收。但如果有一吸收强度较低的吸收峰在此位置，并不表明所研究的化合物存在羰基，可能是该化合物含有羰基的杂质。从吸收峰的峰形也可辅助判断官能团。如缔合羟基、缔合伯氨基及炔氢，它们的吸收峰位置略有差别，但吸收峰形却相差很大：缔合羟基峰圆滑而钝，缔合伯氨基吸收峰有一个小或大的分岔，炔氢则显示尖锐的峰形。

谱图的解析一般应从高波数移向低波数，即先从官能团区入手，找出该区域的特征吸收峰，判别分子中所含的主要及所属化合物的类型；其次观察指纹区的相关峰，以证实该官能团的存在；然后再结合其他方法，确定化合物可能的结构。若为已有化合物，可与标准红外光谱图对照鉴定。

【例 17-1】　化合物 C_8H_8O 的红外光谱如图 17-6 所示，试推测其可能的构造式。

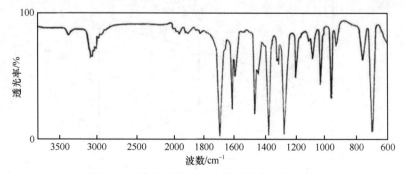

图 17-6　分子式为 C_8H_8O 化合物的红外光谱

解：已知分子式，可计算不饱和度 $\Omega=(2\times8-8)/2=4$，故结构式中可能含有苯环。红外光谱图在 3500～3000 cm⁻¹ 缺少任何强峰，说明分子中无 OH。约在 1690 cm⁻¹ 处有一个很强的吸收峰，可能为醛、酮或酰胺类化合物。但是由于分子中不具有氮原子,故酰胺可以排除。又因在 $2720\ cm^{-1}$ 附近无醛基的 $\nu(C—H)$ 峰,故知该化合物可能是酮类。$3000\ cm^{-1}$ 以上的 $\nu(C—H)$ 特征峰,以及 1600、1580、$700\ cm^{-1}$ 等处的强峰,均显示分子中含有芳香结构。而 $750\ cm^{-1}$ 及 $700\ cm^{-1}$ 两个峰则进一步提示该化合物可能为单取代苯的衍生物。在 $2960\ cm^{-1}$、$2920\ cm^{-1}$ 及 $1360\ cm^{-1}$ 处的吸收又显示含有 CH_3 基。

综上所述,将分子式 C_8H_8O 和上述结构碎片(单取代苯基 $C_6H_5—$,$C=O$,$—CH_3$)综合考虑,该化合物结构式可能为:

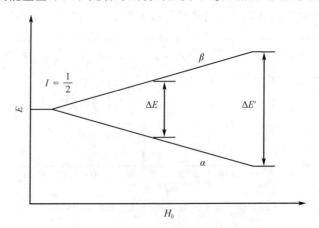

17.5　核磁共振谱

核磁共振(nuclear magnetic resonance,NMR)技术是美国物理学家珀赛尔(E. Purcell)和布洛赫(F. Bloch)于 1946 年首先提出来的,两人共同获得了 1952 年度诺贝尔物理学奖。1949 年第一台商用核磁共振仪问世,自 1950 年以来应用于测定有机化合物的结构,经过几十年的研究和实践,其发展十分迅速,现已成为测定有机化合物结构不可缺少的重要手段。

核磁共振是磁矩不为零的原子核,在外磁场作用下自旋能级发生塞曼分裂,共振吸收某一定频率的射频辐射的物理过程。核磁共振的研究对象是具有磁矩的原子核。核自旋量子数 $I\neq0$ 的原子核像电子一样,也有自旋现象,其自旋运动将产生磁矩。将具有自旋磁矩的原子核放入强磁场并采用电磁波进行辐射时,这些原子核会吸收特定波长的电磁波而发生磁共振现象。有机化合物中的 ^1H、^{13}C、^{15}N、^{19}F 和 ^{31}P 等原子核都有磁矩,都能产生核磁共振。本教材仅就应用最广泛的氢核的核磁共振谱(^1H-NMR)进行简要讨论。

17.5.1　核磁共振氢谱的基本原理

氢原子核(质子)是带电体,有两种自旋状态,两种自旋状态的能量和出现的概率相同。当自旋时,可产生一个磁场。在外磁场的作用下,这两种自旋状态的能量不再相等。质子有两种取向:能量较低的自旋磁场与外磁场同向平行(以 α 表示),能量较高的自旋磁场与外磁场逆向平行(以 β 表示)。两种自旋态的能量差(ΔE)随着外磁场的强度(H_0)增加而变大,如图 17-7 所示。

图 17-7　在外磁场中 ^1H 核的自旋态能量与外磁场强度 H_0 的关系

如果用能量为 ΔE 的电磁波照射外磁场中的氢核,当电磁波辐射所提供的能量恰好等于质子这两种取向的能量差时，质子就吸收电磁辐射的能量，从低能级跃迁至高能级，发生核磁共振。质子跃迁所需要的电磁波频率大小与外磁场的强度（H_0）成正比。二者关系如下

$$\Delta E = h\nu = \gamma \frac{h}{2\pi} H_0 \quad \Rightarrow \quad \nu = \gamma \frac{H_0}{2\pi}$$

式中，ν 为电磁波频率；h 为普朗克常量；γ 为磁旋比，是磁性核的特性常数；H_0 为外磁场的强度。

　　根据上式，要获得核磁共振谱，有两种方式：一种是固定外加磁场强度，用连续变换频率的电磁波照射样品以达到共振条件，称为扫频；另一种是固定电磁波的频率，连续不断改变外加磁场强度进行扫描以达到共振条件，称为扫场。两种方式的核磁共振仪得到的谱图相同。目前核磁共振仪主要采用扫场方式，其装置如图 17-8 所示。核磁共振仪主要由两块电磁铁、无线电波振荡器、样品

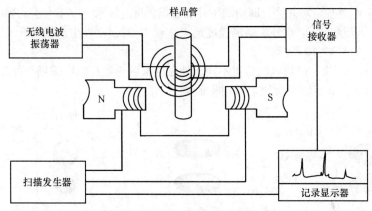

图 17-8　核磁共振仪示意图

管、信号接收器和记录显示器等组成。装有样品的玻璃管放在磁场强度很大的电磁铁的两极之间，用恒定频率的无线电波照射通过样品。在扫描发生器的线圈中通直流电流，产生一个微小磁场，使总磁场强度逐渐增加，当磁场强度达到一定的值 H_0 时，样品中某一类型的质子发生能级跃迁，这时产生吸收，接收器就会收到信号，由记录显示器记录下来，得到核磁共振谱，如图 17-9 所示。

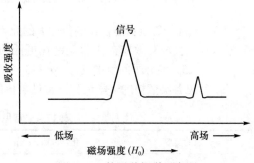

图 17-9　核磁共振谱示意图

17.5.2　化学位移

　　有机化合物分子中的氢核与裸露的质子不同，它周围还有电子，因而处于不同的化学环境。氢核周围的电子在外加磁场作用下，引起电子环流，在与外加磁场垂直的平面上绕核旋转并产生感应磁场。假若感应磁场的方向与外加磁场方向相反，这时氢核实际受到的磁场强度将比外加磁场略小，外加磁场的强度要略为增加才能使氢核发生自旋跃迁，这种现象称为屏蔽效应（shielding effect）。氢核周围的电子云密度越大，屏蔽效应也越大，要在更高的磁场强度中才能发生核磁共振。相反，假若感应磁场的方向与外加磁场方向相同，就相当于在外加磁场下再增加一个小磁场，氢核实际受到的磁场强度增加了，外加磁场的强度要略为减少就能使氢核发生自旋跃迁，这种现象称为去屏蔽效应（deshielding effect）。电子的屏蔽和去屏蔽效应引起的核磁共振吸收峰位置的变化称为化学位移（chemical shift），常用符号 δ 表示，单位为百万分之一（ppm）。

　　1. 化学位移表示方法　不同氢核共振时的外磁场强度的差别极其微小，只有百万分之几，这种小的差别在实验上是很难精确测定的。因此，一般采用四甲基硅烷（tetramethylsilane，TMS）为标准物，分子式为 $C_4H_{12}Si$，将其化学位移值定为零，其他质子的化学位移与其对照，取相对值：

$$\delta = \left(\frac{\nu_{\text{样品}} - \nu_{\text{TMS}}}{\nu_0} \right) \times 10^6$$

式中，$\nu_{\text{样品}}$、ν_{TMS} 和 ν_0（仪器所用频率）分别表示样品、TMS 和核磁共振仪电磁波辐射的频率，单位为 Hz。由于 TMS 的屏蔽效应比一般的有机化合物大，故大多数有机化合物中质子的共振信号出现在它的左侧。而且 TMS 分子中 12 个完全相同的氢质子只产生 1 个信号，并通常在最高场。

2. 影响化学位移的因素　影响化学位移的主要因素有邻近基团的电负性、相连重键和氢键等。

（1）邻近基团的电负性的影响：δ 值随着邻近原子或基团电负性的增强而增大；烃基氢的 δ 值为芳环上氢 > 烯基氢 > 炔基氢 > 饱和碳原子上的氢；饱和碳原子上的氢的 δ 值为 3° > 2° > 1°。

（2）相连重键的影响：烯烃、醛、芳环等化合物中，π 电子在外加磁场作用下产生环流，产生感应磁场，其方向与外加磁场相同，即增加了外加磁场强度。氢原子位于产生的感应磁场与外加磁场相同方向的去屏蔽区，所以在外加磁场强度还未达到 H_0 时，就发生能级的跃迁。故吸收峰移向低场，δ 值增大，如图 17-10 所示。

乙炔也有 π 电子环流，但炔氢的位置不同，处在屏蔽区（处在感应磁场与外加磁场对抗区），在高场产生共振吸收，δ 值较小，如 17-11 图所示。

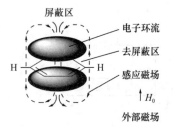 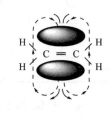 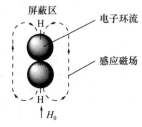

图 17-10　苯环或乙烯质子的去屏蔽效应示意图　　图 17-11　乙炔质子的屏蔽效应

（3）氢键的影响：键合在电负性大的元素上的质子，如 O—H、N—H 等，可能有氢键的影响。氢键本身是去屏蔽效应，比非氢键在更低的磁场发生共振，化学位移值增大。如醇分子间氢键 $\delta_{\text{OH}} = 3.5 \sim 5.5$，酸分子间氢键 $\delta_{\text{OH}} = 10 \sim 13$。

3. 常见各类氢核的化学位移　常见氢核的 δ 值范围为 $0 \sim 14$ ppm（表 17-4）。

表 17-4　常见各类氢核的化学位移值

氢的类型	化学位移 δ/ppm	氢的类型	化学位移 δ/ppm
FC$\underline{\text{H}}_3$	4.26	$\underline{\text{H}}$—C—O—（醇或醚）	$3.3 \sim 4$
ClC$\underline{\text{H}}_3$	3.05	R$_2$NC$\underline{\text{H}}_3$	$2.2 \sim 2.6$
BrC$\underline{\text{H}}_3$	2.68	RC$\underline{\text{H}}_2$COOR	$2 \sim 2.2$
IC$\underline{\text{H}}_3$	2.16	RC$\underline{\text{H}}_2$COOH	$2 \sim 2.6$
RC$\underline{\text{H}}_3$	$0.8 \sim 1.2$	RCOC$\underline{\text{H}}_2$R	$2.0 \sim 2.7$
R$_2$C$\underline{\text{H}}_2$	$1.1 \sim 1.5$	RC$\underline{\text{H}}$O	$9.4 \sim 10.4$
R$_3$C$\underline{\text{H}}$	≈ 1.5	R$_2$N$\underline{\text{H}}$	$2 \sim 4$
ArC$\underline{\text{H}}_3$	$2.2 \sim 2.5$	ArO$\underline{\text{H}}$	$6 \sim 8$
Ar$\underline{\text{H}}$	$6.0 \sim 8.0$	RCO$_2\underline{\text{H}}$	$10 \sim 12$
R$_2$C=C$\underline{\text{H}}$R	$4.9 \sim 5.9$	RCOOC$\underline{\text{H}}_2$R	3.8
RC≡C$\underline{\text{H}}$	$2.3 \sim 2.9$	RO$\underline{\text{H}}$	$1 \sim 6$
R$_2$C$\underline{\text{H}}$CR=CR$_2$	≈ 1.7		

17.5.3 自旋耦合与自旋裂分

1. 磁等性质子和磁不等性质子 在有机物分子中,化学环境相同的一组质子称为磁等性质子,其化学位移值相同,其核磁共振谱中只有一个峰,如四甲基硅烷、苯、环己烷等分子中的质子。而化学环境不同的质子称为磁不等性质子,化学位移值不同。例如,溴乙烷中甲基上的质子与亚甲基上的质子属磁不等性质子。

2. 积分曲线与质子的数目 在核磁共振谱图中,每组吸收峰的面积与产生该组信号的质子数目成正比。比较各组信号的峰面积,可以推测各类质子的相对数目。近代核磁共振仪都装有自动积分仪,可以在相应的谱图上记录积分曲线。积分曲线是一条从低场到高场的阶梯式曲线,曲线的每个阶梯的高度与其相对应的一组吸收峰的峰面积成正比。因此,各峰的面积可用阶梯式的积分线高度来表示。即从积分曲线起点到终点的总高度与分子中质子的总数目成正比,每一阶梯的高度则与相应质子的数目成正比。例如,图 17-12 为对-叔丁基甲苯的 ^{1}H-NMR 谱。a,b 和 c 三组峰积分曲线的高度之比为 8.8:2.9:3.8,三个高度总和为 15.5。对-叔丁基甲苯共有 16 个 H,故每一高度单位相当于 16H/15.5=1.03 个 H,据此算出各组所含的氢核数为 a=1.03×8.8=9.1;b=1.03×2.9=3.0;c=1.03×3.8=3.9,即 a 为 9H、b 为 3H、c 为 4H。

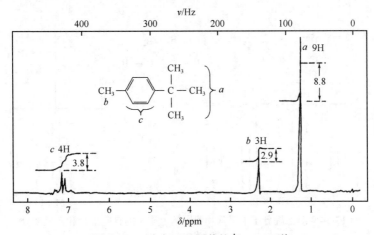

图 17-12 对-叔丁基甲苯的 ^{1}H-NMR 谱

3. 自旋耦合与自旋裂分的概念和关系 溴乙烷 $\overset{a}{C}H_3 —\overset{b}{C}H_2 Br$ 的 ^{1}H-NMR 谱中(图 17-13),次甲基上质子 H_b 和甲基上质子 H_a 所产生的吸收峰分别为四重峰和三重峰,这是由于相邻的磁不等性质子自旋相互作用的结果。把这种相互作用称为自旋-自旋耦合(spin-spin coupling),简称自旋耦合。由自旋偶合所引起的核磁共振峰裂分而使峰增多的现象,称为自旋-自旋裂分,简称自旋裂分。裂分峰中相邻两个峰之间的距离称为耦合常数(coupling constant),以 J 表示,单位为 Hz。耦合常数大小与外加磁场强度无关,也与核磁共振仪的频率无关,只是反映了核之间自旋耦合的有效程度。耦合常数越大,核间自旋耦合的作用越强。相互耦合的质子间的偶合常数相同。由耦合常数可以判断哪些质子间相互耦合。

溴乙烷的 ^{1}H-NMR 谱中,质子 H_a 相邻碳上有两个相同的 H_b,每个 H_b 在外磁场中有两种自旋取向(同向、反向),两个 H_b 的自旋取向应有 4 种组合:两个 H_b 都与外磁场同向,使 H_a 受到的实际磁场强度加大,则 H_a 只需在较低的外磁场就能发生共振吸收,共振信号向低场位移;两个 H_b 都与外磁场反向,使 H_a 受到的实际磁场强度减弱,则 H_a 要在较高的外磁场才能发生共振吸收,共振信号向高场位移;还有两种组合相同,一个与外磁场同向,另一个反向,其影响相互抵消,不会改变外磁场的强度,共振信号不位移。因此,H_a 的信号裂分为三重峰,吸收峰的面积之比为 1:2:1。

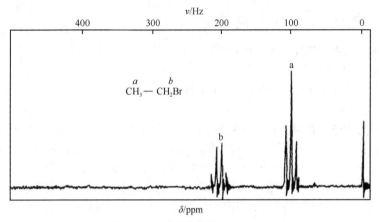

图 17-13　溴乙烷的 ^{1}H-NMR 谱

同样，H_b 也受到 3 个相同 H_a 核的自旋干扰，3 个 H_a 在外磁场中的自旋取向有 8 种组合，结果使 H_b 的信号分裂为四重峰，其面积之比为 1∶3∶3∶1（图 17-14）。

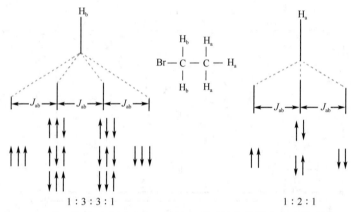

图 17-14　溴乙烷分子中甲基和亚甲基上质子的自旋耦合和自旋裂分

　　在分子中，如果一个质子与相邻 n 个磁等性质子之间发生耦合裂分，该质子核磁共振信号裂分为 $n+1$ 重峰，称为 $n+1$ 规律。各分裂峰的强度比等于二项式（$a+b$）^{n} 展开式各项系数，n 为邻接碳上质子的数目。例如，二重峰（d）的强度比为 1∶1，三重峰（t）的强度比为 1∶2∶1，四重峰（q）的强度比为 1∶3∶3∶1。但如果与数目分别为 n 和 m 个质子的相邻两组磁不等性质子耦合，那么该质子的裂分峰数数目为（$n+1$）（$m+1$）。例如，化合物 $\overset{a}{C}H_3\overset{b}{C}H_2\overset{c}{C}H_2I$ 中，H_b 的分裂峰数为（3+1）×（2+1）=12 重峰。但在实际的图谱中往往不能观察到理论的裂分数，主要原因是仪器分辨率不高，会造成分裂谱线的重叠，结果看到的是 H_b 邻接碳上有 3+2=5 个等性的质子而表现为六重峰。

　　磁等性质子之间不产生信号的自旋裂分。自旋耦合主要发生在相邻碳原子上的磁不等性质子之间，一般两个磁不等性质子相隔三个单键以上时，耦合作用极弱，耦合常数趋于零。

　　分子中的活泼氢通常由于发生快速交换而不与相邻的氢核耦合，例如，乙醇 $\overset{a}{C}H_3\overset{b}{C}H_2\overset{c}{O}H$ 的 ^{1}H-NMR 谱中的 H_c 虽邻接甲叉基，却仅表现为单峰，H_b 也仅与甲基相接表现为四重峰。

问题 17-4　丙烷的 ^{1}H-NMR 谱中会出现几组信号？各组信号裂分为几重峰？

17.5.4 ^1H-NMR 谱图解析

核磁共振谱是目前研究有机结构最有力的工具之一。解析核磁共振谱，主要是从其中寻找信号的位置、数目、强度及裂分情况的信息。从吸收峰的位置（即化学位移 δ 值）可知质子的类型；从吸收峰的数目可知分子中含有多少种不同类型的质子；从各吸收峰占有的相对面积可知各类质子的相对数目；从裂分情况可知邻近基团结构的信息。如果再结合红外光谱和其他光谱，就可推测化合物的结构。

^1H-NMR 提供了化学位移、耦合常数和积分面积等信息。从 δ 值可推知各类质子的化学环境；从各吸收峰的峰面积比或积分曲线的高度比可推知各类质子的相对数目；从吸收峰的裂分情况可知邻接碳原子上的氢核数和相互关联的结构片段。如果再结合红外光谱、紫外光谱和质谱等，就可推测化合物的结构。

【例 17-2】 已知某酯类化合物的分子式为 $C_{10}H_{12}O_2$，其 ^1H-NMR 谱图数据如下：δ/ ppm 值为 7.25（m，5H）；4.3（t，2H）；2.9（t，3H）；2.2（s，3H）。试推测其可能的结构式。

解： 由分子式可计算化合物的不饱和度 $\Omega=(2\times10-12)/2=4$，有可能为苯环化合物。在 ^1H-NMR 谱图中有四组不同化学环境的吸收峰。根据表 17-4 有关化学位移的信息，δ/ ppm 值为 7.25（m，5H）表明分子中含有苯环，且为单取代苯；δ/ ppm 2.2（s，3H）表明 3H 应为甲基，可能连接为—$COCH_3$；δ/ ppm 值为 4.3（t，2H）；2.9（t，2H）表明分子中含有两个相连的甲叉基，较低场的甲叉基可能有—CH_2OCO—的连接方式，另一个甲叉基可能直接与苯环相连。综上所述，该化合物的结构为

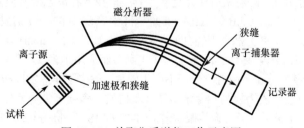

17.6 质   谱

质谱法（mass spectrometry，MS）主要用来精确测定化合物的相对分子质量，还可以通过碎片离子的质荷比及强度推测化合物的结构。质谱分析具有样品用量少（$<10^{-5}$mg）、灵敏度高等优点。特别是色谱与质谱联用技术以及一些新的质谱技术的发展，如液相色谱质谱（LC-MS）、气相色谱质谱（GC-MS）、电感耦合等离子体质谱（ICP-MS）、离子色谱质谱（IC-MS）、同位素比质谱（IR-MS）、辉光放电质谱（GD-MS）、过程质谱（PMS）等为有机混合物的分离及生物大分子的研究提供了快速、有效的分析方法。

17.6.1 质谱的基本原理

质谱仪主要由高真空系统、进样系统、离子源、质量分析器、检测和记录系统等组成（图 17-15）。目前使用的质谱仪有单聚焦质谱仪、双聚焦质谱仪、四极杆质谱仪、离子阱质谱仪、飞行时间质谱仪和傅里叶变换质谱仪等。

图 17-15 单聚焦质谱仪工作示意图

化合物分子在高真空条件下受高能电子束轰击或在强电场等方法的作用下，失去一个外层电子

而生成带正电荷的分子离子，同时还会发生某些化学键的裂分而形成各种碎片离子。这些离子被加速后进入分析器，不同 m/z（质荷比，离子的相对质量 m 与其所带的电荷数 z 的比值）的正离子在磁场的作用下按相对质量和所带电荷不同而产生偏离得以分离，不同 m/z 的正离子按质量大小的顺序通过狭缝进入离子捕集器，离子的电荷转变为电信号，经放大收集并记录下来，形成该化合物的质谱图。质谱不属于吸收光谱。

质谱图一般采用"条图"的形式，即以直线或棒线表示质荷比的离子峰。通常质谱图的横坐标为电离后收集到的各种离子不同的 m/z，纵坐标是它们的相对丰度，或相对强度。谱图中最大的离子峰称为基峰，强度定为 100%，其他峰的强度则用相对于基峰的相对强度百分数来表示。由于大多数碎片离子只带单位正电荷（$z=1$），因此 m/z 就是碎片离子的质量。例如，丁酮质谱图（图 17-16）中，$m/z=43$ 峰为基峰，强度为 100%；而 $m/z=29$ 峰的相对强度为 25%；$m/z=72$ 峰的相对强度为 18%。离子峰的强度与对应离子的数量成正比。离子的数量越多，峰的强度越大。

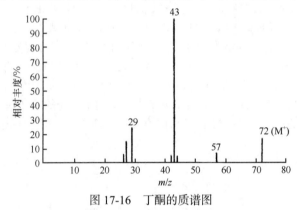

图 17-16　丁酮的质谱图

17.6.2　质谱谱图的解析

首先利用质谱中出现的分子离子、碎片离子、同位素离子、重排离子及亚稳离子等，可分析、确定有机化合物的相对分子质量和分子式。其次配合元素分析、UV、IR、NMR 和样品理化性质提出有机化合物的结构式。最后将所推定的结构式按相应化合物的裂解方式及经验规律，检查各碎片离子是否符合。相互印证，以确定可能的结构式。

在有机分子结构的推测过程中，要注意将各种波谱的数据互相对照比较，确保推测结构的一致性。如果是对已知物进行分析，可将其纯品的波谱图与之对照，或在标准图谱手册查核，看两者是否一致。对新化合物的结构，最终结论要用合成此化合物的波谱分析方法来确证。

17.6.3　质谱在生物大分子研究中的应用

生物大分子的结构在质谱的电离过程中很容易被破坏，所以以往质谱法主要用于分析相对分子质量小于 1 000 Da（道尔顿）的有机分子。近年来，质谱技术在离子源和质量分析器方面取得了突破性进展。美国科学家芬恩（J.B. Fenn）和日本科学家田中耕一分别发明了电喷雾电离方法（electrospray ionization，ESI）和基质辅助激光解吸电离方法（matric-assisted laser desorption ionization，MALDI），ESI 因容易使样品带上多个电荷，而适用于多肽、蛋白质等生物大分子分析；MALDI 技术通过引入基质分子，使待测分子不产生碎片，解决了非挥发性和热不稳定生物大分子解析离子化问题，这种方法已成为检测和鉴定多肽、蛋白质、多糖等生物大分子的有力工具。飞行时间质谱、磁质谱、傅里叶变换离子回旋共振质谱（FT-ICR-MS）等高分辨质谱相继问世，它们具有质量分辨率高、灵敏度高、相对分子质量精确、质量范围宽等优点，对生物大分子的分析具有重要意义。借助于这些技术，质谱分析可用于测定多肽、蛋白质、核苷酸和多糖等生物分子的相对分子质量,并提供分子结构信息。也可运用于探讨蛋白质分子的折叠和非共价键的相互作用,获取蛋白质中二硫键、糖基化、磷酸化连接点的有关信息等。例如,牛血清白蛋白用 ESI 质谱测定的相对分子质量为 66 430,理论计算值为 66 429,误差为 0.0015%。如果用凝胶电泳法测定,其误差在 5%～10%。

问题 17-5　质谱仪包括几大系统? 分别有哪些基本结构?

习　题

17-1　下列两种化合物利用紫外光谱是否能区别?

（1） 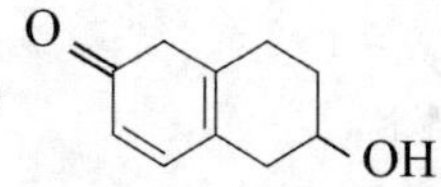　　　　（2）

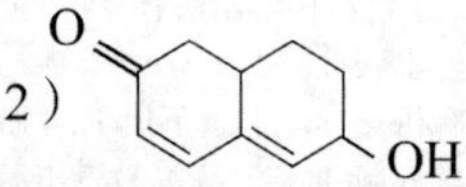

17-2　对于下列各组化合物,你认为哪些用 UV 区别较合适? 哪些用 IR 区别较合适? 为什么?

（1）$CH_3CH=CH-CH_3$ 和 $CH_2=CH-CH=CH_2$　　（2）$CH_3C\equiv CCH_3$ 和 $CH_3CH_2C\equiv CH$

（3）$CH_3O-CH_2-CH_3$ 和 $CH_3O-CH=CH_2$　　（4）

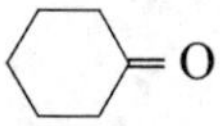

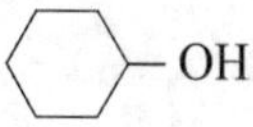

17-3　比较化合物水杨醛和间羟基苯甲醛中 $C=O$ 键伸缩振动的 IR 波数大小,并说明原因。

17-4　如何利用 UV,证明乙酰乙酸乙酯分子中存在烯醇式异构体?

17-5　如何用 IR 区别以下化合物?

（1）环戊醇和环戊酮　　　　（2）乙酸和乙酸乙酯

17-6　排列下列化合物中有星形标记的质子 δ 值的大小顺序。

（1）a. 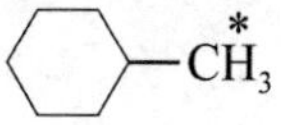 　　b. 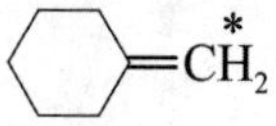 　　c.

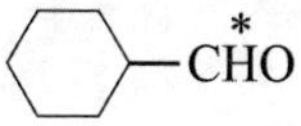

（2）a. $CH_3\overset{*}{C}OCH_3$　　b. $\overset{*}{C}H_3OCH_3$　　c. $\overset{*}{C}H_3Si(CH_3)_3$

17-7　指出下列各化合物中的 ^1H-NMR 信号数以及各信号裂分的峰数。

（1）$CH_3\underset{\underset{CH_3}{|}}{C}H-CHClCH_2Cl$　　（2）$CH_3\underset{\underset{OH}{|}}{C}HCH_2CH_3$　　（3） 　　（4）

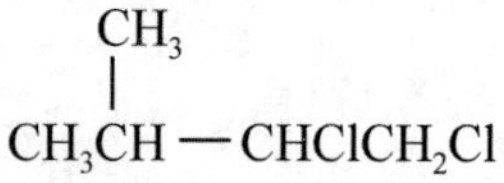

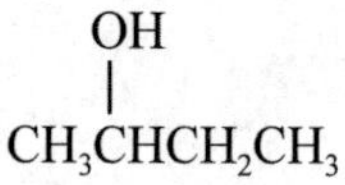

17-8　某烷基苯,分子式为 C_9H_{12},其 MS 谱图中 m/z 91 为基峰,下列几个结构中哪一个与之相符? 为什么?

A. 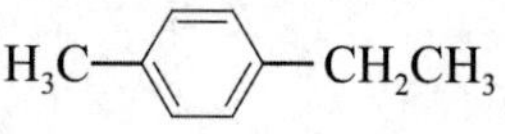 　　　　B.

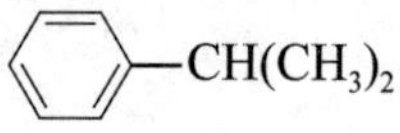

C. 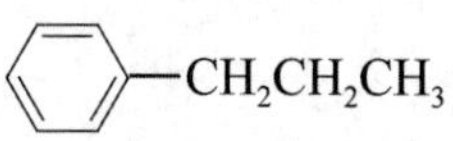 　　　D.

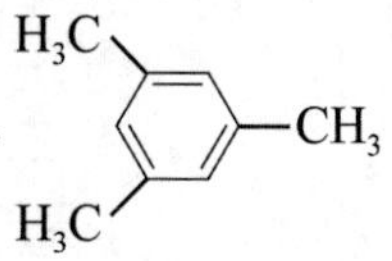

17-9　化合物 $C_{10}H_{12}O$ 的 MS 中有 m/z 为 15、43、57、91、105、148 的峰,试推导出此化合物的结构式。

17-10　根据下列各分子式和 ^1H-NMR 数据(括号内表示信号裂分数和强度比),试推断其结构。

（1）$C_4H_6Cl_2O_2$: δ/ppm 1.4（t, 3）; 4.3（q, 2）; 6.9（s, 1）

（2）$C_6H_{12}O_2$: δ/ppm 1.4（s, 3）; 2.1（s, 1）

17-11　$C_8H_{18}O$ 的 ^1H-NMR 图中只在 $\delta=1.0$ ppm 处出现一组信号,请推断化合物的结构。

17-12　在一种蒿属植物中分离出分子式为 $C_{12}H_{10}$ 的化合物"茵陈烯",UV 在 $\lambda_{max}=239$ nm 处有吸收峰; IR 在 2210 cm^{-1} 及 2160 cm^{-1} 处出现强吸收峰; ^1H-NMR 给出: $\delta=1.8$（s, 3H）, $\delta=2.3\sim 2.5$（s, 2H）, $\delta=6.8\sim 7.5$（m, 5H）。试推测"茵陈烯"的可能结构。

（杜　清）

主要参考文献

陈洪超，2009. 有机化学. 4 版. 北京：高等教育出版社.

高占先，2007. 有机化学. 2 版. 北京：高等教育出版社.

李发胜，李映苓，2012. 有机化学. 北京：科学出版社.

李艳梅，赵圣印，王玉兰，2011. 有机化学. 北京：科学出版社.

陆阳，2018. 有机化学. 9 版. 北京：人民卫生出版社.

邢其毅，裴伟伟，徐瑞秋，等，2017. 基础有机化学（上、下册）. 4 版. 北京：高等教育出版社.

赵温涛，郑艳，王光伟，等，2019. 有机化学. 6 版. 北京：高等教育出版社.

中国化学会有机化合物命名审定委员会，2018. 有机化合物命名原则 2017. 北京：科学出版社.